岩溶工程地质学

Karst Engineering Geology

韩行瑞　郭密文　著

中国地质大学出版社
CHINA UNIVERSITY OF GEOSCIENCES PRESS

内容简介

本书是有关岩溶工程地质的学术性专著，总结和反映了我国岩溶工程地质实践与研究成果，吸收了国外最新理念和研究成果。全书共10章，内容包括绪论，岩溶发育及岩溶水文地质特征，岩溶场地岩土工程勘察，岩溶场地工程地质评价，岩溶地基工程处理技术，岩溶区城市地下空间开发利用，隧道岩溶涌水预报与处治，岩溶区公路、铁路改扩建工程地质灾害风险评估与处治，岩溶地下水库工程地质，岩溶泉域地下水的人工补给及泉水复流工程。

本书理论先进，学科体系完整，理论与实践结合，方法与实例相配合，是从事岩溶地区工程地质勘察设计、施工及水资源开发、环境安全保护等各方面科技人员以及有关岩溶专业的师生和科研人员的参考用书。

图书在版编目(CIP)数据

岩溶工程地质学/韩行瑞，郭密文著． —武汉：中国地质大学出版社，2020.10
ISBN 978-7-5625-4866-9

Ⅰ.①岩…
Ⅱ.①韩…
Ⅲ.①岩溶区-岩土工程-工程地质-研究
Ⅳ.①TU4

中国版本图书馆 CIP 数据核字(2020)第 184431 号

岩溶工程地质学				韩行瑞　郭密文　著
责任编辑:韦有福	选题策划:毕克成　段　勇　张　旭			责任校对:周　旭
出版发行:中国地质大学出版社(武汉市洪山区鲁磨路388号)				邮政编码:430074
电　　话:(027)67883511		传　　真:(027)67883580		E-mail:cbb@cug.edu.cn
经　　销:全国新华书店				http://cugp.cug.edu.cn
开本:787毫米×1 092毫米 1/16			字数:493千字	印张:19.25
版次:2020年10月第1版			印次:2020年10月第1次印刷	
印刷:武汉中远印务有限公司				
ISBN 978-7-5625-4866-9				定价:168.00元

如有印装质量问题请与印刷厂联系调换

前　言

　　岩溶是水对可溶性岩石（碳酸盐岩、硫酸盐岩、卤化物岩等）进行的以化学溶蚀作用为主，并包括水的机械侵蚀、崩塌作用，物质的携带、转移和再沉积的综合地质作用，以及由此所产生现象的统称。因此，岩溶一词，在不同的场合可有"岩溶现象""岩溶作用"等多重含义。国际上普遍将岩溶称为喀斯特（karst），喀斯特一词原来是克罗地亚伊斯特拉半岛高原的地名。19 世纪末，欧洲学者斯维奇首先对该地区进行研究，他借用了"喀斯特"这一名词作为石灰岩地区的一系列溶蚀作用过程和产物的名称，现已成为世界各国通用的专业术语。在我国，岩溶与喀斯特为同义语，两者均可使用。

　　我国是世界岩溶分布面积最广、发育类型最多的国家，也是在岩溶区实施各种工程建设数量最多、规模最大的国家。近年来，我国城市地下空间的开发利用，也涉及岩溶问题。凡此种种与岩溶有关的工程建设问题，一般都归入岩溶工程地质研究范畴。各个部门十分注重研究与各自工程有关的岩溶问题，如水利水电岩溶工程地质、铁路岩溶工程地质、城市建设岩溶工程地质、隧道岩溶涌水预报与处治等，相关研究的著作在我国已有多部，这些成果对于解决和处治各种工程建设的岩溶问题，保障工程施工及运营安全起到了重要的作用。

　　从岩溶工程地质学的学科体系而言，上述成果应该属于岩溶工程地质学的专论部分，如何将现代岩溶学与岩溶水文地质学的基本理论与岩溶工程地质学结合起来，形成完整的岩溶工程地质学，并促进和提升岩溶工程地质的研究水平是我们面临的一个挑战。例如，我国是世界上在岩溶区建设大长隧道最多的国家，70 多年来，在岩溶地区建设的铁路、公路及水电站工程的大长隧道有百座以上，应该说有经验，也有教训，但遗憾的是至今岩溶隧道灾害性突水突泥事件不断，这正是因为没有以现代岩溶学和岩溶水文地质学及岩溶工程地质学为导向，形成预防和治理各种岩溶工程地质灾害的正确方法。

　　目前，我国新一轮西部大开发和"一带一路"建设方兴未艾，不可避免地会遇到各种岩溶问题，这就要求我们加强岩溶工程地质学的学科建设。近年来，国际岩溶界已推出岩溶工程地质学方面的学科著作，作为一门应用学科，以现代岩溶学基本理论为指导，研究各种岩溶工程地质问题。如 Milanovic 在 2000 年出版了《岩溶地质工程》（*Geological Engineering in Karst*），受到国际岩溶界的关注。

　　笔者在 50 年的职业生涯中，参加过多项岩溶地区重大工程的勘察、施工处治和研究工作，其中包括铁路和高速公路的大长隧道岩溶涌水预报与处治，高层建筑物岩溶地基勘察评价与病害治理，高速公路改扩建工程岩溶灾害风险预测及防治，岩溶区水电工程渗漏评价及防治处理、岩溶地下水库和岩溶地下水人工补给的研究工作，以及岩溶边坡稳定性评价及防治等。不同的工程所面临的岩溶地质问题可能不同，但岩溶工程地质条件及相关的岩溶水文地质条件却具有普遍的规律性，例如岩溶发生及发育的基本规律、岩溶水文地质及岩溶水系统的基本规律、岩溶水动力特征、岩体力学的基本理论等。共同思路是结合具体工程性质及特殊要求，评价一个岩溶场地或系统的工程地质条件，实际是将自然条件与工程条件结合在一起，构成一个岩溶工程地质系统模型，通过该模型对岩溶工程地质问题进行定性及定量研究。本书的特点和努力方向是力求在统一的岩溶发育和岩溶水动力学等理论的基础上，对各种岩溶工程建立不同的工程地质模型的思路和方法进行探讨，从而将岩溶工程地质学作为岩溶工程地质系统的学科。

本书是在继承国内外岩溶工程地质界的专家学者和工作在第一线的工程技术人员多年工作的经验成果基础上完成的。这里谨向王子泉、谷德振、袁道先、卢耀如、刘国昌、邹成杰、崔光中、朱学稳、孙建中、郭见杨等学者表示敬意，他们的工程实践与学术思想对笔者有很大的影响和帮助。此外，与笔者共事多年的梁永平、杜毓超等中青年学者共同完成了多项重大工程的岩溶工程地质研究工作，在此表示感谢。

在本书的编写过程中，王濯凝译审帮助检索并翻译了大量外文资料，并对全部书稿进行了校对，在此一并致谢。

编写《岩溶工程地质学》这样的学术著作，笔者还是第一次，只能是抛砖引玉，希望在我们这样一个岩溶发育的国家，能有更成熟的岩溶工程地质学著作问世。

本书作为《岩溶水文地质学》（韩行瑞，2015）的姊妹篇，欢迎读者提出宝贵意见。

本书的编写与出版得到中国地质科学院岩溶地质研究所的大力支持与资助，在此表示感谢。

著　者

2020 年 7 月

目 录

第1章 绪 论 ··· (1)
  1.1 岩溶及岩溶水的分布 ··· (1)
  1.2 岩溶工程地质特征及研究内容 ··· (3)
    1.2.1 岩溶工程地质的特点 ··· (3)
    1.2.2 岩溶工程地质学的研究内容 ····································· (4)
  1.3 岩溶工程地质学的发展 ··· (4)
    1.3.1 中国岩溶工程地质学的发展 ····································· (4)
    1.3.2 国外岩溶工程地质学的发展 ····································· (7)
  1.4 本书研究理念与学科体系 ··· (9)

第2章 岩溶发育及岩溶水文地质特征 ··· (11)
  2.1 概 述 ··· (11)
  2.2 碳酸盐岩溶解理论 ··· (12)
    2.2.1 岩溶动力系统理论 ··· (12)
    2.2.2 灰岩与白云岩溶蚀差异性研究 ··································· (14)
    2.2.3 岩溶分异作用 ··· (15)
  2.3 硫酸盐岩岩溶发育特征 ··· (16)
    2.3.1 硫酸盐岩的分布 ··· (16)
    2.3.2 硫酸盐岩溶蚀作用 ··· (16)
    2.3.3 硫酸盐岩-碳酸盐岩复合岩溶作用——以中国华北地区为例 ··········· (18)
  2.4 岩溶含水层中通道-管道-溶隙系统的发育理论 ··························· (23)
    2.4.1 概述 ··· (23)
    2.4.2 溶隙-管道-通道系统形成演化模式研究 ··························· (23)
    2.4.3 典型地质构造条件下岩溶管道裂隙系统发育特征 ··················· (27)
  2.5 岩溶的埋藏类型 ··· (35)
  2.6 深岩溶问题 ··· (37)
    2.6.1 蓄水构造与深岩溶 ··· (37)

  2.6.2 倒虹吸深岩溶 …………………………………………………………………… (41)
  2.6.3 岩溶含水层与岩溶含水层系统 …………………………………………………… (41)

第3章 岩溶场地岩土工程勘察 ……………………………………………………………… (47)

 3.1 岩溶场地岩土工程勘察的若干特点 …………………………………………………… (47)
  3.1.1 建设场地岩土工程勘察主要工作流程 …………………………………………… (47)
  3.1.2 岩溶场地岩土工程勘察的若干特点 ……………………………………………… (48)
  3.1.3 各阶段岩溶场地勘察的关注重点 ………………………………………………… (48)
 3.2 岩溶场地勘察的主要方法 ……………………………………………………………… (49)
  3.2.1 航空摄影 …………………………………………………………………………… (49)
  3.2.2 工程地质测绘和调查 ……………………………………………………………… (49)
  3.2.3 地球物理勘探 ……………………………………………………………………… (50)
  3.2.4 工程地质勘探及测试 ……………………………………………………………… (56)
  3.2.5 岩溶场地的地下水勘察 …………………………………………………………… (60)
 3.3 岩溶场地勘察成果整理 ………………………………………………………………… (60)
  3.3.1 岩溶勘察资料整理的关注重点 …………………………………………………… (60)
  3.3.2 岩溶勘察报告的主要内容 ………………………………………………………… (61)

第4章 岩溶场地工程地质评价 …………………………………………………………………… (62)

 4.1 岩溶场地地基的主要工程地质问题 …………………………………………………… (62)
  4.1.1 岩溶场地覆盖层的工程地质问题 ………………………………………………… (62)
  4.1.2 岩溶化基岩的工程地质特征 ……………………………………………………… (63)
  4.1.3 岩溶场地地下水的主要工程特点 ………………………………………………… (65)
 4.2 岩溶场地的岩土工程评价 ……………………………………………………………… (66)
  4.2.1 岩溶场地的区段划分 ……………………………………………………………… (66)
  4.2.2 岩溶地基稳定性的定性评价 ……………………………………………………… (67)
  4.2.3 地基稳定性的半定量评价 ………………………………………………………… (68)
 4.3 地基稳定性的数值模拟评价 …………………………………………………………… (71)
  4.3.1 常用数值计算方法 ………………………………………………………………… (71)
  4.3.2 覆盖岩溶临空面稳定性评价 ……………………………………………………… (72)
  4.3.3 高层建筑结构与岩溶地基、基础的共同作用分析 ……………………………… (77)

第5章 岩溶地基工程处理技术 …………………………………………………………………… (80)

 5.1 岩溶地基工程处理的基本原则 ………………………………………………………… (80)
 5.2 褥垫层法 ………………………………………………………………………………… (81)
  5.2.1 褥垫层法简介 ……………………………………………………………………… (81)
  5.2.2 工程实例 …………………………………………………………………………… (81)

- 5.3 跨越法 ……………………………………………………………………………… (82)
  - 5.3.1 跨越法简介 …………………………………………………………………… (82)
  - 5.3.2 应用实例 ……………………………………………………………………… (82)
- 5.4 注浆法 ……………………………………………………………………………… (83)
  - 5.4.1 注浆法简介 …………………………………………………………………… (83)
  - 5.4.2 工程实例 ……………………………………………………………………… (84)
- 5.5 充填法 ……………………………………………………………………………… (86)
  - 5.5.1 充填法简介 …………………………………………………………………… (86)
  - 5.5.2 泡沫轻质土充填 ……………………………………………………………… (87)
  - 5.5.3 工程实例 ……………………………………………………………………… (88)
- 5.6 桩基法 ……………………………………………………………………………… (91)
  - 5.6.1 桩基法基本条件 ……………………………………………………………… (91)
  - 5.6.2 桩基设计与施工 ……………………………………………………………… (91)
  - 5.6.3 应用实例 ……………………………………………………………………… (94)
- 5.7 复合地基 …………………………………………………………………………… (96)
  - 5.7.1 应用思路简介 ………………………………………………………………… (96)
  - 5.7.2 复合地基施工工艺 …………………………………………………………… (96)
  - 5.7.3 素混凝土桩复合地基案例 …………………………………………………… (97)
- 5.8 其他处理方法 ……………………………………………………………………… (98)
  - 5.8.1 其他处理方法简介 …………………………………………………………… (98)
  - 5.8.2 多种方法的组合应用 ………………………………………………………… (100)

第6章 岩溶区城市地下空间开发利用——以深圳市龙岗区为例 ………… (103)

- 6.1 概述 ………………………………………………………………………………… (103)
- 6.2 自然地理及地质环境 ……………………………………………………………… (104)
  - 6.2.1 自然地理 ……………………………………………………………………… (104)
  - 6.2.2 地质环境 ……………………………………………………………………… (105)
- 6.3 岩溶发育特征 ……………………………………………………………………… (106)
  - 6.3.1 岩溶埋藏特征及分类 ………………………………………………………… (107)
  - 6.3.2 隐伏岩溶主要形态类型 ……………………………………………………… (107)
  - 6.3.3 岩溶发育的分带性 …………………………………………………………… (112)
- 6.4 水文地质条件及工程地质条件 …………………………………………………… (112)
  - 6.4.1 松散岩类孔隙水 ……………………………………………………………… (112)
  - 6.4.2 基岩裂隙水 …………………………………………………………………… (113)
  - 6.4.3 碳酸盐岩类裂隙溶洞水 ……………………………………………………… (114)
- 6.5 深圳市典型岩溶区地下空间工程地质及环境地质评价的理论与方法 ………… (116)
  - 6.5.1 理论指导及技术路线 ………………………………………………………… (116)

6.5.2　城市地下空间岩溶工程地质及环境地质评判系统 ………………………………(117)
　　6.5.3　基于城市地下空间岩溶工程地质-环境地质专家评判系统的层次分析法(AHP)
　　　　　………………………………………………………………………………………(117)
　　6.5.4　各种地下岩溶形态工程地质问题风险评价 ……………………………………(120)
6.6　典型地段岩溶地下空间工程地质及环境地质评价 ………………………………………(122)
　　6.6.1　河谷的干流河床、河漫滩及Ⅰ级阶地前缘区 ……………………………………(122)
　　6.6.2　河谷两岸冲洪积平原区 ……………………………………………………………(128)
　　6.6.3　河谷两岸的丘陵谷地区 ……………………………………………………………(131)
　　6.6.4　低山丘陵区矿山式地下空间的开发利用 …………………………………………(134)
6.7　结论及建议 …………………………………………………………………………………(140)
6.8　结　语 ………………………………………………………………………………………(142)
　　6.8.1　地下空间开发利用建议 ……………………………………………………………(142)
　　6.8.2　岩溶地基处理原则及岩溶地基加固处理建议 ……………………………………(142)

第7章　隧道岩溶涌水预报与处治 ……………………………………………………………(144)

7.1　概述 …………………………………………………………………………………………(144)
7.2　我国典型岩溶隧道的岩溶水文地质及涌水特征 …………………………………………(145)
7.3　理论指导及工作方法——隧道岩溶涌水专家评判系统的建立与发展 …………………(148)
　　7.3.1　理论导向,经验判断,探测验证,实测定量 ……………………………………(148)
　　7.3.2　隧道岩溶涌水的基本规律及评判要素 ……………………………………………(149)
　　7.3.3　岩溶隧道涌水专家评判系统的执行 ………………………………………………(152)
　　7.3.4　隧道岩溶涌水量预测预报的原则与方法 …………………………………………(155)
　　7.3.5　岩溶隧道外水压力的预测与确定 …………………………………………………(158)
　　7.3.6　基于"隧道岩溶涌水专家评判系统"的层次分析技术(AHP) …………………(160)
　　7.3.7　物理模拟 ……………………………………………………………………………(160)
7.4　典型隧道岩溶涌水预报与处治 ……………………………………………………………(164)
　　7.4.1　八字岭隧道岩溶涌水预测与施工处治 ……………………………………………(164)
　　7.4.2　龙潭特长隧道岩溶涌水、突泥预测预报与施工处治 ……………………………(175)
　　7.4.3　乌池坝隧道岩溶涌水分析与施工验证 ……………………………………………(190)

第8章　岩溶区公路、铁路改扩建工程地质灾害风险评估及处治 …………………(204)

8.1　概述 …………………………………………………………………………………………(204)
8.2　覆盖岩溶区工程施工诱发岩溶塌陷 ………………………………………………………(204)
　　8.2.1　基坑及人工挖孔桩抽水致塌 ………………………………………………………(204)
　　8.2.2　桩孔揭穿溶洞漏浆反向潜蚀致塌 …………………………………………………(205)
　　8.2.3　桩孔击穿地下岩溶管道流致塌 ……………………………………………………(205)
　　8.2.4　施工堵塞岩溶管道快速流水锤效应致灾型 ………………………………………(207)

  8.2.5 极端天气致塌陷 ……………………………………………………………………… (208)

 8.3 岩溶路基处治 ………………………………………………………………………………… (209)

  8.3.1 路基岩溶工程地质模式 ………………………………………………………………… (210)

  8.3.2 岩溶路基探测方法 ……………………………………………………………………… (210)

  8.3.3 岩溶路基处治方法 ……………………………………………………………………… (212)

第 9 章 岩溶地下水库工程地质 …………………………………………………………… (217)

 9.1 岩溶地下水库的基本特征 …………………………………………………………………… (217)

  9.1.1 岩溶地下水库概念 ……………………………………………………………………… (217)

  9.1.2 岩溶地下水库的基本功能 ……………………………………………………………… (217)

  9.1.3 岩溶地下水库的基本条件及结构 ……………………………………………………… (218)

 9.2 岩溶地下水库类型 …………………………………………………………………………… (219)

 9.3 岩溶地下水库的库容计算方法 ……………………………………………………………… (222)

  9.3.1 集中参数估算 …………………………………………………………………………… (222)

  9.3.2 分层计算法 ……………………………………………………………………………… (222)

  9.3.3 几何形态概化法 ………………………………………………………………………… (222)

  9.3.4 水箱模拟法 ……………………………………………………………………………… (222)

 9.4 岩溶地下水库主要工程地质及环境问题 …………………………………………………… (223)

  9.4.1 岩溶地下水库的渗漏问题 ……………………………………………………………… (223)

  9.4.2 坝址选择 ………………………………………………………………………………… (223)

  9.4.3 岩溶地下水库的水质保护问题 ………………………………………………………… (223)

 9.5 典型岩溶地下水库 …………………………………………………………………………… (224)

  9.5.1 贵州普定马官地下水库 ………………………………………………………………… (224)

  9.5.2 贵州独山岩溶地下水库 ………………………………………………………………… (228)

  9.5.3 重庆市海底沟岩溶地下水库 …………………………………………………………… (231)

  9.5.4 云南蒙自五理冲岩溶地下水库 ………………………………………………………… (235)

  9.5.5 克罗地亚欧姆布拉岩溶地下水库 ……………………………………………………… (241)

第 10 章 岩溶泉域地下水的人工补给及泉水复流工程 …………………………………… (248)

 10.1 概 述 …………………………………………………………………………………… (248)

 10.2 中国北方岩溶泉域地下水人工补给条件 ………………………………………………… (251)

  10.2.1 巨大的岩溶水调蓄库容 ……………………………………………………………… (252)

  10.2.2 地表入渗条件 ………………………………………………………………………… (252)

 10.3 人工补给工程 ……………………………………………………………………………… (258)

  10.3.1 岩溶漏库促渗改造工程 ……………………………………………………………… (258)

  10.3.2 修建简易拦洪引渗工程 ……………………………………………………………… (258)

  10.3.3 利用岩溶地貌与岩溶形态的人工补给工程 ………………………………………… (258)

  10.3.4　孔坑回灌工程 …………………………………………………………（259）
  10.3.5　水源林工程 ……………………………………………………………（259）
  10.3.6　水源监测工程 …………………………………………………………（259）
 10.4　岩溶泉域地下水的人工补给及岩溶地下水、
地表水库联合调度 ……………………………………………………………………（260）
  10.4.1　概述 ……………………………………………………………………（260）
  10.4.2　构建正确的岩溶水文地质概念模型 …………………………………（260）
  10.4.3　建立岩溶地下水库-地表水库联合调度数学模型 …………………（261）
 10.5　岩溶泉域地下水的人工补给工程实例 ………………………………………（262）
  10.5.1　邢台百泉域岩溶地下水人工补给工程 ………………………………（262）
  10.5.2　济南泉域岩溶地下水的人工补给与保护工程 ………………………（266）
  10.5.3　太原晋祠泉复流工程 …………………………………………………（271）
  10.5.4　美国爱德华岩溶含水层的人工补给及泉水复流工程 ………………（279）

主要参考文献 ………………………………………………………………………………（284）

第1章 绪 论

1.1 岩溶及岩溶水的分布

岩溶地下水(karst ground water)是赋存于岩溶化岩体地下水的总称,又称岩溶水(karst water)。

岩溶在全球广泛分布(图1-1)。据统计,全球岩溶地区的面积约占陆地面积的13.4%,即约 $2000×10^4 km^2$。岩溶及岩溶水在全球各大洲均有分布。

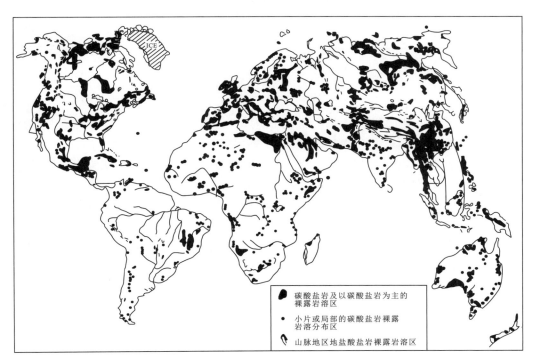

图1-1 世界主要岩溶分布区示意图(据 Ford 和 Williams,1989)

在亚洲,中国是岩溶分布最广泛的国家(图1-2)。东南亚的越南、泰国等地,西亚的土耳其、伊朗、伊拉克、阿拉伯半岛及俄罗斯亚洲部分均有成片分布。中国岩溶区总面积约 $344×10^4 km^2$,占陆地面积的35.8%,其中裸露面积约 $90.7×10^4 km^2$,占陆地面积的9.5%。

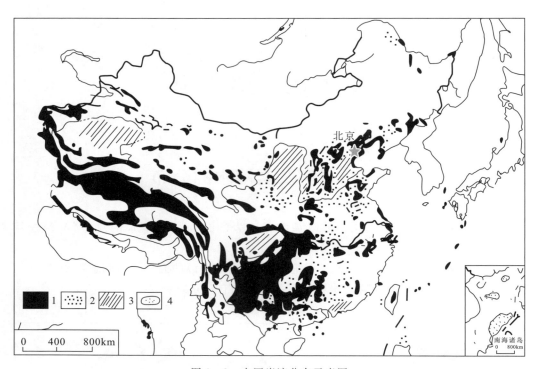

图1-2 中国岩溶分布示意图
1. 裸露岩溶区；2. 覆盖岩溶区；3. 埋藏岩溶区；4. 珊瑚礁

欧洲有35%的陆地面积为岩溶区，总面积达$300×10^4 km^2$，具有丰富的岩溶水资源，许多大城市都处于岩溶区。很多大型水利工程及交通隧道工程也都修建在岩溶区。

北美洲的加拿大及美国均有大片岩溶，如美国约有20%的国土面积为岩溶区，得克萨斯州和密西西比河流域东部的岩溶区、佛罗里达州的城市和工农业供水均主要依靠岩溶地下水，在这些地区修建了许多大型水利工程和城市建筑工程，岩溶塌陷等工程地质问题较为普遍。

岩溶工程地质问题一般多发生在裸露岩溶区和覆盖岩溶区。在这些地区，工程基础及其施工直接与岩溶化岩体及岩溶地下水相互作用，可以引起各种各样的岩溶工程地质问题及岩溶工程地质环境问题。在某些埋藏岩溶区，也可能由于深埋地下工程及矿井施工而引发岩溶工程地质问题。近年来，城市地下空间的开发利用也涉及到埋藏岩溶问题。

1.2 岩溶工程地质特征及研究内容

1.2.1 岩溶工程地质的特点

岩溶工程地质学是研究岩溶岩体工程地质条件及环境的科学。

岩溶地区具有脆弱的地质环境及复杂的工程地质条件。实践证明,在岩溶地区任何类型的工程建设,都必须进行深入细致的专门性岩溶工程地质和岩溶水文地质勘查与评价。由于岩溶工程地质条件的复杂性和特殊性,以及岩溶工程地质勘察、评价工作的特殊要求,岩溶工程地质学在国内外已成为工程地质学的分支。它沿用了工程地质学、岩体力学及水文地质学的一些基本概念和方法。但由于传统的工程地质学是在研究孔隙—裂隙岩体及孔隙水—裂隙水渗流运动的基础上发展起来的,不能完全适用于研究岩溶介质及岩溶地下水运动特征。岩溶岩体是由可溶岩中的孔隙、溶隙、管道、溶洞组成的多重复杂介质,岩溶地下水力联系密切,形成渗流—管道流—地下河岩溶水系统。岩溶场地、地基或线路的工程地质条件的复杂性和特殊性,表现在以下几个方面。

(1)场地或线路涉及的地基岩体在三维空间的不均匀性和各向异性比其他岩体显著。

(2)场地或线路地基中的溶洞、溶隙、溶蚀带使地基应力场畸变,并使应力集中造成承载力特异点。

(3)任何建筑场地、水利工程坝区或库区、铁路公路线路均处于某个或几个岩溶水系统的不同水动力带中,工程的施工不仅扰动局部水动力带状态,而且将引起周围岩溶水动力状态的变化,从而诱发新的工程地质灾害。

(4)岩溶工程地质的研究应引入岩溶工程地质系统概念。我们不能将场地、坝区库区、地下工程及线路等所在岩溶地段的各种岩溶形态及岩溶水文地质现象,作为孤立的形态或现象,而应当看作是某个岩溶系统或岩溶水系统的组成部分。该系统内的岩溶水具有统一的水动力联系,系统内的各种岩溶形态也具有成因关系,并具有连续性或连通性。

涉及某项工程建设及运营安全稳定的岩溶化岩体结构和构造,岩体力学系统及相关的岩溶水动力系统共同组成了某工程的岩溶工程地质系统。与其他岩体或介质相比,岩溶岩体中的溶孔、溶隙、溶洞分布高度不均一,但却有规律性和系统性,并与岩溶水动力系统有生成及水动力相关性。一方面,某个工程可能处在一个工程地质系统中,也可能涉及两个或多个工程地质系统,如一条大长越岭隧道,进口段和出口段往往处在不同的岩溶工程地质系统中,即进口段是一套岩溶洞隙及岩溶水系统,而出口段是另一套岩溶洞隙及岩溶水系统,隧道的硐体在不同系统中的稳定性及涌水特点不同。另一方面,有时多项工程同在一岩溶工程地质系统中,例如在覆盖岩溶区的城市建设中,在属于同一岩溶工程地质系统地块上建工厂、高层居住区、道路、地铁等,就必须考虑不同工程之间的相互影响。

1.2.2　岩溶工程地质学的研究内容

岩溶工程地质学是研究评价岩溶区各种建筑物工程地质条件，防治和处治各种岩溶工程地质灾害，保证建筑物安全运营及环境友好的学科。

岩溶工程地质学是工程地质学的分支，也是岩溶学的分支，与岩溶水文地质学有密切关系。因此，作为岩溶工程地质学的理论基础，必须重视对岩溶发育基本规律、岩溶水动力特征、岩溶及岩溶水系统构成和特征的研究。另外，作为基岩工程地质，也离不开岩体力学、岩体工程地质力学的基本理论。各种工程的岩溶工程地质研究的具体对象和要求不同，根据不同工程的工程地质特征，岩溶工程地质学又可分为如下各研究对象。

(1) 水利水电岩溶工程地质。
(2) 工业、民用建筑场地岩溶工程地质。
(3) 岩溶路基及桥基稳定及安全。
(4) 城市地下空间岩溶工程地质。
(5) 隧道岩溶突水预测与防治。
(6) 岩溶边坡稳定性评价及处治。
(7) 岩溶地下水库工程地质。
(8) 岩溶地下水人工补给工程地质及环境问题。
(9) 岩溶工程地质探测技术。
(10) 岩溶工程地质问题处治技术。

1.3　岩溶工程地质学的发展

1.3.1　中国岩溶工程地质学的发展

我国是世界上岩溶区分布面积最广的国家之一，开展岩溶问题研究在国民经济建设中具有重要意义，特别是中华人民共和国成立以来在岩溶区大规模经济建设，包括水利、水电、交通、城建、矿山等，数量及规模都是举世无双的。各种工程涉及的岩溶问题多种多样，既复杂又极具典型性。我国广大的岩溶地质工作者创造性地解决了各种岩溶工程地质问题，保证了复杂岩溶条件下各种重大工程的施工和安全运营。在工程实践中推动了岩溶工程地质学的发展。

应当说我国在水利水电建设方面的岩溶工程地质勘察和研究工作中取得了突出成就，保证了全国百余座大、中型水利水电工程的建设和运营，其中包括云南六郎洞、水槽子等水电站，贵州猫跳河梯级开发水利水电工程及乌江渡水电站，广西红水河流域大化水电站、岩滩电站、龙滩电站、天生桥电站，金沙江溪洛渡电站，雅砻江锦屏电站，以及中国北方黄河中游的万家寨水电站、辽宁太子河上的观音阁水电站、浙江新安江水电站。经过多年的发展，我国岩溶区水电勘察研究工作,不论在勘察技术还是在研究方法方面,都有很大的进展并有所突破,由宏观分析和定性分析,逐步向科学的理论分析和定量评价方向发展。

在勘察方法方面,除常规的勘察手段外,大力发展物探手段,广泛利用地震CT及电磁波CT法,将微重力法与地质雷达成功地用于探查岩溶洞穴。

创立了岩溶管道水穿跨流、压渗系数、汇流理论等新概念和新方法,应用逻辑信息法、模糊数学评判法,提出了数量化理论等方法,对水库进行渗漏计算和预测。在分析研究大量水库渗漏与库水位动态曲线的基础上,建立了若干地质模型和数学模型。利用趋势面分析理论,提出了岩溶地下水及岩溶洞穴顶板趋势面分析法。多种新的计算方法和分析预测方法,为我国岩溶工程地质填补了多项空白。

1974年在谷德振教授领导下,由水利电力部和中国科学院地质研究所共同完成的《水利水电工程地质》专著,是我国较早的以工程地质力学作为理论基础研究水电工程地质问题的专著。谷德振教授1979年又出版了《岩体工程地质力学基础》,创建了我国工程地质学一种独特的理论及分析方法。

工程地质力学解决问题的基本途径:首先抓住岩体结构,对岩体结构及构造体系进行地质力学分析,进而采用岩体力学的物理和力学理论方法,结合岩体结构特征,测试并掌握岩体特性;然后进行岩体稳定、渗漏的分析,以及采取与地质条件相适合的设计和技术措施。该理论与方法适用各种岩体,包括岩溶工程地质问题。

1994年由邹成杰等水利水电工程地质专家编写了《水利水电岩溶工程地质》一书。该书在概括对岩溶发育规律认识的基础上,总结了长江、黄河、珠江流域岩溶特征,对岩溶地区水利水电建设中最关键的渗漏问题进行了全面总结和深入研究。该书对于水利水电建设可能引起的环境效应问题,也给予了充分注意,对岩溶地区水库诱发地震、岩溶塌陷、边坡稳定、地下硐室外水压力及涌水等问题作了专门的探讨。

在铁路和高速公路建设方面,大长隧道的岩溶地质灾害问题是国内外隧道工程中的重大难题。多年来,我国在铁路、水工、公路隧道施工中,均遇到了岩溶涌水、突泥,以及顶板洞穴充填物陷落冒顶、底板塌陷等问题。在欧洲阿尔卑斯山隧道及其他一些越岭隧道工程的修建中也发生过类似问题,无不对施工和运营造成很大危害。

20世纪60—70年代,我国在修建贵昆铁路、成昆铁路、襄渝铁路等过程中均遇到了大量岩溶问题。贵昆铁路梅花山隧道,施工中遇到地下河及大型溶洞,最后不得不在隧洞中修隔水墙,阻截暗河。岩脚隧道处于岩溶水季节变化带中,施工期间为枯水期,底板揭露一干溶洞,洪水期底板溶洞突然冒水、冒泥,淹没隧道。襄渝铁路大巴山隧道在通过下寒武统石龙洞灰岩含水层时,突然揭露一溶洞并产生突泥、涌水,最大涌水量为每日$15\times10^4\mathrm{m}^3$,导致中断施工3个月。该隧道处于暗河口以下120m,岩溶管道沿断层强烈发育,最后采取堵、排、绕处理方案才通过。京广铁路大瑶山隧道的岩溶涌水,形成泥石流,给运营造成长期危害。

近年来,在西南修建的水工隧道、铁路隧道、公路隧道也都不同程度地遇到岩溶灾害,甚至造成重大事故,如广安-重庆高速公路华蓥山隧道多处发生岩溶涌水、突泥,引起两条地下河水的灌入。来自洞湾地下河的最大涌水量达$35\times10^4\mathrm{m}^3/\mathrm{d}$,突泥砂$3000\mathrm{m}^3/\mathrm{d}$。渝怀铁路圆梁山隧道发生特大灾害性岩溶涌水,对施工造成极大影响。

应特别指出的是,与沪蓉西高速公路同时平行修建的宜万铁路的齐岳山隧道、马鹿箐隧道、野三关隧道也相继发生过重大涌水事故,造成重大损失。

韩行瑞等(2010)教授领导的专题组在总结我国四十多年隧道岩溶涌水预测及处治经验的基础上,建立了"隧道岩溶涌水专家评判系统",并以鄂西南岩溶区的沪蓉西高速公路11个大长岩溶隧道为典型,运用该评判系统的理念和方法,在勘设阶段对各隧道的重大岩溶地质灾害问题进行了预测和评价,为优化线路走向及防水设计提供了可靠的依据。在施工阶段,通过施工反馈信息验证和修正前期认识,进一步开展超前预报和施工处治研究,与其他各种探测手段相结合,有效地避免并处治了多起重大岩溶涌水、突泥、坍塌等地质灾害,保证了工程安全顺利施工,并节约了大量经费。实践证明"隧道岩溶涌水专家评判系统"的理念和方法适合我国隧道岩溶涌水地质预测预报工作。

岩溶塌陷是覆盖岩溶区面临的重要工程地质问题。国家有关部门和学者高度重视岩溶塌陷问题,近20年来,开展了多项岩溶塌陷防治研究工作,取得了大量成果。

1985—1989年,中国地质科学院岩溶地质研究所先后开展了"中国南方岩溶塌陷研究""长江流域岩溶塌陷研究""中国北方岩溶塌陷研究"等项目。1988年,铁道部第二勘测设计院还开展了中国西南"铁路沿线岩溶塌陷及防治调查"项目。上述工作基本摸清了我国岩溶塌陷发育的现状和宏观分布规律,确定了我国岩溶塌陷基本类型。

1993年,中国地质科学院岩溶地质研究所建立了岩溶塌陷物理模型试验和渗透变形试验实验室,对武汉、唐山、湘潭、玉林、桂林、铜陵等城市不同类型岩溶塌陷发育的机理进行试验研究,取得了很好的效果,认为在自然或人类活动影响下,岩溶管道系统中水(气)压力的变化是引发塌陷的主要原因。

研究表明,岩溶水(气)压力的变化在岩溶塌陷发育过程中具有重要意义,雷明堂等(1993)通过对武汉市岩溶塌陷模型试验,提出岩溶水位下降速率、幅度对塌陷发育有重要影响;何宇彬(1995)认为岩溶水动力是产生塌陷的根本原因;陈国亮等(1994)通过对铁路沿线岩溶塌陷研究,提出诱发塌陷的压强差效应。

1999年,在地质行业基金支持资助下,中国地质科学院岩溶地质研究所开展了岩溶塌陷时空预报方法研究,提出了基于岩溶塌陷发育机理的系统压力监测方法,并成功地在桂林进行了试验。2000年起,在新一轮地质大调查项目的支持下,中国地质科学院岩溶地质研究所在广西桂林拓木镇建立了我国第一个岩溶塌陷灾害监测站,为深入系统地研究岩溶塌陷预测预报方法提供了良好的条件。

对岩溶地面塌陷的防治,坚持以预防为主的方针,主要措施包括将公路建筑物和线路选在稳定的地区;做好抽排地下水井管的反滤层,防止泥砂流失;维持地下水动水位平衡,防止动水位低于可溶岩的岩面;对可能塌陷的地段采取帷幕灌浆处理等。

对岩溶地面塌陷的处治,主要有防渗措施、加固措施和跨越措施。防渗措施包括回填、夯实、水泥抹面、隔水土工布封闭、氯丁橡胶板防水、建拦水坝隔离、改河工程等;加固措施包括强夯法、填碎石法、固结灌浆法、帷幕灌浆法、桩基、锚杆加固法等;跨越措施包括桥跨越、梁跨越、板跨越、拱跨越等。

公路及铁路改扩建工程诱发岩溶工程地质问题对原路安全风险的评估与防治,是我国近年来交通建设高速发展遇到的新问题。

由于国家交通事业的快速发展,许多公路及高速公路都在改扩建,新建公路沿原路平行修建，有时就在原路两侧或一侧扩建。高铁有时也沿原铁路线建设。作为路基和桥基的岩溶工程地质系统具有统一的、相互联系的岩溶水流水压力及岩溶化岩体力学场，即统一的岩溶工程地质系统。新建路的路基或桥基施工不当，干扰或"激活"原来处于稳定状态的水动力场及岩体力学场，会诱发新的工程地质问题，危及原路、桥的安全。韩行瑞（2015）通过广（州）清（远）高速公路、柳（州）南（宁）高速公路改扩建工程的研究，提出了覆盖岩溶区公路改扩建工程岩溶工程地质系统及诱发岩溶塌陷危险度评价模式，以及桥基、路基施工预防处治措施，受到设计及施工部门的认可和采用。

岩溶场地建筑物、地基土洞、溶洞及基岩临空面稳定评价是城市大规模建设遇到的重要问题。

岩溶场地建筑物地基中分布有土洞、溶洞，基岩面上往往有溶沟、溶槽，甚至存在基岩陡壁，形成临空面，对地基的稳定性、承载力和变形都有重要影响。总体上看，目前对岩溶地基的评价分析，经验方法多于理论方法、定性分析评价多于定量分析评价。因此，对岩溶场地土洞、溶洞及基岩陡壁对建筑物地基稳定性影响因素的判别方法，岩溶地基承载力、岩溶地基沉降变形及岩溶地基处理进行科学系统的研究，无论从理论上还是工程应用方面都十分必要。韩行瑞（1994）、刘之葵和梁全城（2006）采用定性分析与定量计算相结合的方法，运用了弹塑理论、极限平衡理论、岩溶水动力学理论，对上述问题进行了探索与研究。

我国南方岩溶山区是大型岩质崩滑灾害的高发区，发生过多起重大崩滑灾害，给山区居民生命财产与国家重大工程安全带来巨大损失。我国学者利用地质力学、岩体力学以及模型试验数值分析等方法对岩溶山区大型岩质崩滑灾害进行了深入研究，推动了我国地质灾害的防灾减灾工作。

1.3.2 国外岩溶工程地质学的发展

国外岩溶地区主要分布在地中海沿岸、东欧、中东、东南亚、美国东南部和中美洲等人口稠密的地区，这些地区人类工程活动强烈，面临的岩溶灾害问题也十分突出，并已引起国际岩溶界的普遍关注，特别是20世纪70年代以来，召开了多次与岩溶有关的国际会议，使世界各国的研究者有机会交流和商讨解决岩溶地质灾害问题的经验与方法。例如，1973年，国际工程地质协会在德国汉诺威首次举行了"岩溶塌陷与沉陷——与可溶岩有关的工程地质问题"国际讨论会，重点讨论了欧洲岩溶地区特别是在蒸发岩地区的地面塌陷分布规律、勘测技术和防治措施；1978年，在美国宾夕法尼亚州的赫尔锡市召开了岩溶地区工程地质讨论会，重点讨论了岩溶地面塌陷发育规律问题；1984—2003年先后在美国佛罗里达州、密苏里州、肯塔基州和阿拉巴马州举行了多次岩溶塌陷和岩溶工程与环境影响多学科国际讨论会，这也是国际上举办历史最长、影响最大的岩溶塌陷与岩溶问题的国际会议。

国外在水利水电岩溶工程地质方面开展了大量的研究工作。国外最早在岩溶地区修建的大坝是法国的阿朗坝，该坝建于1845年，为土坝，坝高13m，由于岩溶渗漏，1860年开始进行防渗灌浆工作，最后获得成功。在随后的170多年间，世界上不少国家先后在岩溶地区兴建了规模不等的水库和大坝，在开发岩溶区的水能资源方面取得了显著成就。

据不完全统计，国外岩溶地区已修建大中型水利水电工程130多座，其中坝高在100m

以上者有20余座，这些大坝和水库，大多在19世纪50年代以后兴建，在第十届国际大坝会议（1970年于蒙特利尔）至第十五届国际大坝会议（1985年于瑞士）的15年间里，岩溶工程地质发展迅速，在岩溶地区修建水库和大坝的国家愈来愈多，而且规模愈来愈大，岩溶防渗和工程处理技术也日益发展。

格鲁吉亚英古里坝，坝高271.5m，1978年建成，是当时在岩溶地区修建的最高的坝。土耳其的凯班水库，总库容$310\times10^8m^3$，1974年建成是当时在岩溶地区建造的最大的水库。上述岩溶水库，大多数获得成功。由于岩溶工程地质工作做得不够或由于防渗处理不彻底而发生严重渗漏的水库也不少，其中美国在1920年修建的赫尔斯·巴尔坝，坝高仅25m，水库渗漏量达$50m^3/s$，防渗处理持续26年之久，最后因处理无效而被迫放弃。土耳其的凯班水库由于岩溶问题未能查清，水库蓄水后，渗漏达$26m^3/s$，但经过复杂的防渗处理，后期的渗漏量已减少至$8.7m^3/s$左右，还有一些产生渗漏的水库，渗漏量在$1\sim10m^3/s$之间，但经过防渗处理后，大多能保证水库正常蓄水和安全运行。

在防渗处理中防渗帷幕线路长、深度大，也是一个比较普遍的现象，如伊拉克的多康（Dokzn）坝，坝高116.5m，帷幕总长达2541m，相当于坝高的22倍。河床帷幕最深的是腊马坝，为坝高（100m）的2倍。有些低坝，帷幕深度相当于坝高（14～20m）的5倍，如黑山尼克希奇水库群。

在防渗技术上，通常多采用5～6MPa的高压灌浆，利用各种混合材料，对于封闭岩溶裂隙和洞穴起到了良好的作用，还利用大面积的混凝土防渗墙处理特大的岩溶洞穴，如在凯班坝，成功地处理了一个体积为$(10\sim12)\times10^4m^3$的溶洞（蟹洞），使渗漏量大为减少，并对地基起到了加固作用。

在勘测技术方面发展也很快，多种测试和钻探技术以及物探技术的应用，为查明岩溶洞穴起到了一定的作用，如遥感技术、岩性探测仪、微重力仪和地质雷达等都有一定的应用效果。

Milanovic（2000）在专著 *Geological Engineering in the Karst* 中列举了世界各地38个岩溶区水库和大坝实例，深入剖析了岩溶渗漏和坝基稳定问题的发生原因、处治措施及经验教训。他一生从事岩溶水利工程地质勘察、研究及治理工作，著作的特点是理论与方法相结合。在他的著作中详细地介绍了岩溶区水利水电工程的勘测及试验方法，各种物探技术、岩溶水文地质试验方法，不同岩溶工程地质条件下注浆防渗帷幕及岩溶地基加固的工艺和方法。他还对岩溶地下水库进行了分类，详细论述了修筑方法及防渗措施。此外，他对于岩溶地区水坝及水库造成的回水浸没等次生灾害也进行了论述。

岩溶路基病害发育的重要原因是存在隐伏岩溶。具有高度不均一性的隐伏岩溶的探测一直被认为是极具挑战性的问题，各种地球物理方法都曾运用到这一领域，目前使用较多的是地质雷达、高密度电法、浅层地震、声波电磁波孔间透视、CT层析法等。近年来，随着计算机技术的发展，地球物理方法也在向集成化、多功能化方向发展，不断推出新的物探仪器，开发新的探测方法。例如美国Zonge公司生产的第四代人工场源及天然场源的电法和电磁法勘探系统（GDP-32Ⅱ多功能电测系统），几乎具备了全部中频段到低频段的电测功能，其中主要方法包括直流电阻率法（RES）、直流激发极化电法（TDIP）、交流激发极化电法（FDIP）、复电阻率法（CR）、可控源音频大地电磁法（CSAMT）、谐波分析可控源音频大地电磁法

(HACSAMT)、音频大地电磁法(AMT)、大地电磁法(MT)、瞬变电磁法(TEM)和超浅层瞬变电磁法(Nano TEM)等。这些设备已被广泛用于岩溶工程地质物探、环境地质调查和环境监控等方面。

国外在隐伏岩溶探测技术上的另一个特点就是极为重视标准(指南)的制定,以便非专业人员在制定工作方案过程中也能做出正确的选择。如经过十多年的努力,1999年美国测试与材料协会(The American Society of Testing and Materials,简称 ASTM)颁布了 *Standard Guide for Selecting Surface Geophysical Methods*(D6429—1999)[《地面地球物理方法选择标准指南(D6429—1999)》]。该指南系统描述了目前在工程地质、水文地质和环境地质调查中常用的 12 种不同的物探方法,包括浅层地震折射法、浅层地震反射法、直流电阻率法、激发极化电阻率法、天然电场法、频率域电磁法、时间域电磁法、甚低频电磁法、金属管线探测器、地质雷达法、磁法和重力法。在此基础上,说明了每一种方法的用途、探测深度、易用性、分辨率和局限性等。该标准针对隐伏岩溶的探测问题,一致推荐了三种首选方法:频率域电磁法、地质雷达法、重力法;两种次选方法:浅层地震反射法、直流电阻率法。

岩溶洞穴顶板安全厚度以及失稳机理是目前岩溶地基稳定性评价面临的重要课题,由于岩溶洞穴失稳过程的特殊性,使得模型试验成为重要研究手段。如 1954 年,南非 Stellenbosch 大学 Marius Louw 采用 1∶10 比例尺,模拟混凝土路面在基岩岩溶塌陷影响下的变形、破坏特征;美国学者 Tharp(1995)、俄罗斯学者 Anikeev(1999),先后采用物理模型试验、有限元法和二维拉格朗日快速变换(ZD-FLAC)等数值分析的方法,系统研究了荷载、洞穴宽度以及洞穴高度与顶板安全厚度问题。一般认为,在大多数岩溶地区,溶洞顶板安全厚度值应超过溶洞宽度的 70%,但这个值在一般的工程荷载下偏于保守,而对于高速公路的荷载来说则更为保守。

1.4 本书研究理念与学科体系

岩溶工程地质学是研究岩溶地区各种建设工程的岩溶地质问题及其合理配置和处治的应用性学科。岩溶工程地质学是工程地质学的分支,也是岩溶学的分支学科。它是从事人类工程活动与岩溶地质环境相互关系的研究并服务于工程建设的应用学科。岩溶地区工程活动与岩溶地质环境之间相互作用的复杂性,特别是岩溶地质环境对各种工程建筑物的反馈作用,影响建筑物的稳定与安全,甚至造成破坏和灾难。例如,矿井和隧道等地下工程的岩溶突水、各种建筑物由于岩溶塌陷造成的破坏和灾害、水工建筑物由于岩溶漏水而失效、岩溶地基岩体强度的不均一性造成建筑物不均匀沉降和坍塌等。应当说,在各种地质环境中,岩溶地区环境与各种工程建设的关系是最为复杂的。在工程地质学中,岩溶工程地质学是最有特色的分支,主要特点如下。

(1)各种建筑物(工民建、水坝、道路等)地基岩体的结构和强度的不均一性,特别是溶洞及溶隙的存在,使工程地质勘察及评价在工作技术上很特殊,处理工作相当困难。

(2)建筑物的地基往往是岩溶岩体、岩溶裂隙及岩溶管道、溶洞地下水流及土层的三相体,水流的动力作用对岩体及土层的稳定性有重要影响。在外力及人为作用下,水流动态及水压变化极为迅速,直接导致地基岩体受力状态变化及失稳,造成岩溶塌陷等地质灾害。

上述情况要求我们对岩溶工程地质条件和工程地质的调查、研究与评价必须有"岩溶工程地质系统"概念。岩溶工程地质系统是指某种工程在建设及运行过程中所涉及和影响的岩溶岩体、岩溶水和环境共同组成的系统。在某个岩溶工程地质系统中的边界范围内,工程的建设施工及建成后的运行与该边界范围内的岩溶地质环境,包括岩溶岩体、岩溶水流、岩溶洞穴及有关覆盖层所组成的特定岩溶系统发生相互作用,并对工程安全或环境产生影响。

例如,岩溶区大长越岭隧道,可能穿过几个岩溶地貌单元、几个构造单元、多种地层岩性,以及几个岩溶水系统。隧道施工遇到的工程地质问题可能有岩溶涌水突泥、洞穴充填物坍塌、断层破碎带塌方,以及浅埋地段的地面塌陷和冒顶等。虽然隧道工程是线性工程,但其涉及和影响的构造系统、洞穴系统、岩溶水系统、环境系统都具有三维连续性,因而隧道工程所涉及的工程地质系统也是三维的,其范围远大于工程系统本身。

(3)岩溶工程的工程地质系统研究包括岩溶工程地质系统边界、岩溶工程地质条件、岩溶工程地质问题及岩溶环境地质问题。不同的工程对不同的岩溶工程地质问题敏感度不同。如岩溶区越岭隧道对岩溶涌水问题关注度高,岩溶水库及大坝工程对库区及坝下漏水问题关注度高,城市建筑工程对岩溶地基的稳定与地面塌陷危险最为重视。大量的工程实践证明,没有工程地质系统的概念,就不能全面正确地认识和掌握复杂的岩溶工程地质问题和相关的环境问题。

(4)岩溶工程地质系统的研究是建立在正确工程地质模型的基础上,是定量评价的先决条件,也是工程地质决策的前题条件。

(5)目前的工程地质勘察报告一般包括以下内容:地形地貌、地层岩性、地质构造、物理地质现象、水文地质条件、岩土物理力学指标、建筑物工程地质条件、工程地质分析评价。上述内容是勘察工作取得的实际资料及其定性分析,没有将其构成与工程结构,特别是与基础工程要求配套的工程地质模型(或模式),更没有进行定量或半定量分析。工程地质模型是工程地质定性及定量评价的基础。根据勘察资料的详尽程度,可采用半定量统计分析、模糊分析、类比分析、专家系统分析等。定量方法如三维模型、数值分析等。

(6)本书的宗旨是针对各种工程的要求和特点,建立逼真度高的岩溶工程地质系统模型,并探讨相配套的评价模型,考虑到岩溶发育和岩溶水文地质的复杂性以及工程地质勘察工作的现实状况,数学模型以统计模型和专家评价系统为主。

第 2 章　岩溶发育及岩溶水文地质特征

2.1　概　述

水对可溶岩石进行化学溶解,将空隙扩大,形成溶隙、管道,携带泥砂的急速水流不断冲蚀扩展管道形成洞穴。管道及洞穴因冲蚀扩展而导致重力崩塌,有时直达地表,于是在地下形成贯通的洞穴通道系统,在地表塑造独特的地貌景观,形成独特的水文特征。

岩溶作用与其他任何地质作用不同,它的发生是水对可溶岩石(碳酸盐岩、硫酸盐岩、卤化物岩等)的化学溶解作用,也就是说化学溶解作用是岩溶的起因,并贯穿于其发展过程中。因此,凡是影响这种溶解作用的因素也会影响岩溶作用。

大量的野外观察发现,单纯的溶解作用无法形成巨大的洞穴、贯通的通道、深邃的竖井和天坑。如果说在岩溶发生和发育初始阶段,化学溶解作用在岩体空隙中扩大和在管道过程中起到主导作用,但随着水流集中所形成的冲蚀、侵蚀作用,接踵而来的重力崩塌、塌陷则是岩溶地下水流机械破坏作用的结果。我们可以把这种水流的冲蚀、侵蚀作用与崩塌、塌陷等重力地质作用统称为岩溶水流的物理地质作用。而这种对岩体破坏的物理过程,就涉及到岩体本身的强度、结构及构造。

水流的物理破坏作用还表现在对溶蚀管道的内水压力作用。我国处于季风气候带,降雨集中于夏季,一个暴雨过程有时降水量可达 100mm 以上,往往造成岩溶地下水位骤升几十米,甚至上百米,对于完全充水的管道壁可形成上百米的水压。如果管道因崩塌而堵塞,形成瞬间水击效应,瞬时水压可达几百米。而洪水消退时压力量释放,水位变化的这种作用对岩体和上覆土体的破坏是造成地面塌陷的重要原因。因此,我们可以将岩溶作用过程分为 3 个阶段,具体如下。

(1)岩溶作用初始阶段:岩溶水沿着基岩初始孔隙、裂隙(包括成岩孔隙、裂隙,构造节理、断裂带)渗流,水流速度缓慢,该阶段以化学溶蚀作用为主。

(2)岩溶作用管道化阶段:通过溶蚀作用,扩展水流通道,并在优势水流作用下,形成溶隙-管道。当溶蚀管道宽度达到 10cm 以上,水流由层流转为紊流,水流能量足以携带泥砂。洪水季节含泥砂水流的冲蚀作用成为扩展溶隙和管道的主要营力,而在枯水期溶蚀作用仍起主要作用。

(3)岩溶作用高度管道化-通道化阶段:溶隙-管道化的进一步发育,优势水流进一步扩大优势溶隙-管道,同时遗弃部分弱势溶隙,当管道、溶洞宽度扩大数米至数十米,水流高度集中,流速加大。水流冲刷力使管道围岩受侵蚀而崩塌,特别是优势管道多沿断裂破碎带发育,顶板的塌陷极为普遍。这个阶段主管道和通道主要靠侵蚀、崩塌及坍塌等物理作用而扩大,形成高达数十米至百米的峡谷状通道,有时扩展到地表形成天窗、天坑等岩溶现象。

管道化-通道化的结果是形成地下河系统。在一个岩溶地下水流域中,不可能处处达到管道化-通道化,只能在岩体中处于与优势水流线方向相近的线性构造破碎带、可溶岩界面滑动带等构造带后才可形成强岩溶带。另外,也不是每个岩溶地下水流域都能达到岩溶管道化-通道化后形成地下河。例如北方的岩溶水流域,即泉域主要为溶蚀裂隙系统,南方虽然分布很多大的岩溶地下河,但也有很多岩溶裂隙管道泉。

2.2 碳酸盐岩溶解理论

2.2.1 岩溶动力系统理论

袁道先(2008)提出的岩溶动力系统概念模型清楚地描述了气相(CO_2)-液相(H_2O)-固相($CaCO_3$)三相体系动态平衡机制(图2-1)。

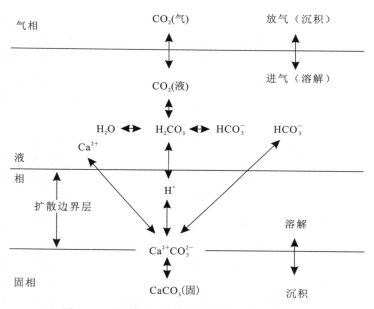

图2-1 岩溶动力系统概念模型(据袁道先,2008)

根据岩溶动力系统概念模型,可以得到如下认识。

1. 自然界中的 CO_2 是岩溶发生与发育最活跃因素

$CaCO_3$ 在含 CO_2 的水溶液中溶解作用的实质是 $CaCO_3$ 电离产生的 CO_3^{2-} 与 CO_2 和

H_2O 作用后产生的 H^+ 结合,形成新的 HCO_3^-,从而降低了 $CaCO_3$ 电离生成物 Ca^{2+} + CO_3^{2-} 的浓度,破坏了 $CaCO_3$ 的电离平衡,于是,就进一步促使 $CaCO_3$ 继续电离,亦使其继续被溶解。只要水中有超过平衡量的多余的 H^+,就能导致 $CaCO_3$ 的不断溶解。因为水是极弱的电解质,常温时,可以解离为 H^+ 和 OH^-(1L 纯水中也含 10^{-7}g 的 H^+)。不过,H^+ 的数量很少,所以 $CaCO_3$ 在纯水中的溶解度也不高。

$CaCO_3$ 饱和溶液中 pH 值与 $CaCO_3$ 含量的关系如图 2-2 所示。这里明显地反映出 H^+ 对碳酸盐溶解的作用,水溶液中 H^+ 含量增加(即 pH 值减小),$CaCO_3$ 的溶解度也相应增大。理论研究表明,当 pH 值小于 6.36 时,水具有强烈的侵蚀性;当 pH 值从 6.36 上升到 8.33 时,水的侵蚀性由强变弱;当 pH 值接近或超过 10 时,水中 H^+ 含量已极少,水溶液也逐渐失去对碳酸盐的侵蚀能力。

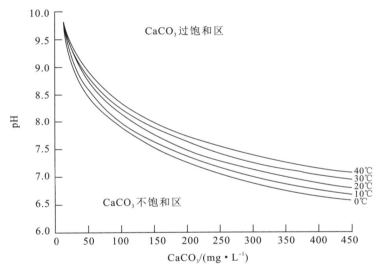

图 2-2 平衡状态时水中 $CaCO_3$ 含量与 pH 值关系曲线

几乎所有的大气空间都含有 CO_2。由 CO_2 在水中导出的 H^+,在各种来源的 H^+ 总数中一般占绝大多数。因此,CO_2 仍是岩溶作用的最重要因素,而且由于它分布的广泛性和深入性,对岩溶发育的影响具有普遍意义。在自然界的开放系统中,气候分带宏观上控制了气温、降水、植被等因素。中国南方岩溶发育比北方岩溶发育强烈,这是由于降水多和气候炎热所致,这两个因素影响岩石的溶解度,因为它们使可溶岩更易风化和被溶蚀,易促进细菌繁殖;分解碳水化合物和碳化物,产生大量 CO_2 和水中的其他酸类,易促进扩散和溶解。潮湿热带地区,较高的土壤温度和繁茂的植物释放 CO_2 的速度则更快。在这些地区的土壤空气中,生物成因的 CO_2 浓度比大气中的浓度高 30~100 倍。渗过土壤层的地下水,具有较高的侵蚀性,所以,湿热地区岩溶发育也更强烈。

2. 流速场效应和浓度梯度效应

岩石的溶解作用总是首先在岩石和水接触面上开始的,岩-水界面处的状态环境对溶解作用的进行起重要的控制作用。

碳酸盐离解生成的 Ca^{2+} 和 CO_3^{2-} 在岩-水界面处达到一定浓度，它们的乘积接近或等于饱和溶解度时，该处的溶液就达到了对 $CaCO_3$ 溶解的饱和状态。这些离子如果不能转移稀释，则将在岩-水界面附近形成一个密集的离子层或局部饱和层，阻止 $CaCO_3$ 的继续溶解。

不仅如此，自然界中，碳酸盐岩并不是单一矿物的绝对均质体，组成岩石的各种矿物的溶解特性存在差异。实验观察表明，大多数碳酸盐岩经过一定溶解作用后，表层的易溶矿物被溶解带走，岩石表面残留的不溶或难溶物微粒构成一层膜，这也将阻碍溶液对岩石的溶解作用向岩石深部继续进行。

岩-水界面附近的密集离子层或局部饱和层主要在两种情况下被转移疏开。如果水溶液是流动的，这些密集的离子或分子微粒将被水流携带疏开，同时在流动过程中，由于水动力作用，溶质微粒还要在水流路线上向四周扩散开去，这种现象被称为"水动力弥散"，亦称"流速场效应"。显然，水流速越快，溶质的弥散迁移越显著，使溶质的局部浓度被冲淡，如果水溶液的流动极其缓慢，那么溶质微粒在其离子或分子活性动力影响下，也将从高浓度区沿浓度梯度向低浓度区运动，直到浓度梯度消失为止，这种现象被称为离子或分子的"自身扩散"，亦称"浓度梯度效应"，这也可以使岩-水界面处的密集离子层或饱和层自动缓慢疏开。

2.2.2　灰岩与白云岩溶蚀差异性研究

刘再华等（2006）对灰岩和白云岩溶解速率控制机理进行了实验和理论分析，认为在条件相似的情况下，白云岩的初始溶解速率不仅只有灰岩的 1/60～1/3，而且灰岩和白云岩的溶解呈现出不同的速率控制机理。对灰岩而言，在实验中加入能催化 CO_2 转换反应的生物碳酸酐酶（CA）后，溶解速率增加出现在 CO_2 分压大于 100Pa 的区域中，最高可达 10 倍，而对白云岩而言，溶解速率增加出现在 CO_2 分压小于 10 000Pa 的区域，且增加仅 3 倍左右。此外，虽然两类岩石的溶解均受水动力条件（旋速或速率）的控制，且主要出现在 CO_2 分压小于 1000Pa 的区域里，但灰岩的溶解对水动力条件的变化比白云岩溶解更敏感。这些差异进一步表明白云岩的溶解特征是由于其具有更复杂的表面反应控制机理造成的。

上述发现在解释和揭示自然界灰岩和白云岩岩溶发育及其相关资源环境问题的差异方面具有重要意义。

首先，尽管碳酸酐酶对碳酸盐岩溶解速率的显著催化作用是室内实验获得的结果，但它对自然界的碳酸盐岩溶解具有重要的启示意义，因为碳酸酐酶在自然界中普遍存在，即在动物、植物和某些微生物中都有发现。因此，实验结果表明，化学风化（包括碳酸盐岩溶解和硅酸盐岩风化）作用在大气 CO_2 沉降和全球碳循环里的重要性需要重新评价。无疑，以往的研究由于未认识到 CA 在风化中的催化作用，因此低估了风化作用的速率，同样也低估了风化作用对大气 CO_2 沉降的贡献。另外，这个发现也表明了研究自然界不同水体中 CA 分布及其活度和 CA 在自然界风化作用中的必要性。

其次，白云岩溶解速率远远低于石灰岩溶解速率，它解释了自然界白云岩岩溶发育强度弱于石灰岩岩溶发育强度的现象，而白云岩溶解更复杂的表面控制机理和灰岩溶解更显著的 CO_2 转换控制与溶质传输控制机理，则说明灰岩的溶解将主要以受流速和碳酸酐酶控的差异性溶蚀为主,但白云岩以受表面控制的均匀溶蚀为主,因而白云岩岩溶发育和含水性更均匀。

2.2.3 岩溶分异作用

岩溶分异作用(karst differentiation)是指可溶岩体中,大型洞穴、溶蚀管道和细微裂隙并存,这是裂隙扩大和水循环加剧相互作用的结果,即裂隙扩大,增加渗透性、侵蚀性,形成管道,从而加速了水循环;水循环的加剧,进一步扩大管道,这样结果必然使一部分岩体岩溶化超前,另一部分滞后,从而使岩溶介质具有高度不均一性,形成双重介质或三重介质,并在同一水流系统中产生渗流及紊流不同的流态,这种岩溶分异作用在石灰岩与白云岩中截然不同,在石灰岩中表现得最为强烈,原因主要体现在以下几个方面。

(1)溶蚀动力学机制为碳酸盐类岩石发育大型溶洞提供了有利条件。碳酸盐成岩矿物,如方解石为动力溶解盐类,地下水沿灰岩管道或裂隙流动时,侵蚀性(方解石容量)衰减(呈双曲线)较扩散溶解矿物石膏和石盐(呈指数衰减)缓慢,相比之下方解石达到同一饱和度需花费的时间比石膏和石盐多。石膏达到99.9%饱和度需$10L_{1/2}$(10倍半饱和流程),方解石则需$1000L_{1/2}$。当裂隙张开宽度为1mm,水流速度为1cm/s(864m/d),水温为20℃时,石膏99.9%饱和流程为13.2m,大理岩为4.05km,相差300余倍。因此,在石膏层中地下水很快达到$CaSO_4$饱和,不利于溶蚀分异进行。

(2)在灰岩中流动时,地下水的方解石侵蚀性因环境CO_2(如土壤CO_2)不断扩散补充而得到恢复,石膏和石盐不具备这一条件。

(3)碳酸盐成岩矿物的溶解过程因有CO_2的参与,即使没有外界CO_2扩散补充,地下水也会因两种不同矿化度水流混合而出现混合侵蚀性,这一现象被认为是碳酸盐类岩石岩溶在深部发育的一种重要机制。

(4)泥质和白云质碳酸盐岩分布广泛。碳酸盐矿物溶解过程的上述一系列特点,是碳酸盐岩溶发育深度大、分异性强的基本原因。但是上述优势只在质纯厚层灰岩中得到充分展现,而在含泥质和白云质等杂质的碳酸盐类岩石中受到抑制,岩溶介质分异强度减弱,深度减小。

(5)纯质灰岩是地质剖面中的汇水和输水刚性地质体。纯质灰岩有两种:一是礁类建造,沉积期即为固结岩石;二是生物碎屑灰岩,早期被次生方解石胶结,成岩期固结。在成岩后期至后生和风化期,两者在碳酸盐岩地层剖面中均扮演刚体角色。流体在地层压力的驱动下,从柔性地层不断进入刚性的灰岩层,并经过它们排泄,加强了纯灰岩层内岩溶反馈环的分异作用,导致强烈的介质分异,这应是灰岩岩溶分异特别强烈的一个至关重要的原因。它也是刚性含水层在地下水盆地中往往起导水作用这一更普遍规律的原因,只是碳酸盐类岩石较其他岩石有更大的溶蚀性,使得这一规律更加突出。

(6)白云岩溶滤不是集中在裂隙表面,即不是在有对流(convective)水活动通道的边壁上,而是通过扩散溶滤分散到整体岩石之中。在没有水流的地方,同样有溶滤作用存在,从而一定程度上破坏了岩溶发育和水循环互相加剧的法则,遏制了岩溶分异作用的进行。

白云岩溶蚀破坏一方面产生白云岩粉(溶余物质),另一方面形成次生方解石脉(经搬运后重新沉淀的次生物质)。产自白云岩溶蚀破坏的溶余物质和次生物质与灰岩相比大幅度增加,有效地充填和堵塞了水循环通道,从而阻碍和抑制了岩溶通道超前扩大的分异作用。

(7)由于分异作用弱化,白云岩地层较少形成大型空洞,主要发育一些小型形态结构(晶孔、溶孔、孔洞和蜂窝状结构等)。但当岩溶分异作用发生条件特别良好时,或者促使岩石岩溶分异弱化的原因(扩散溶蚀、残余和次生充填物的堵塞作用等)受到某种遏制时,在白云岩中仍能形成大型地下空洞,只是要求一些特殊条件的组合:①优越的裂隙张开条件;②白云岩粉的冲刷和搬运条件。这些条件组合在水平循环带和垂直循环带中出现的机会较多,在水平循环带以下同时出现机会极少。这可以解释为什么在水平循环带和垂直循环带内可见到一些简单形态的白云岩溶洞,在水平循环带以下的虹吸带及更深处溶洞并不发育。

(8)白云岩区总体溶蚀强烈。白云岩岩溶虽然分异作用较弱,但是岩石的化学剥蚀速度比灰岩快,这一点首先可从白云岩地下水矿化度大于灰岩得到证实。它还可以解释白云岩区地形发育的一个宏观特点,即灰岩洼地的负地形只占灰岩总面积的 35%～40%,白云岩区负地形占 65%～70%,这提供了白云岩层总体溶蚀强烈的宏观证据。

2.3 硫酸盐岩岩溶发育特征

2.3.1 硫酸盐岩的分布

硫酸盐岩中石膏和硬石膏的形式在世界各地广泛分布,据 Ford 和 Williamas(1989)估计,石膏、硬石膏及共生盐类(NaCl)的分布面积占陆地面积的 25%,约有 $6000 \times 10^4 km^2$。此外,据 Maximovich(1964)计算,陆地石膏和硬石膏单独分布的面积约有 $7000 \times 10^4 km^2$,两者数据是很接近的。

在前寒武纪及整个古生代,石膏和硬石膏在全球就有广泛的沉积(图 2-3)。

硫酸盐岩主要分布在北半球,特别是美国,国土面积的 35%～40% 有硫酸盐岩分布,俄罗斯及其周边地区也有较多分布,石膏和硬石膏的分布面积约 $500 \times 10^4 km^2$,比碳酸盐岩分布面积大。

我国石膏与硬石膏分布也很广泛(图 2-4),硫酸盐岩岩溶极具特色,在水文地质、工程地质、环境地质方面有重要意义,日益引起重视。华北地区的奥陶纪海相石膏,西北地区的新近纪—第四纪湖相石膏及古近纪湖相石膏,华南的寒武纪海相石膏,三叠纪海相石膏,白垩纪湖相石膏及古近纪湖相石膏都广泛分布。

2.3.2 硫酸盐岩溶蚀作用

硫酸盐岩岩溶与碳酸盐岩岩溶的不同之处,首先在于硫酸盐岩可直接被水所溶解,而碳酸盐岩却要借助溶剂 CO_2 的作用产生溶解。

第2章 岩溶发育及岩溶水文地质特征

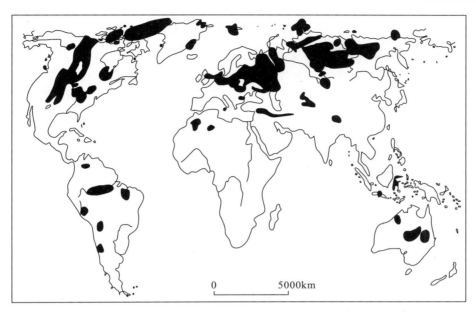

图 2-3 前寒武纪及古生代石膏和硬石膏沉积分布示意图(据 Klimchouke,1996)

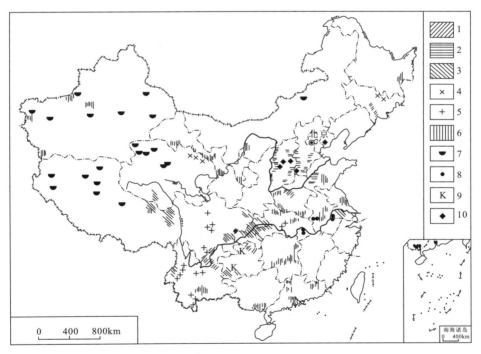

图 2-4 中国石膏成因类型及有关年代分布示意图(据卢耀如等,2006)
1. 寒武纪海相石膏沉积;2. 奥陶纪海相石膏沉积;3. 三叠纪海相石膏沉积;4. 石炭纪海相石膏沉积;5. 白垩纪湖相沉积;6. 古近纪湖相石膏沉积;7. 新近纪—第四纪湖相石膏沉积;8. 热液与变质作用石膏(典型地点);9. 岩溶作用生成次生石膏(典型地点);10. 石膏溶蚀导致煤系地区形成陷落柱

例如，石膏本身就可由固体转变为两相固、液体，即 $CaSO_4 \cdot 2H_2O \underset{}{\overset{H_2O}{\rightleftharpoons}} Ca^{2+} + SO_4^{2-} + 2H_2O$；硬石膏 $CaSO_4$ 被水溶解为 $CaSO_4 \underset{}{\overset{H_2O}{\rightleftharpoons}} Ca^{2+} + SO_4^{2-}$。

硫酸盐岩石膏被水所溶解的溶解度也随着温度、压力而变化。在20℃时，石膏的溶解度为 2.531 9g/L，比盐（NaCl）的溶解度 360g/L 要低 140 倍。所以，硫酸盐岩石膏的可溶性介于碳酸盐岩和盐岩之间，应为中溶盐岩。

石膏本身硬度较小，所以在自然界中，除了遭受化学溶蚀作用之外，也易于遭受机械物理方面的破坏作用。由于石膏等硫酸盐岩的易溶和软弱的力学性质，所以岩溶发育的特性与自然界中碳酸盐岩岩溶有差别。

石膏被水直接溶解，溶解度比碳酸盐岩大得多，碳酸盐岩（石灰岩、白云岩等）虽然也可被水溶解，但溶解度较小，主要借助于溶剂 CO_2 的作用增大溶解量。可溶岩在纯净水中的溶解度见表 2-1。

表 2-1 纯净水中几种可溶岩的溶解度值

名称	化学分子式	溶解度/(mg·L^{-1})	
		冷水	热水
方解石	$CaCO_3$	14(25℃)	18(75℃)
文石	$CaCO_3$	15.3(25℃)	19(75℃)
白云石	$CaMg(CO_3)_2$	320(18℃)	
石膏（一）	$CaSO_4 \cdot 2H_2O$	2410(30℃)	2220(100℃)
石膏（二）	$CaSO_4 \cdot 2H_2O$	2400(20℃)	2200(100℃)
硬石膏（一）	$CaSO_4$	2090(30℃)	1619(100℃)
硬石膏（二）	$CaSO_4$	2100(30℃)	1600(100℃)
半水石膏	$CaSO_4 \cdot 1/2H_2O$	3000(20℃)	

注：数据来源于《物理学和化学手册》(1974—1975)。

我国石膏、硬石膏多产于碳酸盐岩地层中，以厚层状、薄层状或透镜体状夹于白云岩层或石灰岩层中，在陆棚海相沉积旋回中，往往是石灰岩类先沉积，接着白云岩类沉积，最后为石膏岩盐，而新的沉积旋回又以石灰岩类开始沉积。因此石膏层的底板多为白云岩类，而顶板多为石灰岩类。因此石膏的溶蚀作用往往与碳酸盐岩混合溶蚀。大量的试验和野外观察说明石膏的溶蚀作用（膏溶作用）大大加速了其顶底板碳酸盐岩的岩溶作用。这是因为石膏溶于水后生成 SO_4^{2-}，即使没有其他来源的 CO_2，也会产生 H_2CO_3 增加溶蚀二次效应，增大对碳酸盐岩的溶蚀量。

2.3.3 硫酸盐岩-碳酸盐岩复合岩溶作用——以中国华北地区为例

中国与世界各地的硫酸盐岩石膏主要形成于古生代碳酸盐岩地层中，如我国西南地区下三叠统嘉陵江组,即为厚达600~800m的碳酸盐岩-硫酸盐岩混合建造,共含4~6层石膏层,每层厚10~30m,局部可达50m以上。

华北地区中奥陶世地层中普遍有石膏夹层(图2-5),主要含膏层位是各组的底部。原始沉积为一套潟湖相泥晶白云岩-泥质碳酸盐岩-石膏及硬石膏岩混合建造。由于岩溶作用的破坏,地表及浅层部位的石膏少见,常见的是大量层次不清的膏溶角砾岩,它们被认为是原来含石膏层溶蚀后的产物。仅在石炭系—二叠系覆盖区的深孔岩芯中才能见到保存完好的石膏和硬石膏。山西及太行山东侧等地的勘探中都有石膏层。据太原西山几个石膏矿区勘探和开采资料,峰峰组($O_2 f$)含膏层厚100~150m,矿带厚50m左右,矿体多为层状和似层状,部分呈透镜状。

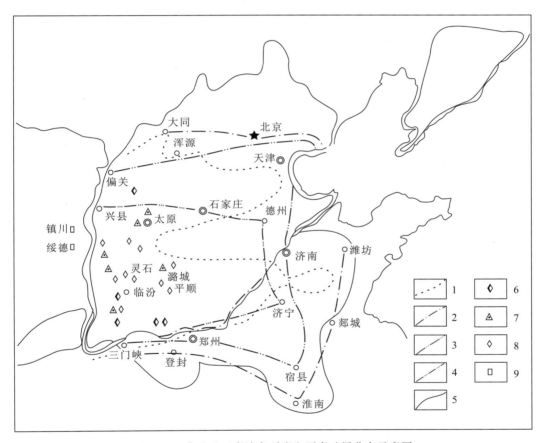

图2-5 华北地区膏溶角砾岩和石膏矿层分布示意图

1. 亮甲山期云坪分布区;2. 下马家沟期膏溶角砾岩分布区;3. 上马家沟期膏溶角砾岩分布区;4. 峰峰期膏溶角砾岩分布区;5. 岩溶区界线;6. 石膏矿化矿点;7. 小型石膏矿;8. 大中型石膏矿;9. 石盐矿

碳酸盐岩-硫酸盐岩混合建造作为统一的地质体,在形成后经历了复杂的地质过程,包括地质构造作用过程、地球化学过程、岩溶发育过程等,由于石膏与碳酸盐岩化学成分、水理性质、物理性质等差异性很大,在上述各种作用过程中,两种岩体的岩溶化过程相互影响,形成特殊的碳酸盐岩-硫酸盐岩岩溶作用及岩溶现象——膏溶作用和膏溶现象。

1. 石膏的后生变化和破坏

根据本区地质历史和膏溶特点分析，原生石膏沉积后，经历了复杂的地质过程，具体如下。

(1) 构造作用：区域构造作用，特别是中生代燕山运动的褶皱断裂，是促成一系列膏溶作用的条件之一。区域性褶皱断裂一方面加大了石膏层的盐丘状聚集，同时又形成了节理裂隙网，成为地下水向深部循环运动的通道。而后期断块运动使山西高原及太行山区大幅度抬升，地表河流迅速下切，加速了地下水的深循环和膏溶作用的发生与发展。

(2) 硬石膏水化膨胀作用：随着地下水不断向深部循环，逐渐影响到硬石膏层，使其水化变为石膏。在此过程中它的体积增加 67%，并产生极大的体积膨胀力，从而在含膏层本身和上覆岩层中造成强烈的挤压变形与破碎。这种水化学作用首先是沿着节理裂隙和层面进行，因此常形成马尾状、树枝状、条带状和网状水化作用带。随着水化作用的扩展，几个水化带相互沟通，硬石膏大部变为石膏，仅在局部残留孤岛状硬石膏岩带。

(3) 石膏的溶解破坏：据娘子关地区试验资料分析，石膏（含少量硬石膏和白云石斑块）的溶解速度是石灰岩和白云岩的 5～10 倍。常温常压下石膏的溶解度约 2g/L，又比石灰岩和白云岩高 5～20 倍。因此，夹于碳酸盐岩中的石膏总是最先溶解，并导致碳酸盐岩层的一系列破坏作用。

2. 膏溶作用对碳酸盐岩岩溶发育的影响

根据膏溶作用过程及其特点，对全区中奥陶统碳酸盐岩岩溶发育的机理、强度和形态特征有着极大的影响，主要特征如下。

(1) 形成特殊的似层状膏溶破碎带。这种破碎带包括上、下两部分（图 2-6）。下部在含膏层位中，为膏溶角砾岩和强烈揉皱破碎的薄层泥晶白云岩及泥质碳酸盐岩等。上部为发育在上覆灰岩段中的挤压破碎带和裂隙密集带。挤压破碎带在剖面上常显示为一系列倒锥状破碎岩体，厚 10～30m，多见密集的节理破碎，由杂乱的灰岩块石组成，并常有溶洞发育。裂隙带中大量张裂隙由下向上呈放射状延伸，各处厚度不一。

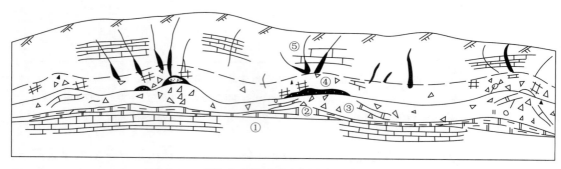

图 2-6　膏溶破碎带剖面示意图（据山西省平定县）

①完整的下伏灰岩层；②强烈揉皱的泥灰白云岩层；③膏溶角砾岩带；④压碎岩带及溶洞；⑤裂隙密集带

这种膏溶破碎带全区普遍可见,上、下两部分在水文地质方面却有着不同的作用。下部的膏溶角砾岩和泥质碳酸盐岩揉皱带通常透水性很差,具相对隔水性质。而上部的灰岩破碎带岩溶都较发育,在地下水的径流及排泄区常形成相对均匀而又稳定的似层状富水带,在开发利用过程中,这些部位常可遇到丰富的岩溶水。

(2)形成特殊的岩石类型——膏溶角砾岩。这种角砾岩在中奥陶统中普遍可见,它的分布、成分和结构等有 4 个突出特点:①在该区有固定层位,都与含膏地层紧密相关。沿同一角砾岩层追索和钻探可以发现膏溶角砾岩在地表可以沿走向变为泥晶白云岩和泥质碳酸岩层,在地下则逐渐过渡为含膏层(图 2-7);②角砾和胶结物的成分与含膏层及上覆地层岩性相同;③角砾大小混杂,无磨圆,没有搬运的迹象;④角砾岩层本身及顶板岩层都非常杂乱破碎,底板岩层却非常完整,层面平整清晰。上述特点说明这些角砾岩不是由原生沉积或构造作用形成而应是膏溶作用的产物。

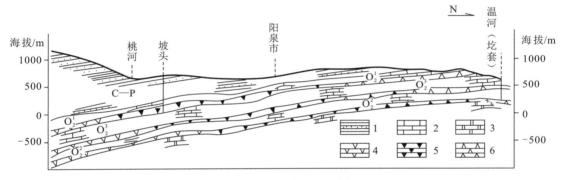

图 2-7 山西阳泉膏溶作用剖面图

1. 砂页岩盖层;2. 石灰岩;3. 白云岩;4. 含硬石膏岩层;5. 含石膏岩层;6. 膏溶角砾岩;O. 地层代号

(3)形成特殊的岩溶现象——古岩溶陷落柱。此类形态常见于中奥陶统岩层裸露区及其上覆的石炭系—二叠系中,据霍县煤矿区一些地段的调查统计,平均分布频率为 37 个/km^2,最高达 72 个/km^2。它的平面形态多呈圆形,直径数十米至数百米不等,主要特征是由上覆地层成分组成的岩体突然呈柱状体杂乱地进入下伏地层中,与围岩明显不同(图 2-8)。陷落深度常达百米以上,地表可见弧形岩壁。一些煤矿坑道中所见的"无煤柱"实际上也是古岩溶陷落柱。综观全区陷落柱的分布和发育特点可以看出:①地表所见的陷落柱都始于含膏层位;②陷落体内的成分虽然杂乱,但大都具有由下而上、由老

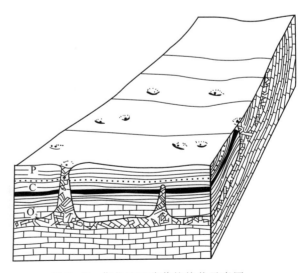

图 2-8 华北地区陷落柱块状示意图

变新的顺序，某些大型陷落柱尚保存着较正常的地层层序；③陷落柱在剖面上往往下大上小，与一些在剖面上所见的倒锥状破碎体形状十分相似。

古岩溶陷落柱无疑是膏溶作用的产物，在山西高原及其形成过程中，首先是盐丘状聚集的硬石膏水化过程中的巨大膨胀力将上覆岩层挤碎；继而因大量石膏及其周围岩石的溶蚀形成大的地下空洞；在此基础上破碎的顶板岩层不断崩塌、陷落及至冒顶，从而形成常见的陷落柱。事实上，尚有大量的古岩溶陷落柱还没有发展到地面，成为隐伏的陷落柱，在煤炭开发中经常遇到的"无煤柱"，即是这种隐伏的陷落柱（图 2-8）。

古岩溶陷落柱的形成经历了漫长的地质历史时期。在太行山东侧发现的陷落柱，有的柱体是倾斜的，而与地层保持垂直关系，说明该陷落柱与地层一起受到中生代地壳运动的影响，该陷落柱很可能是中生代早期形成的（图2-9），现已停止塌落。

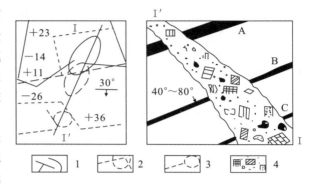

图 2-9　岩溶陷落柱与围岩关系平面图（左）和剖面图（右）
1. 青山煤层中的巷道及陷落柱边界；2. 野青煤层、巷道及陷落柱边界；3. 大层煤中的巷道陷落柱边界；4. 陷落柱中的崩积物；A、B、C. 大煤、野青、山青的煤层编号

开滦范各庄煤矿中导致煤矿涌水的古岩溶陷落柱（图2-10）显示了更为复杂的情况。该陷落柱的根部大约在中奥陶统上部的含膏层位，向上伸延到中奥陶统灰岩顶面以上280m左右，为一弯曲柱体。在煤系地层第14层煤层以下大致与地层层面垂直，柱体呈倾斜状。在第14层煤层以上柱体呈垂直状。由于地层软硬相间，柱体断面也大小不同，在软弱地层中，断面达3647m²，在硬岩层中为1312.5m²。柱体顶部具有3~32m高的空间，且该陷落柱还在发展中。柱体内破碎岩块十分松散，导水性良好。在奥陶系含水层高压水头作用下，成为向矿井涌水的通道，造成灾难性的突水。突水高峰时，涌水量达2053m³/min。

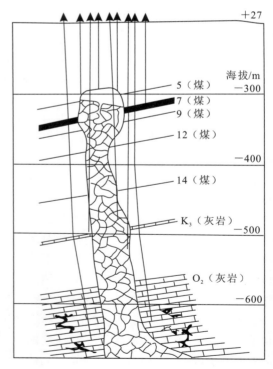

图 2-10　开滦范各庄陷落柱（据开滦煤矿）

2.4 岩溶含水层中通道-管道-溶隙系统的发育理论

2.4.1 概述

岩溶含水层的最大特征是含水介质的高度不均一性。地下水只蕴藏、运动在通道-管道-溶隙系统中,这种系统在岩溶含水层的三维空间中,一般仅占2‰～5‰,在洞穴发育极为强烈的情况下,可能达到10‰。从应用水文地质及工程地质的角度,最重要的是找到地下通道、管道、溶隙的具体位置。洞穴探测、地球物理探测、钻探等手段为研究岩溶含水层结构及水流特征提供了重要资料,但对于认识一个面积数百平方千米的岩溶含水层系统中通道-管道-溶隙的三维分布规律显然是不够的。

因此要求我们必须从理论上的探讨通道-管道-溶隙系统的发育规律,国外一般称洞穴系统发育(The Development of Cave Systems)的理论。

国际洞穴联合会(International Speleological Union)将洞穴定义为:洞穴是地下岩体中自然人可进入的空洞。这个定义中没有成因的概念。福特认为岩溶洞穴是由于溶蚀作用形成的空洞,有效管道直径为5～15mm,地下水流通过该管道时,水流状态从层流转变为紊流。福特给的定义为:在补给点和排泄点之间的岩溶化岩体中可形成紊流的、连续完整的管道系统,其中部分人可进入。由此可见,福特对洞穴的定义更符合岩溶水文地质学的要求。但笔者认为,某些岩溶裂隙富水带(如我国北方岩溶区的"岩溶强径流带")富水性极高,但其未必为紊流状态,也应包括在系统之内。

2.4.2 溶隙-管道-通道系统形成演化模式研究

1. 概述

参考国内外学者的研究成果,结合笔者对我国岩溶区长期的调查研究,对岩溶含水层中洞穴-管道-溶隙系统的形成演化模式提出了如下认识:

(1)尽管不同的学者对本问题的研究有不同看法,如洞穴系统(cave systems)、地下河系统(subterranean river systems),但笔者认为无论从理念上还是实际实用方面都应把一个完整的岩溶水和系统作为研究对象,即研究一个岩溶泉域或地下河流域内的岩溶含水层中有统一水力联系的洞穴-管道-溶隙系统(简称为洞隙系统)的形式演化模式。研究的目的主要是判断洞隙三维分布及水流状况,而这是最困难的,不解决这个问题就难以解决三维岩溶水文地质、岩溶工程地质及环境地质问题。

(2)岩溶发育的必要条件之一是可溶岩体必须具有透水的裂隙、孔隙。与国外不同的是中国大陆的碳酸盐岩大多是三叠纪以前的古老坚硬的岩层,成岩程度高,原始孔隙低(<2‰),但由于长期构造运动,岩体中构造断裂发育,并形成构造断裂系统,为岩溶水渗流

及岩溶发育提供了初始发育条件。国外的研究往往只注意碳酸盐体中的层面及节理,对构造断裂系统与岩溶洞穴的发育导向性涉及较少。我们认为以构造断裂为主体形成的岩溶结构面系统对洞系的发育导向作用应该是我国岩溶研究的重点。

(3)国外学者普遍对岩溶水系的整体地质构造形态影响洞隙的发育和分布情况讨论很少。我国地质构造较为复杂,即使在地台区各种形式的褶皱及断裂也很发育,形成了很多由非可溶岩圈闭的面积为 $n \times 10 \sim n \times 10^3 \, \text{km}^2$ 岩溶水系统,如湖南洛塔岩溶水系统为典型的向斜圈闭构造,贵州百郎地下河系统是典型的背斜圈闭构造,云南南洞地下河系统处于大型断陷盆地,北方许多大的泉域都处于单斜区和断块构造区。这些构造形态不仅对泉域或地下河域的边界范围有影响,而且影响与其共生的断裂及各种结构面、控制了洞隙系统的发育及三维分布。

(4)国外学者普遍注重岩溶含水层的补给方式,如侧向单孔道补给、单排多孔道补给、面上多孔道补给等,认为补给点是岩溶洞穴发育的初始点。我国学者朱学稳认为流入型洞穴可发育成大型洞穴。

补给通道,特别是外源水补给通道,是岩溶洞隙形成的初始点,通过它往往形成主通道,而当补给点呈多排多点情况下,各自均可发育岩溶管道,在相互发育竞争条件下,相通连通、袭夺,形成洞隙网络系统。

至于流出型洞穴大多为小型洞穴的观点可能不确切。河谷排泄区的大型地下河出口,往往形成大的洞穴通道,这是因为排泄口集整个流域的地下水流,整体溶蚀能力和侵蚀能力是一些补给分散的流入洞穴不能相比的。大型的流出型洞穴分布很普遍,如本溪水洞、桂林冠岩地下河出口、安顺龙宫洞。即使在中国北方岩溶泉域,在补给径流区几乎见不到现代流入型溶洞,而在排泄区每个大的泉口都有现代岩溶管道或大型溶蚀裂缝,这已被大量勘探和取水工程证明。此外,在中国南方山区大量的交通隧道施工揭露的大型涌水洞穴也多在排泄区。在补给区也揭露了一些大型溶洞,但多处于饱气带并被泥砂淤积,多为被遗弃的老洞穴。

2. 岩溶结构面的概念及其作用

任何一个岩溶水系统(如岩溶泉域、岩溶地下河域等)都是由各种边界(如隔水层、隔水岩体、地下分水岭等)所圈闭的可溶岩地质体。该地质体主要是以碳酸盐岩建造为主,同时可能含有石膏、岩盐及非可溶岩夹层。碳酸盐岩是岩溶发育的物质基础,在其形成过程中经历了建造和改造的复杂地质过程,从而使该岩体具有复杂的内部结构。一方面,从岩体的总体结构来看,岩溶水系统内的岩体是由岩溶结构面和结构体两部分构成。岩溶结构面是指不同成因、不同规模,但有利于岩体中地下水流运动和溶蚀作用的地质界面和切割面;结构体是由不同产状的岩溶结构面相互切割而形成的形态各异、大小不一、岩层种类不同的块体组合。由于岩溶结构面的不均一性和不连续性、空间组合的复杂性以及结构体性质和形态的不同,造成岩溶地质体水文地质、工程地质性质的差异性和复杂性。另一方面,由于结构面的成因及后期的地质应力作用的规律,使我们可以对其不断认识,进而更好地去探讨岩溶水系统内三维水流分布及运动规律。

通过大量的洞穴探测、矿井及隧道工程揭露及地质勘探工作,我们可以确定地下岩溶管道的发育和分布主要是沿着各种岩溶结构面组合形成的(图2-11)。

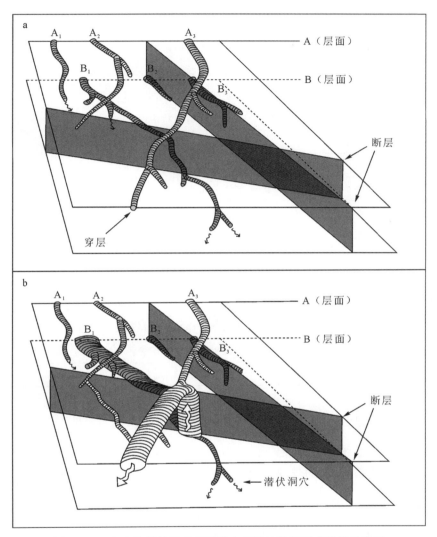

图2-11 在多孔道补给条件下潜水带溶蚀孔洞形成特征示意图
(据Ford和Williams,2007)

图2-11a中表示初始洞穴沿层面A和B延伸;A_3管道先突破排泄边界。图2-11b中B_1经由竖井与A_3连通,该处有裂隙穿透上下层面;B_1袭夺了大部分水流并扩展了管道,向下游不断延伸,除非被淤积物堵塞,否则它将进一步在B层延伸并产生袭夺作用。

3. 岩溶结构面类型及其特征

岩溶结构面是在各种地质结构面基础上溶蚀发育而形成的。按地质成因,可分为原生结构面、构造结构面及次生结构面,在其基础上溶蚀形成的岩溶结构面特征如表 2-2 所示。

表 2-2　岩溶结构面类型及特征

成因类型	地质类型		岩溶结构面特征
原生结构面	可溶岩界面		形成层面裂隙水,当与断裂带交叉时形成管道
	可溶岩与碎屑岩界面		往往形成强径流带及岩溶管道
	可溶岩与火成岩界面		多形成强岩溶带,岩溶富水带
	沉积间断及不整合面		经常形成似层状溶蚀带
	碳酸盐岩与石膏岩界面		形成强岩溶结构面或膏溶带
	石灰岩与白云岩界面		多形成岩溶富水带
构造结构面	断层节理	张性	岩溶管道多沿张性断层带发育
		压性	断层面往往隔水,但断层上盘可富水
		张扭性	沿张扭性断裂面,形成追踪或溶蚀裂隙
		压扭性	具有相对阻水性、隔水性
	层间错动	同岩性间层面错动	往往形成岩溶裂隙富水带及岩溶管道
		不同岩性间层面错动	往往形成强富水带并发育岩溶管道
次生结构面	岸边卸荷裂隙		形成平行岸边的强径流带或岩溶管道
	岩溶塌陷裂隙		形成同心圆状岩溶裂隙富水带
	风化裂隙		表层岩溶裂隙水

4. 岩溶结构面组合及其对洞隙系统发育的导向作用

任何一个岩溶水系统(泉域或地下河流域),都处于某种形态的地质体中,任何一个地质体都经历了建造和改造过程,而现今我们所见的任何一个地质体都经过地质构造作用改造,形成了规模不等的各种构造形态,如单斜、褶皱、断裂带、断块、断陷盆地等。与这些构造形态相伴形成的各种地质结构面的分布是受地质构造力学原理控制的、是有规律可循的。我国传统地质构造学和地质力学都重视地质结构面配套组合的分析,这种分析为我们研究岩溶洞隙系统分布规律提供了地质基础。

但是岩溶洞隙是由水流溶蚀形成的,含有 CO_2 的水流溶蚀作用是洞隙形成的动力。根据伯努利方程,水流动力来源于补给区与排泄点之间的总水头差。岩溶地下水总是由不同的补给点向排泄点汇集流动,但具体流程是曲折复杂的。结构面之间的完整岩体是不能通过水流的,只有那些可以通过水流、保持水流连续性,并且水头损失最小的结构面才能形成水流通道。具体的水流通道可能是很复杂的,在三维空间里,局部水流通道可以沿结构面各方向发育,水流运动方向不能简单根据位置的高低、流速大小来决定,应根据水流总水头沿流程的变化规律来判别。

2.4.3 典型地质构造条件下岩溶管道裂隙系统发育特征

1. 复式褶皱带岩溶裂隙-管道系统发育特征

在地质构造上以复式褶皱带为特征的高山峡谷岩溶山区在国内外都有分布,如欧洲的阿尔卑斯山脉、喀尔巴阡山及狄纳尔山脉等;北美洲的阿巴拉契亚山脉;亚洲土耳其的托罗斯山脉、伊朗的扎格罗斯山脉等。我国川陕交界处的大巴山脉,是典型的复式褶皱构造高山峡谷岩溶山区。地层产状直立或倒转,并伴随大量走向冲断层(图 2-12)。穿越大巴山的隧道工程及水电工程等的地质勘察和工程实践为我们揭示了岩溶管道-裂隙系统的发育特征。

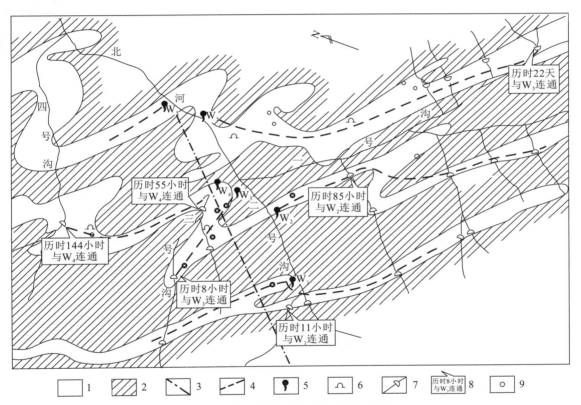

图 2-12 大巴山铁路隧道沿线地下河分布图

1. 可溶岩;2. 非可溶岩;3. 隧硐中线;4. 地下河;5. 泉水;6. 溶洞;7. 地表水漏失段;8. 连通试验结果;9. 竖井、漏斗

大巴山在地质构造上为北西向的复式背斜褶皱,由震旦系到三叠系组成。地层总厚度约 3000m,其中碳酸盐岩地层占 70%。大巴山铁路隧道穿过整个山体,最大埋深达 800m。

本区为侵蚀溶蚀裸露岩溶山区。地形陡峻,沟谷发育。地层近于直立,可溶岩与非可溶岩相间分布,呈狭长条带顺山体方向延伸,与隧道直交。地表岩溶形态,除大量季节性干谷外,落水洞、竖井及溶洞普遍分布,特别是地下暗河管道系统,成为隧道的主要威胁。

该区属亚热带季风气候,多年平均降水量为 1500mm 左右。

研究区内地表水、岩溶管道裂隙水系统的三维空间均显示了岩溶地质结构面的控制作用。对该区岩溶地质结构面的研究,显示了不同性质的岩溶地质结构面的分布及其配套关系(图2-13)。

岩溶结构面对岩溶管道裂隙水系统控制作用主要体现在以下几个方面。

(1) 区内主要河流——北河及其支流主要沿北东向40°左右的张性断层、裂隙带发育,成为各地下河的排水基准。大多数地下河及泉水,排向北河,河水位高于隧洞100~400m。

(2) 区内地下河均沿北西310°左右面的压性区域断层面及可溶岩与非可溶岩界面发育。

(3) 隧道多次穿过岩溶地层,在暗河管道的深部循环带(泉水出露标高以下100~500m)共发生100m³/h以上的大、中型涌水6次(图2-14)。其中第二含水段特大突水,瞬时流量达6000m³/h,硐内淤砂12 000m³,给施工造成很大的危害,100m³/h以下小型涌水25~30处。见有4种岩溶涌水方式。

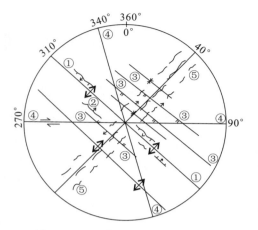

图2-13 区域构造结构面组合图
①区域压性结构面—区域走向背斜;②纵张断裂带;③走向压性逆断裂;④张扭性、压扭性断层;⑤横张裂隙带、断层

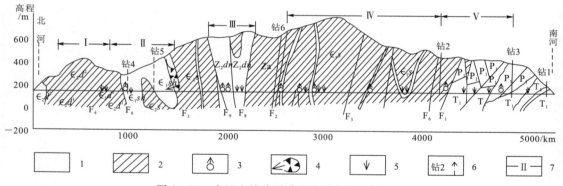

图2-14 大巴山铁路隧道岩溶涌水位置剖面图
1. 可溶岩;2. 非可溶岩;3. 岩溶管道涌水;4. 溶洞突水;5. 溶隙渗水;6. 钻孔;7. 含水段

溶洞突水,从溶洞状大型通道集中涌水,流量大、出水突然、水势猛,并携带大量泥砂,引起一条或多条暗河水倒灌。

管道涌水,一般由直径小于10cm的管道,成股集中涌出,流量1~10m³/h。只引起少部分暗河涌入隧道,携带少量泥砂。

裂隙涌水,沿裂隙面分散出水,在硐内形成水帘。流量一般不到1m³/h,不携带泥砂或带有少量泥砂。

裂隙、孔洞普通渗水和滴水,在个别岩石破碎地段,整段普通渗水滴水,见于第三含水段灯影组上部破碎和多孔的白云岩。

隧道的涌水部位受深部岩溶分布的直接控制。

深部岩溶发育极不均一,在长100~200m可溶岩含水段上,只有一个或两个岩溶发育带,每带一般不超过10m。因此隧道在含水段掘进时,并不是到处涌水,恰恰相反,涌水只在局部地段。

深部岩溶分布均与结构面有关。隧道几次大中型涌水均发生在一定的结构面或其影响带。洞内大量观察可见,深部岩溶主要和某些较大的走向冲断层、岩性界面及横张断裂有关。前者往往具有双重性,断层面和界面本身往往阻水,但在其破碎影响带中则集中发育岩溶,如第二含水段特大涌水就发生在 F_1 断层上盘影响带。而横张断裂本身往往含水,形成串珠状管道涌水。

含水结构面也并非普遍含水。当坑道揭露含水结构面时,水只从个别出水口涌出。

由此可见,岩溶沿结构面向深部发育时,主要是形成管道系统。这为隧道在通过含水结构面时,绕避较大的溶洞提供了有利条件。

根据本隧道的实践经验,认为这种大型通道在当地排泄基准几百米以下出现并不是偶然的。一般要求如下的条件:第一,在水文地质部位上,处于地下水排泄区,水量丰富,水循环交替迅速,岩溶发育深;第二,构造条件要有一定的含水结构面,导引岩溶水向深部循环;第三,岩性条件,大而集中的溶洞主要发育在纯质灰岩中,在相同条件下,白云岩多为分散管道状。

在某些大型背斜的核部,发育大型纵向和横向张性断层,导致岩溶发育深度达到数百米至千米以上。

2. 向斜构造岩溶裂隙-管道系统发育特征

向斜核部在中性面以上受挤压,中性面以下受到拉伸,因而易形成上压下张的二级纵张节理,由于向斜汇水条件好,当核部埋深不是很大时,岩溶发育成为重要的富水构造(图2-15)。

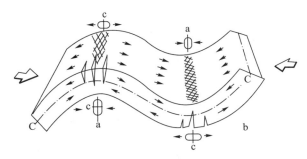

图2-15 褶皱构造不同部位发育的构造形迹示意图

褶皱翼部岩层倾斜的程度,在一定情况下反映了翼部岩层受力的强弱与变形程度。一般来说,岩层倾角越缓受力越弱,变形较轻微;岩层倾角越陡坡,受力越强,变形越强烈。

各种不同的向斜构造对岩溶管道裂隙系统模式的形成影响也不同。

(1)大-中型平缓开阔向斜:地层倾角小于20°,当其褶皱规模为大-中型时,往往有较大的补给区。如当碳酸盐岩厚度较大时,使得岩溶地层在水平或垂直方向上都有较大的连续性,故岩溶地下水的分布可以基本上不受非碳酸盐岩隔水层的影响,它是大中型地下河系形成的有利条件,常形成网格状、平伸状、树枝状的地下河系,如图2-16所示。

(2)中常-紧密向斜:在平面上构成长轴或线状,两翼地层倾角大于30°,当与许多非碳酸盐岩的间隔层组合时,形成若干相互平行、彼此间隔的岩溶地层条带。由于补给区范围较窄,使地下河具有明显的方向线,形成锯齿状、树枝状、侧羽状的地下河系,如图2-17所示。

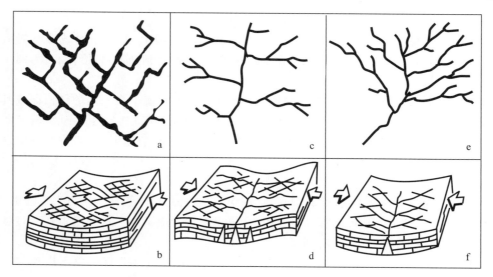

图 2-16 宽缓的向斜构造形成的地下河系示意图
a、b. 网格状地下河系；c、d. 平伸状地下河系；e、f. 树枝状地下河系

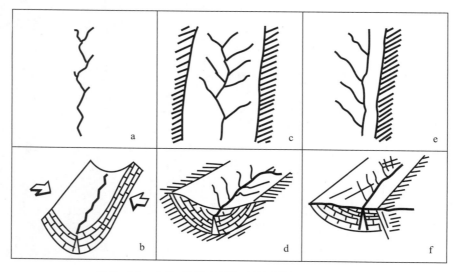

图 2-17 中长-紧密向斜构造形成的地下河示意图
a、b. 锯齿状地下河；c、d. 羽状地下河；e、f. 侧羽状地下河

湖北沪蓉西高速公路八字岭隧道地区的牛鼻子地下河系统由于 T_1d^1 页岩层构成隔水层边界，汇水面积约 $10km^2$，由 T_1d^2 岩溶化灰岩构成北东—南西走向的向斜蓄水构造。四渡河峡谷横切向斜，形成排水基准，地下河出口流量 $0.05\sim2.0m^3/s$。受向斜轴下部张裂隙及两组斜交的张扭性断层的控制，形成羽毛状地下河系统（图 2-17）。

著名的渝怀铁路圆梁山隧道在埋深 800m 的毛坝向斜核部遭遇大型溶洞突泥涌水，实际上是忽视了向斜构造在中性面以下张性断裂构造发育，造成深部岩溶发育并涌水的结果。

湖北沪蓉西高速公路野三关隧道区白岩洞地下河显示出侧羽状地下河的特征。该地下

河系统由 T_1d^1 页岩层构成隔水边界,汇水面积 $11km^2$,由 T_1d^2 岩溶化灰岩构成北东—南西向的向斜蓄水构造,地下河出口位于四渡河岸边的白岩洞(图 2-18)。根据连通试验,确认地下河主通道位于向斜东南翼,靠近 T_1d^1 隔水层边界,这是因为地下河出口受 T_1d^1 隔水层阻挡,使主通道偏向东南翼,地下水视流速为 224.9m/d,水边坡降为 150‰。地下河支流沿北西向横张断层发育。隧道施工验证了岩溶结构面对岩溶管道-裂隙系统分布的控制作用(图 2-19)。

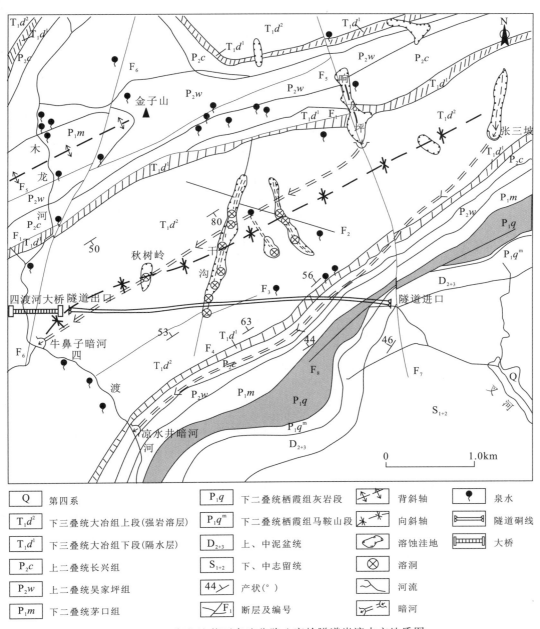

图 2-18 湖北沪蓉西高速公路八字岭隧道岩溶水文地质图

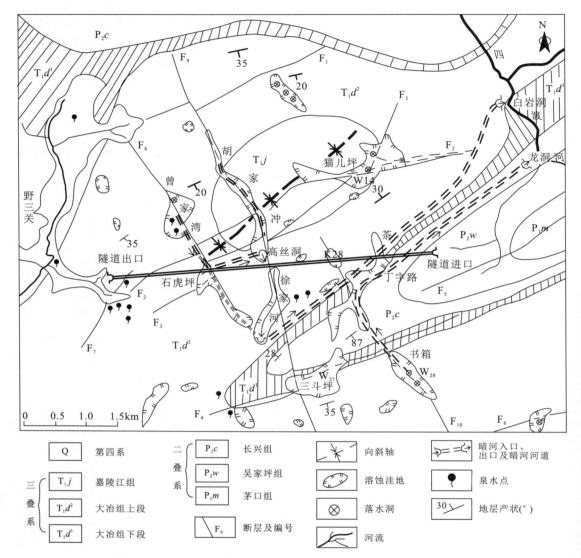

图 2-19 湖北沪蓉西高速公路野三关白岩洞地下河岩溶水文地质图

3. 背斜构造岩溶裂隙-管道系统发育特征

背斜核部在中性面以上受拉伸,中性面以下受挤压,因而易形成上张下压的二次纵张节理以及背斜轴部的共扼 X 节理。岩石较破碎,易于遭受剥蚀,在地形上形成沟谷,有利于岩溶的发育及岩溶水的富集。

我们在野外见到的各种背斜,往往是不同阶段应力场形成的构造形迹,其对岩溶及岩溶水系分布的影响也不同(图 2-20)。

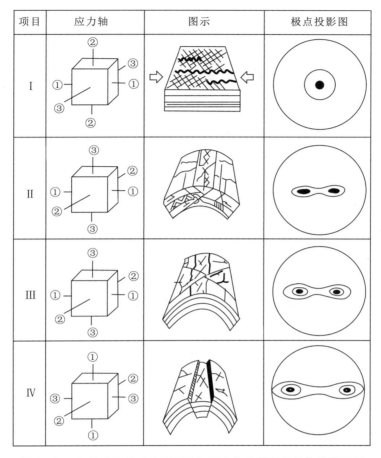

图 2-20 背斜发展过程中不同阶段应力场及其所生的构造形迹图

Ⅰ. 第一阶段,最大主应力(①最小主应力;②垂直方向,中间主应力;③水平方向,中间主应力);在褶皱形成前产生了平面 X 节理和横张节理;Ⅱ. 第二阶段,水平应力进一步加强,最大及中间主应力均为水平方向,背斜构造产生同时出现侧面 X 节理、纵张节理,随着挤压力的加强,侧面 X 节理进一步发展成为逆断层;Ⅲ. 第三阶段,随着变形的增强,水平应力逐渐释放,最大及最小主应力又为水平方向,此时平面 X 节理发展成平移断层;Ⅳ. 第四阶段,水平应力进一步释放,此时纵张节理和横张节理可发展成为正断层

以背斜构造为基本骨架的岩溶含水层溶隙-管道-通道系统在我国广泛分布,其边界条件及含水层溶隙-管道-通道网络都受其岩溶结构面的控制。

山西著名的岩溶大泉洪山泉及广胜寺泉分别出露于霍山大背斜的北端和南端(图 2-21)。洪山泉平均流量为 $1.3 m^3/s$,广胜寺泉为 $4.0 m^3/s$。

霍山大断层走向近南北,洪山泉与广胜寺泉均出露于背斜东翼的大片寒武系—奥陶系可溶岩中,背斜西翼受霍山大断层切割,仅保留零星寒武系—奥陶系可溶岩,核部为前震旦系变质岩。

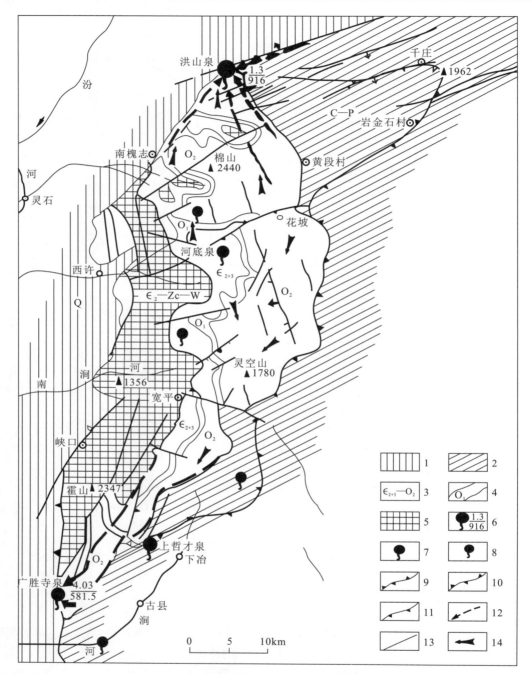

图 2-21 洪山泉与广胜寺泉岩溶水文地质图

1. 第四系松散岩孔隙水；2. 石炭系、二叠系碎屑岩溶裂隙水；3. 中上寒武统及中上奥陶统白云质灰岩、灰岩裂隙岩溶水；4. 下奥陶统白云岩裂隙岩溶水，为相对隔水层；5. 太古宙、元古宙变质岩及页岩风化裂隙水，为区域岩溶隔水层；6. 岩溶大泉=$\dfrac{\text{平均流量}(m^3/s)}{\text{出露标高}(m)}$；7. 中等岩溶泉；8. 小泉；9. 地表分水岭；10. 岩溶地下水分水岭；11. 阻水边界；12. 强径流带及其发育方向；13. 断层；14. 地下水流向泉域西界北段以大断层为界，南段以老变质岩为边界；泉域东界扩展到石炭系—二叠系砂页岩区。

泉域内的大片寒武系—奥陶系可溶岩形成厚达700~800m的岩溶含水层，周围的非可溶岩则构成了泉水的隔水边界。泉域补给主要为大气降水及外围非岩溶区的外源水。

泉域内岩溶地下水分别向北、南两个方向运动，形成北端的洪山泉及南端的广胜寺泉，两泉域之间存在地下分水岭。

大量调查及勘探工作证明，岩溶裂隙水的分布主要受背斜构造内的北东向和北西向两组交叉断裂及裂隙系统控制。北东向的结构面发育强烈，多形成断层，沿断层带发育北东向岩溶水强径流带，北西向裂隙带多见岩溶裂隙脉状水流，靠近泉口也可发育成强径流带。在整个泉域内北东向断裂带与北西向裂隙带两组岩溶结构面构成了岩溶裂隙水网络，岩溶大泉的泉口均与强径流带相连。

2.5　岩溶的埋藏类型

岩溶的类型按埋藏条件岩溶可划分为裸露型岩溶、覆盖型岩溶、埋藏型岩溶（图2-22、图2-23）。

(1) 裸露型岩溶（bare karst）：可溶岩裸露地表的地区所发育的岩溶，地表缺少植被和土层覆盖，我国西南石山区多是典型的裸露岩溶区。那里石灰岩裸露，溶沟溶槽发育，落水洞及洼地遍布，植被稀少。地表缺水，岩溶水埋藏地下分布不均。从工程地质角度，裸露岩溶山区往往地表水缺乏，多为贫困石山区，修建地表水库的最大问题是渗漏问题。铁路及公路隧道穿越裸露岩溶山区分水岭经常遇到洞穴坍塌及地下河涌水问题。

(2) 覆盖型岩溶（covered karst）：被松散堆积物覆盖的岩溶。我国与世界上很多城市一样，都部分或全部处于覆盖岩溶区，如山东济南市、河北邢台市、山西太原市、广东广州市和佛山市、深圳市龙岗区、云南昆明市、广西柳州市和桂林市等。覆盖岩溶区是人类工程活动强度最大的岩溶地区，也是岩溶工程地质问题最普遍、最严重的地区，其中包括工程地基问题、岩溶塌陷问题、城市地下空间的涌水与洞穴稳定问题等。

(3) 埋藏型岩溶（buried karst）：已成岩的非可溶性岩层之下的可溶岩层中所发育的岩溶，这种岩溶一般不反映于地表。根据它埋藏深度及其对工程地质的影响，笔者将埋藏型岩溶分为深埋藏岩溶和浅埋藏岩溶。岩溶层顶面埋深在地面100m以下，其上的非可溶岩盖层厚度在50m以上的称为深埋藏岩溶，从工程地质角度看，深埋藏岩溶对各种工程建设，其中包括深基础、城市地下空间等影响较轻。如中国北方的鄂尔多斯盆地、华北黄淮海平原，中国西南部四川盆地的大部分地区都属于深埋藏岩溶区（图2-23、图2-24）。

岩溶层顶面埋深在地面以下不足100m，且非可溶岩盖层厚度较小，或有断裂破坏，使其不能起到大面积封盖岩溶层的作用，这种情况下的埋藏岩溶称为浅埋藏岩溶。从工程地质角度看，浅埋藏岩溶对各种建设的基础城市地下空间等都有影响，必须认真考虑。如我国北方山东济南、淄博，太行山东南侧邢台、邯郸、焦作，山西太原、辽宁大连、本溪等地；我国南方广州广花盆地、深圳龙岗、湖南娄底一带，云南昆明等地均有分布。

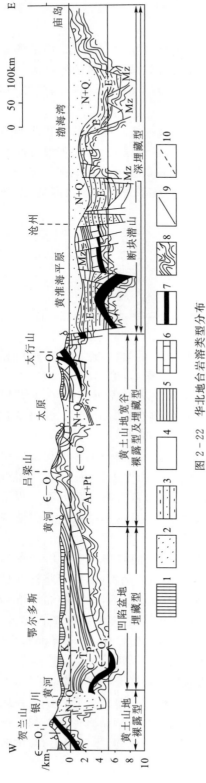

图 2-22 华北地台岩溶类型分布

1. 第四系黄土；2. 新生代凹陷；第四系沉积；3. 古近系沉积；4. 中生代碎屑沉积；5. 石炭系—二叠系碎屑沉积；6. 寒武纪、奥陶纪碳酸盐岩沉积；7. 震旦亚系（其中约50%为碳酸盐岩沉积）；8. 前震旦纪结晶基底；9. 古近系发育的断裂带；10. 新近系和第四系断裂带

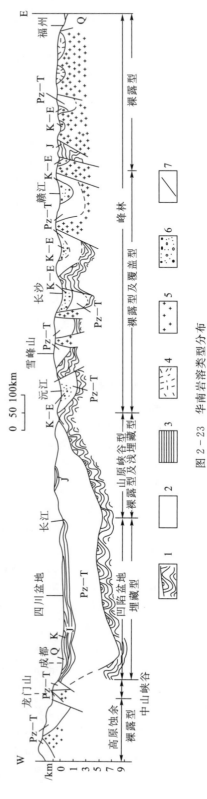

图 2-23 华南岩溶类型分布

1. 前寒武纪结晶基底；2. 古生界及三叠系沉积（其中60%以上为可溶岩）；3. 侏罗系砂页岩；4. 中生代火山岩；5. 中生代侵入岩；6. 白垩系—古近系红层沉积；7. 断裂带

2.6 深岩溶问题

对于深岩溶的含义,学术界尚未达成统一认识,主要是对深岩溶的上界问题存在争议。在水文地质与工程地质界普遍把当地河流、湖泊的最低排水面以下的岩溶称为深岩溶。但大江大河水系都是分级的,如长江水系及珠江水系流经云贵高原,其二三级支流多形成深切峡谷,如乌江及其支流六冲河、猫跳河、三岔河等;红水河及其支流南盘江、北盘江等。在这些大河峡谷两侧发育了大量的地下河,实际构成长江和珠江水系的四五级支流,这样我们就把各支流排水基准面作为当地深岩溶的上界。这种方法虽然不尽完美,但有一定实际意义,因为地表水流主要受地形控制,上下游河水有水流及水能关系。但地下岩溶主要是由地下水溶蚀形成的,而地下水的运动和地下岩溶的形成更主要的是受地下岩性及地质构造的控制,不可能形成与大流域统一的水动力场和深岩溶。实际上深岩溶的研究只能在小流域内结合具体的岩溶地质结构和岩溶发育机理进行研究。下面结合工程地质的实际情况介绍几种深岩溶类型,每种类型都是在岩溶发育的基本条件下,由某种特殊条件或因素促成了深岩溶的强烈发育。

2.6.1 蓄水构造与深岩溶

1. 向斜深岩溶蓄水构造

向斜构造裂隙具有上压下张的性质,向斜轴的下部张性、扭性裂隙发育,岩溶水常沿两翼岩层中的溶蚀裂隙向轴部汇集,富水性较好。岩溶含水层与隔水层相间排列,或有隔水断层存在,在较低部位还可形成承压自流盆地。如北京延庆西海向斜,由侏罗系火山岩和中上元古界灰岩组成,向斜槽部的岩溶水沿轴部的断裂上升,高出河床数米,形成美丽的珍珠泉,流量 $1500m^3/d$(图2-24)。

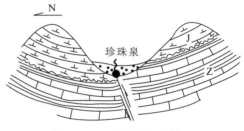

图 2-24 延庆西海向斜

又如北京平谷茅山向斜,构造上具有承压条件,在槽部所凿机井均获得大水量。上营村北面井位于茅山向斜轴部南侧,揭露杨庄组弱含水层,但当孔深达 149.7m,仍可获得 $860m^3/d$ 的水量,可见,这个部位岩溶是较发育的。

重庆市东南部渝怀铁路圆梁山隧道全长 11.068km,隧道标高 500~550m,穿越北东走向的圆梁山,隧道最大埋深超过 1000m,低于当地岩溶排水基准面 300m。

隧道穿越由三叠系及二叠系碳酸盐岩岩层组成的向斜构造,岩溶发育,形成地下河岩溶水系统,排泄口标高 850m(图2-25)。

圆梁山隧道穿越毛坝向斜段揭露了 3 个溶洞,给施工带来了巨大的困难和灾害(图2-25)。

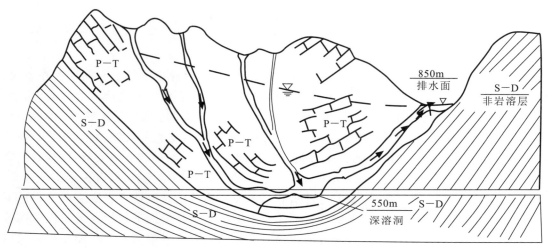

图 2-25 圆梁山隧道毛坝向斜核部溶洞突水示意图

隧道在向斜轴部揭露 3 个大型充水充泥溶洞及岩溶管道,宽度在 20～30m 之间,形成高压突水突泥,最大涌水量达 $10×10^4 m^3/d$ 以上,总突泥量达 $6×10^4 m^3$ 以上,造成重大施工事故。深岩溶主要沿向斜核部张性断层及层间滑动面发育。经 ^{14}C 测定,深部洞穴中的粉质黏土充填物的沉积年龄为 2.2～1.8 万年。以上证明深岩溶是经过数万年溶蚀而成,因此我们在判断岩溶发育时,不应忽视古岩溶问题。

2. 背斜深岩溶蓄水构造

当背斜构造为分水岭时,地表及地下水均由核部流向两翼形成分流型的地下径流。当背斜轴部为谷地时,地表水向谷地汇聚的同时,也向地下渗流。

如北京西山红庙岭-玉泉山的隐伏背斜(图 2-26),位于八宝山断裂带西侧,由奥陶系灰岩、下侏罗统辉绿岩、石炭系—二叠系砂页岩组成,背斜轴向北东。奥陶系灰岩地下水接受西南部山区大气降水入渗补给,排泄于玉泉山。在补给区和排泄区之间的水头差作用下,地下水沿背斜轴部裂隙破碎带运动和溶蚀,形成背斜轴部强岩溶带。据调查位于该背斜轴部附近的水井,孔深 788m,涌水量 $1500m^3/d$ 以上;香山植物园供水井,井深 816.73m,涌水量 $919.3m^3/d$,北京整形医院供水井,井深 1 617.3m,涌水量 $54.07m^3/d$,水温 12℃。

3. 单斜深岩溶蓄水构造

顺倾单斜岩溶蓄水构造一般在岩溶含水层倾向下游,与地下水流向一致,并在排泄区有上覆防水层或火成岩体阻挡,溢流成泉,在排泄区深岩溶发育强烈。

济南单斜岩溶系统,在泰山北麓由平缓的单斜构造组成。岩层总的趋势倾向北东,倾角 5°～20°。背斜轴部为泰山群变质岩系,翼部为寒武系—奥陶系巨厚石灰岩、泥灰岩、白云质灰岩和页岩以及石炭系—二叠系,北部有燕山期辉长岩和闪长岩侵入体。地貌形态自南向北由中低山过渡到低山丘陵(图 2-27)。地下水自南部露头区接受大气降水入渗和地表水

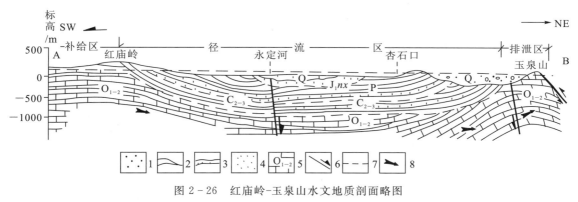

图 2-26 红庙岭-玉泉山水文地质剖面略图

1. 砂砾卵石；2. 下侏罗统辉绿岩；3. 二叠系砂页岩；4. 石炭系砂页岩；5. 奥陶系灰岩；6. 断层；7. 水位；8. 地下水流向

下渗补给,沿着层面裂隙和近南北向的构造裂隙或断裂破碎带自南向北运移。因北部有火成岩体和石炭系—二叠系碎屑岩层,地下径流受阻,具承压性质的岩溶水溢流成泉。由于岩性变化和水动力条件的影响,深部岩溶的发育遵循从补给区到排泄区由浅到深、由弱到强的规律,由无压水变为承压水。因此沿含水层运动的地下水使岩溶发育达地下很深的部位。据统计,岩溶深度自南往北标高为$-450 \sim -100$m。

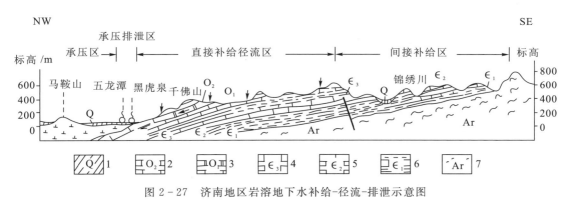

图 2-27 济南地区岩溶地下水补给-径流-排泄示意图

1. 第四系；2. 中奥陶统灰岩；3. 下奥陶统白云质灰岩；4~6. 中、上寒武统灰岩、页岩；7. 太古宇变质岩

4. 断裂带深岩溶

我国北方和南方都分布有大型断裂构造盆地,如北方汾河流域的太原盆地、临汾盆地,陕西渭河流域的渭河盆地(图 2-28、图 2-29),山东莱芜盆地等；南方的昆明盆地等。这些盆地多为断陷岩溶盆地,盆地周边碳酸盐岩岩体呈阶梯状向盆地下跌,沿断层发育深岩溶,并出露岩溶大泉,有时形成深岩溶温泉(图 2-28),其发育深度可达 1000~1500m。太原盆地西侧的兰村泉、晋祠泉,渭河盆地北侧的袁家坡泉、温汤泉都是沿断裂带形成。由于过量开采断裂带岩溶地下水,使区域地下水位下降,泉水干涸,可能会引发环境地质问题,如发生地裂缝和地面沉降等。

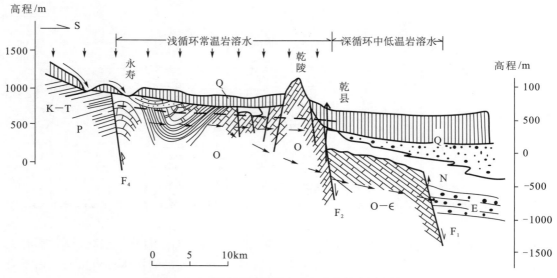

图 2-28 渭北深岩溶及地下水形成模式剖面图

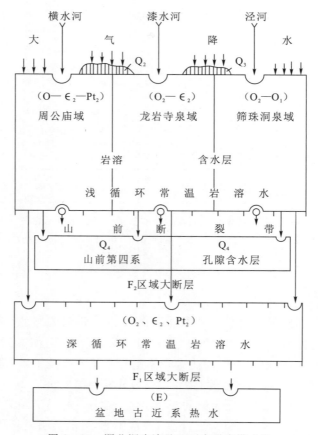

图 2-29 渭北深岩溶及地下水形成模式图

2.6.2 倒虹吸深岩溶

岩溶区河流作为区域岩溶地下水的排水基准,河谷两侧经常有地下河和岩溶大泉集中排泄地下水。由于补给区与排泄区的巨大水头差及洪水期巨大的排泄量,形成极强的溶蚀及侵蚀能力,在一定的地质构造条件下可形成倒虹吸管式深岩溶,其发育深度可达当地排水基准面(如海平面、江河水面、岩溶大泉口等)以下 100~200m。这种深岩溶对水电地下厂房防渗、隧道工程涌水防治、海港工程地质稳定都有很大影响。

乌江渡水电站坝址是一个比较典型的实例。坝址区分布三叠系玉龙山灰岩,左岸有一条向河床深部倾斜的 F_{20} 断层(图 2-30)。

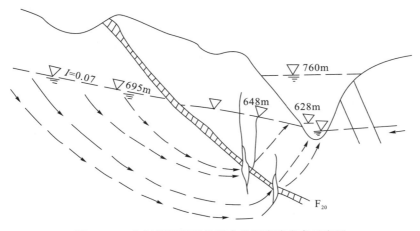

图 2-30 乌江渡深循环地下水及深岩溶发育示意图

由于早期地下水的溶蚀作用,断层带充填大量黏土,使本来透水强烈的断层带成为一条阻水带,形似一条向河谷倾斜的"帷幕",由于断层左侧强大地下水动力压力,在断层带某些黏土充填较薄弱的部位及其分支断层相交的部位,充填的黏土被击穿,以致形成几处"天窗",致使地下水形成深部循环和集中渗流,从而在河水面 105m 以下,发育大型溶洞,给深部岩溶渗漏造成了隐患。

襄渝铁路大巴山隧道进口段在麻柳坝地下河的排泄区,在地下河排泄口以下 114m 深处,遭遇倒虹吸管状溶洞(图 2-31),发生灾害性高压突水涌泥,将平行导坑变成一条深约 1.2m 的排水沟,最大涌水量达 $14 \times 10^4 m^3/d$,涌泥达数十万立方米。涌水岩溶管道直径达 0.9~1.6m,通向斜上方的地下河出口,具有明显的倒虹吸管道形状(图 2-31)。

2.6.3 岩溶含水层与岩溶含水层系统

岩溶含水层与岩溶含水层系统是岩溶水文地质学的基本概念,也是岩溶工程地质学的重要概念。

岩溶含水层是饱水并能传输与给出相当数量水的岩溶化可溶岩层(主要为碳酸盐岩)。

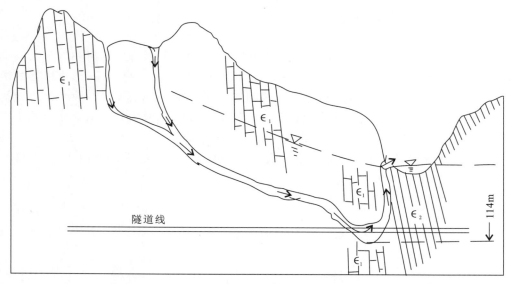

图 2-31　襄渝铁路大巴山隧道倒虹吸深岩溶管道示意图

隔水层是不能传输与给出相当数量水的岩层。在岩溶区,隔水层一般为碎屑岩层(砂页岩、泥岩)、火成岩等。

弱透水层是本身不能给出水量,但在垂直层面方向能传输水量的岩层。在岩溶区,泥灰岩、白云岩夹泥灰岩、泥灰岩夹薄层灰岩等弱岩溶层都能成为弱透水层。

与非岩溶区相比,岩溶地区上述定义有很大的相对性和不确定性。例如,华北地区巨厚的中奥陶统灰岩为区域性强岩溶含水层,下伏的下奥陶统白云岩层一般情况下可以形成隔水层,使中奥陶统岩溶含水层与中、上寒武统岩溶水成为两大独立的岩溶含水层,但在上述两大含水层系统排泄点高差很大的情况下,前者向后者补给,使隔水层成为透水层(山西晋城三姑泉域)。此外,岩溶地区与松散地层区不同,作为基岩地层,地质构造因素,特别是断层、节理等破裂结构面对隔水层和弱透水层的影响是不能忽视的。

从供水的功能方向来说,同一岩层在不同情况下可能归为含水层,也可能看作隔水层。例如,华北地区的下寒武统馒头组以碎屑岩为主夹薄层灰岩,一般均作为区域性隔水层,但在山区找水工作中,却可以把该层中的灰岩夹层作为找水目的层。在华南地区中寒武统高台组、覃家庙组等以泥灰岩为主,一般作为区域隔水层,但在山区找水工作中,该地层中的泥灰岩及薄层灰岩出露众多小泉水,成为高水位的农村水源。

岩溶含水层系统与岩溶水系统(或泉域、地下河流域)是不可分的。所谓含水层系统,首先必然是由几套含水层、隔水层、弱透水层组成的系统;其次在该系统中各含水层之间有水力联系。与松散沉积岩含水层不同,基岩含水层之间的水力联系不可能全靠隔水层或弱透水层之间的越流补排关系来维持。实际的情况是岩溶含水层之间的水力联系除通过弱透水层之外,更多是靠裂隙和断裂构造来实现。例如,华北地区主要的岩溶含水层(图 2-32)为中奥陶统石灰岩(厚 500～700m)和中、上寒武统的石灰岩及白云岩层(厚 300～400m),其间有厚 200～300m 的薄层含燧石白云岩,一般为相对隔水层,当该层没有受到断裂破坏时,中奥陶统岩溶含水层的泉水排泄带可占全部岩溶水排泄量的 70%～90%。例如,山西沁河排泄带(图 2-33),其中下奥陶统白云岩层顶板上的中奥陶统灰岩含水层出露的延河泉等 5 个较大泉水,其流量占整个沁河岩溶水排泄带的 90%,而出露于中—上寒武统的黑水泉流量仅占 10%,而且上、下两套含水层的水质也有明显区别,在这种情况下,只能作为上、下两套含水层系统来处理。相反在丹河排泄带中(图 2-34),由于断层切割了下奥陶统白云岩相对隔水层,使中寒武统出露的泉水占丹河排泄带总排泄量的 90%。在断层带处打出的自流井涌水量达 10 000m³/d,完全证实了断层的导水作用,上、下两套含水层水质也近似,可以认为是统一的含水层系统。

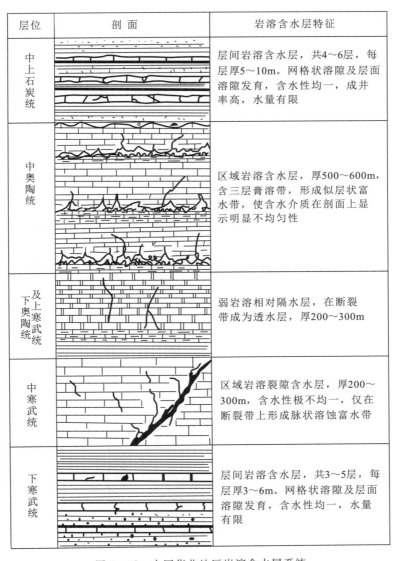

图 2-32 中国华北地区岩溶含水层系统

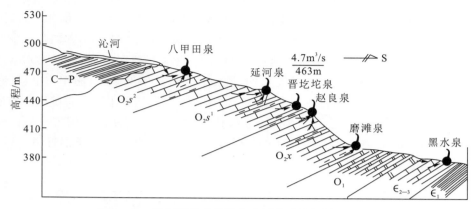

图 2-33 沁河排泄带岩溶泉分层排泄特征剖面示意图

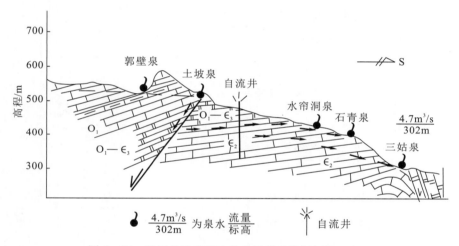

图 2-34 丹河排泄带岩溶泉分层排泄特征剖面示意图

在中国南方贵州、湘西、鄂西等扬子地台区下三叠统的大冶组灰岩、嘉陵江组灰岩与上二叠统的长兴组灰岩，下二叠统的栖霞组、茅口组灰岩等含水层之间有泥灰岩及煤系地层作为相对隔水层，由于岩相变化，有的地方厚度较大，可以做隔水层处理，但在断层破坏情况下，可能失去隔水作用，使上述含水层组成统一的含水层系统(图 2-35)。

在广西与广东大部、贵州南部、云南东部的华南地区，自中泥盆统至下二叠统，碳酸盐岩分布广泛，其厚度可达 1200~1500m，其重要特征是岩相变化大。无论是横向还是纵向，同一时代地层碳酸盐岩的岩性都变化很大，有时碳酸盐岩可渐变为碎屑岩(图 2-36)。

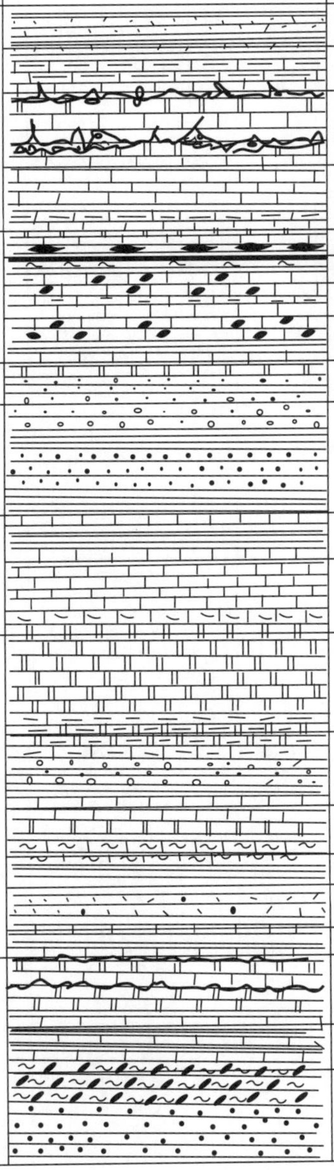

层位	剖面	岩溶含水层特征
三叠系		砂页岩、泥岩、非岩溶层
		巴东组砂页岩、泥灰岩、弱岩溶层
		嘉陵江组，白云岩、灰岩夹2~3层膏溶角砾岩，已成强岩溶含水层，厚350~400m
		大冶组，底部为页岩、泥灰岩中上部的灰岩，已成强岩溶含水层，厚300~350m
二叠系		长兴组黑色中厚层灰岩、白云岩岩溶含水层35m
		吴家坪组、碳质、黏土层隔水层，60m
		茅口组，含燧石灰岩强岩溶含水层120m
		栖霞组，深灰色厚层灰岩，夹燧石结核，厚度120~180m，强岩溶含水层
石炭系		黄龙组和船山组灰岩、白云岩，底部砂岩、碳质灰岩，中强岩溶含水层，厚80m
泥盆系志留系		砂岩、粉砂岩、砂泥质页岩，极易风化，为区域性非岩溶隔水层，厚度大于1000m
奥陶系		砂页岩、页岩、泥灰岩、泥质灰岩厚度210m，弱页溶间层状含水层厚200m
		南津关组石灰岩、白云质灰岩，强岩溶含水层，厚300~400m
寒武系		娄山关组厚层白云岩、白云质灰岩泥质条带灰岩。区域强岩溶含水层，厚度580~620m
		贾家庙组泥质白云岩、泥质灰岩，夹页岩及砂岩、砾岩，区域非岩溶隔水层，厚300m
		石龙洞组灰岩、灰质白云岩区域岩溶含水层厚160m
		大河板组，泥质条带灰岩、页岩弱岩溶层，厚120m
		石牌组页岩、砂岩，非岩溶隔水层，厚200m
		水井沱组灰岩、页岩互层，弱岩溶层厚150m
震旦系		灯影白云质灰岩，厚层白云岩夹燧石条带，中强岩溶含水层厚320m
		陡山沱组碳质灰岩、碳质页岩弱岩溶层，厚250m
		南沱组含砾泥岩、水积层，石英砂岩，非岩溶层，非岩溶层厚500m

图 2-35 中国南方扬子地台区岩溶含水层系统

系	统	地方名称		柱状图 1:20000	厚度/m	含水岩组名称	水 文 地 质 特 征	
第四系	全新统—中更新统				1~50	孔隙水性极弱的孔隙含水岩组 / 富水性弱—中等的孔隙含水岩组 / 富水性致密,含水极弱	残积、洪积黏土及黏土层含水极弱	洪积、湖积亚黏土、砂、砂砾石层含水不均匀,富水性弱—中等	冲积层,具二元结构,下部砂砾卵石层含水丰富,大井涌水量50~100m³/h,HCO₃-Ca型水,矿化度0.2~0.35g/L
白垩系	下统				356~1240	富水性弱的裂隙含水岩组	紫红色钙质粉砂岩及长石石英砂岩夹粉砂质泥岩、泥质粉砂岩、钙质砾岩,分布局限,裂隙水,泉很少,流量小于0.5L/s	
石炭系	下统	大塘阶	罗城段		198~512	富水性中等的溶洞裂隙含水岩组	富水性较强的裂隙溶洞含水岩组	灰黑色泥灰岩、硅质灰岩、含燧石灰岩、页岩、砂岩夹白云岩。泉水流量0.5~3L/s。水化学类型HCO₃-Ca型,矿化度0.08~0.15g/L	灰色、灰黑色中厚层状泥晶灰岩,蠕石灰岩,硅质灰岩夹白云质灰岩、白云岩、泥质灰岩。寺门段为页岩、砂岩及煤层,但厚度不大,出露面积小。泉水流量一般0.5~5L/s,大泉一个,流量30.48L/s。地下河不发育。钻孔单位涌水量5~20m³/h·m。HCO₃-Ca·Mg型及HCO₃-Ca型,矿化度约0.25g/L
			寺门段		116~34			
			黄金段		200~1103 1049			
		岩关阶	上段		189~185	裂隙含水岩组富水性弱的溶孔	富水性中等—较强的裂隙溶洞含水岩组	页岩夹泥灰岩、粉砂岩及硅质岩。泉水流量多小于1L/s。钻孔单位涌水量0.6m³/h·m。HCO₃-Ca·Mg型水,矿化度0.1~0.2g/L	灰、灰黑色中厚层状白云岩及灰岩夹泥灰岩。泉水流量0.5~5L/s。钻孔单位涌水量2~8m³/h·m。地下河不发育,HCO₃-Ca型及HCO₃-Ca·Mg型水,矿化度0.2~0.25g/L
			中段		55~47 100~408			
			下段		72~282			
泥盆系	上统	榴江组			119~470 130~1606	富水性中等—较强的溶洞裂隙含水岩组	富水性较强—强的裂隙溶洞含水岩组	西北部及中南部上部扁豆状灰岩,下部薄层状硅质岩。中部地区:上部浅灰色、灰白色厚层状灰岩夹中层状白云岩,中部浅灰色扁豆状灰岩,下部深灰色薄层状硅质岩。泉水流量一般0.2~5L/s,白沙东部5~10L/s。地下河不发育。局部有自流水,自流量0.8m³/h。HCO₃-Ca型水,矿化度0.15~0.25g/L	上部浅灰色、灰白色、厚层块状亮晶粒屑灰岩夹白云岩及云质灰岩。下部灰黑色中厚层状泥晶生物灰岩。岩溶发育,大泉及地下河发育。大泉共有27个,地下河13条,泉流量一般2~5L/s,枯水期流量10~227L/s。钻孔单位涌水量10~50m³/h·m。裸露区和半复盖区的地下水枯水期平均径流模数分别为7.96L/s·km²、6.71L/s·km²。地下水化学类型HCO₃-Ca型,矿化度0.11~0.28g/L
	中统	东岗岭组			22~817	富水性中等的溶洞裂隙含水岩组	富水性较强的裂隙溶洞含水岩组	分布范围小,在北部和东南部局部地段出露。灰、深灰色泥灰岩、泥灰岩夹灰岩。泉水流量0.1~8.5L/s。HCO₃-Ca型,矿化度0.1~0.2g/L	上部为灰、深灰色泥晶灰岩与白云岩互层,中下部为深灰色、灰黑色角砾状灰岩、泥质云岩夹灰岩,底部为泥质灰岩。大泉7个,地下河7条。泉水流量一般0.5~10L/s。地下河枯水期流量10~50L/s。钻孔单位涌水量5~30m³/h·m。地下水枯期径流模数5.58L/s·km²。HCO₃-Ca及HCO₃-Ca·Mg型水,矿化度0.1~0.26g/L
	中寒武统—下泥盆统				>5500	富水性弱的裂隙含水岩组	主要为砂岩、粉砂岩、页岩、砂质页岩等碎屑岩,局部夹有泥质灰岩、白云岩。泉点虽多,但流量多小于0.5L/s。HCO₃-Ca·Mg及HCO₃-Ca型,矿化度0.1~0.25g/L	

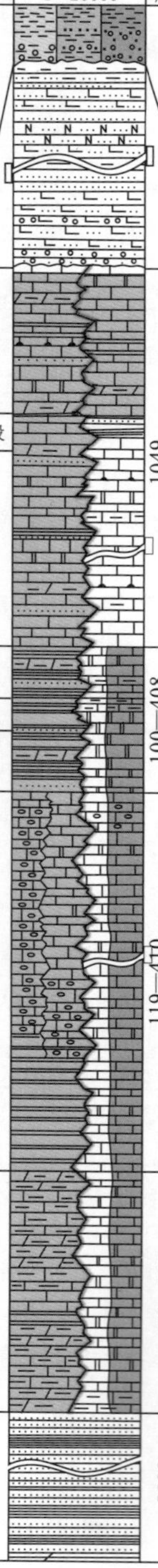

图 2-36 中国华南褶皱带岩溶含水层系统

第3章　岩溶场地岩土工程勘察

中国与岩溶有关的城市很多，特别是经济发达的东部地区，很多大中城市都直接或间接地与岩溶有关。就气候条件而言，有热带亚热带岩溶、温带半干旱区岩溶、温带亚湿润区岩溶；就地貌类型而言，有峰林平原区、峰丛谷地区、断陷岩溶盆地、残丘平原区、溶蚀山前平原区等。尽管城市所处的地貌单元有所不同，但多数城市的主要市区是坐落在较为平坦的岩溶区。因此，覆盖岩溶的环境特点是城市建设必须注意的。

根据碳酸盐岩地层被覆盖埋藏的情况，岩溶场地可分为裸露型岩溶、浅覆盖型岩溶、深覆盖型岩溶和埋藏型岩溶4种类型。覆盖岩溶环境是可溶岩上沉积有各种松散或半固结沉积物的地区。这类地区通常是地质构造中的下陷地带，或者是由于水流的溶蚀-侵蚀形成的低洼地带。这些覆盖层的厚度不等，常见的在10～100m之间。一些断陷或坳陷构造盆地，覆盖层的厚度可达数百米，甚至在千米以上。一般工程工业与民用建筑，其地基影响深度有限，具体深度需要结合结构要求和地基特点综合考虑，通常在百米以内。

3.1　岩溶场地岩土工程勘察的若干特点

3.1.1　建设场地岩土工程勘察主要工作流程

岩土工程勘察是指根据建设工程的要求，查明、分析、评价建设场地的地质、环境特征和岩土工程条件，编制勘察文件的活动。与非岩溶区勘察工作相似，岩溶区建设场地的岩土工程勘察，也包含如下主要工作内容和流程。

(1) 承接任务。了解工程建设项目特点以及工程建设项目对场地地基的基本要求。

(2) 编制勘察工作大纲。收集拟建项目和拟建场地的相关资料，根据任务要求并结合不同的勘察阶段要求，拟定勘察工作大纲。

(3) 现场勘察测试。根据勘察工作大纲，组织人员设备进场开展勘探、测绘、取样、测试和试验工作。

(4) 进行室内的试验和测试工作。

(5) 编制报告与绘制图件。对(3)和(4)取得的资料和数据进行综合整理、计算和分析，编制成果报告和各种图件。

(6) 审核审定综合报告，提交勘察成果。

(7) 后续设计施工阶段的配合验证验收工作。

(8)后文论述主要说明岩溶场地勘察相关的内容,其他通用内容应执行国家、行业和地方的相关规范规程。

3.1.2 岩溶场地岩土工程勘察的若干特点

拟建工程场地或其附近存在对工程安全有影响的岩溶时,应进行岩溶勘察。岩溶场地的工程地质勘察与评价工作不同于一般工程场地的勘察有关工作,主要体现在以下几个方面。

(1)对于覆盖岩溶环境,虽然浅表层也有松散沉积地层或半胶结地层,但是查明浅表覆盖层的地层分布和物理力学特征仅完成了一部分勘察工作,更重要的是查明场地中真正影响地基强度及稳定性的因素——岩溶发育程度及特征,其中包括古岩溶地貌形成的各种临空面、岩体的溶洞、溶隙、溶蚀带等。不能仅以少数钻孔的钻探、测试乃至试验数据的统计结果作为地基承载力的评价依据,必须运用工程地质的研究方法进行综合分析和评价工作。

(2)岩溶发育具有显著的不均一性。在岩溶分布、形态、位置等方面展现为"不连续性""难推断性"。连续的、可推断的事物(如沉积地层)可以用离散的方法(如钻探)来探查控制,而不连续的、难推断的特征(如岩溶发育)应该用连续的、多手段的方法(如物探、综合手段)来探查揭示。因此,岩溶场地的工程地质勘察与评价工作,不能仅以少数钻孔为主要手段,应综合利用物探、钻探、水文地质试验、示踪等技术,在岩溶专家指导下进行综合勘察研究,才能对岩溶发育的全貌有所了解。

(3)岩溶场地地基基础设计所依据的资料,除了基础持力层和下卧层外,还须掌握基础应力影响范围内(特别是深度范围)的岩溶发育程度、临空面分布、岩溶地下水及环境效应等资料。因此,岩溶区的工程地质勘察除了关注常规承载力和变形因素外,更要关注因岩溶发育而引起的地基稳定问题和因工程建设而引起的环境扰动问题。

(4)由于岩溶发育的复杂性,即使再详尽的勘察工作也不可能一次将地基全部情况查清。在地基处理及施工开挖中还会不断发现新的情况,需要及时分析研究乃至补充一定的勘察工作,以增进对岩溶地基的认识,及时解决工程问题。

3.1.3 各阶段岩溶场地勘察的关注重点

岩溶地基勘察应遵循地质调查分析中由面到点,勘探工作由疏到密的原则;针对建筑物特征和场地条件,宜采用工程地质测绘、调查、物探、钻探等多种手段相结合的方法进行。通常,勘察工作随工程设计需要而不断深入,分为可行性研究勘察、初步勘察、详细勘察等不同阶段,有时根据工程需要开展施工勘察或专项勘察。各阶段主要关注的岩溶问题有以下几个方面。

(1)可行性研究勘察。可行性研究勘察应查明岩溶洞隙、土洞的发育条件,并对其危害程度和发展趋势作出判断,对场地的稳定性和工程建设的适宜性做出初步评价。

(2)初步勘察。初步勘察应查明岩溶洞隙及其伴生土洞、塌陷的分布、发育程度和发育规律,并按场地的稳定性和适宜性进行分区。

（3）详细勘察。详细勘察应充分收集场地及其邻近地段的有关岩土工程勘察资料、建筑物特征（建筑规模、结构、基础形式、埋深、持力层岩土性质等）及当地建筑经验。查明拟建工程范围及有影响地段的各种岩溶洞隙和土洞的位置、规模、埋深，岩溶堆填物性状和地下水特征，对地基基础的设计和岩溶的治理提出建议。

（4）专项勘察或施工勘察。施工勘察应针对某一地段或尚待查明的专门问题进行补充勘察。当采用大直径嵌岩桩时，应进行专门的桩基勘察。主要查明基础底面下一定深度内有无土洞、溶洞、破碎带等不利地质体。

3.2 岩溶场地勘察的主要方法

3.2.1 航空摄影

航片和遥感影像一般空间尺度较大，但精度有限，一般的工民建或市政基础设施建设场地的勘察应用不上。对于涉及空间尺度较大的建设项目（十几平方千米至几十平方千米），如大面积开发区建设、大面积工业园区建设，线路工程如公路、轨道交通、流域整治等项目，航片和遥感影像有利于从整体上研判岩溶场地的发育特征和规律，对宏观决策意义重大。因此，主要在可行性研究阶段，研判大比例尺高精度航片和遥感影像，重点关注是否存在区域性的岩溶地质灾害或对建设项目不利的岩溶地质构造。

目前，岩溶场地勘察中3S技术应用熟练，我国北斗卫星导航系统已经运行完善，随着倾斜摄影和无人机技术的普及使用，低空航摄逐渐成为低成本、高效率、高产出的勘察方法，在场地勘察中应用也越来越广泛。

航空摄影也可作为工程地质测绘的主要手段。

3.2.2 工程地质测绘和调查

1. 工作量布置

工程地质测绘和调查也主要在大面积建设项目的勘察前期进行，以较少的工作量和投入，获得拟建工程场地的工程特征。工程地质测绘现场工作实施前，应调查和收集已有的航片、地图和规划方案等，结合建设项目特点以由面到点、由疏到密的原则布置工作量，以宏观把握岩溶场地宏观特征为主。现场工作量以地质测绘、剖面踏勘为主，必要时辅以工程地质物探、钻探、槽探等。

2. 重点调查内容

在岩溶区进行工程地质测绘，除了按规范要求调查地形地貌、地层岩性、地质构造等基本内容外，还要结合拟建场区规划设计的特点，重点调查以下内容。

(1) 岩溶洞隙、塌陷、漏斗、洼地、泉眼的分布、形态和发育规律。
(2) 覆盖层厚度,基岩面起伏、溶沟、溶槽、石芽形态及分布情况。
(3) 岩溶地下水赋存条件、水位变幅、水质水量和运动规律。
(4) 岩溶发育程度、洞隙特征,及其与地貌、构造、岩性、地下水的关系。
(5) 土洞和塌陷的分布、形态、成因、发育规律和发展趋势。
(6) 场地附近地下水开采及矿山疏排水情况。
(7) 当地基坑支护、地基加固、地下水控制等设计施工经验,治理岩溶、土洞和塌陷的经验等。

3. 成果整理要求

工程地质测绘的主要成果为综合工程地质图,为综合专用工程地质图或工程地质分析图提供依据。不同的勘察阶段,图件可以采用不同的比例尺。可行性研究勘察一般采用中小比例尺(如 1∶10 000～1∶2000),当场地范围小时可采用较大比例尺;初步勘察一般采用中大比例尺(如 1∶5000～1∶2000);详细勘察一般采用大比例尺(如 1∶2000～1∶200)。地质现象或地质观测的测绘精度:图上不小于 3mm;任何比例尺图上界限误差不大于 3mm。

3.2.3 地球物理勘探

1. 工作量布置原则

物探工作的布置测线方向尽可能垂直被探测体的走向,在已有勘探工程或设计有勘探工程时,应尽可能将测线垂直设计在地质勘探线上;测网密度与工作比例尺应根据任务的性质和探测对象的大小及其异常的特征来确定,同时应尽量与已经完成的地质工作或其他物探方法的工作比例尺取得一致。

2. 浅层地震法

在工程物探中比较常用的浅层地震探测技术主要是反射波法、透射波法、折射波法、面波法。①反射波法主要用于探测基岩埋深,划分松散层和基岩风化带,探测断裂及破碎带等地质构造,探测地下含水层、洞穴、采空区、沉陷带、孤石、构筑物、大口径管道等;②透射波法可用于通过测试岩土原位波速计算岩土体动弹性参数,划分岩土性质,判别砂土液化等;③折射波法主要用于探测基岩埋深,划分松散沉积层序和基岩风化带,潜水面深度和含水层,探测断层破碎带、采空区、溶洞等不良地质体;④面波法主要用于探查覆盖层厚度,划分松散地层沉积层序,划分基岩风化带,探测断层、破碎带、地下洞穴、地下管道及地下构筑物等,评价地基加固效果等。

桂林某工程采用地震波映像探测,根据从 4—4′号线的反射波映像时间剖面图(图 3-1a)可见,45～60m 处出现同相轴错断,波组相位不连续,能量降低,并有低频波形出现,而且根据该线 45m 和 95m 处,两个面波点频散曲线图(图 3-2a、b)可知,两点处均出现"之"字形异常说明中间有低速层存在,而且根据"之"字形异常出现的深度,可判断在45m处低速层的深度位置为8～24m,在95m处低速层的深度位置为7～13m。根据地球物理异常特征进行综合分析,认为该异常由溶洞、溶蚀裂隙等引起,该区溶蚀裂隙、溶洞发育深度一般在7～25m之间,覆盖层厚度一般在7～9m之间。

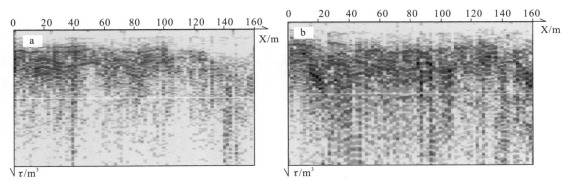

图3-1 反射波映像剖面图(a为4—4′号线,b为5—5′号线)

根据5—5′号线反射波映像时间剖面图(图3-1b)可见,110m、135m以及145m附近出现同相轴错断、波组相位不连续等特征,而且根据该剖面132m处的面波点频散曲线图(图3-2c)可知,该处地层中存在低速层,而且根据"之"字形异常出现的深度,推断在低速层的深度位置为9～12m。根据地球物理异常特征进行综合分析,推断该异常由溶洞或岩溶裂隙等引起,该区溶蚀裂隙、溶洞发育深度一般在10～15m之间。

根据钻孔资料,在4—4′剖面60m处的CK26号钻孔自上而下0～3.8m为细砂、卵石;3.8～7.6m为石灰岩;7.6～10.3m出现溶洞,洞内为卵、砾石或流塑状态粉质黏土充填;10.3m以下为基岩面石灰岩。在5—5′剖面135m处的CK24号钻孔自上而下0～7.4m为细砂、卵石;7.4～11.2m为石灰岩;11.2～13.8m出现有砾石及流塑状态粉质黏土充填的溶洞;13.8～30m为完整的基岩面。物探分析与钻孔验证相符。

3. 高密度电阻率法

高密度电阻率法集中了电剖面法和电测深法的特点,主要用于探测地层及地质构造在水平方向和垂直方向的电性变化,以及探测浅部不均匀地质体的空间分布,用于城市地质灾害调查、工程选址、地下断层定位、探测地下水、堤坝隐患及地下污染范围的确定等。

此种勘察手段在地形平缓、接地条件较好的情况下,其测量数据质量较高,经过反演后能够很好地反映实际情况。但是在接地条件较差时,数据分析反演效果较差,其近地面混凝土或沥青道路及各类管道等构筑物往往会放大,造成误判。若采用改进电极与地面耦合条件,同时对数据分析采用等值线法,可获得较好的效果,分析推断结果与钻孔资料具有较好的一致性。

南京地铁3号线某标段,位于南京市区北部中央北路(南北向)附近,全长约1km,拟建地铁线路基本从中央北路中间地下穿过(地铁上顶板埋深约19m)。初步勘查资料显示,第

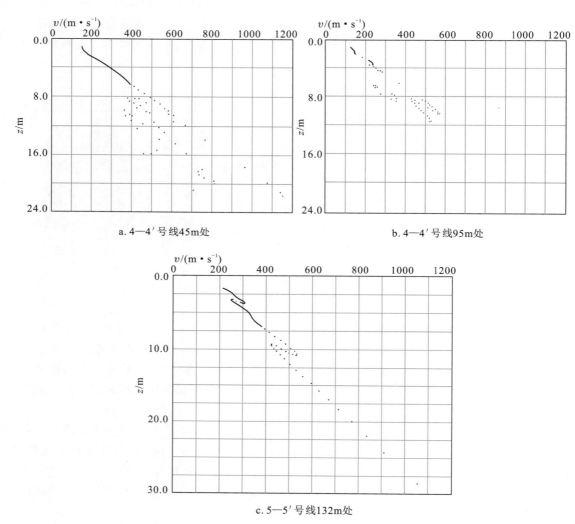

图 3-2 瑞利面频散曲线图

四系覆盖层以下基岩为震旦系灯影组白云岩和灰岩，基岩埋深 5～21m，岩溶主要发育于该组地层中。

结合所处的地质环境及该地段的岩溶发育规律，推测发育较大溶洞的可能性较小，溶洞被黏土充填，所以在推断时应选择低阻区为可能存在溶洞的区域。从图 3-3 中可以看出低阻区分布比较集中，148～162m 段（C 处）长度约 14m，其上下顶板深度分别为 5.5m、9.0m，即此溶洞的深度达到 3.5m，溶洞面积为 49m²。根据前面的工程地质条件分析，发育如此大的溶洞可能性较低，钻探结果也未发现该处有如此大的溶洞。结合场地管线资料，判断浅部低阻区域为供水管线。地表高阻区为沥青或混凝土路面。根据温纳剖面法所测数据绘制出视电阻率等值线图（图 3-4），拟合方法为带线性插值的三角剖分法，图中低阻区域（0～1Ω·m）推测有溶洞发育，与钻探揭露情况相符。

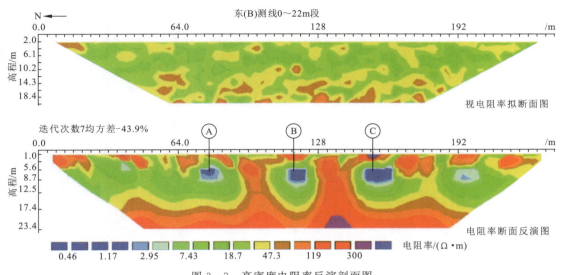

图 3-3 高密度电阻率反演剖面图

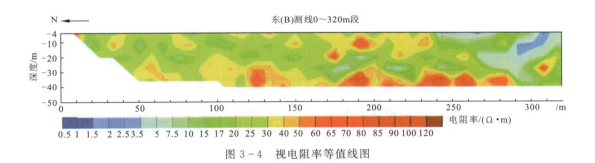

图 3-4 视电阻率等值线图

4. 地质雷达法

地质雷达主要用于探测道路地下病害、地下洞穴、地下管线、隧道超前地质预报、构造破碎带、滑坡体、划分地层结构及地下浅层地质体、隧道及硐室衬砌质量检测、混凝土内部钢筋分布与缺陷等。

某塔基岩溶勘察中,为了查明塔基下方 20m 深度范围内岩溶的空间分布情况,地质雷达勘探测线布置成网格状,即在每个塔基 4 个塔腿周围共布置 6 条测线,范围覆盖了整个塔基。典型剖面清晰地反映了塔基下方的地质结构和岩溶发育情况,如图 3-5 及图 3-6 所示,线条 L 揭示了塔基下方基岩面起伏情况,基岩深度变化范围为 2.5~5m;A 区域反映了浅部节理裂隙发育灰岩,其厚度变化为 2~6m,这一区域的特点是反射波复杂强烈,岩溶倾斜层理(P1,P2)、节理(F)发育。这些倾斜层理、节理是浅部岩溶水向深部渗流的重要通道,倾斜层理清晰地揭示出岩层的倾角为 35°~45°,这与地表露头实测的倾角大致相同。

B 区域反映了深部致密块状灰岩,这一区域的特点是反射波微弱,周期较 A 区域明显增大,这主要是深部岩石节理裂隙不发育,岩石内部介电参数差异小,反射系数小的缘故。在

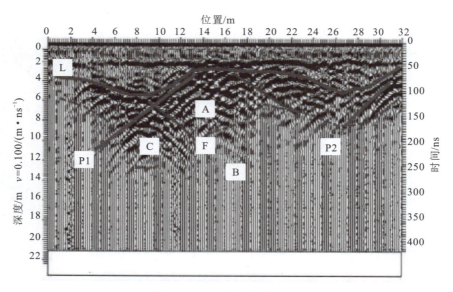

图 3-5 L1 测线雷达剖面图

A. 浅部裂隙发育灰岩；B. 致密块状灰岩；C. 溶洞；L. 基岩面；P1、P2. 层理；F. 节理

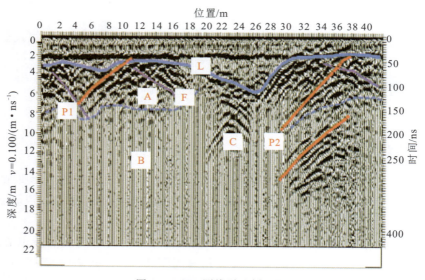

图 3-6 L2 测线雷达剖面图

A. 浅部裂隙发育灰岩；B. 致密块状灰岩；C. 溶洞；L. 基岩面；P1、P2. 层理；F. 节理

致密灰岩内的某些不规则，强反射则是由局部小裂隙充填的方解石脉或石英脉所引起。雷达剖面中的异常 C 准确地反映了塔基下方的溶洞位置及大小，溶洞的反射波特征是被溶洞侧壁的强反射所包围的弱反射空间，溶洞底面的反射则不太明显。球形和椭圆形洞穴常形成绕射波，在雷达图像上一般呈双曲线特征，其顶板埋深越浅，双曲线形态越明显，双曲线顶

点对应溶洞的中心位置。当溶洞为空洞或充水时,洞体内雷达波几乎是没有反射的,当溶洞充填覆盖物质时,则可见一组较短周期的、细密的弱反射,这是洞内土体所产生的。图3-5剖面揭示的溶洞正好位于塔腿正下方,洞高约3m,经钻孔验证雷达探测结果与实际情况吻合较好。

5. 孔间CT法

孔间CT法是借鉴医学CT,根据射线扫描原理,对所得到的信息进行反演计算,重建被测区内岩体各种参数的分布规律图像,评价被测体质量、圈定地质异常体的一种地球物理反演解释方法。CT技术主要有弹性波CT(包括地震波CT和声波CT)、电磁波CT、电阻率CT等,主要用于探查井间地质构造、评价岩体质量、划分岩体风化程度、圈定地质异常体、对工程岩体进行稳定性分析、探测溶洞、地下暗河及断裂破碎带等。

某场区主要分布有第四系冲洪积和古生界寒武系泥灰岩、灰岩,曾多次发生岩溶塌陷、地面变形、塌陷等地质灾害。为了对岩溶塌陷进行综合防治对策研究,最大限度地减轻灾害造成的损失,对该场区岩溶塌陷地质灾害进行勘察,利用CT技术对已查明不稳定区的钻探工作进行佐证。在探测过程中,介质中地震波的传播速度和介质的地球物理特性是重要的影响因素。相对于泥灰岩介质其纵波速度范围介于1.4~4.5km/s之间,冲洪积层等介质其纵波速度范围介于0.5~1.6km/s之间。由于地质体变化的复杂性,针对具体场地,需要进行探测试验与参数标定,以确保探测结果解释的精度。

图3-7中波速在2.0~2.5km/s之间的区域视为低速区,对应地质解释即为贯穿两孔之间的区域,推断解释为岩溶发育带或风化强烈的岩体破碎带,其岩溶发育带范围较大,规模不等;图3-7中波速在2.5~3.0km/s之间的区域视为中速区,推断解释为风化较强的岩体与完整岩体的过渡部分,岩性判断为较强风化基岩;图3-7中波速在3.0km/s以上的区域为高速区,对应的解释为岩体相对完整,其岩性可判断为完整基岩。

x5号井资料显示37.1~38.2m、40.8~41.0m、41.6~41.8m、44.1~44.6m、44.7~44.9m、47.8~48.4m、52.1~53.2m、67.1~67.7m部位均为钻探探到的破碎带。x8号井资料显示41.2~47.8m、41.6~41.8m、44.1~44.4m、44.5~44.7m、47.8~48.4m、69.7~70.2m部位均为钻探探到的破碎带,与CT成像结果资料相对应(图3-8)。

6. 剪切波波速测试法

利用铁球(铁锤)等水平撞击木板,使板与地面之间发生运动,产生丰富的剪切波,从而在钻孔内不同高度处分别接收通过土层向下传播的剪切波。利用直达波的原理,由振源产生的剪切波(又称SH波)经过岩(土)体,被放置在孔中的三分量检波器接收,根据波传播的距离和走时计算出场地土的波速,进而评价场地土的工程性质。

剪切波波速测试法主要用于划分场地类型、计算场地基本周期、提供地震反应分析所需的地基土动力参数、判别地基土液化可能性、评价基地处理效果。在岩溶分布场地,岩体破碎、溶蚀裂隙、充填夹泥等往往使得波速值比完整岩体的波速值低,通过比较分析,可以判断岩体完整性以及注浆加固后的效果,进而评价岩体的工程地质性质。

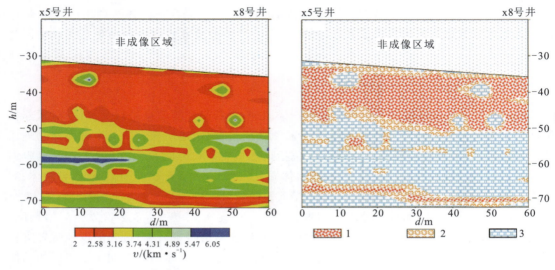

图 3-7 地震层析成像剖面

图 3-8 地质解释剖面
1. 岩溶或裂隙发育区;2. 岩溶与基岩接触区;3. 灰岩区

7. 管波探测法

管波探测原理就是利用桩位中心的一个钻孔,通过在孔液中产生管波,接收并记录其经过孔液和孔旁岩土体传播的振动波形,探测孔旁一定范围内的岩溶、软弱夹层及裂隙带的发育分布情况,可快速查明基桩直径范围内的地质情况、评价基桩持力层的完整性。

管波探测法主要用于灰岩地区嵌岩桩基础的探测、桩位岩溶勘察、评价桩基持力层完整性、钻孔岩土分层及含水层划分、桩基质量检测等。

深圳地铁 16 号线线路全长 29.7km,根据详勘成果资料,岩溶强烈发育段约 11km,涉及 21 个工点。岩溶段下伏基岩主要为可溶性碎屑灰岩、灰岩,发育形式为溶洞、土洞、溶蚀裂隙等岩溶现象。钻探揭露岩溶较发育钻孔进行管波测试,管波测试 24 个孔。根据管波探测法的探测原理,结合钻孔揭露的岩土分层情况,对发现的波阻抗差异界面进行地质解释,找寻孔中及孔旁岩溶边界或软弱夹层顶底界面。以钻孔 S16Z3 TL04 为例,对管波测试进行解释的成果见图 3-9。

3.2.4 工程地质勘探及测试

1. 工程地质勘探

工程地质勘探是岩土工程勘察的基本手段,以工程地质钻探为主,有时辅以井探、槽探手段,来查明断层、岩组分界、洞隙和土洞形态、塌陷等情况。勘察点中有主次之分,为控制场地地层结构,满足场地、地基基础和基坑工程的稳定性、变形评价的要求而布设的勘探点称为控制性勘探点。在控制性勘探点一般布置的钻探和测试工作量较多,对整个建设场地

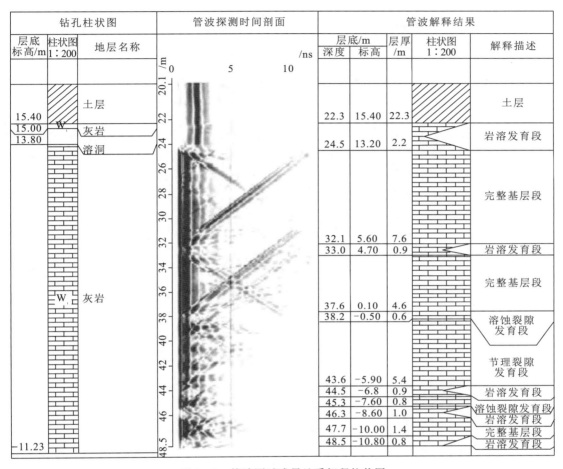

图 3-9 管波测试成果地质解释柱状图

地基情况起到控制作用,其他勘探点统称为一般性勘探点。工程地质勘探时先施工控制性勘探点,后施工一般性勘探点。

2. 勘察工作量布置

勘察工作量按照由面到点、由疏到密的原则布置,不同的勘察阶段,工作深度和关注重点不同,投入的勘探工作量也不同。

(1)初步勘察阶段。工程地质勘探的勘探线、勘探点的间距可按表 3-1 确定。

表 3-1　初步勘察勘探线、勘探点的间距

地基复杂程度等级	勘探线间距/m	勘探点间距/m
一级（复杂）	40～80	25～40
二级（中等复杂）	60～120	35～80
三级（简单）	100～150	50～100

下列异常地段建筑物对地基基础有重要影响，应进行重点勘察，并加密勘探点：①地面塌陷或地表水消失的地段；②地下水强烈活动的地段；③碳酸盐岩层与非碳酸盐岩层接触的地段；④碳酸盐岩埋藏较浅且起伏较大的石芽发育地段；⑤软弱土层分布不均匀的地段；⑥物探成果异常或基础下有溶洞、暗河分布的地段。

初步勘察勘探孔的深度可按表 3-2 确定。

表 3-2　初步勘察勘探孔深度

工程重要性等级	一般性勘探孔/m	控制性勘探孔/m
一级（重要工程）	≥15	≥30
二级（一般工程）	10～15	15～30
三级（次要工程）	6～10	10～20

当遇下列情形之一时，应适当增减勘探孔深度：①当勘探孔的地面标高与预计整平地面标高较大时，应按其差值调整勘探孔深度；②在预定深度内遇碳酸盐岩时，除控制性勘探孔钻入碳酸盐岩适当深度（基底下完整或较完整碳酸盐岩不少于5m）外，一般性勘探孔的深度达到基岩面下能确认碳酸盐岩即可终孔；③当预定深度内有软弱土层时，勘探孔深度应适当增加，部分控制性勘探孔应穿透软弱土层。

若初步勘察阶段发现存在较大规模的岩溶、空洞等不良地质现象，宜在详勘阶段根据场地物性条件采用有效的物探方法进行勘察。当发现或可能存在危害工程的洞体时，应根据建筑物的重要性、场地的复杂程度确定物探测线线距。凡人员可以进入的洞体，均应入洞勘查，人员不能进入的洞体，宜用井下电视等手段探测。

（2）详细勘察阶段。详细勘察勘探点应沿建筑物周边和角点布置，当需要进行基坑支护设计时，应在基坑边线外围一定范围内布设勘探点。勘探点间距可按表 3-3 确定。

表 3-3　详细勘察勘探点的间距

地基复杂程度等级	勘探点间距/m
一级（复杂）	8～15
二级（中等复杂）	15～20
三级（简单）	20～25

确定详细勘察勘探点的深度时,除了考虑满足国家现行有关标准、规范中关于地基稳定性评价、地基处理设计、基坑支护设计的需要外,还要考虑岩溶场地的特点,考虑满足下列要求:①当基础底面以下土层厚度不大于独立基础宽度的3倍或条形基础宽度的6倍且具备形成土洞或其他地面变形条件时,全部勘探点钻入碳酸盐岩3~5m;②当预计深度内有溶洞存在且可能影响地基稳定时,应钻入洞底碳酸盐岩岩面下不少于2m,必要时应圈定洞体范围,如遇串珠状溶洞或溶隙深度大时,勘探点的深度不宜超过30m;③对基础荷载较大或结构复杂的建筑物应适当加深勘探点的深度;④对大直径嵌岩桩和一柱一桩的基础,应逐桩布置勘探点,勘察深度应不小于桩底面下3倍桩径,且不小于5m,当相邻桩底的基岩面起伏较大时应适当加深勘探点的深度;⑤为验证物探异常带布置的勘探点,应钻入异常带以下适当深度,但最大深度不宜超过50m。

(3)施工勘察阶段。在岩溶发育地区,对可能存在影响基础稳定的溶沟、溶洞、裂隙等岩溶问题的场地,都应进行施工勘察。施工勘察通常在基槽开挖后或基础桩施工过程中进行,针对性更强,手段更直接。施工勘察阶段具体原则要求如下:①对于土洞、塌陷可能分布的地段,在已开挖的基槽内采用动力触探(N63.5)或钎探(轻型动力触探 N10)的方法可以有效地查明可能存在的隐伏土洞、软弱土层的分布范围。对独立基础应在四角及中心部位布点,当基础底面积不大于 $5m^2$ 时,应布置不少于3个勘探孔;基础底面积在 $5\sim12m^2$ 时,应布置不少于5个勘探孔;对条形基础应沿基础中线2~4m布置不少于1个勘探孔。②对于设计等级为甲级的基础或大直径嵌岩桩,根据其基底或桩底面积的大小,采用钻探进行施工勘察(检查和验证)。基底边长或桩径不大于0.8m时,应布置不少于1个钻孔;基底边长或桩径为0.8~1.5m时,应布置不少于3个钻孔;基底边长或桩径大于1.5m时,应布置不少于5个钻孔。③当辅以物探时,每根桩应布置不少于1个钻孔。④勘探深度应不小于基础底面以下基底边长或桩径的3倍且不小于5m;对于动力触探(N63.5)或钎探(轻型动力触探 N10)方法,遇到基岩即可停止。⑤当邻近基础或桩底的基岩面起伏较大时,应适当加深勘探孔,同时在相邻基础(桩)间增加勘探点,查明可能影响基础(桩端)滑移的临空面。

3. 取样、测试及试验

(1)取样测试工作量的布置。岩溶场地勘察,通常选取勘探点总数的1/4~1/2进行取样和测试工作,具体勘探点位置要结合地貌单元、地层结构和土的工程性质确定,以增加取样和测试数据的代表性。每个场地每一主要土层的土试样(黏性土应采取原状土试样)和原位测试数据均不应少于6件(组);最终保障在最后资料整理阶段,取样或测试数量能满足基本的数理统计要求,即每个主要岩性层或岩体单元参加统计的参数数据不应少于6个。在地基主要受力层内,对厚度大于0.5m的夹层或透镜体,也应采取土试样或进行原位测试。

(2)原位测试/试验方法选择。应根据各方法的地层适宜性和工程分析需要选择适合的原位测试/试验方法。对于松散土层可以结合土性考虑标准贯入试验、动力触探试验、静力触探试验等不同的原位测试方法;对于岩层,主要根据工程分析的需要选择适宜方法,如①当需要确定天然地基或桩基持力层的地基参数指标时,对工程重要性等级为一级的工程,最好进行岩基静荷载试验,且同一岩性层或岩体单元上的试验不应少于3个点;②对破碎和较破碎岩石的地基适宜进行岩块点荷载强度试验,且同一岩性层或岩体单元不应少于6组,对岩芯试件每组不应少于10个,每组的变异系数不大于0.3;③对需要进行斜坡场地稳定性计算的情况,宜对岩体中的控制性软弱结构面进行现场大型剪切试验;④评价洞隙稳定性时,可采取洞体顶板岩样和充填物土样做物理力学性质试验,必要时可进行现场顶板岩体的载荷试验、原位实体基础载荷试验,最大加载可不小于地基设计荷载的2倍;⑤对岩溶地基岩体完整程度的定量划分,可采用声波测井,测点间距根据岩性结构及岩体破碎程度取0.2～0.4m,必要时可采电磁波测井;⑥当需追索隐伏洞隙的联系时,可进行连通试验或示踪试验。

3.2.5 岩溶场地的地下水勘察

岩溶场地地下水分布与地层结构关系密切。对于岩层上覆盖的松散层,根据土层渗透性的不同可能形成多个孔隙含水层,有的甚至有承压性,勘察时需要分层测量。对于岩层中的岩溶地下水,水量、动态变化等特征更加复杂。裸露岩溶区的岩溶地下水通常没有承压性,但也像孔隙潜水那样总是有统一地下水位;覆盖岩溶区的岩溶地下水通常具有承压性,有时与土层中的孔隙水有一定的连通关系,进而容易促发形成土洞、塌陷等。勘察时可以通过抽水试验求得水文地质参数和确定岩溶水的连通性。抽水试验井孔通常按岩溶发育特点布置,岩溶强烈发育地段要布置2个以上的井孔,中等发育地段至少1个井孔。若根据工程经验预测抽降水可能造成不良环境工程问题时,应该将抽水试验改为压水试验或注水试验。

当基础埋置深度或地基处理深度范围内有地下水时,应取水样进行水质简分析判断地下水的腐蚀性,不同含水层均应取得地下水样。当需查明地下水动力条件、潜蚀作用、地表水与地下水联系,预测土洞和塌陷的发生发展时,宜进行流速、流向测定和水位、水质的长期观测。

3.3 岩溶场地勘察成果整理

3.3.1 岩溶勘察资料整理的关注重点

岩溶勘察的资料整理贯穿于野外钻探测试、室内试验、绘图分析、报告编制等全过程。不同环节的关注内容不同,但越是前期基础性资料,对岩溶场地勘察越重要,对岩溶发育判断越关键,对后期成果报告质量影响越大。

(1)在野外钻探环节,应特别注意对岩芯的鉴别,记录细观岩溶发育特征,关注钻进速度、泥浆漏失、掉钻等情况并给予记录。

(2)在物探测试环节,注意物探方法及工作量与钻探资料相结合,特别关注物探异常判别,必要时钻孔验证并记录。

(3)在室内测试试验环节,注意岩土体强度及岩溶水水质分析,统计分析时注意数据的代表性。

(4)内业资料整理环节,注意物探、钻探资料的联合解译,全面分析场地岩溶发育特征。

(5)工程评价环节,注意采用定性定量多种方法分析,需综合判断。

3.3.2 岩溶勘察报告的主要内容

岩溶勘察报告应全面说明勘察测试过程,提供分析评价结果以及下一步工作中的相关建议。并结合勘察任务要求,有针对性地回答目的任务中反映的要求。一般详细岩溶勘察报告主要包括下列内容。

(1)勘察的目的、任务要求和依据的技术标准。

(2)拟建工程概况。

(3)勘察方法和勘察工作布置。

(4)场地地形、地貌和岩溶发育的地质背景、形成条件。

(5)土和水对建筑材料的腐蚀性。

(6)各项岩土性质指标、岩土的强度参数、变形参数、地基承载力的建议值。

(7)地下水埋藏情况、类型、水位及其变化。

(8)岩溶稳定性分析以及其他不良地质作用的评价。

(9)基坑工程与地下水控制方案的建议。

(10)岩溶治理和监测的建议。

(11)基岩面等高线图。

(12)岩溶发育程度分区图。

(13)岩溶洞隙、土洞、塌陷的平面位置图和纵横剖面图,岩溶洞隙、土洞特征一览表。

(14)工程地质平面图及剖面图。

(15)测绘、测试、试验及分析相关成果图表等。

第4章 岩溶场地工程地质评价

4.1 岩溶场地地基的主要工程地质问题

岩溶场地具有上土下岩的土岩"二元"地层结构,即在岩溶化基岩之上有厚薄不一的松散(或半胶结)覆盖层。不同地区、不同区域的覆盖层厚度可能差异很大,几乎从零米到几十米,甚至上百米。城市岩溶场地所处的地貌单元大多是岩溶平原、岩溶盆地或大型的谷地和洼地等。松散覆盖层厚度一般可达几米至几十米。根据建(构)筑物基础埋深、荷载等情况,需要考虑地基影响范围内的覆盖层或(和)岩溶化基岩层的工程地质问题。

4.1.1 岩溶场地覆盖层的工程地质问题

1. 相伴相随的土洞和岩溶塌陷

土洞不仅使地基承载力大为下降,而且土洞本身就是潜在的塌陷,直接威胁建筑物的安全。无论是采用天然地基、复合地基还是桩基础,土洞和可能的塌陷都是地基安全的隐患。在场地勘察、评价、处理的各个环节均需特别关注土洞的现状和发展趋势,很多以土层作为天然地基的建筑物由于对土洞注意不够,在环境变化后发生岩溶塌陷,导致建筑物直接毁坏。

土洞多发生在与岩溶化基岩接触的黏土层或粉细砂层中(图4-1),直径小者在10~20cm之间,大者可达10~20m,一般以1~2m居多。土洞埋藏于覆盖层中,多呈空心的球形或半球状(下部被塌陷土体充填,也有的呈裂隙状),特别易发育在地下水位季节变动带内。所有的岩溶区土层地面塌陷都要经过地下土洞的孕育、扩展,直到顶板失稳陷落,造成岩溶塌陷。

2. 形式各样的软弱土层

我国南方岩溶区的覆盖层中经常发现软弱土层,这种软弱土层与岩溶作用有密切联系。一种是碳酸盐岩表层常覆盖的红黏土,具有上硬下软的特点,下部红黏土塑性指数大,含水量高,呈软塑状态、流塑状态,承载力低。如桂林市漓江Ⅱ级阶地主要由上部的黏土-亚黏土层,中部的砂砾石层及下部的褐红色黏土层组成。后者与灰岩接触,多呈软塑状态至流塑状态,承载力低,并易产生土洞。

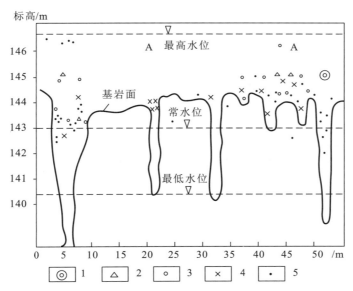

图 4-1　桂林地区大型试坑所揭露的土洞与地下水位变化的关系剖面图
（据康彦仁等，1990）

1. 直径大于 2m 土洞；2. 直径 1.5～2m 土洞；3. 直径 1～1.5m 土洞；4. 直径 0.5～1m 土洞；5. 直径小于 0.5m 土洞

另一种软弱土层是多见于岩溶平原或岩溶盆地、洼地的淤泥或淤泥质土，岩溶平原和洼地是岩溶演化作用的晚期地貌特征，地下水运动尤其是垂向运动微弱，在低洼积水区域易形成淤泥、淤泥质土等静水沉积地层。

在柳州市区部分地段，地面以下 5～7m 存在一层软—流塑状的淤泥质土，天然含水量 45%，液性指数平均值为 1.052，压缩系数为 0.75MPa^{-1}，属高压缩性土，承载力仅为 80kPa。

在珠江三角洲的广州市、南海市等地，普遍存在一层海陆交互相的流塑状淤泥质土，天然含水量 47%～53%，液性指数 2.77～3.74，压缩系数为 0.57～0.9MPa^{-1}，属高压缩性土，承载力平均为 91kPa。

还有一种软弱土层，是土洞塌落、地下水携带等各种原因在溶槽、溶洞里淤积的土层，无论是砂性土还是黏性土，或者它们的混杂物，通常为松散、饱和、欠压密、欠固结状态，工程施工中呈现为"流砂"或"软泥"，承载力极低。

上述软弱土层压缩性高，承载力低，在上部重荷作用下极易产生柔性变形及侧向滑动，在建筑物地基选择、基坑边坡稳定性分析、桩基础施工工艺设计等方面均须重视此问题。

4.1.2　岩溶化基岩的工程地质特征

当覆盖层很薄或者基础埋置深度较大（如有多层地下室）时，建筑物基础一般多以覆盖层下面的基岩为持力层，岩溶化基岩的工程地质问题如下。

1. 起伏不平的岩溶化基岩面

在一个建筑场地内,覆盖层下面的可岩溶面往往是起伏不平的。从宏观角度看,场地内可能存在岩溶洼地、漏斗、古河道、断层崖等。如广东省南海市某大厦(主楼 38 层)的场地是一个覆盖的溶丘洼地,在 105m×94m 的建筑场地下面存在 4 个岩溶洼地。这 4 个洼地之间为溶丘台地,洼地和台地之间多是坡度大于 45°的陡壁,高差达 15～25m(图 4-2)。

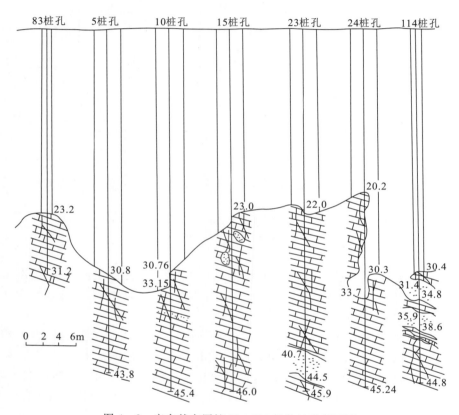

图 4-2 广东某大厦桩 83～114 桩孔地质剖面图

桂林市香江饭店(10 层)的建筑场地内有一条宽十余米的隐伏古河道通过。济南市某高层建筑物(主楼 48 层)场地内存在一个近南北向的基岩断层陡崖,高差达 50m 以上,位置正在原设计的主楼基础之下。

上述这些宏观岩溶地貌形态对建筑物的选址、基础选型以及地基处理都会造成关键性影响,特别是基础下地基影响范围内有很多基岩临空面,使地基的稳定性受到很大影响。

从微观角度看,在岩溶化的基岩表面普遍存在着石芽、石柱、溶沟、溶槽等岩溶形态,使得基岩表面凹凸不平,高差从几十厘米到几十米不等。低洼部位无论是否充填,都是相对软弱的,对地基均匀性评价和相应的基础设计产生重要影响。

2. 特征各异的浅层溶洞及溶隙

一般在基岩面以下 20m 深度范围内为浅部溶蚀带，在浅部溶蚀带中溶洞及溶隙较发育，在南方城市建筑场地的钻探中，钻孔见洞率一般都在 20% 以上。溶洞与溶隙的平面分布与场地基岩构造密切相关，主要沿着断层及裂隙带发育。在分布深度上，受场地宏观岩溶地貌的控制。如广东南海民企大厦场地，钻孔见洞率为 30% 左右。溶洞主要在基岩面以下 20m 范围内，其深度相当隐伏洼地的深度，在洼地底部以下，溶洞已很少见，说明古岩溶的发育是以洼地为基准面的。

3. 类而不同的风化带问题

是否能把基岩风化带的概念用于覆盖岩溶是一个有争议的问题（为了说明岩溶地基的特殊性，不把岩溶作用作为风化作用的一种，即便有时确实难以割裂区分）。通常风化作用是从基岩表层开始的，由浅入深风化程度减弱。《岩土工程勘察规范》根据原岩风化程度分为全风化、强风化、中等风化、弱风化等，物理化学性质及强度渐进性变化。岩溶作用以化学溶蚀作用为主，可以在有水流的任何深度进行，岩溶强度分化带与基岩风化带并不重叠，地基中可见的岩溶化产物是尚未溶蚀的岩石强度依旧，但岩体强度显著弱化的基岩，以及其他一些溶蚀残留物和溶蚀沉积物；地基土质强度变化缺乏成层性规律。风化带和岩溶分化带的叠加，使得岩溶场地地基情况更加复杂。单纯按风化带概念对岩溶地基进行区分认识，不能全面把握岩溶地基的工程地质特征，因此需要结合岩溶地基不同的风化特征和岩溶特征区别对比分析，以地基强度和均匀性等为关注点，结合工程需要解决工程建设中的地基评价问题。

比如，经大量勘探研究证明，对于纯质的石灰岩、硅化灰岩，风化带很薄，一般不足 1m，很难再区分强、中、弱风化带，实际情况是钻孔见基岩后几十厘米就是新鲜岩面，建设工程中区分不同风化带的工程意义不大。但是对于泥灰岩类及白云岩类情况则不同，往往都存在明显风化带。例如柳州地区建筑的基岩很大部分是石炭系白云岩。一般埋深为 15～30m，强风化带厚度为 2～8m，中等风化带厚度为 5～12m，弱风化带厚度为 3～5m。高大建筑物多以弱风化白云岩为持力层。

4.1.3 岩溶场地地下水的主要工程特点

1. 似稳实危的覆盖层地下水

覆盖层中的地下水特征与覆盖层的岩性组成和成因相关。原岩风化形成的覆盖层，岩性以黏性土为主，一般水量不大（或者无明显地下水）。若覆盖区以冲洪积成因为主，则一般在粉土、砂土层或卵砾石层中赋存地下水，而且可能是多层地下水，需要特别关注可能与下伏岩溶水有水力联系的含水层。比如，在珠江三角洲地区多为粉细砂含水层，其中大部分与下伏岩溶含水层存在一定的水力联系。在基础施工时，该类含水层对于基坑支护、降水、止水以及桩孔施工影响巨大，若处理不当，有时会引起基坑（或孔壁）坍塌，地下水控制失败。

如果产生流土、流沙,还可能引起地面塌陷。

2. 变化莫测的岩溶地下水

覆盖岩溶区的岩溶地下水是一个不可忽视的问题,很多工程都因忽略这个问题而产生工程失误。覆盖岩溶区的岩溶地下水有如下特点。

一般都具有承压性,承压水直接顶托上覆土层,构成一种浮托力,当地下水位下降时,浮托力消失,土层的工程地质条件将发生变化,有时引起塌陷。

岩溶地下水的分布极为不均,不能因为少数钻孔富水性不大,而轻率做出不含地下水的结论。济南市某高层建筑物场地处于济南黑虎泉区附近,勘察时却作出场地不含岩溶地下水的错误结论,造成挖孔桩施工中大量涌水。

场地岩溶地下水的富水性强弱,从宏观上与场地所处的水文地质单元部位有关,在地下水的排泄区、强径流带上,富水性一般都很强,而在补给区或弱岩溶化地带,富水性较弱。

工程建设中的地基基础方案,尽量不揭露岩溶地下水或改变岩溶地下水赋存条件,实在难以避免时,应在宏观水文地质单位尺度和细观场地地基尺度中考虑应对措施。

4.2 岩溶场地的岩土工程评价

岩溶场地的岩土工程评价主要内容是指岩溶地基的适宜性、稳定性评价,应遵循从宏观到具体、从整体到局部、从定性到定量原则,以满足工程建设对地基的需求为目标,对岩溶场地作为工程建设承载基础,提出定性判断或定量分析。

地基稳定性是指地基岩土体在承受建筑荷载条件下的沉降变形、深层滑动等对工程建设安全稳定的影响程度。不同的建设项目或不同的工况条件,通过计算分析的不同评价参数来评价地基稳定性。当地基承受的荷载以垂直荷载为主时,需要计算地基承载力、地基沉降量及沉降差等参数来评价地基的稳定性,当其承受较大水平推力或存在倾覆可能时,还需要计算其水平抗滑移稳定安全系数或抗倾覆稳定安全系数来评价地基稳定性。

岩溶地基稳定性评价需结合考虑建(构)筑物的结构、基础特征和岩溶化岩体、覆盖层工程地质特征,一般按如下步骤进行:①根据既有建设经验(如工程类比)进行定性分析;②进行半定量分析;③采用有限元等数值方法进行定量分析。前一步骤判断不存在稳定性问题后,可以不再进行后续步骤评价。

4.2.1 岩溶场地的区段划分

根据一些典型指标可将场地岩溶发育强烈程度划分为 3 个不同等级(表 4-1),进而可以将场地划分为不同的区段。重大建筑物宜避开岩溶中等或强烈发育区段。

表4-1 场地岩溶发育等级[据《广西岩溶地区建筑地基基础技术规范》(DBJ/T 45—2016)]

岩溶发育等级	地表岩溶发育密度/(个·km^{-2})	线岩溶率/%	遇洞隙率/%	单位涌水量/(m·s^{-1})	岩溶发育特征
岩溶强烈发育	>5	>10	>60	>1	岩性纯,分布广,地表有较多的洼地、漏斗、落水洞,泉眼、暗河、溶洞发育
岩溶中等发育	5~1	10~3	60~30	1~0.1	以次纯碳酸盐岩为主,地表发育有洼地、漏斗、落水洞,泉眼、暗河稀疏,溶洞少见
岩溶弱发育	<1	<3	<30	<0.1	以不纯碳酸盐岩为主,地表岩溶形态稀疏,泉眼、暗河及溶洞少见

(1)同一档次的4个划分指标中,根据最不利组合的原则,从高到低,有1个达标即可定为该等级。

(2)地表岩溶发育密度是指单位面积内岩溶空间形态(塌陷、落水洞等)的个数。

(3)线岩溶率是指单位长度上岩溶空间形态长度的百分比,即线岩溶率=钻孔所遇岩溶洞隙长度/钻孔穿过可溶岩长度×100%。

(4)遇洞隙率是指钻探中遇岩溶洞隙的钻孔与钻孔总数的百分比。

有些区段岩溶强烈发育,岩溶作用的不利因素典型而集中。如①存在浅层洞体或溶洞群,洞径大且不稳定;②存在埋藏的漏斗、槽谷等并覆盖有软弱土体;③土洞或塌陷成群发育;④岩溶水排泄不畅,可能暂时淹没等。若某一区段存在上述情况之一时,该区段为岩溶地基的不利区段,未经处理不宜作为地基使用。

4.2.2 岩溶地基稳定性的定性评价

(1)对于一般工程,根据已查明的地质条件,结合基底荷载情况,对影响溶洞稳定性的各种因素进行分析比较,可按表4-2进行地基稳定性的定性评价。

表4-2 岩溶地基稳定性评价(类比法)[据《广西岩溶地区建筑地基基础技术规范》(DBJ/T 45—2016)]

评价因素	对稳定有利	对稳定不利
地质构造	无断裂、褶曲,裂隙不发育或胶结良好	有断裂、褶曲,裂隙发育,有两组以上张开裂隙切割岩体,呈干砌状
岩层产状	走向与洞轴线正交或斜交,倾角平缓	走向与洞轴线平行,倾角陡
岩性和层厚	厚层块状,纯质灰岩,强度高	薄层石灰岩、泥灰岩、白云质灰岩,有互层,岩体强度低

续表 4-2

评价因素	对稳定有利	对稳定不利
洞体形态及埋藏条件	埋藏深,覆盖层厚,洞体小(与基础尺寸比较),溶洞呈竖井状或裂隙状,单体分布	埋藏浅,在基底附近,洞径大,呈扁平状,复体相连
顶板情况	顶板厚度与洞跨比值大,呈平板状或拱状,有钙质胶结	顶板厚度与洞跨比值小,有切割的悬挂岩块,未胶结
充填情况	为密实沉积物填满,且没被水冲蚀的可能性	未充填、半充填或水流冲蚀充填物
地下水	无地下水	有水流或间歇性水流
地震设防烈度	<7 度	≥7 度
建筑物荷重及重要性	建筑物荷重小,为一般建筑物	建筑物荷重大,为重要建筑物

(2)对一般工程和次要工程来说,当基础底面以下土层厚度大于独立基础宽度的 3 倍或条形基础宽度的 6 倍,且不具备形成土洞或其他地面变形的条件时,可不考虑岩溶稳定性的不利影响。当基础底面与洞体顶板间岩土厚度小于前述标准,但符合下列条件之一时也可不考虑岩溶稳定性的不利影响:①洞隙或岩溶漏斗被密实的沉积物填满且无被水冲蚀的可能;②洞体基本质量等级为Ⅰ级或Ⅱ级岩体,顶板岩石厚度大于或等于洞跨;③洞体较小,基础底面大于洞的平面尺寸,并有足够的支承长度;④平行于基础轴线的长度或直径小于 1.0m 的竖向洞隙、落水洞近旁地段。

4.2.3 地基稳定性的半定量评价

1. 土岩结合地基稳定性验算

地基的稳定性是以拟建建(构)筑物为条件进行评价分析的,是建(构)筑物结构特点、功能需求和地基强度之间匹配性、适宜性的另一种表达,地基稳定性验算通过,表明该场地地基可以(适宜)进行该工程建设。

地基稳定性计算时,应根据岩土实际性状(或者建设、使用过程中可预估的不利状态)选择力学指标。当土层已经扰动或施工中可能扰动,宜取土的残余抗剪强度指标;新近填土或尚未固结土宜取土的直剪指标;地下水位以上应取天然重度,地下水位以下应取浮重度。

土岩结合地基中可压缩层(土层)厚度经常有较大变化,进而引起地基不均匀变形,因此地基稳定性验算的主要内容是地基变形或是地基变形差(当然承载力也要进行验算)。岩溶场地的土岩结合地基尤其要关注基岩面附近可能存在的软弱层。

(1)地基应力主要影响深度范围内下卧基岩面为单向倾斜、岩面坡度大于 10%、基底下的土层厚度大于 1.5m 时，根据建筑经验，总结了一些不用再进行地基变形验算的情形，如表 4-3 所示。

表 4-3 下卧基岩表面允许坡度值

地基土承载力特征值 f_{ak}/kPa	四层及四层以下的砌体承重结构	三层及三层以下的框架结构	具有150kN和150kN以下吊车的一般单层排架结构	
			带墙的边柱和山墙	无墙的中柱
≥150	≤15%	≤15%	≤15%	≤30%
≥200	≤25%	≤30%	≤30%	≤50%
≥300	≤40%	≤50%	≤50%	≤70%

(2)当不满足表 4-3 条件时，应进行地基变形验算。由于岩层相对于土层其强度高很多，可以认为是几乎不变形的刚性下卧层。地基变形计算应考虑刚性下卧层的影响，并按下式计算地基的变形：

$$s_{gz} = \beta_{gz} s_z \tag{4-1}$$

式中，s_{gz} 为具刚性下卧层时，地基土的变形计算值(mm)；β_{gz} 为刚性下卧层对上覆土层的变形增大系数，采用表 4-4 中数值；s_z 为变形计算深度，相当于实际土层厚度，按现行国家标准《建筑地基基础设计规范》(GB 50007—2011)计算确定的地基最终变形计算值(mm)。

表 4-4 具有刚性下卧层时地基变形增大系数 β_{gz}

h/b	0.5	1.0	1.5	2.0	2.5
β_{gz}	1.26	1.17	1.12	1.09	1.00

注：h 为基底下的土层厚度；b 为基础底面宽度。

(3)在岩土界面上存在软弱层时，应验算地基的整体稳定性，确认地基在建筑荷载下整体滑移的可能性。对于承受较大水平力、可能存在滑移或倾覆的建筑物，应进行抗滑移和抗倾覆稳定性计算。

(4)当土岩组合地基位于山间坡地、山麓洼地或冲沟地带，存在局部软弱土层时，应验算软弱下卧层的强度及不均匀变形。

2. 溶洞的稳定性半定量计算

1)顶板塌陷堵塞法

当顶板为中厚层或薄层、裂隙发育、易风化的岩层，顶板有可能坍塌但能自行填满洞体时，无需考虑其对地基的影响。此时所需塌落高度(H)可按下式计算：

$$H = \frac{H_0}{K-1} \tag{4-2}$$

式中，H_0 为塌落前洞体最大高度(m)；K 为岩石松散(涨余)系数，石灰岩 K 取 1.2，黏土 K 取 1.05。

2) 结构力学近似分析法

当顶板岩层较完整、强度和层厚较大，并已知顶板厚度和裂隙切割情况时，可按抗弯、抗剪验算顶板稳定性，且应符合下列规定。

当顶板跨中有裂缝，顶板两端支座处岩石坚固完整时，可按悬臂梁计算：

$$M = \frac{1}{2} p l^2 \tag{4-3}$$

当裂隙位于支座处，而顶板较完整时，可按简支梁计算：

$$M = \frac{1}{8} p l^2 \tag{4-4}$$

当支座和顶板岩层均较完整时，可按两端固定梁计算：

$$M = \frac{1}{12} p l^2 \tag{4-5}$$

计算弯矩和剪力应符合下列公式的要求：

$$\frac{6M}{bH^2} \leqslant \sigma \tag{4-6}$$

$$H \geqslant \sqrt{\frac{6M}{b\sigma}} \tag{4-7}$$

$$\frac{4f_s}{H^2} \leqslant S \tag{4-8}$$

$$H \geqslant \sqrt{\frac{4f_s}{S}} \tag{4-9}$$

式中，M 为弯矩(kN·m·m)；p 为顶板所受总荷载(kN·m/m)，为顶板的岩体自重、顶板上覆的土体重和附加荷载之和；l 为溶洞跨度(m)；σ 为岩体计算抗弯强度(石灰岩一般为允许抗压强度的 1/8)(kPa)；f_s 为支座处的剪力(kN)；S 为岩体计算抗剪强度(石灰岩一般为允许抗压强度的 1/12)(kPa)；b 为梁板的宽度(m)；H 为顶板岩层厚度(m)。

3) 极限平衡法

按极限平衡条件计算顶板受剪切承载力时，应符合下列公式的要求：

$$T \geqslant P \tag{4-10}$$

$$T = HSL \tag{4-11}$$

$$H = \frac{T}{SL} \tag{4-12}$$

式中，P 为溶洞顶板所受总荷载(kN·m)；T 为溶洞顶板的总抗剪力(kN·m)；L 为溶洞平面的周长(m)；其余符号意义同前。

4) 成拱分析法

溶洞未坍塌时，相当于与天然拱处于平衡状态，如发生坍塌则形成破裂拱。破裂时顶板岩层厚度 H 为：

$$H = \frac{0.5b + h_0 \tan(90 - \varphi)}{f} \tag{4-13}$$

式中，b 为溶洞宽度(m)；h_0 为溶洞的高度(m)；φ 为岩石内摩擦角(°)；f 为溶洞围岩坚实系数，一般可根据岩石的单轴抗压强度确定。

破裂拱以上的岩体重量由拱承担，因承担上部荷载尚需一定的厚度，故溶洞顶板的安全厚度为破裂拱高加上部荷载作用所需要的厚度，再加适当的安全系数。

4.3 地基稳定性的数值模拟评价

4.3.1 常用数值计算方法

随着计算技术的发展，数值模拟方法在岩土工程问题分析中得到广泛应用。以保留所关注的岩土工程核心问题不变为基本原则，通过适当的简化，可以将复杂岩土工程实际情况简化为适用于数值模拟的计算模型。通过对岩土工程核心问题及其影响因素的分析，适当分解或变化一些计算参数，使计算者能够"直观的看到"所关心问题的演变规律或趋势，为计算者开展深入研究或者进行工程设计提供辅助。常用数值方法：有限差分法、有限元法、边界元法、无界元法等。

(1) 有限差分法。有限差分法的基本思想是将待解决问题的基本方程和边界条件近似地用差分方程来表示，这样就把求解微分方程的问题转化为求解代数方程的问题。通常采用"显式"时间步进法来求解代数方程组。该方法原理简单，可以处理一些相对复杂的问题，应用范围很广。FLAC 和 FLAC 3D 软件就是基于有限差分的原理开发的典型软件。目前，该软件已成为岩土工程、采矿工程等领域应用最广的数值模拟软件之一。

(2) 有限元法。有限元法出现于 20 世纪 50 年代，它基于最小总势能变分原理，能方便地处理各种非线性问题，能灵活地模拟岩土工程中复杂的施工过程，它是目前工程技术领域中实用性最强、应用最为广泛的数值模拟方法。有限元法将连续的求解域离散为有限数量单元的组合体，解析模拟或逼近求解区域。目前国际上比较著名的通用有限元程序有 ABAQUS、ANSYS、ADNA、MARC、Midax 等。

(3) 边界元法。边界元法出现在 20 世纪 60 年代，是一种求解边值问题的数值方法。边界元法原理是把边值问题归结为求解边界积分方程的问题，只需对边界进行离散和积分，与有限元法相比，具有降低维数、输入数据较简单、计算工作量少、精度高等优点。该方法比较适合于在无限域或半无限域问题的求解，尤其是在等效均质围岩地下工程问题中广泛应用。目前有研究人员将边界元法和有限元法进行耦合，以求更简便地解决一些复杂的岩土工程问题。

(4) 无界元法。无界元法是 Bettess 1977 年提出来的，用于解决有限元法求解无限域问题时，人们常会遇到的"计算范围和边界条件不易确定"问题，是有限元法的推广。它的基本思想是适当地选取形函数和位移函数，使得当局部坐标趋近于 1 时，整体坐标趋于无穷大而位移为零，从而满足计算范围无限大和无限远处位移为零的条件。它与有限元法等数值方法耦合对于解决岩土(体)力学问题也是一种有效的方法。

上述介绍的几种数值法都是针对连续介质的，只能获得某一荷载或边界条件下的稳定解。对于具有明显塑性应变软化特性和剪切膨胀特性的岩体，就无法对其大变形过程中所表现出来的几何非线性和物理非线性进行模拟。对于这种情况，研究人员开发了适合模拟节理岩体运动变形特性的有效数值方法，即基于非连续介质力学的方法，主要有离散单元法、刚体元法、非连续变形分析法等。

4.3.2 覆盖岩溶临空面稳定性评价

覆盖岩溶区场地起伏不平的基岩面，造成临空面，是一个普遍存在的问题，有时基岩面高差达几十米。施工中不可能将全部石芽、石柱、陡崖完全爆开。这样就出现了如何评价临空面稳定性的问题。各种规范或手册中只有《岩土工程勘察规范》和《工程地质手册》明确提出岩溶地基临空面的稳定性问题，但却都未给出稳定性的评价方法；以前岩溶区的工程实践中多采用避让原则，没有类似的工程参考，因而岩溶临空面的稳定性成了施工中最关心的问题，查阅国内外有关岩溶地基的文献，没有见到这类问题的专门研究报道。可见，对这个问题进行研究既具有实际意义又具有一定的理论意义。因此，笔者结合广东省南海市民企大厦工程实例开展研究工作。

1. 覆盖岩溶临空面定义及特点

在覆盖岩溶场地，由于溶槽、溶隙和石芽等岩溶现象的存在，使得基岩岩面起伏很大，当建筑基础落在陡壁边缘时，陡壁相对于基础就构成了临空面，我们称这种临空面为"覆盖岩溶临空面"。它是指覆盖岩溶场地中建筑物基底应力影响范围内具有陡倾角土岩交界面的一种岩土组合地质体。覆盖岩溶临空面具有如下特点。

(1) 在稳定意义及失稳内容方面，覆盖岩溶临空面的稳定意义是对于建筑或整个建筑结构来讲的，因它作为建筑地基特殊的功能，失稳应同时包括临空面岩体整体破坏、致使基础失稳的局部破坏和致使基础失稳的较大变形3种形式。

(2) 在赋存的地质环境及规模方面，我们所指的覆盖岩溶临空面为松散土层覆盖，"浸没"在土层和地下水中，临空面受到土层、地下水对坡体侧向和垂向的压力（稳定性分析时酌情考虑）。一般规模较小，即为几米或几十米的尺度。

(3) 在失稳原因方面，岩溶临空面一般是天然稳定的，往往因承受荷载而失稳。

(4) 在加固处理方面，覆盖岩溶临空面处于地下，所获得的关于临空面岩体的信息较少，处理时多以改变基础形式或设计参数为主，以加固临空面岩体或土层为辅。

2. 覆盖岩溶临空面稳定性影响因素

(1) 岩体强度。岩体强度由岩石的力学性质、岩体结构面的物理力学性质以及结构面的组合特征来综合确定。岩体结构是决定岩体强度的主导因素。

(2) 临空面的形态特征。临空面的力学作用机制在于它形成了特殊的应力传递边界，并提供了位移变形的自由空间，从而使岩体的承载力学行为有别于半无限介质情况，岩溶临空面的空间几何形态同时还控制了岩体结构面所分割的结构块体的承载力学行为，因而对分析临空面岩体的应力分布、变形特征和稳定性评价十分重要。

(3) 建筑基础及荷载的特征。覆盖岩溶临空面的稳定意义是相对于建筑基础或整个上部结构而言的,不同用途的建筑物荷载特征不同,对承载岩体的变形破坏要求也不同;不同的基础形式对岩体的作用方式和对岩体变形破坏的敏感程度不同。因此,覆盖岩溶临空面的稳定与建筑基础和荷载的特征有关。

3. 覆盖岩溶临空面稳定性影响因素数值分析

本研究采用二维有限元模型,采用有限元方法与无界元方法相耦合,就是在无限边界上以无界元代替常用的应力或位移边界,用无界元模拟远场效应,用有限元模拟近场效应,这样即避免了因计算范围过大而增大计算工作量,又能解决因模型范围过小而达不到计算精度的问题,会获得较为理想的计算结果。

根据覆盖岩溶临空面的赋存地质环境,概化出一般地质模型(图 4-3a),并对岩体做了以下简化假定。

(1) 假定岩体是均质各向同性的地下空间半无限体。岩体的变形是微小的。

(2) 岩体采用弹塑性非线性本构关系,考虑岩石的不抗拉特性,非线性问题采用初应力增量法解决。

(3) 考虑岩石的脆性软化的特点,即强度达到峰值后,发生应力跌落,岩石极限强度降为残余值,岩体在屈服之后以残余强度为峰值做塑性变形。

(4) 采用相关联的流动法则,即塑性势函数与屈服函数相等,$Q=f$,认为材料屈服后即进入塑性状态,屈服函数 f 采用得鲁克-普拉格屈服准则。

根据上述地质模型和假定条件确定了计算模型(图 4-3b),计算区域上边界为荷载边界,承受基础荷载和土层地下水的垂向及侧向压力,区域的左、右和下边界为无穷远边界。

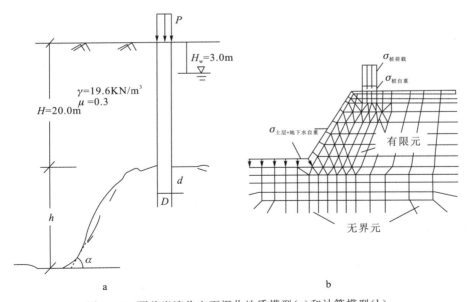

图 4-3 覆盖岩溶临空面概化地质模型(a)和计算模型(b)

对计算区域内用三角形单元和四边形单元剖分,对无穷远边界用四节点无界元处理。本次研究共模拟计算了14个剖面,分析了临空面的高度、临空面的倾角、桩荷载、桩径、桩入岩深度、临空面底部桩基以及临空面顶部桩基等因素的影响。

4. 某高层建筑地基岩溶临空面稳定分析

某高层建筑位于广东省南海市,主楼38层,钢混框剪筒体结构,裙楼6层,框架剪力墙结构。采用桩筏基础,大口径人工挖孔桩施工方案,桩径1.2~3.4m,共116根桩。

拟建场地所处地貌单元属于珠江三角洲冲积平原顶部,松散覆盖层厚度16~46m,从上到下依次为人工填土层(厚0.8~2.6m)、淤泥(厚1.5~13.4m)、中细砂(厚7m)、残积土(厚4.8~24.7m)。本场地基岩为石炭系硅化泥晶灰岩,岩溶发育,溶蚀裂隙乃至溶槽、溶沟、溶洞发育,以致基岩面起伏剧烈,存在较多覆盖岩溶临空面。鉴于场地已由专业公司针对溶洞、溶蚀裂隙进行了注浆加固处理,本次研究仅针对覆盖岩溶临空面稳定性进行分析,分析中对于溶洞、溶蚀裂隙不另做考虑。

本工程约有30根桩基的稳定性需要考虑临空面的影响,研究根据以下原则选择代表性剖面进行分析:①桩基为主要承载桩,稳定性意义重大;②桩基因临空面影响失稳的可能性较大;③临空面形态和桩基位置具有一定代表性。

本研究共选取3个典型计算剖面,采用前述的简化假定和有限元与无界元相耦合的计算方法。用桩基荷载的分级施加来模拟大厦的逐层建筑过程,共分3级施加,分别相当于大厦20层(time=1)、32层(time=2)和38层(time=3)时对应的桩基荷载。通过模拟计算分析临空面岩体中应力、应变的变化特征(图4-4~图4-7)。

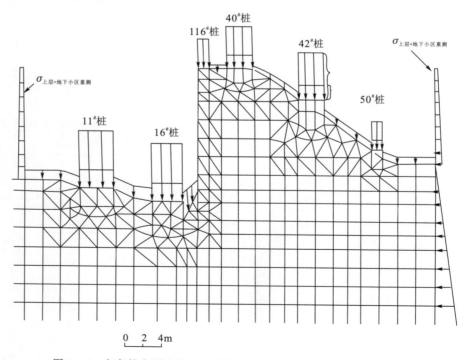

图4-4 广东某大厦地基L440剖面有限元-无界元耦合分析计算模型

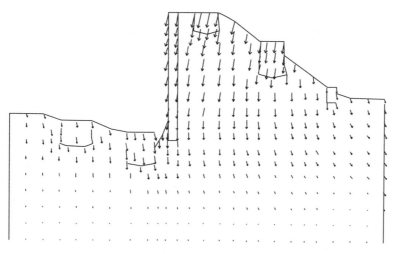

图 4-5　广东某大厦地基 L440 剖面节点位移矢量图(time＝2)

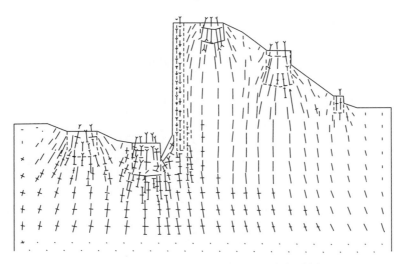

图 4-6　广东某大厦地基 L440 剖面最大主应力矢量图(time＝3)

按极限平衡理论,定义岩体的稳定性系数 K 为:

$$K = \tau'_{max}/\tau_{max}$$

式中,τ'_{max},τ_{max} 分别为岩体可承受的和实际所受到的最大剪应力(kPa)。K 值越大,说明岩体稳定性(安全性)越好。依次可以做出岩体在不同工况下的稳定性等值线图(图 4-8)。

5. 结论

经过数值分析得出如下认识。

(1)桩荷载作用下临空面岩体内应力分布和位移变形的基本特点:①在桩基中心线上 σ_1

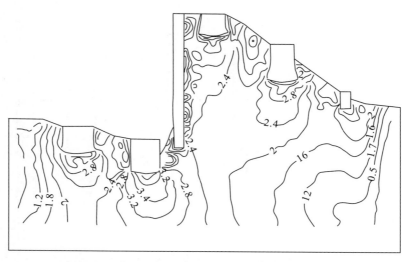

图 4-7　广东某大厦地基 L440 剖面最大剪应力等值线示意图（time=3）

图 4-8　广东某大厦地基 L440 剖面稳定性等值线图（time=3）

方向垂直向下，而随着远离中心线，σ_1 方向发生偏转，最终与中心线夹角达到 30°～40°，并以此为扩散角向下传递；②靠近坡面，σ_1 方向趋于平行临空面，σ_3 则垂直于临空面，这种趋势距离桩基越远越明显；③临空面岩体的坡脚部位没有明显的应力集中现象；④愈是临空面顶部岩体位移愈大，水平侧向位移也愈显著，而到了底部则逐渐变为竖向位移。

(2)临空面高度增大,岩体内的应力分布不发生显著变化,仍保持相似的分布规律,但高度大的临空面侧向位移较大,承载性能较差。

(3)临空面倾角增大,在外荷载作用下,更易于形成倾向临空面的破坏面,对岩体稳定不利。

(4)增大桩径(总荷载不变)可以减弱桩底岩体的应力集中水平,防止桩底局部岩体破坏。但对于临空面岩体的整体稳定贡献不大,而改变桩总荷载对临空面岩体的稳定性影响十分显著。因此,在实际设计施工中,控制施加到临空面岩体的荷载总量对岩体稳定有关键性的意义,而桩径(或桩端扩大头直径)的确定往往要考虑工程造价与施工效果之间的平衡。

(5)对临空面岩体稳定起关键作用的是临空面顶部的荷载。临空面顶部荷载对临空面岩体稳定的影响受很多因素制约,除岩体的自身强度条件外,最重要的是荷载的总量值和荷载的施加位置,其次是桩基的入岩深度与桩径。对于一个特定的岩溶临空面,顶部所承受的荷载总量及施加位置(含深度位置)决定了整个临空面岩体的稳定性。

(6)通过数值模拟计算分析与工程地质类比分析,研究区内各岩溶临空面岩体在设计荷载作用下都是稳定安全的。

4.3.3 高层建筑结构与岩溶地基、基础的共同作用分析

某高层商住楼位于贵州省遵义市,共29层,框架核心筒结构,第1~9层为商用层,第10层为转换层,转换层以上为住宅,住宅为跃层,即每隔一层有楼板大开洞;基础形式在核心筒下为筏板基础,柱下为独立基础。

场地在地貌上属于溶蚀缓坡地貌,在地质构造上位于遵义向斜的东南翼。出露地层为下三叠统狮子山组第一段的底层,岩性主要为灰岩、泥质白云岩、泥页岩夹灰岩等。该岩组在场地内呈单斜产出,产状为倾向290°,倾角50°~70°。场地及其附近未见大型断层或活动性构造带通过。但场地处于罗庄—香港路—延安路—内环路—丁字口—白杨洞一线的大型岩溶管道上,该管道恰从核心筒下经过,位于核心筒范围内筏板基础下方深度几米处有一直径3~5m、管状不规则溶洞(图4-9、图4-10)。对场地地基的稳定性影响较大。

场地处于响水洞地下河岩溶管道径流区,洞体四周岩体基本为石灰岩,除局部为薄层状外,多数为中厚层状(基础范围的薄层状泥岩夹灰岩破碎带采取C30混凝土置换处理)。由于该溶洞在场地范围内发育呈胃状,宽度较大(2~6m),顶板较薄(4~7m),稳定性较差,需要计算分析以具体确定。同时通过勘察实测,溶洞围岩以中厚状石灰岩为主,洞内垮塌物较少,洞壁岩体较完整。根据遵义市提供资料,该溶洞及与之相连接的响水洞地下河从未发生过岩溶塌陷现象,故其侧壁稳定性较好。

前述条件分析可知,拟建工程为高层商住楼,主体结构由商业转换为住宅;基础形式为柱下独立基础+局部筏板;地基中溶洞顶板距筏板基础距离较近,而且溶洞的几何形状很不规则。主体结构和地基、基础的组合情况较为复杂。需要考虑上部结构-地基-基础共同作用的分析方法,即上部结构与地基基础变形协调关系的分析方法,进行地基稳定性评价,充分考虑在复杂地质情况下结构的变形及受力。

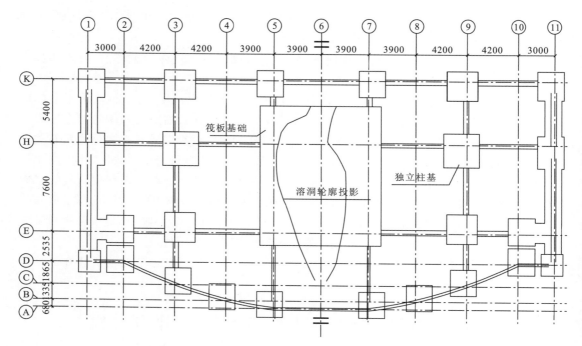

图 4-9 基础型式及溶洞平面位置示意图(单位:mm)

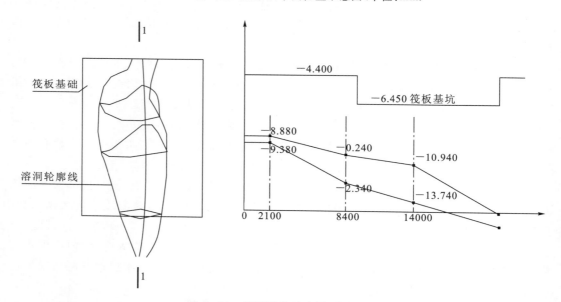

图 4-10 溶洞形状示意图(单位:m)

本工程采用大型有限元程序 ANSYS 计算分析岩溶地基上高层建筑-地基-基础共同作用,根据地质勘察报告,溶洞的形状如图 4-10 所示,整体有限元模型见图 4-11。根据整体建模的网格尺寸对溶洞形状进行了简化(图 4-12、图 4-13)。

图 4-11 整体有限元模型

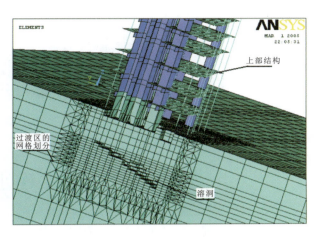
图 4-12 纵向溶洞附近单元网格划分示意图

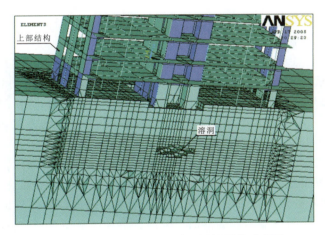
图 4-13 横向溶洞附近单元网格划分示意图

根据 ANSYS 程序数值计算,并与不考虑结构地基-基础协同作用的情况进行对比,分析了溶洞底板的强度、稳定性、变形,评价建筑物及溶洞的安全性,对上部结构设计以及筏板设计提出考虑共同作用的修正建议。

分析认为,该建筑物筏板基础不但本身能调整上部结构中不均匀荷载,也能调整地基中的不均匀荷载。地基溶洞顶板应力较小,应力强度为 1.2~2.8MPa,且无应力集中及突变现象;溶洞顶板沉降较小,最大沉降 6.3mm;溶洞虽然在形状及位置不对称,但不论是筏板应力图还是沉降图均比较对称,说明稳定性较好,无倾覆危险;综合分析认为,该建筑岩溶地基(溶洞)稳定性好,并无由于岩溶导致的安全性问题。同时以上也说明只要结合适当的分析、设计、施工措施,在岩溶地区建造高层建筑是可行的。

第 5 章　岩溶地基工程处理技术

5.1　岩溶地基工程处理的基本原则

(1)建设规划与岩溶发育相匹配原则。要在最顶层的建设规划环节体现工程建设与岩溶环境的和谐、友好理念。建设规划不是地基处理的直接技术手段,但是也可以看作是超越技术层次的工程处理方法。如在岩溶强烈发育区,不宜布置重要建(构)筑物;在岩溶强烈发育且岩溶水丰富区域,不宜布置易对地下水造成污染的建设项目。否则,将大大提升地基处理和工程处治的技术难度。

(2)地基处理方案与基础和上部结构方案相协同原则。大量工程实例证明,采用加强建筑物上部结构刚度和承载能力的方法,能减少地基的不均匀变形,取得较好的技术经济效果。因此,对于需要进行地基处理的工程,在选择地基处理方案时,应同时考虑上部结构、基础和地基的共同作用,尽量选用加强上部结构和处理地基相结合的方案,这样既可降低地基的处理费用,又可收到满意的效果。

(3)地基处理方案与核心目的相一致原则。岩溶地基的岩土分布以及持力层强度(反映指标为承载力和压缩模量)具有显著不均一性。这一特征与建筑基础对于地基的要求正好相悖。因此,岩溶地基处理的核心目的,就是提高地基强度或(和)改善地基均一性,使处理后的地基能够满足建筑对承载力和变形的要求。岩溶场地千差万别,建筑基础各不相同,或消强补弱,或弃软寻坚,或多措并举,需要围绕核心目的开展工作。

(4)地基处理的短暂性与岩溶发育的长期性相匹配原则。在岩溶发育区,岩溶作用是不断进行的。南方雨水充沛、地表水和地下水丰富,岩溶作用的不利因素在工程建设运营期应予考虑。尤其当地基含石膏、岩盐等易溶岩时,更应考虑溶蚀继续作用的不利影响。相对于岩溶地质作用,地基处理工作是短暂的,但地基处理方案应具有阻断、隔离岩溶发育不利影响(如结构跨越、桩基)或减缓岩溶发育(如填塞充填)的作用。

(5)地基处理的谨慎性与岩溶发育的复杂性相匹配原则。岩溶发育有一定规律,但有时体现更多的是复杂性,尤其是岩溶强烈发育区,即便是进行了多手段、多期次的勘察,仍可能是仅仅查明主要宏观特征而难以全面查清。在工程实践中,对于岩溶欠发育或发育特征相对简单的地基,可采用单一、简单、节约的地基处理方案;对岩溶强烈发育区,要适度坚持谨慎性,不必固守"一招鲜"而是采用多手段组合,不必坚持计算合格而是尽量留有一定的安全裕度。

(6)地基处理的局部性与岩溶地下水运动的区域性相协调原则。地基处理服务某一工程建设主体,即使平面面积、竖向深度均较大,但相对于岩溶地下水运动的空间范围,仍是一个局部。因此,在地基处理过程中,或疏泉(河)堵漏,或填塞爆破,均应跳出建设场地来看待岩溶地下水问题,并以"不改变区域地下水流场,不对自然生态造成不利影响"为原则,宜采取疏导措施,并防止地下水排泄通道堵截造成动水压力对基坑底板、地坪及道路等不良影响,以及泄水、涌水对环境污染的问题。

5.2 褥垫层法

5.2.1 褥垫层法简介

由于岩溶场地岩面起伏大及石芽、石笋暴露,可能出现基底下半土半岩的情况,不利于基础受力及沉降控制,此时可采用褥垫层,以保证岩土共同工作,减少基底应力集中,协调沉降。采用褥垫层法,首先应进行施工勘察排除压缩层范围内土洞存在的可能。

对于石芽密布并有出露、石芽间距小于2m、其间为硬塑或坚硬状态的红黏土地基,当房屋为六层以上的砌体承重结构、三层以上的框架结构或吊车荷载大于150kN的单层排架结构且基底压力大于200kPa时,宜利用稳定的石芽做支墩式基础,在石芽出露部位做褥垫。

对于大块孤石或个别石芽出露的地基,当土层的承载力特征值大于150kPa、房屋为单层排架结构或一二层砌体承重结构时,宜在基础与岩石接触的部位采用褥垫层进行处理。

褥垫层一般为砂夹石垫层,也可采用中砂、粗砂、土夹石、级配砂石、碎石和毛石混凝土等材料,厚度500~1000mm,砂夹石垫层中碎石或卵石质量不小于全重的60%,最大粒径小于50mm,并要求级配良好。

施工前先将外露的石芽或孤石削平,褥垫层应分层碾压致密实,分层厚度小于300mm,夯填度(夯填度为褥垫夯实后的厚度与虚铺厚度的比值)应根据试验确定。初步设计时,夯填度可按下列规定取值:中砂、粗砂 0.87 ± 0.05mm;土夹石(其中碎石含量为20%~30%) 0.70 ± 0.05mm。

5.2.2 工程实例

贵州某水泥厂的煤粉制备车间,柱下独立基础拟置于红黏土层上,$f_{ak}=200$kPa,开挖后发现部分基础下岩土共生,岩石局部突出为石芽状,且岩土间有裂隙,处理方法为超挖一定深度,设置厚800mm砂夹石垫层(图5-1)。按此法处理建成后使用良好,未见异常。

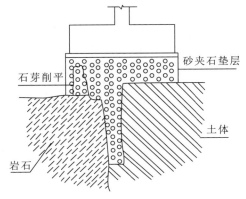

图 5-1 褥垫层法地基处理示意图

5.3 跨越法

5.3.1 跨越法简介

跨越法是在溶（土）洞、溶沟（槽）、溶蚀裂隙（漏斗）、落水洞等上部设置跨越结构（如混凝土梁板等），该跨越结构端部支撑在完整岩体或桩柱等其他稳定支撑体上，使得建筑荷载得到有效承托。

优点是把比较复杂的岩土加固工程变成较易处理的混凝土结构工程，充分利用建筑物的结构特性，使得基础设计与地基处理结合起来。

跨越法处理岩溶地基的一个关键环节，是确定跨越结构两侧的支撑条件。一般需要综合考虑溶（土）洞、溶沟（槽）、溶蚀裂隙（漏斗）、落水洞等的大小形状、岩体的强度、地下水等因素。

5.3.2 应用实例

图 5-2 是岩溶地基跨越处理的示意图，其中⑤是贵州省六盘水市某十二层大楼岩溶地基的跨越处理，在岩溶洞顶用石渣混黏土进行夯实换填，上浇筑形状为椭圆形球壳体的混凝

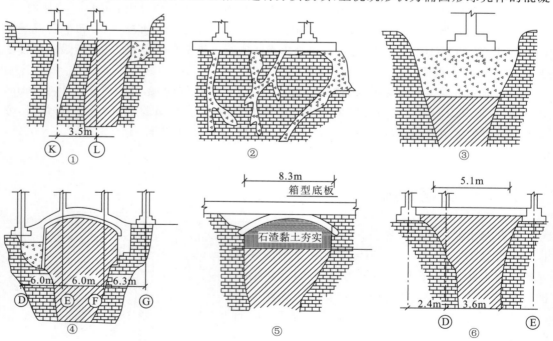

图 5-2 岩溶地基跨越处理示意图
①、②梁板跨；③倒锥塞跨；④拱跨；⑤椭圆球壳跨；⑥调整柱距跨

土跨越结构,建筑物的箱型底板通过壳体结构传导荷载,支撑在洞体周围完整岩石上。其余均为六盘水市体育馆地基的跨越处理。根据溶洞的发育形状、岩壁完整程度、溶洞洞口尺寸等,分别采用梁板跨、倒锥塞跨、拱跨、调整柱距跨等方式。

5.4 注浆法

5.4.1 注浆法简介

注浆法适用于深埋溶洞、土洞和岩溶裂隙带(破碎带)的地基处理,可以起到充填空洞、置换软土、胶结岩体等作用,可与其他地基处理方法综合使用。注浆处理前应进行室内配比试验和现场试验确定浆液设计参数,对于岩溶破碎带应先预计钻孔深度,估计注浆扩散半径,进而通过现场注浆试验,校核确定注浆孔深度、注浆孔间距、注浆压力、注浆步序和工艺等。

1. 注浆材料

注浆材料主要有 P.O 32.5 以上标号的普通硅酸盐水泥(有时掺加粉煤灰)、水、速凝剂水玻璃(或氯化钙)等。水质、水泥的初凝时间、终凝时间及抗压强度等均应进行实验,以确保满足技术规范要求。

速凝剂水玻璃类浆材的特点是浆液的胶凝时间可以控制,结实体抗压强度高,结石率可达 100%。另外施工技术简单,成本较低,能有效用于地下水的截流,抗冲刷能力较高,同时注入性较好。

灌入材料及其配合比需要根据具体钻孔的可灌性,由现场决定和改变。通常要综合考虑 4 个方面的因素:岩土体裂隙发育程度;钻孔时土层、基岩的漏水情况;岩土层的钻进速度,是否有掉钻等现象;发现溶洞、土洞时,它的尺寸的大小以及是否有充填物等情况。

2. 水灰比

根据地层中溶蚀裂隙、溶洞的发育特点,估计地层的可注性,选择适当的水灰比进行工艺试验,根据试验情况确定施工效果好的水灰比。不同水灰比的水泥浆可注性实验数据,见表 5-1,初步设计时可以参考使用。

表 5-1 不同水灰比的水泥浆可注性实验数据表

水灰比	0.6	0.8	1.0	2.0	4.0	8.0	10.0	12.0
可注入的平均缝宽/mm	0.53	0.47	0.48	0.39	0.39	0.38	0.33	0.28

3. 注浆压力

注浆压力与地层可注性、浆液浓度、注浆泵流量等有关,注浆压力并不是越大越好,当注浆压力超过地层的压重和强度时,将产生地层抬升,有可能导致地基及其上部结构被破坏。因此,一般都应以不使地层结构破坏或仅发生局部的和少量破坏的原则选定注浆压力,并在注浆过程中进行地层隆起变形监测。

4. 注浆工艺

随着工艺的不断进步,注浆法也逐渐衍生出各种类型的工艺。根据浆液在地层中运动特点进行区分,主要有渗入性注浆、劈裂注浆、挤密注浆以及化学注浆等方法。

注浆施工通常不是一次注浆工序就能完成的,需要根据注浆压力、浆液回升情况,不断变换工艺手法。岩溶空隙和溶洞大小及充填物不同,吃浆量也各不相同,需要先进行试探性注浆,然后进行间歇式和交替式注浆,最后进行加压注浆。

(1)试探性注浆。一般先配制两种浓度的浆液:一种是标准浆,另一种是稠浆。当地基孔隙不大时,采用标准浆;当孔隙较大时,采用稠浆。当采用标准浆时,随灌入量的增加,若浆液同步上升,即用一般标准浆注浆。若未同步上升,说明孔隙直径偏大,使用稠浆灌入。

(2)间歇式注浆。当孔隙直径过大且采用稠浆时,若浆液未同步上升,此时可采用间歇式复灌,在灌入一定的浆液后,间歇一段时间待浆液初凝后,再灌入一定量的浆,直到托底为止。

(3)交替式注浆。当间歇式注浆用时较长时,可改用交替式注浆,即先注入浆液,再灌入砂砾,然后再注入浆液,如此反复,直到托底为止。

(4)加压注浆。最后用标准浆加压注浆,注浆时严格控制注浆压力,直到压力稳定,托底固结注浆终孔。

5. 注浆管埋设

一次、二次注浆管均采用焊接钢管,一次注浆管下至比洞底深 500mm 处,主要用来注浆充填溶洞;二次注浆管下至比洞顶深 500mm 处,主要用来高压填充一次注浆后还存在的缝隙空间。注浆管进入溶洞、土洞部分均需加工成花管,管下端均锤扁并用胶纸包裹好(图 5-3)。

5.4.2 工程实例

1. 工程概述

广西玉柴机器股份有限公司缸盖车间,地处山沟冲积阶地。根据地质勘察资料表明,它下伏岩层属泥盆系—石炭系地层,以石灰岩为主,岩溶发育充分,洞穴裂隙发达,属构造复杂地带,上覆层为第四纪冲积和残积成因的黏土、亚黏土。地基承载力(f_k)=250~300kPa,压缩模量 E_s=9~11MPa,能满足设计要求的地基承载力。但地质钻探资料表明,在 c 轴/④

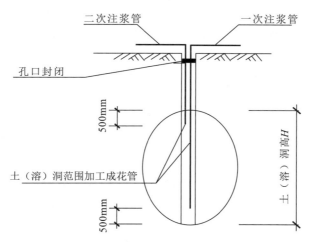

图 5-3 注浆管埋设示意图(据罗承浩,2018)

轴,⑦轴处在 -12.5m、-7.9m 处各有地下溶洞。原设计要求打开溶洞进行回填处理,后经工期、造价分析,最终采用注浆法处理此两处溶洞。

2. 主要技术参数

注浆材料:P.O 32.5 普通硅酸盐水泥、黏土、粉煤灰。浆液配比:此次注浆材料采用水泥、粉煤灰,配合比为 3:7,水料比为 0.5~0.55。注浆压力:根据地质情况、注浆方法和地基为回填土质的实际情况,该次实验采用 0.3~2.0MPa。

浆液扩散半径的估算:由于该工程的地质条件复杂,特别是基岩裂隙发育的无规律性,因此较难准确计算。影响扩散半径的因素有岩溶洞隙的形状、大小以及它们的连通性;注浆充填材料的性质(颗粒大小、浆液浓度、浆液的流变性等)、注浆压力、注浆流量以及注浆时间等,故按孔序注浆量的大小来控制扩散半径。

钻孔深度:由于该工程回填土基本在 10m 左右,将钻孔深度定为基岩以下 4~5m,如果钻进时遇到岩溶洞可适量加深。

3. 注浆技术要求

(1)在进行注浆时,要及时测量孔深和浆液面高度。投入的砂料应为中粗砂,剔除砾石;下料要均匀,防止堵塞钻孔,用量要控制;及时测量孔深,切忌灌入的砂料超过托底深度。同时掌握浆液面上升速度,以此确认是否已经托底。

(2)注浆技术由托底注浆和静压注浆组成。钻孔若要进行托底时,不能先下注浆管封孔,待托底完成后,方可下注浆管封孔进行静压注浆。当钻孔不需要托底时,可直接下注浆管封孔,进行间歇式静压注浆。

(3)间歇式静压注浆。第一次注浆采用稠浆,注浆时间控制在 20min,间歇 12h 后再注第二次,第二次注浆可采用标准浆。若 20min 内仍不起压,停止注浆,间歇 6h 后再注第三次,依此类推,直到终孔为止。为防止浆液向路基两侧流失,路基两侧边界孔注浆压力适当降低,并适当增加间歇注浆次数。

(4)稠浆和标准浆的配比标准。稠浆的水料比为 0.5,标准浆为 0.55。为了便于检测,两种水料比可换成相对密度,进行量化控制。

(5)注浆的厚度。基岩钻孔注浆段为 5m,注浆段控制在 2m 厚度,即从孔底算起上升至 2m 处,如遇特殊情况,2m 内不能控制托底时,可适当增加,但不得超过 3m。静压注浆段应保证 3m 厚度,以保证注浆质量。

(6)注浆时,注浆孔都应分序进行,浆液压力采用 0.3~2.0MPa,根据上覆土层厚度调整注浆压力,上覆土层薄时浆液压力采用较小值,上覆土层厚时浆液压力采用较大值。

(7)进行沉降变形观测,掌握施工中沉降变化过程,及时监测注浆对路面的影响。地面要埋设变形观测点,防止在注浆过程中地面产生过量变形,对路面造成破坏,变形量不宜超过 5~10mm,不允许地表出现裂缝。

(8)注浆压力保持一定值,稳定 30min,可以终孔。

4. 注浆效果分析

(1)通过对同一钻孔注浆前后的声波测试,岩溶不发育、岩石完整的声波速度达到 5000km/s,注浆前后差别不明显。岩溶发育的钻孔,在注浆前声波速度最低为 3000km/s,加固后达到 4500km/s,加固效果十分显著。

(2)由于工程处理前在相关位置埋设了沉降点,定期观测地面的沉降情况。通过在试验和施工期间的观察,沉降量很小,正负不超过 2mm,说明注浆施工对整体地基未产生影响。

(3)通过现场注浆试验,一序孔吃浆量平均为 $11.92m^3$,最大为 $28.0m^3$,最小为 $3.64m^3$;二序孔吃浆量平均为 $5.65m^3$,最大为 $9.67m^3$,最小为 $2.6m^3$;三序孔(即检查孔)吃浆量平均为 $0.505m^3$,最大为 $1.3m^3$,最小为 $0.16m^3$。按平均吃浆量统计,二序孔吃浆量为一序孔的 47.4%,而检查孔的吃浆量为一序孔的 4.2%,为二序孔的 8.9%。说明 5m 的孔距太大,不能使岩溶洞隙得到较好的充填,2.5m 的孔距能得到较好的充填,从检查孔的吃浆量分析,均能满足设计标准要求,说明选用 2.5m 的孔距和压力是适宜的。从注浆孔吃浆量的不均匀性分析,最大为 $28.0m^3$,最小为 $3.64m^3$,反映了岩溶洞隙发育的可灌性和不均匀性。

(4)根据质量验收标准,对检查孔进行取芯浆柱体强度和抗渗试验。浆柱体渗透系数均小于 6~10cm/s,强度均大于 4MPa,其力学性指标均达到检验标准要求。

5.5 充填法

5.5.1 充填法简介

充填法泛指对岩溶"空洞"的填实和岩溶"负地形"的填补(包括过程中对软弱土的换

填)。适用于溶(土)洞、溶沟(槽)、溶蚀(裂隙)、落水洞、塌陷的充填和石芽地基的嵌补。有时把对土洞、溶洞等"空洞"的填实称为充填,把对表层负地形,如塌陷、溶槽的填补称为填堵。

充填材料可采用天然固体材料,如素土、灰土、砂砾、碎石、块石等,也可采用人工配制的流体材料,如混凝土、泡沫轻质土等。当充填部位在地下水位以下、埋藏较深时,不宜采用素土、灰土充填;有防渗要求时,不宜采用砂砾、碎石、块石、泡沫轻质土充填。

天然固体材料充填一般用于塌陷坑较小且浅时的处理,塌陷坑较深意味着下部的空洞空间较大,需要综合治理,直接充填效果往往不好。当坑内有基岩出露时,首先在坑内填入块石、碎石做成滤层,或采用地下岩石爆破回填,然后上覆黏土夯实。当陷坑内未出露基岩时,若塌坑危害较小,可回填或用黏土直接回填夯实;若塌坑的危害较大,应先把塌坑内松软的塌陷土体清除再回填块石、碎石,做成反滤层,然后填土夯实。一般在矿山、农田、公路上产生塌陷时常用,对某些特殊要求的塌陷处理,如铁路交通或建筑物地基下的塌陷和溶洞应在底部设置钢筋混凝土板等。

5.5.2 泡沫轻质土充填

1. 泡沫轻质土充填简介

泡沫轻质土是一种预先制备好水膜泡沫,然后再与水泥(沙)泡沫混凝土混合,固化得到的一种特种水泥基材料,具有质量轻、造价低、保温防水、抗压减震等多方面优点,应用范围较广。采用岩溶地基充填法处理时对一些狭小、不规则地下空间,如溶洞、溶沟溶隙、不规则石牙地基等,由于人和机械无法进行作业或作业空间过于狭小,不能回填密实,使其成为工程建设的一大难点。利用泡沫轻质土可由软管泵送,浇筑施工点所占空间极小,浇筑时具有高流动性,浇筑完后可固化且不需机械碾压或振捣的优势,回填这些特殊空洞,可达到施工简便且能回填密实的效果,为解决空洞回填的难题提供了一种全新的技术手段。而且泡沫轻质土质量轻,充填后对地基产生的压力小,其强度可根据需要调节配合比实现,满足不同地基承载力要求。

2. 地基处理用泡沫轻质土的材料要求

地基处理用的泡沫轻质土材料,应符合下列规定。

(1)水泥应符合国家现行标准《通用硅酸盐水泥》(GB 175—2007)、《快硬硫铝酸盐水泥、快硬铁铝酸盐水泥》(JC 933—2003)的规定。

(2)粉煤灰应采用F类粉煤灰,并应符合国家现行标准《用于水泥和混凝土中的粉煤灰》(GB/T 1596—2017)的规定,严禁采用C类粉煤灰作为泡沫轻质土的掺和料。

(3)外加剂应符合国家现行标准《混凝土外加剂》(GB 8076—2008)的规定。

(4)发泡剂严禁采用动物蛋白类发泡剂,其性能应符合表5-2的规定。

(5)泡沫轻质土的抗压强度应通过试验确定,且不应低于1.5MPa。

表 5-2 发泡剂性能指标

性能指标	规定值	性能指标	规定值
稀释倍率	40～60	发泡倍率	800～1200
标准泡沫密度/(kg·m^{-3})	30～50	标准泡沫泌水率/%	≤25

5.5.3 工程实例

1. 工程概况及地质条件

某工程拟建建筑物共 9 幢,其中 1#楼 16 层,8#楼和 9#楼均为 32 层,三栋楼均有一层地下室,采用管桩基础。

该工程施工地点岩溶发育,有溶洞及土洞,主要分布于呈中风化状态的破碎灰岩中,形态极不规则,出现多层串珠状分布,分布于不同平面上,致使基岩面起伏不定,高差较大。根据该工程《岩土工程勘察报告》揭示,在钻进深度控制范围内,将地基土层分为 7 个层次,自上而下依次为:①素填土;②粉质黏土;③残积粉质黏土;④全风化石灰岩;⑤土状强风化石灰岩;⑥块状强风化石灰岩;⑦中风化石灰岩。在第③层残积粉质黏土层局部中下部分布土洞,第⑤层土状强风化石灰岩层局部底部及第⑦层中风化石灰岩层局部顶、上部分布溶洞,其中土洞的埋深在 16.50～28.50m 之间,溶洞埋深在 20.40～41.40m 之间,均为较深埋隐伏岩溶。溶洞及土洞内有的有充填物,充填物为含角砾黏性土,褐黄色,饱和,呈流塑-可塑状态,有的则为纯空洞(表 5-3)。

表 5-3 部分溶洞、土洞分布特征

孔号	埋深/m	顶板标高/m	底板标高/m	厚度/m	备注
ZK1	24.30	145.19	142.69	2.50	土洞
ZK6	28.50	137.36	134.26	3.10	土洞
ZK10	26.30	139.24	134.34	4.90	土洞
ZK12	18.90	145.81	141.21	4.60	土洞
ZK89	24.00	140.21	133.71	6.50	土洞
ZK57	27.00	135.68	121.18	14.50	溶洞
ZK66	30.00	132.34	126.24	6.10	溶洞
ZK72	28.60	141.05	134.05	7.00	溶洞
ZK74	25.20	140.98	134.38	6.60	溶洞

2. 充填处理方案

经比较,采用泡沫混凝土充填处理方案具有综合优势(表5-4)。

表5-4 充填法处理方案比较

方案	造价/万元	质量	环境影响	施工安全
泡沫混凝土充填处理方案	570.21	好	环保	安全
复合浆液充填处理方案	677.50	较好	泥浆污染	安全
纯水泥浆充填处理方案	1 121.43	充填率低	泥浆污染	安全

充填处理在桩基施工前进行,采用XY-100钻机钻孔,孔径110mm。注浆材料采用水：水泥：发泡剂=(175：350：2.4)kg·m^{-3},水灰比为0.5。①发泡剂采用JK-FA发泡剂;②水泥采用P.O 42.5普通硅酸盐水泥;③水采用普通自来水或井水(淡水),严禁含酸性物质的水掺入发泡剂中,以免发生化学反应,影响发泡剂的发泡效果。

3. 施工工艺简介

施工工艺顺序:布孔、定位放线→钻孔→下注浆管→封孔→泡沫混凝土制备→注泡沫混凝土→拆管。

(1)布孔、定位放线。它以揭露溶洞、土洞的钻孔为中心,按正方形或梅花形布置注浆孔,钻孔间距采用2.0m(间距过大,充填率不足;间距过小,钻孔成本高)。一直按此间距向外扩孔直至钻机引孔至最后一排无揭露溶洞、土洞为止。施工前绘制注浆孔位布置图(正方形或梅花形布孔),并统一编号,按设计要求采用全站仪放线定孔位,并准确测量孔口地面高程,经业主、设计、监理多方核验认可。

(2)钻孔。采用钻机XY-100在泡沫混凝土注浆孔位处引孔,孔径考虑注浆管大小采用110mm,钻孔钻至土洞、溶洞顶部时应记录深度,并与勘察报告对比,继续钻进至土洞或溶洞底部以下0.5m。引孔时应详细记录钻进土层标高情况,并绘制钻孔柱状图。

(3)加工、埋设注浆管。如图5-4所示,一次注浆大管采用DN45φ50焊接钢管,二次、三次注浆小管采用DN20焊接钢管,进入溶洞、土洞部分均需加工成花管。大小管均下至比洞底深500mm处,管下端均锤扁并用胶纸包裹好。大管沿管长每间距20.0cm钻孔眼,且为双边同一高度开孔,上双孔之间连线与间隔的下双孔之间连线成空间90°交错,花管长1m;小管沿管长每间距40.0cm钻孔眼,且为单边开孔,上下间隔孔与小管纵向中心轴线在同一平面上,花管长约9m(根据土洞、溶洞高度制作)。下管前注浆大管眼必须使用胶纸扎实,绕管扎2~4圈;注浆小管必须使用橡胶条重叠斜扎密封,两端扎丝固定形成出浆单向阀。

(4)孔口封堵。下管完毕后用水泥袋塞填进孔口下2m深处,并以水泥浆液封闭至孔口。

(5)制备泡沫混凝土。首先将研发的发泡剂与水混合形成稀释液,通过物理机械手段将稀液发泡形成泡沫,然后将泡沫送入水泥等胶凝材料与水搅拌而成的浆液之中,再经过充分的混合搅拌形成了一种多孔轻质现浇混凝土,通过高压泵和输送管向外输送(图5-5)。

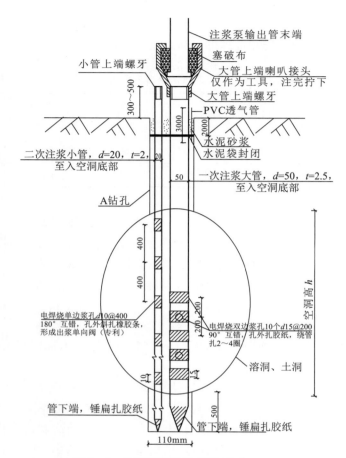

图 5-4 注浆管埋设示意图(单位:mm)

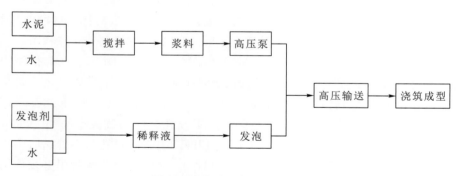

图 5-5 泡沫混凝土制备工艺

(6)灌注泡沫混凝土。一次灌注:先在一次注浆大管中用注浆泵压入清水(主要目是将包在注浆小管外面的胶纸冲破),再压入泡沫混凝土,压力为 1~2MPa。施工过程中如发现进浆量过大,则采取降压(压力 0.5~1.0MPa)处理,必要时采取间歇注泡沫混凝土的方法。

当孔口出现返浆现象时,即停止一次注浆。二、三次灌注:一次注浆完毕后 2d 以上,在原孔位用小管进行二次注浆,先在注浆小管中用注浆泵压入清水(主要目是将包在注浆小管外面的胶纸冲破),再压入泡沫混凝土。压力上升为 2~4MPa 时,即停止注浆。1~2d 后进行三次小管灌注泡沫混凝土,压力上升为 4~6MPa 时,即停止注浆。

5.6　桩基法

5.6.1　桩基法基本条件

当基础荷载较大但其下软弱地层无法有效加固处理或加固处理困难较大时,可以考虑采用桩基把基础荷载传递到深部稳定地层。通常在以下情况适宜采用桩基。

(1)浅埋的溶(土)洞、溶沟(槽)、溶蚀(裂隙)或洞体顶板破碎的地段。

(2)洞体围岩为微风化岩石、顶板岩石厚度小于洞跨度,或基础底面积小于洞的平面尺寸并且无足够支撑长度的地段。

(3)对于独立基础或条形基础,即使基础底面以下土层厚度满足"大于独立基础的 3 倍或条形基础的 6 倍",但具备形成土洞或其他地面变形条件的地段。

(4)未经有效处理的隐伏土洞、溶洞或地表塌陷影响范围内安全等级为一级的建筑物。

5.6.2　桩基设计与施工

1. 岩溶区桩基设计

岩溶区桩基设计主要考虑因素:①建(构)筑物基础及结构型式;②建(构)筑物对承载力和变形的要求;③桩长深度范围及桩端下一定深度的岩溶发育情况;④当地施工工艺设备情况。

桩基设计主要在于选择合理桩端持力层,进而确定桩径、桩长等参数,并针对可能的施工工艺提出对应的技术建议和要求。选择合理桩端持力层的过程,需要根据桩端岩溶发育情况,进行单桩承载力验算、溶洞稳定性的验算、桩底溶洞处理方案设计等工作。穿越较大溶洞的施工工艺方案,通常也在设计环节预先考虑。

2. 桩基施工方法

桩基施工方法主要有冲击钻孔、旋挖成孔和回转钻孔等,其用到的施工机械分别为冲击钻机、旋挖钻机、回转钻机。当拟建场地的地下水影响不大或能够较好控制时,也可采用人工挖孔的方法。

桩基施工前应做好一系列的准备工作,认真研究图纸、地质剖面图,通过勘察报告分析溶洞类型,对可能出现的隐患制定安全应急预案,并对现场钻机工作人员进行技术和安全交底。岩溶地区钻孔灌注桩施工宜采取先钻进长桩后短桩、先钻进外围桩、后中间桩的方法防止土体位移,按照先易后难的总体施工原则,先对无溶洞和较小的溶洞进行桩基施工,摸清相邻地层的工程地质情况和岩溶地层下溶洞填充物的性质后,采取合理方法处理较大溶洞。

1)人工挖孔方法

人工挖孔是桩基施工的传统方法。成孔方法简单,施工时无振动、无噪声,施工设备简单,可同时开挖多根桩以节省工期。同时可直接观察孔内(尤其是桩底的岩土层)变化情况,便于清孔和检查孔底及孔壁。在岩溶地区,对于岩石破碎、溶洞裂隙发育情况可以准确判断,给予对应处理,进而有利于保障施工质量,但劳动条件差、劳动力消耗大、安全风险大。在地下水丰富、可能存在有毒有害气体等人身风险的情况下,应慎重采用。

2)冲击钻进方法

冲击钻机在岩溶地区施工应用广泛,一方面是冲击钻机适用于填土层、黏土层、粉土层、淤泥层、砂土层和碎石土层等各个土层。由于岩溶地区地质条件复杂、地层各不相同,正好适用于冲击钻机;另一方面冲击钻机机械拆装简便、造价低、成孔速度快,能够自主造浆,在处理溶洞时能够不受地下水影响、冲击力大、易穿透溶洞顶板,具有很强的适应性。但它的缺点也很明显,岩溶地区岩面多呈波形且软硬不均,在冲孔过程中,造成冲击锤的锤面倾斜,发生偏孔,屡偏屡修,不易修正,一旦错过修正深度,不仅无法纠正,还会造成弯桩、斜桩,甚至冲击锤掉入溶洞中。

3)旋挖钻进方法

旋挖钻机是一种现代化的新型机械,施工速度快、噪音低、振动小,现场整洁,对环境污染小。但它也存在一些问题,该施工工艺对穿破复杂溶洞的效果不理想,进入持力层较难,对钻头的损害较大;旋挖钻机无法自主造浆,需要人为供应,一旦出现快速漏浆,若回填不及时或无法补给,在旋挖钻机自重的作用下,造成孔口塌落,从而引发大面积塌陷,对现场人身安全、机械设备造成严重危害。根据旋挖钻头是否用泥浆进行护壁,可分为旋挖干法作业和旋挖湿法作业。

干法作业工艺上不需要泥浆护壁,为直接取土工艺。在施工过程中,大大减少了泥浆的需求和排放,取出的钻渣直接可以送出,具有节省空间、操作方便、施工方便、节省成本等优点,适用于各种透水性弱—中等的粉质黏土、砂类土以及强风化岩层。

湿法作业采用人工制备泥浆护壁,在岩溶地质环境首选直筒式钻头,条件允许的前提下,尽可能提高钻筒高度。若溶洞超过钻斗高度,为了提高钻孔导向防止偏孔变形能力,钻头应有导向结构。

4)回转钻进方法

在岩溶地区,由于溶洞裂隙发育,岩土软硬不均匀,采用正循环回转钻孔工艺同时对回转钻头进行改进,来保证桩基质量。传统的回转钻机能够快速成孔,有效清理孔内的杂质,对内壁起很好的保护作用,正因如此,在岩溶地区穿过溶洞容易偏孔,漏浆后容易埋钻。为此对回转钻孔进行改进,采用新型多级合金超前牙轮钻头,其钻头总长约 2m,一般为桩径的 1.5~2.5 倍。上部圆筒主要起导正作用,下部根据情况分多级,满足从大到小各层的直径,容易在硬岩钻进,两相邻的区间长度为 15cm,水平之间的环形空间宽度约 10cm;钻头最底部采用组合牙轮钻头,其大小、尺寸、个数根据不同孔径而定(图 5-6)。

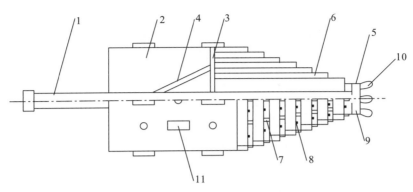

图 5-6 多级合金超前牙轮钻头

1. 钻具连接器；2. 外筒；3. 连接盘；4. 锥形支撑筒；5. 牙轮钻头；6. 多层圆筒；7. 出水口；8. 合金钻头；9. 支撑板；10. 3 个牙轮掌；11. 合金垫片

该钻头在施工中的主要特点如下。

(1) 利用牙轮的滚动钻进减小阻力，多级破碎，切割岩石，保证进尺；

(2) 利用多级合金段上半部导正并修正孔壁，而且使孔壁容易切割成台阶，防止"顺层跑"，从而减少孔偏；

(3) 能够在不同心"葫芦串"溶洞的钻进过程中，由偏向变为同心，减少孔偏；

(4) 能够准确高效地找到持力层，而上部的多级钢圆筒既能辅助导正又能收集岩石屑料，以利于技术人员判断地层岩性；

(5) 设备地盘的宽大稳当，钻具结构的特点使钻进过程运转平稳，良好的导正性又能保证复杂岩层钻孔桩的垂直度要求，自然成孔扩径率小，充盈系数低；

(6) 利用孔内循环泥浆作为冷却液和冲洗液，避免牙轮运转时温度过高而破坏牙轮掌结构，通过泥浆循环冲洗破碎面，将破碎下来的岩石颗粒带走，避免重复破碎，增强了破碎岩石的效果；

(7) 可适用于普通回转钻机正反循环工艺，钻头加工简单，起落钻方便；

(8) 成孔垂直度好，持力层可靠，桩基工程质量可靠度高。

5) 全回转全套管钻进方法

这种施工方法源于法国的贝诺托施工法，原始的贝诺托钻机出现在 20 世纪 70 年代，后经日本引进改造，于 20 世纪 80 年代形成通用的 MT 型贝诺托钻机。近年来，国内外工程界又研究发展了全回转全套管钻进技术并研制成功成套工程设备，新型的全回转全套管钻机是集全液压动力和传动，机电液联合控制于一体的新型钻机。设备可驱动套管 360°旋转，通过套管底端的切削钻齿切割岩土体钻进，套管全程护壁。该技术和设备可以有效地穿越卵漂石地层、含溶洞地层、厚流砂地层、强缩径地层以及地下各类桩基础、钢筋混凝土结构等障碍物。成桩质量好，施工效率高。

6) 组合工艺方法

岩溶地区桩基施工，较难处理的问题是如何穿过大型溶洞，或土岩交错软硬不均地层，通常需要采用多种方法组合方可产生较好的钻进效果。如某项目桩基采用全回转全套管钻进方法，对于套管内岩土体的钻掘，可根据岩土体特点和各种钻进工艺的特点，选择回转钻机、旋挖钻机或者履带吊冲抓钻机等设备完成。

若采用旋挖或回转钻进等其他工法，穿越岩溶洞穴施工常常选择钢护筒护壁，但也需要配合超前注浆、充填片石黄土等措施，如宁道高速公路第六合同段桐油坪大桥0~4号桩基溶洞采用了"钢护筒跟进法"的施工方案，郴宁高速公路水龙互通主线桥右幅32号墩1号桩基溶洞采用了"钢护筒跟进＋分级注浆"的施工方案，蔡家湾汉江特大桥167号墩桩基施工溶洞处理采用了"回填片石＋黏土"的处理方案，多安大桥桩基施工溶洞处理采用了"钢护筒＋片石黄泥回填"的施工方案，武江公路大桥18号墩和14号墩桩基溶洞采用了"钢护筒＋片石黄泥回填＋注浆"的综合方法。

5.6.3 应用实例

1. 工程地质条件

某项目拟建场地位于深圳市龙岗区坪地镇龙腾路南侧，紧邻丁山河。据勘察钻探所揭露的情况，该工程场地内分布的地层有人工填土层、第四系全新统冲洪积层及残积层，场地大部分范围内基岩为下石炭统大理岩，局部区域为构造角砾岩，场地北侧部分范围基岩为燕山期花岗岩。

场地地下水可分为上层滞水、潜水与岩溶水。上层滞水主要分布在人工填土内，受大气降水补给。潜水主要分布在上层第四系冲洪积砂土、粉质黏土、粉土和含砂粉质黏土层孔隙内。潜水受大气降水及地表水补给，下层岩溶水主要赋存于溶洞中，其赋水性受岩溶发育、溶洞填充物以及溶洞的连通性控制，在溶洞发育且连通性好的地方水量大。稳定水位埋深2.80~7.50m，水位埋深平均值4.15m。

岩溶发育情况：大理岩区有土洞、岩溶发育，有18个钻孔揭露土洞，埋深17.1~29.0m，平均洞高3.47m。在28个钻孔中共发育47个溶洞，埋深11.6~47.7m，洞高平均值1.77m。土洞、溶洞大部分有充填，但充填物多为软塑黏土或松散砂土，溶洞顶基岩厚度一般均小于1.0m，溶洞稳定性差。而土洞位于地下水位以下，当抽取地下水时可能引起土洞的进一步发育，严重时可能造成地面塌陷。

2. 桩基施工简介

针对复杂的岩溶地质条件，根据建筑结构及荷载要求，设计采用混凝土灌注桩，以微风化大理岩为桩基持力层，成桩工艺采用冲孔桩施工工艺。但桩基施工前需进行超前钻探，查明桩底岩溶发育情况，桩基础应穿过溶洞进入稳定的岩层。

下面以工程中主厂房1-522号桩（桩径1.0m）的冲击钻进施工为例，说明本项目溶洞、土洞的具体处理措施（图5-7）。

①安装高3m直径为1.6m的钢护筒开孔，上部露出地面0.3m。

②~③采用直径为1.2m的钻头钻进，钻进过程中严格控制钻进垂直度。钻进至覆盖层以下4.0m，即钻进至22m标高处，采用外径1.2m、长度10m的检孔器验孔，验证孔径和

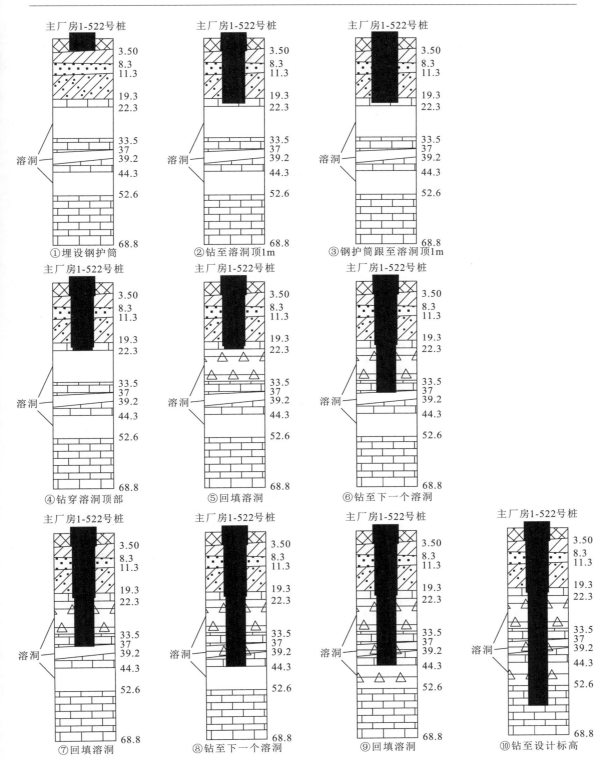

图 5-7 某项目主厂房 1-522 号桩的冲击钻进施工示意图(单位:m)

倾斜度满足要求后,采用内径1.2m的钢护筒跟进,穿透覆盖层至标高22m处。

④改用低冲程将溶洞顶板冲破,当泥浆面下降时,立即提锤,并补充泥浆维持孔内水头。同时将片石、黄泥投入孔中至泥浆面,然后采用小冲击力冲击回填物,将其挤入溶洞内,反复操作至泥浆不再流失。

⑤采用1.0m的钻头钻进。在钻进至33m处发现钻孔发生偏斜,及时提出钻锤并向孔内回填入片石、黏土,将其密实后,重新钻进。

⑥~⑦当钻进至接近37m时改用低冲程钻进,若发现漏浆现象,重复步骤③对溶洞进行处理。

⑧~⑨继续采用1.0m钻头钻进,在钻进至近44m处,重复步骤③进行溶洞处理。

⑩溶洞处理完毕后,继续采用1.0m的钻头钻进,并注意观察钻锤垂直度,及时处理钻孔偏斜问题。观察泥浆液面情况,及时发现勘察中未发现的溶洞及裂隙,并对其进行处理。直至钻进60m处(即要求桩基持力层处),并按规范要求进行清孔排除钻渣。

5.7 复合地基

5.7.1 应用思路简介

复合地基是应用范围较广的地基处理方法,主要特点是可以在一定程度上发挥天然地基的承载能力,从而减轻人工加固的任务压力。在岩溶区,对覆盖层厚度较大或溶洞/土洞埋深较大的地段,可以根据不同的地质条件考虑采用砂桩、碎石桩、石灰桩、灰土桩、CFG桩、混凝土桩甚至钢管桩等打入软弱覆盖层或洞内的填充层,以形成复合地基。在满足地基承载力和变形验算的情况下,复合地基可以不以基岩为持力层。

在岩溶地区建造高层建筑,地基基础不仅要满足高层建筑承载力和变形的需要,还应满足地基安全和稳定的要求,因此选择地基基础时会陷入两难的境地:若采用天然地基,不能满足承载力和(或)变形的需求;若采用桩基,因为单桩荷载大,又会面临布桩受限、质量难控制、溶洞处理等难题。此时若考虑刚性桩复合地基,由于基桩布置方案灵活、可调性强、群体发挥作用,可以根据上部荷载情况实现变桩长、变桩径、变桩间距等变刚度设计方案。因此,在岩溶地基的复杂地质条件下,采用复合地基往往可达到将矛盾化统一的效果。

5.7.2 复合地基施工工艺

复合地基根据地层情况有不同的施工工艺。如需要紧密加固覆盖土层时,可以选择冲击成孔、振动沉管成孔等工艺;当覆盖层有厚层砂土或者软弱土层,易于塌孔缩颈时,可以选择长螺旋成孔、孔内压灌混凝土的工艺;需要充分发挥桩端承载能力,使基桩嵌岩性较好时,可以选择回转钻进、潜孔锤钻进等工艺,钻孔进入底部基岩;当桩端岩层破碎或岩溶裂隙空洞发育时,可以钻进后高压喷射注浆加固岩体,增强基桩的嵌岩和承载性能。

施工工艺的组合创新种类也较多。如潜孔锤钻进与高压旋喷注浆相结合、长螺旋钻进与高压旋喷注浆相结合、长螺旋钻进与潜孔锤钻进相结合、长螺旋＋潜孔锤组合钻进与高压旋喷注浆相组合等。高压喷射注浆也有浆液单管、浆水双管、浆水气三管等不同形式。不同的组合创新，可以发挥不同工艺的优势，适应岩溶场地的复杂情况，达到1＋1＞2的效果。

5.7.3 素混凝土桩复合地基案例

宜兴万丽酒店位于江苏省宜兴市，建筑业态为国际标准五星级酒店，总建筑面积约73 000m²，由主体结构、裙房组成，主体结构地上26层，裙房地上5层，主体结构、裙房设有1层整体地下室。主体结构为框架-剪力墙结构，筏板基础，建筑高度99.6m，总高度119.1m；裙房为多层框架结构，建筑高度25.2m。

工程场地属于冲积平原地貌，土层分布较均匀，主体结构下部典型地质剖面见图5-8。基底下各土层承载力见表5-5。

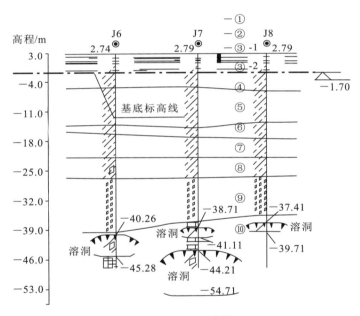

图5-8 典型地质剖面

表5-5 基底下各土层地基承载力

地层编号	③-2	④	⑤	⑥	⑦	⑧	⑨
岩性名称	粉质黏土	粉质黏土夹粉土	粉质黏土	粉质黏土夹粉土	粉质黏土	含碎石粉质黏土	碎石土
地基承载力 f_{ak}/kPa	180	130	230	170	130	160	260

根据工程勘察报告显示,工程场地上部土质较好,下部为中风化石灰岩,下伏基岩内溶洞成群出现,不良地质作用强烈发育。主体结构所处的范围内岩溶专项勘察结果显示,上覆土层覆盖深度在 38~48m 之间,为深覆盖型岩溶;下部溶洞强烈发育、大小不一、层状分布、成群出现。溶洞内呈半填充状态,充填物主要为软-流塑状红黏土,局部混有灰岩碎块,个别为空洞,顶板较薄(最小厚度仅 0.2m)、坍塌风险较高、稳定性较差。根据电磁波 CT 法测试结果,主体结构范围内共有 36 个溶洞,高度范围为 0.5~8.0m,宽度范围为 1.5~6.0m。

设计采用细而密的刚性短桩(素混凝土桩)与基底桩间土组成刚性桩复合地基,不仅应满足上部高层结构承载力和变形的要求,还应满足下卧层的应力控制要求,使其扩散到溶洞区域时能保证溶洞的安全,同时力求避免对下伏溶洞进行加固处理。

设计中要求主体结构地基承载力不小于 480kPa,复合地基的设计参数有素混凝土桩桩身混凝土强度等级为 C20,桩径 400mm,桩顶设置 200mm 厚砂石褥垫层;以⑤层粉质黏土层为桩端持力层,有效桩长 9.0~11.0m,桩底距溶洞顶部 26~33m,单桩承载力 R_a 不小于 500kN;桩距分别为 1.15m×1.2m(电梯井筒区域)和 1.2m×1.2m。复合地基承载力特征值 f_{spk} 估算为 486~505kPa,沉降量估算值为 52.1mm。

5.8 其他处理方法

5.8.1 其他处理方法简介

(1)顶柱法。当洞顶板较薄、裂隙较多、洞跨较大,顶板强度不足以承担上部荷载时,为保持地下水通畅,条件许可时采用附加支撑减少洞跨的方法称顶柱法。一般在洞内做浆砌块石填补加固洞顶并砌筑支墩作附加支柱。如贵州一铁路构筑物以半挖半填形式通过一顶板厚 2~3.2m 的大型溶洞上方,在洞内砌筑 4 根浆砌片石柱以支撑溶洞顶板,即解决顶板稳定问题。

(2)爆破挖除法。对浅埋的溶(土)洞,可采用爆破挖除法进行处理,爆开溶洞顶板,填实溶洞,或将基础落在稳定的溶洞底部岩体。当采用爆破处理岩溶地基时,应采取有效措施避免爆破对周围建(构)筑物产生震害。当爆破对周围建(构)筑物产生的震害较严重时,宜部分或全部采用人工、静态爆破、液压张裂开挖方案。

(3)强夯法。对于岩溶洼地或岩溶漏斗、塌陷发育区域覆盖层中有空间范围不详的塌陷松散区,可能仍有未塌陷的土洞、隐伏溶洞,尤其是需要处理较大面积时,采用强夯法可以达到效果好、效率高、成本低的目的。对于隐伏溶洞,若能击穿顶板回填片石等,强夯效果更好。

(4)高压喷射注浆置换法。高压喷射注浆置换法,是通过旋转或冲击钻进成孔后,在孔内高压喷射浆液,切割松散岩土体、置换软弱岩土层同时填充岩溶空洞孔隙,形成较大直径的置换加固体,根据加固体置换情况和工程需要,在加固体内还可以再插入型钢、管桩等,进一步提高基桩性能强度,拓展应用范围。当桩端岩层破碎或岩溶裂隙空洞发育时,可以选择此法。钻进后高压喷射注浆加固岩体,增强基桩的嵌岩和承载性状(图5-9)。工程界已在此基础上创新研发,形成了不同的新型专利设备和工法技术(如 DJP 工法)。

湖南某高层建筑物地上19层,地下2层,场地位于覆盖型岩溶地区。第四系上部为黏土,中部为砂砾石层,下部为软塑黏性土夹碎石,总厚度18~36m。基底为灰岩,表面溶沟溶槽发育。建筑物结构设计为了防止不均匀沉降,采用钻孔桩进行地基加固。在钻孔桩施工时,由于基岩凹凸不平,相对高差大,钻孔桩施工相当困难。经有关专家多次论证,提出采用高压喷射置换注浆进行地基加固。同时土建设计将建筑物改为片筏基础,采用满堂布置的高压喷射置换桩复合地基(图5-10)。它的具体技术参数为直径550mm,间距2m×2m,进入完整岩石1.0m。单桩承载力80kN,固结体力学强度大于10MPa。

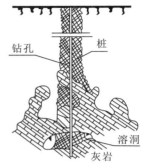

图5-9 高压喷射注浆置换成桩及加固岩体示意图

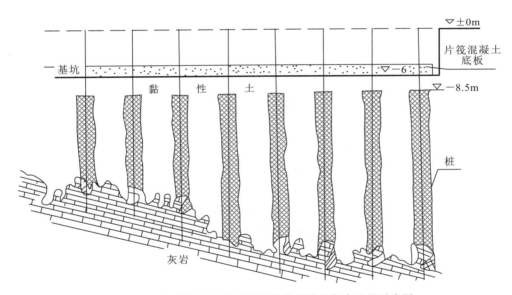

图5-10 湖南某大厦高压喷射注浆置换桩复合地基示意图

(5)加筋补强法(钢管桩法)。对于岩体破碎、裂隙发育或含有软弱夹层的情况,可在地层中设置水平或竖向的钢筋、钢管等加筋补强。这种方法不宜作为主控方法在岩溶区大面积采用,但作为局部处理措施使用时常常取得良好效果。桂林鸿达大厦采用人工挖孔桩地基处理,但在一些桩端灰岩下仍存在填充或未填充的溶洞,在桩底打孔穿过土层及溶洞,进入完整基岩,把钢套管下入孔内,然后在孔内下入钢筋束并浇筑混凝土形成钢管树根桩,钢管桩顶端做板式平台把基桩连成一体,相当于复合桩(图5-11)。

(6)地下水导排。岩溶的发育离不开水的作用。地基处理中,根据不同地质条件对地下

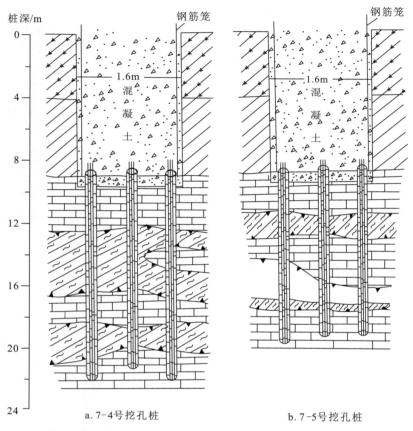

图 5-11 桂林鸿达置业大厦挖孔桩+钢管桩地基处理示意图

水进行导排,阻断地下水的侵蚀、溶蚀、软化等不利作用,防止地下水作用加剧对地基强度的弱化。如塌陷区内的塌坑往往成为地表水倒灌的进口。因此,应采用疏、排方式把地表水引到塌陷区外,尤其在土体渗透量较大的地区应修建封闭式的水渠(混凝土或三合土水渠)进行疏排。在易产生洪泛的地区要采取分洪或把塌坑四周围起来。当塌陷在河床两侧或河床内出现时,塌坑数量少时可以采用填堵法,大量塌陷出现时应根据当地地质条件考虑建设项目避让。覆盖层较薄地段的河床,即使是少量塌陷出现也应进行清基铺底以防止渗漏及河水的灌入。

5.8.2 多种方法的组合应用

前述的各种地基处理方法,只是岩溶场地地基处理的常用选项或思路方向,需要结合具体的岩溶地质条件和建筑设计要求综合考虑。岩溶发育具有不均匀性,地基处理不固守"一招鲜"而是采用多手段组合,会达到较好的技术经济效果。

1. 广东民企大厦组合方法地基处理

广东省南海民企大厦占地面积 9870m^2，主楼高 38 层，框剪筒体结构，裙楼高 6 层，框剪结构，场地上部为三角洲相淤泥及粉细砂层，不能作为大楼的天然地基。选定下伏岩溶化硅化灰岩为桩基持力层，设计采用大口径挖孔桩基础，最大桩直径 3.4m，设计单桩承载力 12 143kN，相当桩底荷载 9.67MPa，设计上对基岩抗压强度要求大于或等于 25MPa，主要工程地质问题有以下几个方面。

完整基岩抗压强度高，饱和单轴抗压强度大部分为大于或等于 50MPa，但场地内不仅溶洞发育，而且还发育了众多的溶蚀裂隙、溶滤带，使岩石的抗压强度下降，满足不了设计要求。

场地是岩溶强发育地段，钻孔见洞率达 25%，溶洞高 0.2～5m，宽度为 0.1～3m，部分位于 3 倍桩径深度之内，危及桩基的稳定性。

岩溶化灰岩基岩面起伏大，仅在场地范围内，其高差最大可达 31.1m，相当于 7 层楼的高度。基岩面坡度陡峻，主楼之下为一处大型陡洼地边坡，坡度多在 30°～60°之间，其中很大一部分是大于 45°的陡坡。据统计，桩基应力影响范围内存在 45°临空面的桩位有 25 个左右，占总桩数的 21%左右，其中以大桩居多，这是岩溶地区特有的工程地质问题。

2. 岩溶地下水头高，连通性强，覆盖层中含中细砂层，大量排水可引起周围地面塌陷

针对上述问题，经过广泛的论证，我们认为必须对场地进行科学的、严谨的地基处理，方能满足设计要求和确保工程安全，在人工挖孔桩的基础上，组合采用如下地基处理措施。

注浆法、充填法：通过钻孔置换压浆充填 3 倍桩径深度内的溶洞、溶隙，加固破碎溶蚀岩层，提高地基压强，并减少施工涌水。经检验孔证实，溶隙、溶孔、小型溶洞均已被充填，抗压强度均已提高到 25MPa 以上，压浆后的水文地质效果明显，大大降低了地下水的活动性，挖孔桩内涌水量降低了 80%，为顺利施工创造了条件。

爆破挖除法：爆破揭露桩底大型溶洞，爆掉不完整的石柱、陡崖，使桩基嵌入完全及完整的基岩中，加强基础稳定性。

加筋补强法：对桩基局部缺角、深溶隙等，增设岩石锚杆、金属网片垫层等进行桩底补强。

3. 桂林建设大厦组合方法地基处理

桂林建设大厦位于桂林市临桂新区，建筑面积约 61 500m^2，整座大厦为双子楼结构，南楼 25 层，北楼 22 层，地下 1 层。框架-剪力墙结构，抗震设防烈度 6 度。最大柱下轴力 N_k = 30 000kN。建筑场地处于岩溶发育区，上部土层分布不一，物理力学性质差异大，均匀性差；下卧基岩为灰岩，局部区域岩面起伏变化大。石灰岩中岩溶发育，其形态主要有溶洞、溶蚀裂隙、溶槽、鹰嘴岩等。在溶沟溶槽中多为软流塑状黏性土充填，溶洞内大多充填软流塑黏土及有机质黏土等，个别溶洞内无充填物或处于半填充状态。场地不良地质现象主要为软弱土层、隐伏土洞、塌陷及岩溶溶洞等。

建筑物的地下室底板大部分已到达岩石面，该岩石层较完整，岩石承载力特征值高，是基础较好的持力层。该部分柱下基础可采用独立柱基，剪力墙采用条形基础，部分浅表岩石层风化，并有溶隙溶沟，对该部分不良地质全部清除，基础落在较完整的基岩上。但场地部分岩石埋置深度高差有十多米，场地溶洞顶板厚度较薄，经过综合分析比较，对岩石浅埋的基础采用独立柱基、条形基础、筏板基础，对深埋岩石的基础则用桩基。根据不同的地质情况采用了换填法、注浆法、桩基法等对地基进行处理，对岩石串状洞及岩石顶板厚度不满足地基稳定性要求的基础，采用冲孔桩穿越岩洞进入下部稳定岩石层。

第6章 岩溶区城市地下空间开发利用
——以深圳市龙岗区为例

6.1 概　述

随着经济的快速发展,世界各国许多大城市人口急剧膨胀,城市规模不断扩大,带来了一系列的城市问题,如建筑用地紧张、生存空间拥挤、交通拥堵等,严重影响了人们的居住生活,也制约了现代城市的可持续发展。因此,城市发展的首要问题是在控制城市人口适度增长的基础上,扩大城市空间环境容量。而地下空间的开发利用是扩大城市空间容量和提高城市空间利用率的有效途径。适度、合理、科学地开发利用城市地下空间资源,能显著提高城市经济运行效率和改善城市空间环境,是城市可持续发展的必然方向和重要保证。但是在有岩溶分布的城市开发地下空间里就会遇到很多特殊的岩溶工程地质问题,必须开展专门性的岩溶地下空间勘察与评价工作。

作为我国最大的经济特区,深圳市在飞速发展的同时人口规模迅速膨胀,土地资源变得相当紧缺,地下空间的开发利用必将成为未来发展的重要方向。

目前,深圳正面临"西密东疏"的不均衡城市局面,东部地下空间有待开发,合理有效地开发利用东部地下空间能较好的缓解"人口多、土地资源紧缺"的现象。

深圳东部的龙岗区为主要的岩溶分布区,类型有裸露型、覆盖型和埋藏型。岩溶化岩层以石炭系灰岩为主,厚达 200~400m,其次为泥盆系灰岩。该区地形地貌多样,以低山丘陵为主,在低山与丘陵之间形成冲积阶地及山间盆地。地质构造复杂,断裂发育,特别是北西向断裂及近东西向断裂发育,使得岩体破碎,地表水与地下水的联系密切,促使地下岩溶发育,特别是沿断裂带形成强岩溶发育带及深岩溶带,岩溶地质灾害时有发生,岩溶问题成为该区城建开发主要的地质问题。地下交通设施(如地铁)、地下商场、地下车库、人防工程、地下输油管道、地下隧道等建设面临多种岩溶工程地质、环境地质问题,其中包括地下工程施工涌水,地下工程地基稳定,建筑物地基及软土不均匀沉降,隧洞涌水、地面岩溶塌陷灾害及环境破坏等问题。

基于以上背景,在研究和总结岩溶分布和发育的规律基础上,结合龙岗区发展规划和工程布局,创建适合该区的岩溶工程地质及环境地质专家评判系统,梳理岩溶地质环境条件与地下空间资源开发建设的相互影响关系,评价地下空间开发利用的适宜性,评价水文地质、工程地质、环境地质、岩溶灾害对地下空间开发的影响,指导城市规划和建设,并对主要工程地质及环境地质问题提出应对措施及意见。

城市地下空间资源的规划与开发利用受到地质环境的制约,城市地质环境的诸多脆弱敏感因素是地下空间开发的关键性制约条件,对这些因素进行适宜性分析评价是地下空间合理规划的基础。目前,地下空间开发地质环境适宜性评价最常采用的方法主要有人工神经网络法(Matías J M et al,2004)、灰色评价法(潘丽珍等,2006)、模糊数学法(欧孝夺等,2009)、综合指数法(潘朝等,2013)等。评价指标的定权过程主要是通过层次分析法、专家打分法、主成分分析法等。Sterling 等(1982)提出应综合考虑岩体条件、水文地质、地形坡度、地下管线、地上和地下已有建筑等因素对地下空间资源开发的影响。

Rienzo 等(2007)基于 GIS 平台,建立了意大利都灵市的三维地质模型,并为市区某地块的地下空间开挖方式的选择进行了辅助决策。就国内而言,北京(祝文君,1992;黄骁等,2016)、青岛(潘丽珍等,2006)、南宁(欧孝夺等,2009)、厦门(童林旭等,2009)、苏州(吴文博等,2013)、武汉(童欣等,2015)、上海(史玉金等,2016)、郑州(张晶晶等,2016)等城市,近些年来陆续完成了对地下空间开发的地质环境适宜性评价,为城市地下空间综合利用规划提供了基础数据和科学依据。但上述地区的地下空间大多处于第四系松散地层区,而涉及岩溶地区地下空间的研究和施工实践较少。

深圳龙岗区主要为岩溶分布区,岩溶灾害问题是该区地下空间开发利用的主要难点。目前该区的岩溶工程地质、环境地质资料分散,综合研究不够,可利用程度较低,大多只能作为区域性地质基础资料参考使用;工程地质勘察资料以地基勘察为主,且局限于单一建筑物或局部区域,缺少对龙岗区岩溶的整体研究分析;龙岗区内之前所做的岩溶问题研究工作均以地面调查为主,尚无地下空间开发相关的系统研究。因此,针对深圳龙岗区特有的岩溶工程地质、环境地质状况,充分考虑各种地质环境因素对地下空间开发的制约,建立合理的地下空间开发评价指标体系和评估模型,对制定科学的开发利用地下空间规划以及指导龙岗区城市地下工程建设具有重要的现实意义。

6.2 自然地理及地质环境

6.2.1 自然地理

工作区位于深圳市东部丘陵谷地-盆地地貌,有低山、丘陵、谷地、河谷平原及阶地等多种地貌类型,受深圳断裂带中 3 组断裂控制,构成岭谷相间北东向平行排列的地貌组合。低丘陵约占区内主要地貌类型的 42%,是坪山盆地与龙岗盆地的分水岭,高程多为 100~180m,代表了 100~150m 的古夷平面。河谷平原约占 25%,以龙岗谷地与坪山谷地较为宽展。龙岗谷地高程 29~48m,坪山谷地高程 30~55m,由河岸平原与Ⅰ级阶地组成。两大谷地均属断陷溶蚀谷地,谷底基岩为下石炭统石磴子组灰岩(多变质为大理岩),周围山岭包围成盆地,两盆地与低山村峡谷相连。近年来,随着龙岗区经济快速发展,夷山填谷、大兴土木,使龙岗区的地形地貌发生了很大改变,相当一部分地段台地、阶地、平原等分界线,在野外很难寻找。

工作区属南亚热带温暖湿润的海洋性季风气候,雨量充沛,但四季分配不均。据深圳市气象台资料,深圳市多年(1953—1990年)平均气温22℃,平均降水量1837mm,蒸发量1330mm,干旱指数0.73。降雨多集中在5—9月,为本区雨季,约占全年降水量的78%,10月至次年4月降水量稀少,为本区旱季,降水量占全年的22%。

区内河网水系发育,分属于龙岗河与坪山河及其上游支流,龙岗河与坪山河均属淡水河上游支流的一段,属东江水系。河水主要由大气降水及岩溶泉水补给,具有山河流暴涨暴落特征。龙岗河发源于深圳市梧桐山北坡,干流长37.4km,在区内主要流向为北东向—北东东向,多级支流发育,主要有龙溪河、炳坑河、丁山河、秭梓河、田坑水等,其流向均呈北西向。集水面积为290.2km^2,年径流深度为1025mm,多年平均径流总量为$2.79×10^8$m^3,多年平均流量为9.43m^3/s,区内比降0.001 7~0.007。在工作区内沿龙岗河支流修建了较多小水库,沿沟谷还有不少水塘、盲塘等分布,位于工作区北西部的清林径水库是区内较大的水库,总库容为$2710×10^4$m^3,兴利库容为$1820×10^4$m^3,多年平均水量为$2358×10^4$m^3。

6.2.2 地质环境

(1)上泥盆统双头群上段浅海相砂页岩:下部为青灰色、灰绿色(风化后呈褐红色)中厚层泥质粉砂岩、细粒长石石英砂岩夹薄层状泥质页岩,粉砂岩夹黄白色细砂岩局部夹石英质砾岩。厚度大于1100m,分布于工作区东南部低山丘陵地貌区内。

(2)下石炭统大塘阶石蹬子组:浅海相碳酸盐岩,多已变质为白色、灰白色大理岩、白云质大理岩及灰色、深灰色结晶灰岩。厚度大于340m,位于下石炭统测水组之下,广泛分布于河谷平原区,为第四系、局部为古近系和新近系覆盖。

(3)下石炭统大塘阶测水组为海陆交互相含碳质碎屑岩建造:下部为浅灰色、深灰色、灰黑色碳质泥质页岩、粉砂岩夹细砂岩;上部为浅灰色—深灰色石英粗砂岩、石英砂砾岩夹黑色碳质页岩、粉砂岩,厚度大于1120m,与石蹬子组灰岩呈整合接触,分布于全工作区内,组成低山丘陵地貌区。

(4)古近系白云坑组:为陆相粗碎屑岩建造。下部为紫红色—暗红色中砾岩夹少量砾砂岩薄层及砂质中砾岩;上部为紫红色砂砾粉砂夹砂质中砾岩薄层。砾石成分复杂,与下石炭统测水组、石蹬子组均呈角度不整合接触关系。

(5)第四系上更新统:坡积、坡洪积局部湖沼淤积堆积层,分布于河流沟谷中上游段,出露于山体边缘带,位于更新统土层之下。区内由含卵砾粉土、黏土组成,上部夹泥炭质土层,其内含大量腐木、树根等。泥炭质土层位于现代河床两侧。本层地层总厚度为2.20~27.06m。

(6)第四系全新统河流冲积堆积层:下部下组底部为灰白色卵砾石,往上为黄色、黄白色砾砂混黏土,顶部为粉砂质黏土;下部上组为褐黄色、黄色含泥砂砾、中细砂,往上渐变为含砂砾粉质黏土,顶部局部夹有透镜体状、团包状泥炭质黏土或泥炭土,分布于现代河床的两侧河岸平原区内。

除以上地层外,区内红花岭、低山村等尚见多个花岗岩体,多为岩株状小岩体。距区测资料,它属燕山期侵入体,构成丘陵山地,被风化残积土层覆盖。

本区主体构造为区域性的龙岗复式向斜北东段,被北东向五华-深圳大断裂切割,被花岗岩侵入体破坏,为古近纪+新近纪红色盆地覆盖,形成了区内复杂的地质构造背景。

龙岗复式向斜为发育于泥盆系—石炭系中的盖层褶皱,轴部通过大塘—梓背一带,两翼下石炭统中发育着一系列北东向不完整的、形态复杂的平行紧密型小褶曲,反映了后期构造叠加特征明显。地层总体走向多为北东30°～60°,倾角多为30°～40°,在工作区西南部黄阁坑—荷坳一带,局部尚保留有一系列北东50°左右平行复式褶皱带(图6-1)。

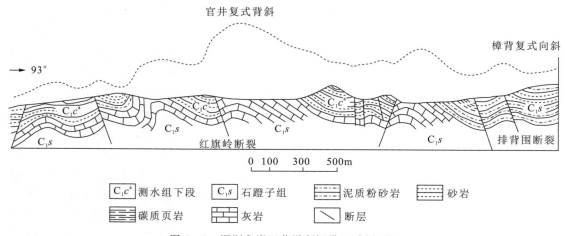

图6-1 深圳龙岗区荷坳断褶带地质剖面图

本区虽然断裂构造控制的地貌特征明显,但由于区内大面积为第四系冲洪积土层,及低丘台地上风化残积土层所掩,断裂带具体位置难以确定。前人通过零星的野外天然露头及削山剥离面人工露头,结合片理化构造岩带及山体直线形沟谷、河流直角拐弯等特征,运用物探电法确定工作区内主要发育北东向及北西向两组断裂,其中北东向多为压性构造,北西向多为张性断裂。这些断裂不仅控制着第四纪断陷盆地的形成,也控制着石磴子组可溶性岩层的展布、岩溶带的发育以及岩溶塌陷的分布位置。

6.3 岩溶发育特征

本工作区可溶岩为下石炭统大塘阶石磴子组碳酸盐岩,多已变质为大理岩、白云石大理岩,部分为结晶灰岩,埋藏于下石炭统大塘阶测水组下段砂页岩层之下,在龙岗河、坪山河及其支流断陷谷地、盆地区,大部分未出露于地表,故按其出露条件可分为埋藏型和覆盖型。在可溶岩分布区内对城市建设造成威胁的岩溶强烈发育带及岩溶塌陷灾害,主要分布于覆盖型可溶岩区段内。

6.3.1 岩溶埋藏特征及分类

1. 覆盖型

覆盖型主要分布于龙岗、坪山、坪地等河谷及河岸平原区。上述河谷及河岸平原地区地面平均高程分别为 33.50m、34.50m、30.40m，可溶岩埋深分别为 3.96~31.10m、4.00~48.50m(断层带内大于 58.55m)、9.90~39.50m。根据一般建筑物荷重对地基影响深度范围及出现地面岩溶塌陷灾害概率，可将可溶岩埋深按小于 15m、15~30m、30m 分为浅埋区、中埋区、深埋区。浅埋区属可溶岩相对隆起带，分布较零星；中埋区位于区内谷地、盆地大部分地区，属可溶岩相对缓坡带；深埋区多位于断裂通过的可溶岩槽谷带。

2. 埋藏型

埋藏型主要见于龙岗地区，据钻孔揭露，主要分布于第四系河谷、盆边缘及两侧山体低洼处下石炭统测水组砂页岩层之下。除龙岗西部附近有下石炭统测水组砂页岩残坡积土及强风化岩直接出露外，其余地区上部均为第四系河流堆积层覆盖。可溶岩埋藏深度一般较覆盖型大，多属埋藏区。

龙岗西部山体揭露点可溶岩埋藏深为 24.80~47.40m，顶板高程为 11.18~32.91m；河谷边缘可溶性埋藏深为 32.50~33.50m，顶板高程为 -1.50~-0.50m。

6.3.2 隐伏岩溶主要形态类型

据钻探揭露，覆盖型可溶性岩多沿次级背斜轴部及次级向斜槽部展布。受区域断裂构造影响，在可溶性岩内常形成北东向槽谷与隆脊相间平行排列的构造格局。但无论石槽谷区还是隆脊带，因受地下水溶蚀作用的影响，可溶岩顶部基岩起伏变化均非常大。

1. 溶沟、溶槽

在可溶岩层浅表部，沿构造裂隙往往有宽几厘米至几十厘米，深数米至十余米的溶沟发育。在可溶岩与非可溶岩接触面附近及沿主要断裂带形成的断层崖及断层陡坎处有深切的溶槽发育，深度一般大于 30.00(以地面起算)，其内常充填有含卵砾粉质黏土或松散状含砂砾粉土，以及碎石、角砾、岩溶崩积堆积物、软塑黏土、淤泥或淤泥质土等。前人资料表明在坪山石井可溶岩与非可溶岩接触带附近钻孔揭露槽深为 48.50m；沿 F_{4-4} 断层带钻孔揭露槽深为 44.10m；沿 F_{4-6} 石井断裂带钻孔揭露槽深为 58.55m；龙岗红旗岭断裂在龙岗中心城钻孔揭露溶槽长度为 300m，槽深为 26.30~57.60m；龙岗东南部龙口一带槽深大于 51m；某建筑场地槽深大于 42m 等(图 6-2、图 6-3)

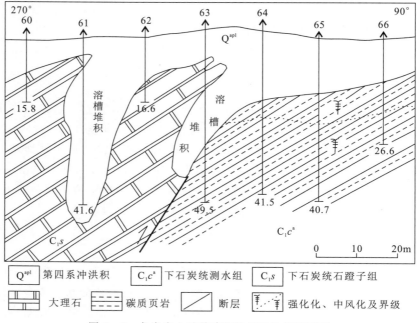

图 6-2 龙岗中心城某建筑物场地地质剖面图

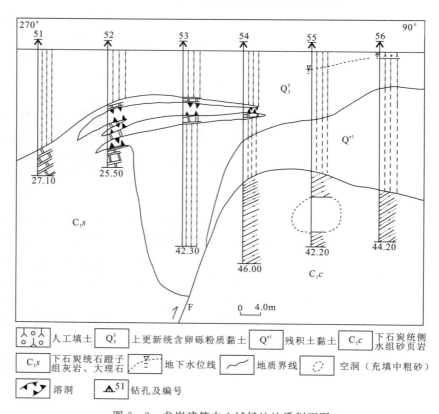

图 6-3 龙岗建筑中心城场地地质剖面图

2. 溶隙、溶孔

溶隙多发育于断裂带两侧,规模大小不等,疏密程度不一,分布一般不均,多呈空隙状,部分开张性较好,与浅表部侵蚀沟槽或溶洞沟通有黏土或岩石崩积碎岩块、角砾等充填,多在溶蚀裂隙发育带上。溶孔在钻探岩芯上,呈小空洞状或蜂巢状。溶隙及溶孔发育段在钻探过程中往往表现为漏水、漏浆段,在可溶岩中浅部与溶沟、溶槽及溶洞共同发育,往往是沟通溶槽与溶洞、溶洞与溶洞的通道,在可溶岩深部或弱岩溶发育区,是岩溶发育的主要形式。

3. 溶洞

中大型溶洞及层状多层溶洞多发育于河流两侧及断裂带附近,最多层数为6层。

1∶5万图区内的荷坳水泥灰岩矿区,揭露单洞最高为10.90m,龙口灰岩矿区可溶岩北缘断层附近有4层溶洞,累计高为41.81m,其中最大的洞高为17.32m(图6-4)。

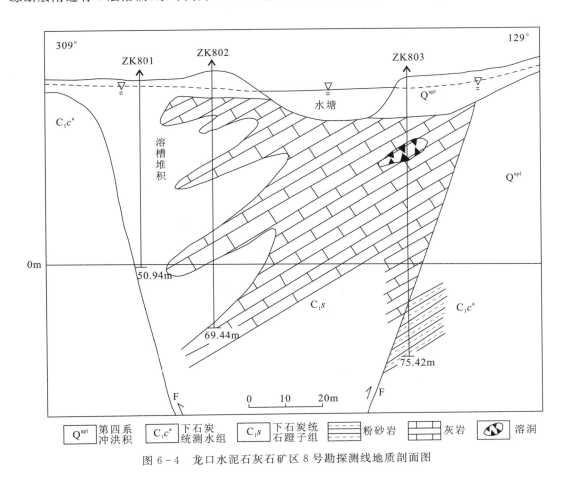

图6-4 龙口水泥石灰石矿区8号勘探测线地质剖面图

小型溶洞多有溶隙扩展或沿不同岩性界面溶蚀而成,其大小不一,形态各异,多为孤立状洞穴。在溶隙发育段或断层带附近,由溶隙将其相互沟通并形成中大型溶洞,洞内有全充填、半充填、未充填 3 种情况。全充填与半充填洞充填物复杂,主要有粉细砂、黏土、有机质土、淤泥以及岩溶崩积碎石等。

4. 开口溶洞及土洞

钻探揭露出的土洞、开口溶洞多发育在断层控制的岩溶强发育区内地下水活跃地段,其中土洞最为发育段是龙岗河沿岸平原区傍河带(图 6-5~图 6-7)。第四系冲洪积堆积层底部上更新统坡洪积含卵砾粉质黏土层或洪积粉质黏土层为土洞及开口溶洞发育层。开口溶洞主要分布于可溶岩顶部与上更新统含卵砾粉质黏土层及下石炭统测水组砂页岩残积土层接触处。土洞内多属未被充填,少数为半充填。充填物以淤泥质土、松散泥砂为主,个别为粉细砂、扰动状含砾黏土、粉质黏土。

开口溶洞内少部分无充填物,大部分洞内均充填含岩溶崩积碎石的粉质黏土、砂、淤泥等,洞顶位于上更新统或全新统残积层或土体底部。

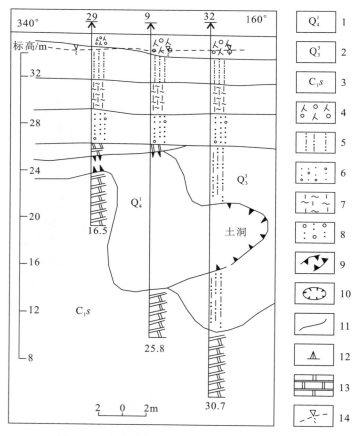

图 6-5 龙岗龙溪村附近建筑场地地质剖面图

1. 第四系全新统;2. 第四系上更新统;3. 下石炭统石磴子组;4. 人工填土;5. 粉质黏土;6. 含卵砾碎石粉;7. 淤泥质黏土;8. 含砾中粗砾;9. 溶洞;10. 土洞;11. 地质界线;12. 钻孔及编号、孔深;13. 大理岩;14. 地下水位

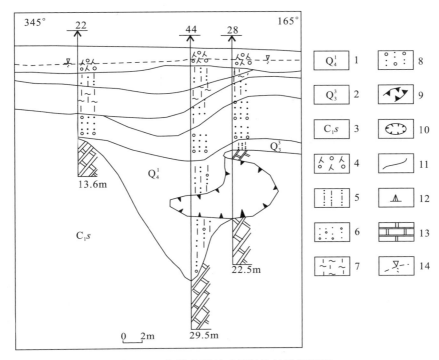

图 6-6　龙岗龙溪村建筑场地地质剖面图

1. 第四系全新统；2. 第四系上更新统；3. 下石炭统石磴子组；4. 人工填土；5. 粉质黏土；6. 含卵砾碎石粉；7. 淤泥质黏土；8. 含砾中粗砾；9. 溶洞；10. 土洞；11. 地质界线；12. 钻孔及编号、孔深；13. 大理岩；14. 地下水位

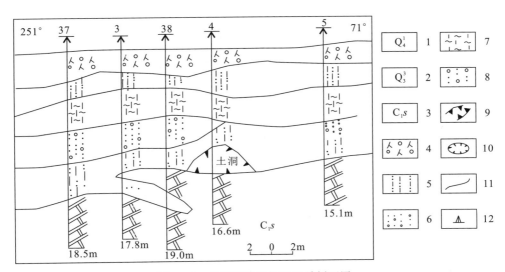

图 6-7　龙岗某建筑场地地质剖面图

1. 第四系全新统；2. 第四系上更新统；3. 下石炭统石磴子组；4. 人工填土；5. 粉质黏土；6. 含卵砾碎石粉；7. 淤泥质；8. 含砾中粗砂；9. 溶洞；10. 土洞；11. 地质界线；12. 钻孔及编号、孔深

6.3.3 岩溶发育的分带性

工作区内浅埋可溶岩均分布于次级背斜构造的核部或次级向斜构造的槽部，钻探揭露埋藏最浅的可溶岩在地面以下 3.96m，最深的在地面以下 233.50m，在可溶岩内不同埋藏条件，不同构造部位都有溶洞、溶孔、溶槽、溶隙等溶蚀现象发育。但它发育程度无论在水平方向还是垂直方向均具有明显的规律性。

沿工作区内北东向主干断裂通过部位、几组断裂交叉切割部位及龙岗近岸地带两侧地下水富集带，常形成岩溶强发育区（带）。因此，断裂构造是控制本区岩溶发育程度的主导条件。

据钻孔揭露，区内岩溶发育段标高为 32.91～94.21m，土洞发育段标高为 38.66～14.50m。按溶洞发育标高可以分为 3 层：上层为 0.50～38.66m；中层为 0.00～35.00m；下层为 －94.00～－38.00m。

3 层溶洞代表 3 个不同的发育时期。深圳市地处沿海地区，龙岗区位于海岸山脉北麓，以海平面为侵蚀基准面，上层溶洞处于侵蚀基准面以上，与溶洞同层的土洞发育于上更新统坡洪积含卵砾石黏土层内，为全新统河流冲积层覆盖，因此认为该层溶洞应属冰后期海面回升至现海面高度之后，在现代地下溶蚀条件下形成。中层和下层溶洞处于侵蚀基准面之下，虽然溶洞的发育与断裂构造密切相关，但断层带附近深槽内多充填厚大、密实的黏性土，因此不是现代水力循环条件下所能形成的，而应是过去某地质历史时期，在低海面条件下的产物。同时埋深岩溶与新构造运动盆地断陷也应有密切的联系。因此，多层溶洞同时也反映了溶洞形成的多期性特征。

6.4　水文地质条件及工程地质条件

本区地下水按其赋存介质特征，水理性质等可分松散岩类孔隙水、基岩裂隙水和碳酸盐岩类裂隙溶洞水 3 类。

6.4.1　松散岩类孔隙水

松散岩类孔隙水主要分布于河谷平原及台地区，含水层有河谷平原第四系冲洪积层及台丘地区坡残积层，属松散岩类孔隙潜水性质。

冲洪积孔隙潜水：含水层以全新统砂、砂砾层为主，主要分布于河流Ⅰ级阶地及现代河床两侧河谷平原区。除靠近龙岗河与坪山河两侧有河床相细砂及粗砂出露地表外，其余多为黏性土覆盖，覆盖层厚度一般为 3～13m，具可塑性，孔隙不发育，透水性、富水性弱。使地下水具有局部微承压性质。主要含水层段中粗砂及含砾石砂土中，局部夹淤泥质黏土、黏土及腐木等。

本含水层土质松散，孔隙发育，透水性好，富水性较强。

本含水层主要水文地质参数见表6-1。

表6-1 龙岗工作区冲洪积孔隙潜水层主要水文地质参数表

岩性	厚度/m	渗透系数/(m·d^{-1})	影响半径/m	单位涌水量/(m·s^{-1})	代表性抽水试验钻孔
砂砾	0.80~6.70	21.41	100	0.450	ZK2-18
含砾中细砂	2.80~12.59	7.59	60	0.376	ZK2-77

注：根据土工室内渗透试验，该区黏土渗透系数 $k=7.37\times10^{-5}$cm/s；黏土渗透系数 $k=1.94\times10^{-5}$cm/s。

据钻探及民井揭露，本含水层水位埋深一般为1.00~4.00m，最高水位为0m，最低水位埋深为8.35m。地下水主要靠大气降水补给，其水位、流量季节性变化明显。水化学类型多属 $HCO_3·SO_4-Ca·(Na+K)$ 型水，pH值为5.8~6.7，水温为23~25℃。

坡残积孔隙潜水：含水层为层状岩（砂、页岩）和块状岩（花岗岩）残积、坡残积土层，分布于低丘陵边缘及台地区，土质类型多为砾砂质黏性土等，厚度一般为2~10m，透水性和富水性较弱，泉流量为9.50~59.61m^3/d，水位埋深为0~5.00m，地下水主要靠大气降水直接补给，流量、水位受季节变化影响较大。

6.4.2 基岩裂隙水

基岩裂隙水按含水岩性、结构、构造，可分为碎屑岩类裂隙水、红层裂隙水及火成岩类裂隙水。

碎屑岩类裂隙水：指分布于丘陵山地的上泥盆统双头组和下石炭统测水组砂、页岩中的地下水，区内丘陵山地，除个别受到断层破坏，裂隙较发育外，一般裂隙都不发育，岩石较完整，透水性差，富水性弱，裂隙发育带厚度一般为5.00~10.00m。根据区域性水文地质资料，除断层带附近可能有大流量泉外，一般水量贫乏，常见泉流量为9.5~10.3m^3/d，个别达50m^3/d，实测地下径流模数平均为4.501s·km^2，供水井单井涌水量为35.83~60.39m^3/d，单位涌水量为7.17~12.08L/d。

水位埋深一般为1.0~7.0m，最高为1.0m（标高34.30m），最低为8.70m（标高29.94m）。地下水主要受大气降水补给，地下水位和流量随季节变化而变化，水化学类型属 $HCO_3·Cl-(Na+K)·Ca$ 型水，pH值6.5~6.8。

红层裂隙水：含水层为古近系白云坑组红色砂砾岩系，岩层浅表部风化裂隙较发育，但多为泥质充填。由于本区红色分布区地貌形态为中低台地，在冲沟切割较深处及削剥山体边缘，局部可见有片状下降泉渗出，流量随季节性变化大。根据区域水文地质资料，枯季地下水径流模数为1~4.931 1s·km^2，钻孔单井涌水量为1.3~20.0m^3/d。地下水以大气降水入渗补给为主，以泉流渗出形式排泄，水化学类型属 $HCO_3·Cl-Na·Ca$ 型水，pH值不大于5.7。

火成岩类裂隙水：坪地、坪山一带有多个花岗岩分布，构成台丘地貌区，岩性为灰白色、粉红色中粒斑状黑云母花岗岩及黑云母二长花岗岩结构，块状构造。此层除断层破碎带和断层影响带裂隙发育外，一般裂隙都不发育，岩石坚硬完整，透水性、富水性弱，裂隙发育带厚度一般为5～10m，钻孔揭露段水位埋深一般为1.0～5.0m，在裂隙发育带中，钻孔涌水量为60.00～269.00m³/d，单位涌水量为2.03～12.63L/d。地下水的补给主要来自大气降水，地下水位、流量的动态变化随季节变化而变化。水化学类型为$HCO_3-Ca·(Na+K)$和$HCO_3·Cl-(Na+K)·Ca$型水，pH值为6.0～6.8。

6.4.3 碳酸盐岩类裂隙溶洞水

碳酸盐岩类裂隙溶洞水主要分布于河谷平原及沟谷平原区。含水层为下石炭统石蹬子组碳酸盐岩，下伏于第四系松散堆积层，属覆盖型可溶岩区；局部地段石蹬子组埋藏于下石炭统测水组及古近系砂页岩之下，属埋藏型可溶岩区。岩性为灰色、灰白色、灰白色岩，白云质灰岩，大理岩，白云质大理岩。

1. 岩溶水富水特征

岩溶水富水程度与岩溶发育程度密切相关。在水平方向，岩溶水富集带主要分布在断层切割或紧靠断层处，河流及沟谷侵蚀切割处，地下水排泄区等强岩溶发育带；在垂直方向，当地侵蚀基准面以下30m范围内浅部岩溶发育带为岩溶水富集地带。据钻孔揭露，溶洞顶板埋深一般为15～24m，最浅为3.2m，最深为88.5m，单个溶洞高度一般为0.80～5.00m，最高为22m（据龙岗水文工程队资料，龙岗中心城东北部溶洞最高为23.80m），最低为0.18m，钻孔见溶洞最多为6个。大部分溶洞无充填或半充填。溶洞富水性强，涌水量变化极大，与溶洞、溶隙发育及充填情况直接相关，钻孔抽水试验一般为200～300m³/d，最大达4968m³/d。

2. 岩溶水水力性质

岩溶水水位均位于可溶岩岩面以上，埋深一般为1.5～7.5m，最高水头高出地面1.8m（标高为33.44m），最低水位埋深为12.30m（标高为18.95m），表明岩溶水属承压水性质。

3. 岩溶水系统特征

区内岩溶发育带及岩溶地下水受断裂构造控制，具有明显的不均匀性。由于平行排列的北东向断裂是区内主导构造，它切割了较老的东西向断裂，又被较新的北西向断裂所切割，造就了区内岩溶现象沿3组断裂发育的网络状分布特征和岩溶地下水的管网状特征。由于区内可岩溶是沿互不相连、但排列有序的多个第四纪断陷盆地分布，各盆地内岩溶地下水虽有相似的补给、径流、排泄条件，但却是相互不连通、相对完整的独立地下水系、一般沟谷上游地段或水库区为补给区，控制岩溶强发育带的断层破碎带为岩溶水强富集带和强径流带，沿断层分布的泉及泉群为岩溶地下水的排泄点。

龙岗工作区位于宽展的河谷平原区，除北东部丁甲岭村至低山村一带可见较完整的北西向隔水边界外，其余地段边界不明显。由于区内有一系列平行排列的北东向断裂、隐伏断裂分布,岩溶强发育带及岩溶水强径流带均沿北东向展布,流向为南西→北东。除北东向龙岗河、龙溪河两岸有强径流带外,在楼下村浅层岩溶发育带内有北东向渗流带,并有自流量为 484m³/d 的大泉分布;在丰顺—低山村有北西向渗流带有南东→北西向龙岗河汇流,其大泉及汇流区属岩溶水排泄区。

4. 岩溶水补给条件

由于本区为河谷地带第四系覆盖岩溶区,属隐伏型岩溶发育区,岩溶水的补给主要是大气降水及河流、水库等地表水体。第四系河流相砂层、砾砂层、塌陷及土洞发育区导水断裂带,垂直或侧向渗入补给岩溶水。

大气降水渗入补给。本区属南亚热带海洋性季风区,气候温暖,雨量充沛,多年平均降水量为 1837mm。每年 5—9 月为雨季,大气降水通过河流两侧第四系松散层透水性较好的地段、塌陷及土洞发育区,垂直渗入补给岩溶水,使地下水位上升,泉、钻孔流量增大。

地表水渗入补给。本区地表水系发育,主要河流有龙岗河及其支流屯梓河、大坝河、丁山河、坪山河、石溪河、张庙河、黄沙河等,汇水面积大、径流长、流量较大,平均径流总量为 $(1.5\sim2.8)\times10^8 m^3/a$。主要水库有青林径水库、牛坳水库、山塘尾水库、盲塘水库、湖洋坑水库、塘外口水库、丹竹坑水库、石桥沥水库等,其库容量为 $(1000\sim2700)\times10^4 m^3$。这些河流水库通过导水断裂带和第四系松散层透水段呈侧向渗入,它们是岩溶水主要的和稳定的补给源。

5. 岩溶水与地表水的互补关系

河流、水库由高处通过断层裂隙带和第四系松散层补给岩溶水,岩溶水经过地下径流后又从地形较低、切割较深的断层裂隙带或岩溶开口部位,以泉的形式排泄到地表,补给地表水。在岩溶水径流排泄过程中,岩溶水亦补给了第四系松散层孔隙水。

地表水、浅层地下水及岩溶水就是在这种往复循环与交替变化过程中,不断对可溶岩及上覆土层进行溶蚀及潜蚀,不仅使岩溶发育程度变强,溶洞、土洞规模变大,同时也使地下水化学特征发生了变化。

6. 岩溶水的水化学特征

本区岩溶水水化学类型以 $HCO_3-Ca\cdot Mg$ 型水为主,次为 $HCO_3\cdot SO_4-Ca\cdot(Na+K)$ 型水或 $HCO_3\cdot Cl-Ca(Na+K)$ 型水,pH 值为 6.2~8.4,平均为 7.23;Ca^{2+} 为 22.20~72.47mg/L,平均为 49.23mg/L;Mg^{2+} 为 2.14~33.84mg/L,平均为 11.73mg/L;HCO_3^- 为 61.51~282.47mg/L,平均为 197.98mg/L。它们分别是孔隙潜水的 1.14 倍、3.14 倍、4.00 倍、3.54 倍;是层状岩类裂隙水的 1.14 倍、2.74 倍、3.21 倍、2.78 倍;是块状岩类裂隙水的 1.05 倍、2.07 倍、1.66 倍、1.83 倍。

岩溶地下水温一般为 26℃,比第四系松散层孔隙水高出 2~3℃。矿化度一般为 150~250mg/L,较其他类型地下水略偏高,与岩溶水流程较远,参与深循环及对可溶岩中 $CaCO_3$ 矿物溶蚀等原因有关。

7. 岩溶水的动态变化

岩溶含水层位于盆地河谷平原区,汇水条件良好,地下水补给源丰富,且常年接受地表水体的渗入补给。因此,岩溶水的水位、流量的动态变化都比较稳定。

上覆第四系厚度小且以透水性良好的砂、砂砾层为主的河流两侧土洞、浅层溶洞及塌陷发育区,或水库等地表水体近旁区,岩溶水与孔隙水及地表水水力联系密切,岩溶水动态具明显的季节性变化特征,水位及流量波动幅度较大。旱季水位与雨季水位变幅为 1.13~1.85m。

上覆第四系厚度较大且以透水性差的黏性土层为主,远离地表水体的可溶性分布区,岩溶水承压性良好,水动态相对稳定,旱季水位与雨季水位变幅为 0.1~0.88m。

8. 岩溶水与孔隙水的水力联系

通过岩溶大泉的抽水试验,所有观测点均受到影响,水位都有不同程度的下降,说明岩溶水与第四系孔隙水和地表水之间均有水力联系。

通过岩溶地下水贯通性试验,以食盐(NaCl)作为示踪剂,采用高灵敏度万能表测定地下水浓度变化。测定结果为岩溶贯通性良好,地下水流速为 8.26~28.80m/d。

6.5 深圳市典型岩溶区地下空间工程地质及环境地质评价的理论与方法

6.5.1 理论指导及技术路线

1. 理论指导

岩溶地下空间是一种与地质相关的岩土工程或地质工程,是一种较为复杂的不确定问题。对岩溶地下空间问题也完全适用。"岩溶地下空间环境地质"也符合这种理念,只不过由于岩溶问题的特殊复杂性,我们加上了"探测验证",即为"理论导向,经验判断,探测验证,实测定量"。

对于岩溶地下空间环境地质问题预报及治理工程,我们必须以岩溶发育基本理论、岩溶水文地质及岩溶水系统理论、地下水动力学理论(包括渗流理论及管道流理论)、地质灾害发生机理、地质结构体与结构面理论等,作为研究、判断的理论基础和理论指导。理论使我们认清事物的本质,建立清晰的概念模型,没有理论指导的实践是盲目的行为。事实上,岩溶问题虽然是不确定问题,但受一定因素控制,存在宏观规律,但是地质科学和岩土工程与其他精密科学是不同的,其不确定性和多变性,是任何理论不能精细刻画和预测的,再加上现实勘探技术水平有限,造成信息与资料的不完善、不准确,单纯的理论计算往往不是完全可靠的。理论可以起导向作用,在理论导向下的经验判断就变得十分重要。有经验的地质专家和岩土工程师可以用地质类比法,根据类似工程经验对新工程进行对比判断。

2. 技术路线

本项目的技术路线如图 6-8 所示。

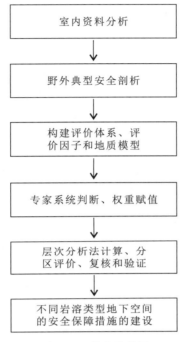

图 6-8 技术路线图

6.5.2 城市地下空间岩溶工程地质及环境地质评判系统

如图 6-9 所示,该图为城市地下空间岩溶工程地质及环境地质评判系统。

6.5.3 基于城市地下空间岩溶工程地质-环境地质专家评判系统的层次分析法(AHP)

以"城市地下空间岩溶工程地质-环境地质专家评判系统"为基础,采用层次分析法(AHP)将隧道岩溶涌水有风险性的决策思维过程数字化,通过一系列数学方法对多次、多方案系统做出综合评价,从而为方案的决策提供依据。层次分析法是基于系统论中的系统层次性原理建立起来的,它遵循认识事物的规律,把人的主观判断用数量的形式表达和处理,是一种较新的将定性和定量分析相结合的多因素评价方法,是一种将决策者对复杂系统的决策思维过程模型化、数量化的过程。因此,根据 AHP 的原理及评价步骤,计算得到的地下空间风险性评价因子的权重系数,在一定程度上可使评判结果更为客观。

图 6-9 城市地下空间岩溶工程地质-环境地质评判系统图

1. 评价控制因子的选取

影响城市地下空间岩溶工程地质-环境地质风险的因子很多,概括起来可分为区域岩溶层段、岩溶层段中的岩溶水系统及类型、隧道砌身所处岩溶水动力分带、隧道砌身岩溶及岩溶结构面发育强度及空间位置5大类(图6-10)。

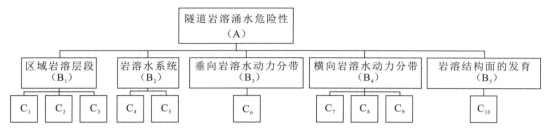

图6-10 岩溶涌水影响因子体系框图

C_1. 区域强岩溶地层;C_2. 区域中等岩溶地层;C_3. 弱岩溶地层及层间岩溶;C_4. 地下河系统或泉域补给面积(km^2);C_5. 岩溶管道与隧道的距离(m);C_6. 枯水期水头(m);C_7. 位于排泄带;C_8. 位于补给径流带;C_9. 位于补给区;C_{10}. 揭露溶洞直径或溶隙宽度(m)

2. 模型的构建

首先,采用多项式来综合考虑各种因素的影响,建立评价模型,即:

$$S_{karst} = A_1 \cdot X_1 + A_2 \cdot X_2 + \cdots + A_n \cdot X_n$$

式中,S_{karst}为岩溶涌水风险分析结果,X_n为各影响因素,A_n为权重。

采用层次分析法(AHP)来确定各影响因素的权重。每一层的因素相对于上一层次某一因素的相对重要性权值确定可简化为一系列成对因素的判断比较。为了将比较判断定量化,通过专家咨询,引入1~9比较标度法(表6-2)。

表6-2 岩溶涌水风险性影响因子重要性比较标度表

重要性比较标度值	定义	包含的内容
1	同样重要	两个因素对地下空间岩溶涌水的影响相当
3	稍微重要	一个因素对地下空间岩溶涌水的影响比另一个稍大
5	明显重要	一个因素对地下空间岩溶涌水的影响比另一个明显重要
7	重要得多	一个因素对地下空间岩溶涌水的影响比另一个重要得多
9	极端重要	一个因素对地下空间岩溶涌水的影响比另一个极端重要
2、4、6、8	两相邻判断的中值	上述两相邻判断的中值
上述各列的倒数	反比较	若因素i与因素j比较得判断b_{ij},则因素j与因素i比较的判断$b_{ji}=1/b_{ij}$

其次,组建判断矩阵,确定各层次及影响因子的权重根。

依据各影响因子重要性比较标度表,对前述选定的隧道岩溶涌水影响因子的层次结构及相关关系进行判断比较,分别组建 A-B、B_1-C、B_2-C、B_3-C、B_4-C 和 B_5-C 的判断矩阵,用方根法计算出各矩阵的最大特征根及特征向量,并进行一致性检验。

最后,利用层次分析法评价岩溶地下空间建设的适宜性,为不同岩溶类型地下空间面临的地质问题提出处治对策和建议

6.5.4　各种地下岩溶形态工程地质问题风险评价

1. 岩溶洞穴稳定性分析

岩溶洞穴的稳定性分析讨论的是洞穴顶板的稳定性分析。

岩溶洞穴包括岩层中的溶洞及第四系中的土洞。溶洞的顶板为岩石顶板,土洞顶板为松散土层组成的顶板。

岩石顶板分为完整顶板和非完整顶板。

完整顶板指未被节理、裂隙切割或虽被切割但胶结良好,可视为整体的洞穴顶板,否则为非完整的洞穴顶板。位于断裂带、裂隙密集带及其交会带的溶洞,因无法判定其顶板的完整性,亦应列为非完整洞穴顶板考虑。

土洞顶板指松散地层如土、砂和风化呈类土状构成的顶板。

在实际地层中,首层溶洞又往往和土洞、溶槽、溶沟、裂隙、节理相联系或连通。

影响洞穴顶板稳定性的因素很多,内在因素有洞顶顶板的厚度,洞体的平面直径(洞跨),洞顶顶板形态(水平、倾斜、穹隆、锥体),岩层产状、节理、裂隙的状况与分布,以及岩石的物理力学指标和岩体结构类型与基本质量等级等。

外在因素包括建(构)筑物对顶板的作用情况、受力状态(受载时间长短、大小、动载和静载)、洞内水流状态及其化学成分的变化、搬运的机械作用及其他人为因素等。

另外,洞穴的崩塌存在一个演变的过程,影响因素又是动态的。因此,分析洞穴顶板的稳定性是一个复杂的问题,只能把上述诸多因素概念化,提出一些近似的方法。

2. 溶洞稳定性的分析

完整洞顶板的安全厚度评估:根据岩溶区大量工程建筑岩溶地质地基的调查,处于基础及岩床以下的溶洞,当厚跨比等于或大于 0.5 时,即可保持地基的稳定安全。

荷载传递线交汇法:对完整的水平硐顶板,参照桥梁设计规范,假设荷载按 300°~350°扩散角向下传递,当外传递线交于顶板与洞壁的交点以外时,即认为溶洞壁直接承顶板的自重及其上部的外荷载,顶板是安全的。

成拱分析法:对于洞顶略成拱形及穹隆形的顶板,可近似地用石砌拱桥的拱圈厚度作类比,评价顶板的安全厚度,即用拱形溶洞的高(矢)跨比与高(矢)跨比相近的铁路石拱桥比较,如溶洞顶板的厚度大于石拱桥拱圈厚度,则可认为溶洞顶板是安全的。

有限元分析法:应用弹性力学有限单元法,分析溶洞的整体稳定性和局部稳定性,显示

溶洞周边的应力场及位移场,判别溶洞顶板安全度。

根据上述经验与近似的评估后,得出完整溶洞顶板厚跨比大于或等于0.5,即洞顶板厚度大于或等于跨度的1/2时,洞顶在建筑的荷载直接作用下顶板是安全的,溶洞是稳定的。

溶洞发育主要是由于化学溶蚀作用,溶洞顶板厚度的变化是漫长的地质过程,在工程使用寿命期内可忽略不计。综上所述,岩面以下的溶洞顶板如有一定厚度则溶洞是稳定的,对工程一般无危害,风险性可不予考虑。对结构底板下的首层溶洞,如满足溶洞顶板厚跨比大于或等于0.5的溶洞,无需填充处理。

结构力学分析法:顶板不完整时,可根据节理、裂隙的分布状况,分别用不同受力条件的板(梁)近似计算顶板厚度。

上述估算得出非完整溶洞顶板需要的安全厚度是大于或等于洞高的5倍,再加荷载所需的厚度。

岩面处的溶洞顶板基本属于这类非完整的洞顶板,顶板一般溶蚀较深、破碎,本工程顶板厚度大多小于0.5m,更小于洞的高度,达不到洞高的5倍要求且这类溶洞的开口部分与土洞连通,对土洞的产生与发展至关重要,因此对工程有直接危害。

3. 岩面与岩面参差错落对工程风险的评估

岩面的潜在风险:岩面与土体接触的界面,除已形成的洞穴对工程的危害外,岩面也会对工程产生危害。岩面是相对的不透水层,一般是孔隙潜水活动受阻的底板,岩面上富集地下水;岩面与土体的界面,是刚度变化区,往往存有空隙,地下水易于流动,增加水力作用;与岩面接触的土层含水量较多,如为残积土层,又因土层保留原生的结构面,使其空间充盈水体,增加土体的持水能力和含水量;沿岩面上的节理、裂隙是地下水的良好储存和流通通道;节理、裂隙又容易溶蚀成溶隙,甚至扩大成溶洞、洞穴。所有这些因素都容易产生新生土洞或促使土洞快速崩塌。因此,岩面对工程构成了潜在的危害,尤其是浅埋的岩面危害更大。

岩面参差错落对工程危害的评估:岩面表面的溶蚀形态与岩面的裂隙发育程度和岩体破碎程度关系密切。裂隙、破碎带的宽度和深度,制约了溶沟、溶槽的宽度和深度,即控制岩面高差的大小和平面展布。当岩性差异呈带状或平面分布时,则溶沟、溶槽的形态和规模较前者更为显著。

岩面参差错落对工程的危害很大,本区揭露的岩面参差不齐的现象相当普遍,根据已有钻孔揭露岩面倾斜度达到15°~20°以上,高差可达10~30m。

这类地段如果采用集中受力构件(如柱、桩、沉井等工程),在陡岩面上将会受到因构件倾斜,造成需纠偏、补台、补角,或处理岩腔与悬空、卡锤、掉锤或受力不均等问题的困扰。为满足设计规范中嵌入岩面内的深度要求,需将岩面削平补齐,这些都给设计和施工造成困难,同时给工程造价和工期带来较大的损失。因此,在选择工程措施时需充分考虑参差错落对工程的危害性。

4. 岩溶水的风险分析

在施工过程中可能直接揭露岩溶水,会引发突涌灾害,也可能当下伏土层自重不足以平衡承压水头差的情况下,通过土层造成突涌灾害。虽然工程地处平原区,岩溶水承压水头差不大。施工中不会造成毁灭性灾害，但因岩溶水管道径流较通畅，水量较充沛，且往往夹带泥砂，对掩埋基坑造成施工困难，且水位的迅速下降，导致在其下降漏斗范围内产生地面塌陷或沉陷、造成房屋开裂倒塌、道路管线错裂破损、表水及污水下渗污染岩溶水等环境问题。在设计、施工中应高度重视，并采取预防措施。

底板结构面以上的第四系潜水和岩溶水危害是必须关注的问题，本区地下水较为丰富，本工程底板结构面以上的岩溶水赋存条件不均匀，其第四系空隙潜水，水压不大，但水位高于结构底面，在砂性土层及土洞中还可能出现渗水、崩塌，对基坑开挖边坡稳定性有一定影响。支护设计应考虑止水或降水问题。当结构底面进入岩层，如遇溶洞、溶隙，仍有产生岩溶突水涌泥（沙）的可能，会给施工带来一定的困难。

本区段岩溶发育，岩溶水主要是裂隙管道流。当岩溶水的承压水头差突破了上覆土层自重压力的平衡条件时，会产生突水、涌泥。对施工会造成一定的困难，并将引发周边建筑物、地表下沉、塌陷等环境问题。

在用水、土压力平衡条件来评价岩溶水突涌问题时，应注意岩体上覆土层隔水性因厚度变化、成分差异以及构造作用产生裂隙性而存在的巨大差异，计算时应考虑以上因素，将安全系数取稍大一些。

为确保施工安全，若底板下至溶洞的上覆隔水层厚度不能满足有关计算公式时，则注意可能发生突水、涌泥现象，须先做好应急预案，并对可能出现突水、涌泥对周边环境的影响进行评估。

6.6 典型地段岩溶地下空间工程地质及环境地质评价

6.6.1 河谷的干流河床、河漫滩及Ⅰ级阶地前缘区

1. 基本特征

龙岗河是本区主要河流，发源于深圳市梧桐山北侧，干流长 37.4km，在区内流向为北东向—北东东向，多年平均流量为 $9.43m^3/s$，多年平均径流总量为 $2.79×10^8 m^3$。河水主要由大气降水补给，具有山区河流暴涨暴落的特征，近代由于修筑河堤，河床已基本被控制。但历史上龙岗河干流不断改道，形成了很多古河道、河漫滩和阶地，这个地带远超出现代河床的范围，其基本特征是河流冲积物覆盖层之下即是强岩溶化的石炭系石磴子组碳酸盐岩。这是由于在地质历史中，河流的强烈侵蚀作用造成的。这个地带在龙岗河现代河床两侧 1~3km 的范围内（图 6-11、图 6-12）。

这个地带是岩溶工程地质-环境地质条件脆弱的地带，其基本特征如下。

（1）岩土结构。岩土结构属于 B_1 型及 B_2 型，冲洪积层直接与强岩溶化大理岩、白云质灰岩接触，或冲积层下有厚度不稳定的残积层，不能作为隔水层及持力层。

（2）岩溶。河床覆盖岩溶型，基岩表面溶沟、溶槽发育强烈，并形成鹰嘴岩式的溶崖，在

断层作用下，基岩顶面高差可达 20~30m，基岩中多层溶洞，基岩表面有开口溶洞，往往与覆盖层中的土洞连通。

图 6-11　深圳龙岗河阶地与河漫滩

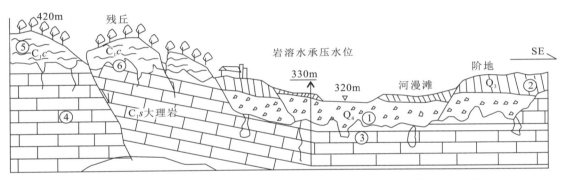

图 6-12　深圳龙岗区低山村附近龙岗河谷地貌及岩溶水文地质剖面示意图
①河谷漫滩及Ⅰ级阶地砂岩石层；②阶地上部亚砂土、亚黏土层；③河谷基岩为强岩溶化大理岩；④石磴子组岩溶化大理岩；⑤测水组全风化层；⑥测水组与石磴子组之间的古岩溶面；Q.地层代号

（3）水文地质。本区的岩溶地下水为承压水，水头高于河水面 2~3m，说明龙岗河是本区岩溶地下水的排泄带，多以河底溶隙-管道水的形式排出。岩溶地下水是龙岗河枯水期清水流量的主要来源，其流量为 $1.5~2.5 \text{m}^3/\text{s}$。岩溶地下水是本区工程基坑涌水及地下空间施工涌水的主要危害。

（4）岩溶环境及工程地质问题。本区是岩溶环境地质及工程地质条件最复杂的地带。在天然条件下，由于覆盖层直接与强岩溶化灰岩或大理岩接触，中间大多没有可靠的非可溶岩隔水层，岩溶地下水活跃，岩溶发育强烈，极易造成地面塌陷和施工基坑涌水，对两岸已有建筑物造成损坏。

2. 典型工程案例

（1）龙岗区龙翔大道东延段工程。该工程西起龙城路，东至碧新路，全长为 1.44km。该路段位于龙岗河北岸，处于河漫滩及Ⅰ级阶地前缘（A_1 类）。地面标高为 33.06~34.4m。

该区的岩土结构属于 B_1 类,即上部为 $7\sim20m$ 的冲洪积层,下部直接与岩溶化灰岩接触,灰岩面起伏很大,溶沟溶槽发育,并发育有溶洞,上覆第四系冲洪积层($Q^{al}+Q^{pl}$)含由细砂组成的孔隙水含水层与岩溶地下水有密切水力联系。中间没有隔水层,龙岗河是本区岩溶地下水的排泄带,岩溶地下水丰富水性并具有承压性(图 6-13)。

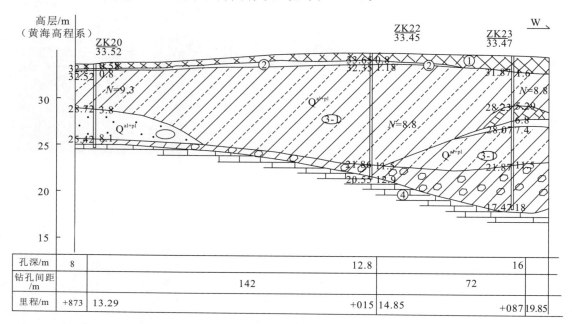

图 6-13 龙翔大道东延段工程地质剖面图
①人工填土;②耕土层;③冲洪积层;④石炭系灰岩层

此带地下空间基岩底板埋深在 30m 以内,可能出现溶洞稳定,基坑涌水及地面塌陷问题,必须考虑对岩溶地基进行防渗抗浮及加固等处理。

本工程综合岩溶工程地质条件为 $A_1+B_1+C_2+D_1$ 型。

(2)龙岗区龙城广场东北龙岗河谷。该场地位于龙城广场东北的龙岗河谷两侧(图 6-14),东南侧为河流Ⅰ级阶地前缘,北西侧为冲洪积平原中的残丘,由石炭系测水组碎屑岩组成。地面标高为 $37\sim42m$,该区的岩土结构基本属于 B_1 类,即上部为 $20\sim50m$,以第四系冲洪积层为主,下部直接与强烈岩溶化的大理岩接触,灰岩面起伏很大,高差可达 45m,由于断裂发育,溶沟、溶槽起伏大,并发育鹰嘴岩式的多层开放式溶洞,该区岩溶地下水具有承压性,由于上覆地层中没有隔水层,使岩溶地下水与河床冲积层孔隙水有密切的水力联系,并产生较大的上浮力。

此地段地下空间的岩溶工程地质条件极为复杂,在埋深 50m 以内,很难找到完整基岩,基坑的岩溶涌水很难避免,产生地面塌陷的可能性很大,特别该处很难利用灌浆对地基进行预处理,很多溶洞都是开放式的,跑浆问题在所难免。由于断层和溶洞发育,地基强度及不均一性问题很难解决,因此在该区不适于开发地下空间地段。

该区工程地质模式可定为 $A_1+B_1+C_4+D_1$ 类。

上述资料提示,龙岗区在冲洪积平原上是由测水组碎屑岩组成的孤立的残丘,很可能周

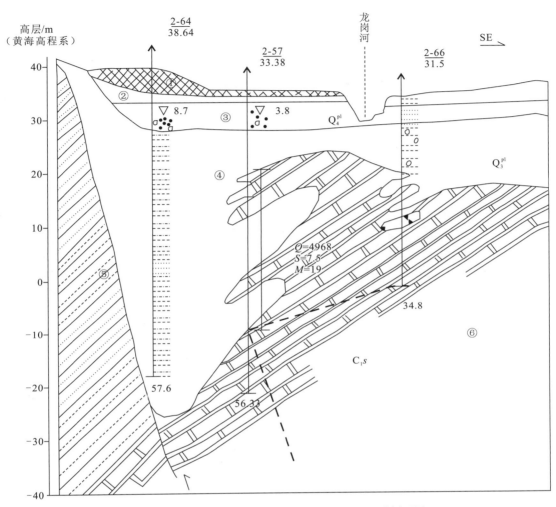

图 6-14 龙岗龙城广场东北侧龙岗河谷工程地质剖面图

①人工填土;②粉砂质黏土;③砂砾岩石层;④坡洪积层;⑤石炭系测水组砂岩及粉砂岩;⑥石炭系石磴子组大理岩

边均有断层存在,其下部可能有埋深较浅的岩溶化石磴子组碳酸盐岩。

(3)龙岗中心医院核医学楼工程。该区位于龙岗中心区龙城广场附近,处于龙岗河南岸Ⅰ级阶地前缘,距龙岗河较近(图6-15)。原始地貌为冲洪积河谷,标高为30.32~32.45m,岩土结构如下。

人工填土层:块石填土,厚1~5.3m;素填土,厚1.4~2.4m。

第四系冲洪积层:由黏土、细砂、卵石组成。黏土中含少量粉砂,厚为2.7~16.9m,标高为25.41~30.25m;细砂厚为2.5~2.7m,层顶埋深为5.5~18.7m,标高为12.87~26.03m;卵石厚为1.2~2.7m,层顶埋深为6~10.8m,标高为20.85~26.45m。

石炭系基岩:大理岩,岩芯呈短柱状,发育岩溶,裂隙发育局部有溶洞,层顶埋深为9.5~25.4m,起伏很大,标高为5.31~22.95m。

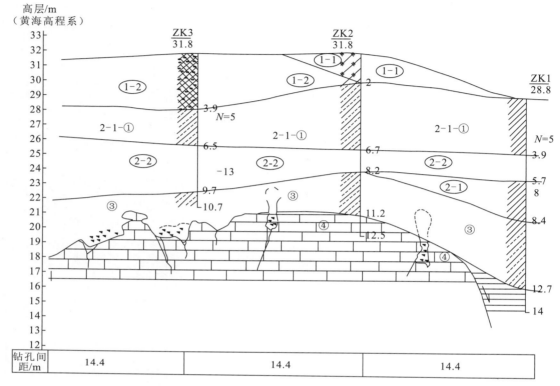

图 6-15 龙岗中心医院核医院工程地质剖面图
①人工填土;②-1 冲积粉细砂;②-2 砂砾;③含砾粉质黏土;④石炭系石磴子组灰岩

水文地质具有双层特征:上部为孔隙水、潜水,细砂及卵石是含水层,含水量丰富,透水性强,下部为岩溶水,赋存于大理岩裂隙及溶洞中,分布不均,水量丰富,静止水位埋深为 1.4~4.1m,标高为 27.55~30.55m。

本场地处于河谷 I 级阶地前缘,受古河床的侵蚀作用,冲洪积层直接覆盖在岩溶化大理岩上,埋深 9~25m,顶面起伏较大,溶沟溶槽发育,并发育开口溶洞,推测松散层有土洞分布,该区是岩溶塌陷的危险区。深部岩溶沿断层裂隙发育。岩溶地下水为裂隙-溶洞水,具承压性,并补给孔隙水,向河流承压泄,水头高于河水面。

地下工程底板如设在深 30m 处,将遇到围岩及地基中溶洞,易发生溶隙的稳定问题及岩溶水的涌水问题。本场地岩溶工程地质条件应为 $A_1 + B_1 + C_1 + D_1$ 型。

(4)龙岗区龙城书城工程:该工程位于龙岗中心区,处于龙岗河北岸 I 级阶地前缘,距现在河道较近(图 6-16)。地面标高为 30.8~39.29m。

岩土结构为典型的冲洪积层直接覆盖在岩溶化大理岩面上,断层使大理岩面形成断崖。
岩土结构:冲洪积层($Q^{al}+Q^{pl}$)厚度如下。

人工填土及表土　　　　6.41m
粉细砂　　　　　　　　0.57m

砾砂   1.37m
含砾粉质黏土   18.41m

基岩:石炭系石磴子组大理岩,揭露 2.38m,溶隙发育,并发育溶洞,基岩顶面起伏大,并有北东向断层发育。

岩溶及水文地质:本工程钻探揭露双层含水层,上部为冲洪积层孔隙水,主要含水层为细砂层及砂砾石层,水位埋深为 5~6m。下部大理岩为承压岩溶含水层,水位上升到离地面仅有 0.6~1.0m,高于基岩面为 25m 左右。含水不均一,为岩溶裂隙管道水,沿断层带形成强径流带,由下而上补给第四系孔隙水。

该工地的工程地质模式定为 $A_1+B_1+C_1+D_1$ 型。本工程在勘探过程中,并未发现断层,也没有发现大理岩基底的断崖式起伏陡壁,基坑施工中在浅部突遇岩溶涌水,断层崖使大多岩面相差 15m 左右。沿断层带岩溶发育,形成岩溶富水带,使工程地质复杂化。

基坑一侧在开挖过程中,在深 8m 左右遇到大理岩,由于断层作用,形成地下陡崖,高差达 20m 以上,并发生涌水。

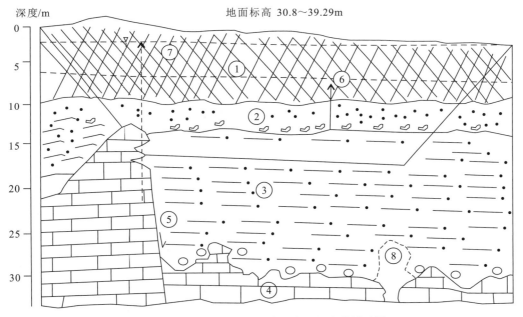

图 6-16 龙岗区龙城书城工地工程地质剖面图

①人工填土及表土;②粉细砂及砾砂;③含砾粉质黏土;④岩溶化大理岩;⑤断层溶蚀带;⑥冲洪积层孔隙水位;⑦岩溶承压水位;⑧土洞及溶洞

该工程放弃高层设计,改为浅基础低层设计。

上述情况在本类型岩溶工程地质条件中是较为复杂的,冲洪积松散层直接覆盖在了强岩溶化大理岩之上,中间没有可靠的非岩溶隔水层,特别是断层溶蚀带,不仅造成基岩起伏大,而且沿断层带形成溶蚀裂隙管道涌水,对施工威胁大,大量排水又可能引发地面塌陷。

应当指出的是这种岩溶工程地质模式,隐伏断层溶蚀带的危害极大。勘探过程中没有发现该断层带,待开挖基坑过程中实发大量涌水,造成基坑涌水,才改变设计。这对地面工程可以补救,但对地下工程必将造成很大困难。

对于地下工程必须把钻探与物探两种方法结合起来,高密度电法及地震方法可以获得较为连续的地基剖面,防止遗漏断层、溶洞等。

(5)龙岗中心区龙城大道东延段。位于龙岗河北岸平行河道由西向东延伸,西起龙城路,东至碧新路,全长 1.24km,处于龙岗河北岸Ⅰ级阶地前缘,距现在河道 150~300m,地面标高为 33.06~34.40m。

岩土结构为典型的冲洪积层直接覆盖在岩溶化灰岩之上。

岩土结构:第四系覆盖层。

人工填土层:松散—稍密,主要由黏性土和少量碎石组成,厚 0.5~2.4m。

耕植土层:灰褐色,潮湿状,含腐殖质,厚 0.3m。

冲洪积层:由粉质黏土、粉细砂、淤泥质土、中粗砂、含粉质黏土组成。

基岩为下石炭统灰岩:灰色、灰白色,溶隙发育,钻孔漏水,岩面起伏不平,高差达 7~10m 以上。

本工程为典型 $A_1+B_1+C_2+D_1$ 型工程地质模式。

第四系冲洪积层直接覆盖在岩溶化灰岩层上,中间不存在可靠的隔水层。岩溶地下水与冲洪积层孔隙水有密切的水力联系,岩溶水位高于孔隙水并补给孔隙水。尽管勘探工作量少,没有物探资料,但可以认为该工段地下岩溶发育不能忽视。实际上该区曾发生过岩溶塌陷。

该区作为开发利用的地下空间,必须注意如下问题。

在地下空间底板埋深为 30m 的情况下,预测全面揭露岩溶化石灰岩或岩溶含水层,基坑或坑道的岩溶涌水不可避免,其涌水形式为溶蚀裂隙及岩溶管道水。

地下工程可能遇到断层溶蚀带、溶洞,会产生突水、突泥,并影响地下工程边墙及顶板的稳定。

地下工程施工中产生的涌水,可引起地面塌陷,危及地面建筑安全。

这种工程地质条件的类型地带,一般应避开。如果必须开发,最佳的方案是在详细的工程地质勘查工作基础上,制定详尽的预处理方案,并建立检查和观测系统。大量实践证明,地面钻孔高压凝浆固结-止水方案是可行的方案。

高密度物探方法及钻孔 CT 透视方法与钻探工作相结合是有效的方法手段。钻孔岩溶水文地质试验及观测也是不可缺少的工作。

6.6.2 河谷两岸冲洪积平原区

1. 基本特征

在龙岗河的河床,河漫滩及Ⅰ级阶地两侧,广泛分布冲洪积平原,地面标高为 35~45m,是城市建设和布局的主要场地。本区的岩溶工程地区,水文地质特征如下(图 6-17)。

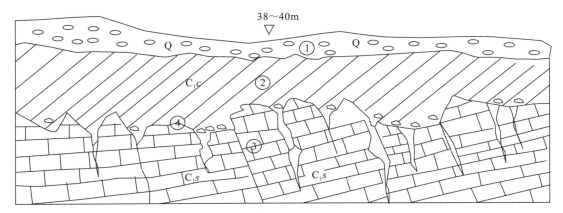

图 6-17 深圳龙岗河冲洪积平原岩溶地质剖面示意图

①冲洪积含砾亚黏土;②石炭系测水组砂页岩风化;③强风化溶蚀大理岩(石炭系石磴子组);④C_1c/C_1s 古岩溶不整合面,角砾岩、砾岩,溶沟溶槽及溶洞

与河床、河漫滩及Ⅰ级阶地的典型浅覆盖型岩溶不同,本区属于半覆盖型岩溶区,即在第四系冲洪积层之下,大多存在一层古残积层。厚度为 5~15m,其原岩多是石炭系测水组粉砂岩,也可能是石炭系石磴子组碳酸盐岩,其特点是强风化后,形成半坚硬的泥岩,有一定强度和隔水性,对于防止基坑涌水有一定作用。有时,在残积层之下一般都保存一定厚度的不同风化程度的石炭系测水组,有一定隔水性和强度,对中低层建筑物,有时可作为持力层。

一般情况下,上述残积层和测水组砂页岩层具有隔水作用,能够防止下伏碳酸盐岩的岩溶地下水涌水并降低其上浮力。

本区基底为石炭系石磴子组碳酸盐岩,在上覆防水层较厚的情况下,前者岩溶以溶隙为主,岩溶地下水为岩溶裂隙水,分布不均一。

本区基岩中发育断层,往往错断隔水层,并形成岩溶富水带,对基坑或地下空间施工造成涌水危害,勘察工作必须查明并进行预处理。

2. 典型工程案例

深圳市龙岗区景苑商住小区建筑工程的景苑商住小区位于龙岗区盛平村,龙城大道东侧,总面积为 23 936.7m²,由两栋 11 层及两栋 6 层的商住楼组成,还有球场、娱乐场所及游泳池,全场共布孔 68 个。本场地岩溶工程地质模式应属 $A_2+B_2+C_2+D_1$ 型(图 6-18)。

场地位于盛平村,西侧为龙城大道,东侧、南侧为新龙岗花园。原始地貌属龙岗盆地中部冲洪积平原区。场地原有一小冲沟从中经过,后已填堆。地面标高为 32.49~36.68m,周边的商住楼多为 7~11 层,多采用天然地基浅基础或深层搅拌桩,复合地基。

场地岩土特征如下。

人工填土:厚为 1.0~4.7m,平均为 2.52m,表土粉质黏土,厚为 0.43m。

冲洪积层:粉质黏土厚为 8.45m,以粉砂石英砂为主,含泥质厚为 0.40~5.80m,平均为 1.36m;粗砂厚 0.30~4.43m,平均为 1.55m,$N=4\sim23$,$N_{cp}=11.2$;黏土含少量粉砂,灰白色

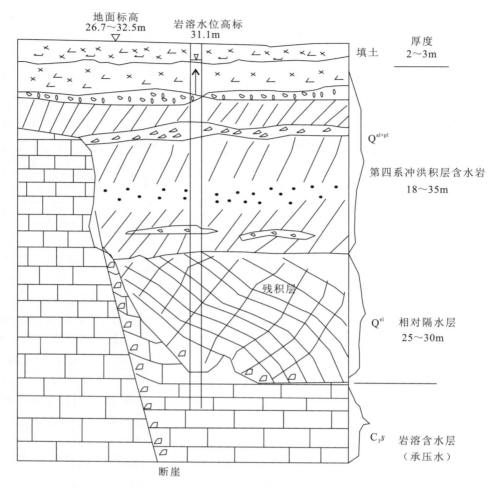

图 6-18 深圳市龙岗区景苑商住小区建筑工程岩溶地质剖面示意图

厚为 0.5~7.9m,平均为 2.91m;含有机质黏土灰、黑色夹泥炭质厚为 0.9~7.0m,平均为 3.56m。

残积层:粉质黏土红色,含有少量砂岩及大理岩风化碎屑,厚为 0.90~11.50m,平均为 5.13m。

含砾质粉质黏土:厚为 1.30~13.40m,平均为 4.91m。

含砾粉质黏土:含 10%~30% 的大理岩及砂岩风化碎砾软塑—流塑,厚为 1.8~15.7m,平均为 5.44m。

大理岩:裂隙发育,岩面起伏大,局部呈陡崖状,共揭露 13 个溶洞,多数为全填充、半填充。层顶标高为 6.85~23.28m,高差为 16.43m。层顶埋深标高为 25.65~9.22m,附近有北东向断层带。

水文地质概况如下。潜水赋存于第四系砂土层及砂石层中,粗砂层属强含水层,富水性及透水性强。岩溶裂隙水赋存于大理岩的溶洞及裂隙中,水量较大,具有承压性,接受垂向及侧向补给,水位受季节、气候影响不大。施工测得地下水埋深为 1.90～5.50m,标高为 30.59～31.18m。

水位高出灰岩顶面 23.74～7.90m。上覆隔水层(相对)应该是测水组的残积层,厚为 23.94m。再上是总厚为 17.92m 的第四系冲洪积层。粉质黏土层与粉砂—粗砂层相间互层的第四系含水岩系,以隔水为主。

结合龙岗区盛平村景苑商住小区的工程地质勘察得出如下认识。

岩土结构为 4 层模式:①填土+表土(2～3m);②第四系冲洪积层,为孔隙含水层(18～25m);③残积层(由测水组碎屑岩残积组成),厚为 20～25m,是良好防水层;④岩溶化石磴子组大理岩,岩溶裂隙承压含水层,水头高达 26～28m,离地面 2～4m。

残积层是测水组碎屑岩的全风化岩层,是一种保持围岩结构的相当致密的半坚硬土层,具有良好的隔水作用,厚 25～30m。

这里最大的问题是大理岩层的顶面是古岩溶面,岩溶发育,特别是岩面起伏较大,有的呈断崖状,高出岩面 15～20m,穿过残积层,进入冲洪积层上部。在大多数情况下,沿断层带形成溶蚀导水带,破坏了上覆隔水层,把深埋岩溶水导到浅部。任何工程施工揭露该类断层溶蚀带都会产生岩溶涌水,如果强行抽排水将会引起地面塌陷。因此,在勘察阶段必须采用物探和钻探分段查明断层的存在与产状,尽量避开。若无法避开,应进行超前止水、固结、灌浆预处理。

本场地岩溶工程地质-环境地质的模式应为 $A_2+B_3+C_1+D_2$ 型。

6.6.3 河谷两岸的丘陵谷地区

1. 基本特征

在龙岗河冲洪积平原的南北两侧,地势逐渐升高,地貌变为残丘谷地或丘陵谷地。龙岗河的支流多分布此区,上覆地层大多修建了小型水库,残丘标高为 80～90m,谷地标高为 45～55m。残丘和丘陵多由风化砂页岩组成,少部分由火山岩组成,地表植被茂密。本区的岩溶工程地质、水文地质特征如下。

(1)本区基本上为埋藏型岩溶区。丘陵及残丘地区,多出露石炭系测水组粉砂及白垩系火山岩。谷地内地表为第四系坡洪积层,其下一般都保存了第四系残积层,该层之下保存了一定厚度的石炭系测水组碎屑岩层。上述两层均有一定隔水作用,并有一定承载力,可作为中低层建筑的持力层。

(2)本区的基底为石炭系石磴子组碳酸盐岩,在该岩层顶面为古溶蚀面,实际为古溶蚀不整合面,保留了溶沟、溶槽和溶隙,并有小型溶洞分布,并充填红褐色软泥。在该层之下的基岩中,一般发育溶蚀裂隙和小溶洞。

(3)本区地质构造复杂,断裂构造发育,主要为北东向和北西向两组断层相互交叉。北东向断层多为压扭性,北西向断层为张扭性,两组断层相互交叉,将场地基底岩体切割错动,不仅在平面上使基岩错动,同时在垂直方向上运动,使基岩顶面高差可达几十米,断层和裂隙成为岩溶水运动通道,有时形成强径流带,沟通深层岩溶地下水与浅层第四系孔隙水之间的联系。

本区普遍分布隐伏岩溶,从出露条件可分为埋藏型和覆盖型两种。

埋藏型:在本场地分布较广,直接埋藏于测水组砂页岩层之下。大量勘察资料证明,测水组砂页岩与石磴子组碳酸盐岩之间存在一个古岩溶面,表现形式为石磴子组灰岩顶面溶蚀强烈,溶沟、溶槽、溶隙、小型溶洞发育,并有上覆地层风化碎屑填充。古岩溶面普遍存在,说明测水组与石磴子组之间可能存在沉积间断,中间为不整合接触关系。该溶蚀带厚度为5~10m。从工程地质角度来看,它应作为中—强等风化带考虑,从水文地质角度来看,该层形成似层状承压岩溶裂隙含水层,水位标高约为36m。在上述古溶蚀带之下,岩体一般较完整,岩溶发育弱化,含水性减弱,岩体抗压强度增高,可作为高层建筑持力层。

覆盖型:场地局部地区,因断层错断,将石磴子组灰岩推向浅部,并与第四系冲洪积层接触,成为覆盖型岩溶,有时灰岩顶面可达地面以下10~20m。沿断层带,溶蚀强烈,并形成岩溶水运动通道,将深层承压岩溶水导至浅部形成场压力,并可能使基坑产生涌水。

2. 典型工程案例:深圳市天安数码城某超高建筑物基坑岩溶涌水

深圳市天安数码城某工程位于深圳市龙岗中心城区西北部(图6-19)。占地面积为26 400m²,建筑物包括一栋高98m的宿舍楼,一栋198m的超高厂房,六栋4~5层总部楼和商业楼。设地下室3层。超高层楼采用框架核心筒结构,总部楼采用框架结构。

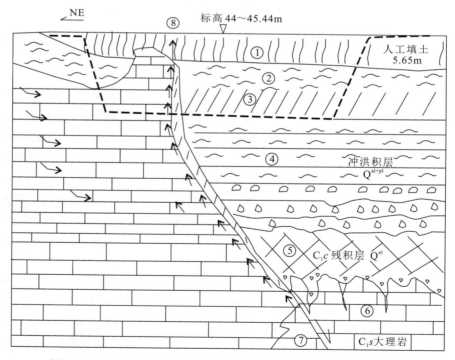

图6-19 深圳龙岗区天安数码城四期工程基坑岩溶工程地质剖面图

①人工填土;②淤泥质土;③砂质黏土;④冲洪积物黏土,夹砂石、砾石底部为角砾状砂岩块;⑤测水组砂页岩、残积岩、网纹状含碎屑黏性土;⑥石磴子组岩溶大理岩;⑦北西向断层溶蚀富水性;⑧基坑岩溶涌水 $Q=1200\text{m}^3/\text{s}$

勘探工作始于2013年，共完成勘探钻孔338个，孔深一般为45～55m。

2014年开始开挖基坑，原设计基坑深度为15～16m，设计了3层地下室，当开挖深度达12m时（相当于2层地下室深度）在基坑东北角遇灰岩。爆破清除时，遇断层破碎带承压岩溶地下水，发生岩溶涌水，水头标高36m，涌水有5～6处，涌水量达1200m³/d。经现场研究认为不宜大量抽排水，以免引起地面塌陷，危及周围建筑物，随即停工两年。后经多方研究修改原设计，将3层地下室改为2层地下室。并回填超挖基坑，拆除已建构架。

从本工程的勘查评价基坑开挖以及对基坑涌水的处治中，我们可以更深入地认识本区岩溶工程地质特征，对本区岩溶地下空间勘察评价方法及施工处治有所裨益。

场地岩溶工程地质特征如下。

(1) 岩土工程地质。本场地位于龙岗中心区西北部，场地西部为近南北向的对面山-分水坳残丘，标高为90～105m，场地标高为44～46m，处于丘陵谷地-冲洪积扇向河谷平原过渡地带。

场地第四系沉积物总厚度为40～47m，其中人工填土层及冲洪积层厚度约37m，主要为黏土夹砂、砾石层。由测水组碎屑岩风化而成的第四系残积土层（其时代尚需进一步测定），厚10m左右。场地基岩为下石炭统石磴子组大理岩，揭露厚度为6～18m。工程上将其分为中等风化大理岩及微风化大理岩上下两部分。

场地西部的对面山-分水坳岗丘是由下石炭统孟公坳组（厚为383m）黄褐色中厚层状含砾石英砂岩、石英砂岩夹泥质粉砂岩、砂质页岩组成。该层分布广泛，与东南部的测水组与石磴子组均为断层接触。

该区断层发育北东向压扭性断层与北西向张性断层构造交叉断裂。

(2) 岩溶发育特征。本场地为覆盖型岩溶区。岩溶化地层为下石炭统石磴子组大理岩，地表无出露，被第四系冲洪积物及石炭系测水组碎屑岩残积层覆盖。后者虽然还保留原岩的层理结构，但已被完全风化成土，其成土时代暂定为第四系。

岩溶形态主要为灰岩层顶面上的溶沟、溶槽、石牙、石柱、石崖、鹰沟岩等，包括灰岩岩体中的溶隙、溶洞、断裂溶蚀带。

我国华南地区很多的覆盖岩溶的形态是极其复杂的，如广州、花都（广花盆地）、佛山、南海、肇庆等地的铁路、高速公路、桥梁、地铁、高层建筑物地基勘察所揭露出的情况表明，本区在第四纪初期相当于滨海岩溶平原，或孤峰平原，或峰丛洼地地貌区。后来发生大规模海退，中国大陆南方陆地受到了强烈溶蚀及风化作用，形成溶隙、溶洞、洼地、石柱、峰林等岩溶形态，由于地壳下降被陆相冲洪积物覆盖。

目前发现石炭系测水组碎屑岩上部有10～25m厚的全风化残余层，其时代尚需测定。

总之，受古岩溶化的影响，本区岩溶发育呈现出石磴子组灰岩层岩溶的特点。

古岩溶发育深度（厚度）在层顶以下10～20m。

溶隙、溶洞、似层状流隙-溶洞，充填物以软泥为主，普遍漏水。有开口土洞与上部第四系土层相通。钻孔见洞率高，可达60%～70%。较深的溶洞多与断层有关，古岩溶面起伏大，除了溶沟、溶槽外，还有陡崖、鹰嘴岩及溶蚀断层崖。后者沿断层面溶蚀发育，可使基岩面形成很大的高差。

(3) 基坑涌水特征。工程设计基坑深度16m，当开挖至12m深时，在基坑东北角遇到灰岩并发生涌水。石灰岩基岩面高差达30余米,据研究是沿北西向断层形成的溶蚀断层崖。涌水量达1200m³/d,水头标高36m,与龙岗河水面相近,说明沿北西向断层形成强岩溶径流带,该断层在场地勘察阶段并没有发现。

(4)结论。本场地岩溶工程地质条件属于 $A_3+B_3+C_5+D_1$ 型。此种类型场地的工程地质勘察工作必须重视对区域岩溶及岩溶水文地质条件的研究。注意断层带对岩溶发育与分布的控制作用,在勘探手段上仅靠少数钻探孔是不够的,必须采用高密度物探手段,查明断裂带及强岩溶带的分布及岩溶发育深度。在此基础上,对地下工程涉及的地下三维岩体进行全面高压灌浆加固岩体及防渗工程。

6.6.4 低山丘陵区矿山式地下空间的开发利用

1. 概述

工作区位于深圳市西部丘陵谷地-盆地地貌区,有低山、丘陵、孤丘、台地及河谷平原多种地貌类型,受深圳断裂带3组断裂控制构成岭谷相间北东向平行排列的地貌组合,低山、高丘陵约占11%,分布于坪山盆地以南田头山、打鼓嶂一带,以高丘陵为主,一般高程大于300m,低丘陵约占区内主要地貌类型的42%,是坪山盆地与龙岗盆地的分水岭,高程多在100~180m之间,代表100~150m的古夷平面。中高台地有30~45m及60~80m两级,在坪山以北较集中分布,其余地区零星分布,主要由花岗岩及古近纪红色砂砾岩系组成;河谷平原约占25%,以龙岗谷底与坪山谷地较为宽展,龙岗谷底高程为29~48m,坪山谷地高程为30~55m,由河岸平原与Ⅰ级阶段地组成。两大谷地均属断陷溶蚀谷地,谷底基岩为下石炭统石磴子组灰岩(多变质为大理岩)。总之,工作区的低山高丘陵、低丘陵及孤丘地貌约占全区总面积的65%。这些丘陵谷地大都紧围市区或穿插在市区之内。目前基本保持自然森林植被覆盖状态,其中很多位于市区各大公园内,且河谷平原区,已基本被各种地面建筑物及道路所覆盖。

地下空间按开挖方式及与地面的关系可分为挖盖式地下空间及矿山式地下空间。目前深圳市已建的地下空间工程基本上都是挖盖式的,由于可用于建筑的平原地面已经极其有限,挖盖式地下空间开发潜力越来越小,而矿山式地下空间的开发大有潜力。

2. 矿山式地下空间设计特点

地下空间的类型按开挖方式与地面关系分为挖盖式地下空间、矿山式地下空间、挖盖式与矿山式相结合的地下空间3种。

挖盖式地下空间,又称为覆土式地下空间。这是一种距地表较近的开发方式,建造方法与地面上的建筑物基本相同。在挖好的地基上用现代材料构建结构主体,建筑物周围的土不作为建筑结构的一部分,相反,地下建筑物要承受土的荷载,这包括平屋顶上较大的土荷载加上埋在土中的墙壁受到的侧向压力。挖盖式地下空间并不局限于完全与地面隔绝的全地下建筑物中,它也包括与地面建筑相结合的浅埋的地下空间。

矿山式地下空间只能从地面上的几个点经过竖井或水平通道向内挖掘。矿山式地下空间一般是靠岩石和土形成结构,受地质条件的限制较大。矿山式地下空间常用于电气、煤气、水管等公共设施和防空中,或地铁轨道及地下工厂、仓库等。近年来,很多城市开始利用地下空间作为大型商场、游乐场、音乐厅等,且受到广泛关注。

3. 矿山式地下空间的设计类型

(1)以地下空间利用为主的类型(隧道矿山型)。这种类型是以地下空间的利用为主要目的,地面保持自然状态,不考虑高大建筑(图6-20),这种类型在我国西南岩溶地区应用广泛,如地下工厂、地下仓库、地下防空洞、地下车库及大量的交通隧道。近些年,在重庆、贵阳等大城市中修建地下空间,将其用作大型商场、游乐场,其优点是冬暖夏凉,安静舒适,别有洞天。

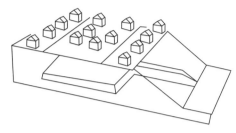

图6-20 矿山式地下空间利用

(2)矿山式地下空间与地面建筑相结合。这种类型多建在缓坡丘陵低山区,首先利用地形特点在斜坡上选点开口建巷道,进入地下开凿巷道和厅室系统,同时进行加固和防水处理。地下空间系统用于开设商店、车库、小型娱乐场地等。地面建筑的结构、楼层高度及具体选址要考虑地下建筑物布局和承载能力,形成统一的结构受力系统(图6-21)。

(3)通过竖井将地面建筑与地下矿山式硐室连通。在建筑场地附近地形不具备利用平巷开口进出地下空间的情况下,通过竖井将地面建筑与地下矿山式硐室连通(图6-22)。

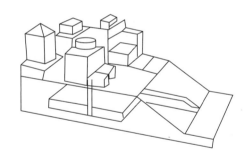

图6-21 矿山式地下空间与地面建筑相结合

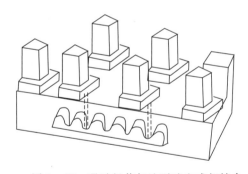

图6-22 通过竖井与地下矿山式相结合

(4)综合型矿山式地下空间与地面建筑结合群体。当地形及地质条件都适宜的情况下,可以建设大型综合型矿山式地下空间与地面建筑结合群体,美国明尼达大学地下空间开发利用给出了实例(图6-23),首先利用地形斜坡开凿矿山式巷道,作为交通、车库、电机房用,置于地下建筑的最底层。其上建地下空间的中层和上层,用作其他用处,用斜井和竖井将3层地下空间与地面建筑连通。地面建筑为高层和中低层搭配,形成复杂的综合建筑群,充分利用了地表和地下空间的价值。

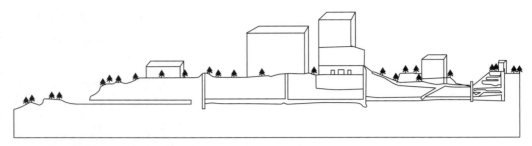

图 6-23 空间开发利用概念综合模型图

4. 龙岗地区矿山式地下空间开发利用条件

龙岗区周边及龙岗河两岸分布的低山、高丘陵、低丘陵、孤丘的分布面积为全区面积的60%,目前这些地区多为自然林木覆盖,环境条件良好,部分交通隧道穿越这些山丘,绝大部分没有进行地下空间开发利用,潜力很大。

地理位置上,这些低山、丘陵、孤丘与城区谷地、平原阶地等,相互穿插、相互融合,形成城在丘陵、谷地中,城中有丘、丘中有城的格局,为挖盖式和矿山式地下空间的联合开发准备了有利条件。

从工程地质条件来看,这些丘陵和孤丘可以称为镶嵌在埋藏岩溶岩土岩体上的"安全岛"。首先这些低山、丘陵、孤丘都是由石炭系测水组砂页岩或燕山期花岗岩类组成,均为非岩溶地层组成的岩体,工程地质条件良好,下伏的石磴子组碳酸盐岩都处于深埋藏状态,埋深在当地侵蚀基准面的20~30m以下,岩溶发育微弱,对工程地基已无影响。

从水文地质条件来看,丘陵岩体内工程开挖水平多在区域地下水位以上,同时,石炭系测水组砂页岩或燕山期花岗岩均为非岩溶隔水层或隔水岩体,对下伏埋藏的石磴子组岩溶含水层形成强大的隔水作用。施工中一般不会产生岩溶涌水问题,可能有裂隙水渗入,易于处治,不会影响施工,也不会产生严重的环境地质问题。

5. 龙岗丘陵区矿山式地下空间开发的设想

根据龙岗丘陵区的地质地貌特点和岩溶工程地质条件,提出如下地下空间开发利用设想和建议。

1)垄岗状基岩地块

八仙岭位于龙岗河南岸,是伸入龙岗河谷地的、巨大的垄岗状基岩地块,走向近南北向,形成南北长为1800m,东西宽为750m的垄岗状地貌,岭上高程在80~120m左右,最高峰(蛇岭)高出高程为135.6m。该区现为八仙岭公园,即为自然林木公园。地质构造为向斜地块,上部由石炭系测水组砂页岩组成,厚度可达80~100m,底部为石磴子组可溶岩。该山岭地块有良好的综合地下空间开发利用条件(图6-24)。

八仙岭山体由厚达100~120m的石炭系测水组碎屑岩组成,工程地质性质良好,构成非岩溶隔水岩体,石炭系石磴子组灰岩含水层被埋藏在地面以下的100m深处。一般不会对上覆巨厚碎屑岩层的工程地质条件产生不良影响,但在断层作用下可能将岩溶含水层抬升。

八仙岭地形较为平缓,易于矿山式地下空间开发利用的施工。目前该区处于自然状态,居民及建筑物很少,利于规划建设大型综合性矿山式地下空间与地面建筑结合群体。地下空间可开发3层,用斜井和竖井连通,其开发利用价值极为可观。

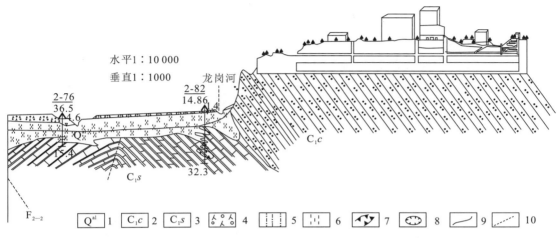

图6-24 龙岗状基岩地块地下空间开发模式图

1.第四系;2.下石炭统测水组;3.下石炭统石磴子组;4.人工填土;5.粉质黏土;6.耕植土;7.溶洞;8.土洞;9.地质界线;10.断层

八仙岭矿山式地下空间的主要工程地质问题是测水组砂页岩的风化带问题,风化带的厚度决定了矿山巷道的埋深,即地下巷道必须设置在风化带以下,且有足够强度的完整基岩中,达标才能保证基础稳定和施工正常。

必须注意断层问题,如果基岩中有断距大的断层,其上升盘将下伏岩溶化灰岩层抬高接近建筑物基础,则会遇到岩溶洞穴及岩溶涌水问题,对地基稳定构成危害。

2)垄丘状基岩地块

本区垄丘状基岩地块分布很普遍,散布在冲洪积平原上,呈浑圆状,高程为50~100m,坡度较缓,多有植被覆盖,散布在龙岗河两岸低山丘陵边缘,从地貌成因的角度应属于侵蚀残丘地貌。地质上,这些残丘多由石炭系测水组砂页岩组成,下伏地层是石磴子组灰岩,多为强岩溶含水层。测水组砂页岩与石磴子组灰岩界面埋深一般在当地河水面以下20~35m,也就是说,在测水组砂页岩岩体中建设地面建筑或矿山式建筑要有足够厚度的砂页岩非岩溶隔水层,来阻止岩溶地下水涌水和溶洞的不良地基危害,可以将这些残丘状地块看作岩溶区的安全岛,开发矿山式地下空间(图6-25)。

这种垄丘状地块的地下可利用空间比地表可利用空间要大,可以开发利用作地下商场、游乐场、停车场等,用电梯与地面建筑连通,地面建筑视场地条件,也可以设置1~2层地下室。

垄丘状基岩地块开发利用的主要工程地质-环境地质问题如下:垄丘基岩经长期风化剥蚀,地表风化层的厚度及工程地质性质变化较大,应详细查明,慎重确定上层建筑基础底面埋深,确保地下空间顶板的安全。

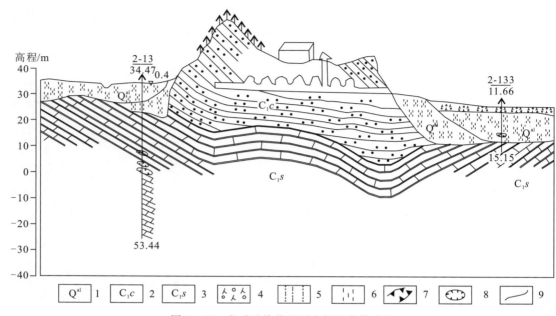

图 6-25　垄丘地块的地下空间开发模式图

1. 第四系；2. 下石炭统测水组；3. 下石炭统石磴子组；4. 人工填土；5. 粉质黏土；6. 耕植土；7. 溶洞；8. 土洞；9. 地质界线

勘察阶段要详细查明测水组和石磴子组界面的埋深，起伏状况及岩溶发育强度，如果该界面岩溶发育强烈且埋深较浅，必须评估岩溶对地下工程地基的强度和稳定性的影响。此外，必须考察岩溶地下水的水头压力及富水性，评估上浮力、涌水量及其处理措施。

注意查清垄丘岩体的地质构造，特别是在其周边及岩体内部的断层分布及其对岩体的切割和错位影响。如果断层断距较大，将可能把灰岩顶面抬高，引起一系列岩溶工程地质和水文地质问题。

3）火成岩丘陵低山矿山式地下空间的开发利用

本区龙岗坪地、坪山一带有多个花岗岩体分布，构成丘陵-低山地貌区，面积约 $18km^2$，岩性为中粒斑状黑云母花岗岩及黑云母二长花岗岩（图 6-26）。除断层破碎带和断层影响带裂隙发育外，一般裂隙都不发育，岩石坚硬完整，透水性、富水性弱。钻孔揭露段水位埋深一般为 1~5m，标高为 50.00m，最深为 5.6m（标高为 39.82m）。在裂隙发育带中，钻孔涌水量为 60.00~269.00 m^3/d，单位涌水量 2.03~12.63L/d。地下水的补给主要来自大气降水，地下水位、流量随季节变化而变化。水化学类型为 HCO_3-Ca·(Na+K) 和 HCO_3·Cl-(Na+K)·Ca 型水。pH 值为 6~6.8。

这些火成岩丘陵、低山与沉积岩形成的丘陵不同，前者是地下生根的岩体，火成岩是从地壳深部侵入或喷发出的岩浆冷却形成的，一般情况下其主岩体从地下到地表都是火成岩。值得注意的是火成岩体的围岩不一定是火成岩，本区火成岩体的围岩一般为变质的砂页岩及灰岩变质形成的大理岩，后者往往形成岩溶含水层。

此外,这种在花岗岩类的丘陵低山之上,风化土层较薄,植被发育较差,目前大部分呈荒山状态,开发程度低。

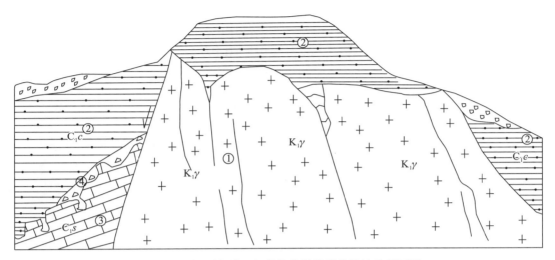

图 6-26 深圳龙岗区红花岭花岗岩岩体及地质剖面图

①$K_1\gamma$ 白垩系花岗岩侵入体;②C_1c 下石炭统测水组页岩夹粉砂岩;③C_1s 下石炭统石磴子组灰岩及大理岩;④测水组与石磴子组之间的古岩溶不整合面

综合来看,龙岗地区的北部是红花岗岭地区,南部打鼓岭、鹅公岭地区,西南狮子石地区,东部砂背坜地区等,都有很大的开发空间,其开发方式可采用地表和地下相结合的模式,形成新的居民区和工业区(图 6-27)。

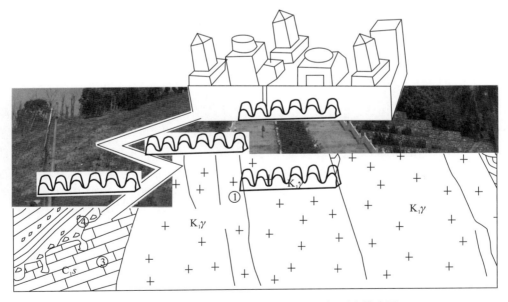

图 6-27 火成岩丘陵低山矿山式地下空间开发模式图

这种岩体地貌的地表和地下的工程地质条件一般都较优良,需要注意的是火成岩周边与围岩的接触变质带岩溶的工程地质及水文地质条件。另外注意岩体内部的断层和风化带的处治问题。

6.7 结论及建议

1. 龙岗河谷干流河床、河漫滩及Ⅰ级阶地前缘区

岩土结构多为覆盖层直接与下伏强岩溶化石磴子组碳酸盐岩接触,中间大多没有可靠的非可溶岩隔水层,岩溶地下水多为溶隙-管道水,岩溶地下水活跃,岩溶发育强烈,使岩溶地下水与河床冲洪积层孔隙水有密切联系,产生较大的上浮力,极易造成地面塌陷和施工基坑涌水,对两岸已有建筑物造成损坏。本区为岩溶环境地质-工程地质最复杂地带,岩溶地下水是本区工程基坑涌水及地下空间施工涌水的主要危害。

作为地下空间的开发利用,必须注意如下问题。

(1)地下空间的底板埋深在30m情况下,预测全面揭露岩溶化灰岩或岩溶含水层,基坑或坑道的岩溶涌水不可避免,其涌水形式为溶蚀裂隙及岩溶管道水。

(2)地下工程可能遇到断层溶蚀带、溶洞,会产生突水、突泥,并影响地下工程边墙及顶板的稳定。

(3)地下工程施工中产生的涌水,可引起地面塌陷,危及地面建筑安全。

(4)对这种类型工程地质条件的地区,一般应避开。如果必须开发,最佳的方案是在详细的工程地质勘查基础上,制定详尽的预处理方案,并建立检查和观测系统。大量实践证明,地面钻孔高压凝浆固结-止水方案是可行的方案。

(5)高密度物探方法及钻孔CT透视方法与钻探工作相结合是有效的勘察方法。钻孔岩溶水文地质试验及观测也是不可缺少的工作。

2. 龙岗河两岸冲洪积平原区

本区为半覆盖型岩溶区,第四系冲洪积层之下大多存在古残积层,其原岩为石炭系测水组碎屑岩或石炭系石磴子组碳酸盐岩,该残积层具有一定强度和隔水性,对于防止基坑涌水并降低上浮力有一定作用,少数地区残积层之下保存一定厚度的、不同风化程度的石炭系测水组碎屑岩,具有一定隔水作用和强度,可作为中低层建筑物的持力层,基底为石炭系石磴子组碳酸盐岩。岩溶地下水为溶隙裂隙水,分布不均一。该区最大的问题是大理岩层的顶面是古岩溶面,岩溶发育,特别是岩面起伏较大,有的呈断崖状,高出岩面15~20m,穿过残积层,进入冲洪积层上部。大多数情况下,它沿断层带形成溶蚀导水带,破坏了上覆隔水层,把深埋岩溶水导到浅部。任何工程施工揭露该类断层溶蚀带都会产生岩溶涌水。如果强行抽排水将会引起地面塌陷。在勘察阶段必须采用物探和钻探分段查明断层的存在与产状,尽量避开。若无法避开,应进行超前止水、固结、灌浆预处理。

3. 龙岗河两岸的丘陵谷地区

本区为埋藏型岩溶区，谷地内地表为第四系冲洪积层，其下一般保存了一定厚度的残积层。残积层之下一般为一定厚度的石炭系测水组碎屑岩，本区残积层及石炭系测水组碎屑岩均具有一定厚度且相对稳定，并具有一定隔水作用和承载力。因此，它可作为中低层建筑物的持力层，基底为石炭系石磴子组碳酸盐岩。本区要注意因地质构造复杂，可能为北东向与北西向断层的交叉段，两组断层使基底岩体不仅在平面上错动，同时在垂直方向上运动，可能使基岩顶面高差达几十米，断层和裂隙成为岩溶水运动通道，将深层岩溶地下水与浅层孔隙水连通，导致工程施工涌水。另外，由于断层的作用，将石磴子组碳酸盐岩推向浅部，并与第四系冲洪积层直接接触，成为覆盖型岩溶。在工程地质勘察工作中必须重视对区域岩溶及岩溶水文地质条件的研究，注意断层带对岩溶发育与分布的控制作用，在勘探手段上仅靠少数钻探孔是不够的，必须采用高密度物探手段，查明断裂带及强岩溶带的分布及岩溶发育深度。

4. 龙岗河两岸的低山残丘区

本区为埋藏型岩溶区，工作区北部有厚度较大的花岗岩体覆盖于石炭系碳酸盐岩之上。岩土结构多为第四系下较厚且稳定的石炭系测水组碎屑岩，部分地段石炭系测水组碎屑岩之上保存了一定厚度的残积层。本区石炭系测水组碎屑岩较厚且稳定，具有较好的隔水作用和承载力，可作为中高层建筑物的持力层，基底为石炭系石磴子组碳酸盐岩。

本区地下空间开发利用应注意的问题如下。

（1）龙岗状基岩地块：必须注意断层问题，如果基岩中有断距大的断层，其上升盘将下伏岩溶化灰岩层抬高接近建筑物基础，会遇到岩溶洞穴及岩溶涌水问题，对地基稳定构成危害。

（2）垄丘状基岩地块：垄丘状基岩地块开发利用的主要工程地质及环境地质问题有以下3个方面。①垄丘状基岩经长期风化剥蚀，地表风化层的厚度及工程地质性质变化较大，应详细查明，慎重确定上层建筑基础底面埋深，确保地下空间顶板的安全。②勘察阶段要详细查明测水组和石磴子组界面的埋深，起伏状况及岩溶发育强度，如果该界面岩溶发育强烈且埋深较浅，必须评估岩溶对地下工程地基的强度和稳定性的影响。此外，必须考察岩溶地下水的水头压力及富水性，评估上浮力及涌水量及其处理措施。③注意查清垄丘岩体的地质构造，特别是在其周边及岩体内部的断层分布及其对岩体的切割和错位影响。如果断层断距较大，将可能把石灰岩顶面抬高，引起一系列岩溶工程地质和水文地质问题。

（3）火成岩丘陵低山。此种岩体地貌的地表和地下的工程地质条件一般都较优良，需要注意的是火成岩周边与围岩的接触变质带的工程地质及水文地质条件。另需注意岩体内部的断层和风化带的处治问题。

6.8 结　语

6.8.1 地下空间开发利用建议

目前深圳市已建的地下空间工程基本上都是挖盖式,由于可用于建筑的平原地面极其有限,挖盖式地下空间开发潜力越来越小,而矿山式地下空间的开发大有潜力。建议地下空间的开发利用应向低山(残)丘陵地区发展。

(1)龙岗区周边及龙岗河两岸分布的低山、高丘陵、低丘陵、孤丘的分布面积为全区面积的60%,目前这些地区多为自然林木覆盖,环境条件良好,部分交通隧道穿越这些山丘,绝大部分没有进行地下空间开发利用,潜力很大。

(2)从地理位置上,这些低山、丘陵、孤丘与城区谷地、平原阶地等,相互穿插、相互融合,形成城在丘陵、谷地中,城中有丘、丘中有城的格局,为挖盖式和矿山式地下空间的联合开发准备有利条件。

(3)从工程地质条件来看,这些丘陵和孤丘可以称为镶嵌在埋藏岩溶岩土岩体上的"安全岛"。首先这些低山、丘陵、孤丘都是由石炭系测水组砂页岩或燕山期花岗岩类组成,均为非岩溶地层组成的岩体,工程地质性质条件良好,下伏的石磴子组碳酸盐岩都处于深埋藏状态,埋深在当地侵蚀基准面的20~30m以下,岩溶发育微弱,对工程地基已无影响。

(4)从水文地质条件来看,丘陵岩体内工程开挖水平多在区域地下水位以上,同时,石炭系测水组砂页岩或燕山期花岗岩均为非岩溶隔水层或隔水岩体,对下伏埋藏的石磴子组岩溶含水层形成强大的隔水作用。施工中一般不会产生岩溶涌水问题,可能有裂隙水渗入,易于处治,不会影响施工,也不会产生严重的环境地质问题。

6.8.2 岩溶地基处理原则及岩溶地基加固处理建议

1. 岩溶地基处理原则

(1)地下空间重要建筑物宜避开岩溶强烈发育区。
(2)当地基含石膏、岩盐等易溶岩时,应考虑对岩溶地基进行特别处理或尽量避开。
(3)不稳定的岩溶洞隙应以地基预处理为主,可根据其形态、大小及埋深,采用清爆换填、浅层楔状填塞、洞底支撑、梁板跨越、调整柱距等方法处理。
(4)在未经过有效处理的隐伏土洞或地表塌陷影响范围内不应采用天然地基;对土洞和塌陷宜采用地表截流、防渗堵漏、挖填灌填岩溶通道、通气降压等方法进行处理,同时采用梁板跨越,对重要建筑物采用桩基和墩基。
(5)应采取防止地下水排泄通道堵塞造成水压力对基坑底板、地面及道路等不良影响,以及泄水、涌水对环境影响的措施。地下水工程施工涌水不宜采取抽排措施,应以注浆封堵为主。

(6) 当采用桩(墩)基时,宜优先采用大直径墩基或嵌岩桩。

(7) 地下空间的底板必须具备足够的强度、抗浮性和防渗性能,由于底板下岩溶发育的不均一性和复杂性,致使地基强度和透水性及上浮力分布不均,对底板抗剪强度要求高,必须充分考虑。

2. 岩溶地基加固处理建议

(1) 高风险区建议做全面处理。全面处理即除已探明的溶(土)洞外,对尚未探明的潜在溶(土)洞及土岩界面一并进行处理,消除因钻孔数量不足而未揭露的溶(土)洞对结构造成的隐患。

(2) 低风险区建议做点处理。所谓点处理,即是针对已揭露的底板下 10m 以外的岩面洞穴及土洞适当进行处理。

(3) 风险区工程处理方法:①结构跨越法,如墩桥法、加强隧道结构纵向刚度法、不入岩刚性桩桩墩法等;②土墩约束溶洞、土洞塌陷漏斗扩展半径法;③平面灌浆法,在地铁通过的平面位置按一定间距布置钻孔,钻深至基岩面下 0.5m,浆液主要对基岩面及基岩面附近土体进行加固,将基岩面下第一层溶(土)洞填满,截断岩土界面的水力联系;④平面加固法,可用搅拌桩、CFG 桩或旋喷桩,通过按一定孔距密排成桩。借刚性桩或半刚性桩桩周的摩阻力将结构底板下的整块土体,组成复合式的半刚性体,以协调应力分配、传递、阻止加固土体间未被加固的土体局部下陷。

也可将上述各种桩型组合成一起,组成 CM 复合地基,使其受力更合理。

第7章 隧道岩溶涌水预报与处治

7.1 概 述

大长隧道的岩溶地质灾害问题是国内外隧道工程中的重大难题。多年来,我国在铁路、水工、公路隧道施工中,多次遇到了岩溶涌水、突泥,顶板洞穴充填物陷落冒顶,底板塌陷等问题。国外在欧洲阿尔卑斯山隧道及其他一些越岭隧道也发生过类似问题,无不对施工和运营造成巨大危害。

20世纪60—70年代,我国在修建贵昆铁路、成昆铁路、襄渝铁路等过程中,均遇到大量岩溶问题。贵昆铁路梅花山隧道,施工中遇到地下河及大型溶洞,最后必须在隧洞中修隔水墙,阻截暗河。岩脚隧道处于岩溶水季节变化带中,施工期间为枯水期,底板揭露干溶洞,洪水期底板溶洞突然冒水、冒泥,淹没隧道。

襄渝铁路大巴山隧道在通过下寒武统石龙洞灰岩含水层中,突然发生溶洞突泥、涌水,最大涌水量为 $15×10^4 m^3/d$,中断施工3个月。该隧道处于暗河口以下120m,岩溶管道沿断层强烈发育,最后采取堵、排、绕处理方案才予以通过。

京广铁路大瑶山隧道的岩溶突水,形成泥石流,给运营造成长期危害。

近年来,在西南修建的水工隧道、铁路隧道、公路隧道也都不同程度地遇到岩溶灾害,甚至造成重大事故,如广安—重庆高速公路华蓥山隧道多处发生岩溶涌水、突泥,引起两条地下河的灌入,来自洞湾地下河的最大涌水量达 $35×10^4 m^3/d$,涌泥砂 $1000 m^3$。渝怀铁路圆梁山隧道发生特大灾害性岩溶涌水,对施工造成极大影响。与沪蓉西高速公路同时平行修建的宜万铁路的齐岳山隧道、马鹿箐隧道、野三关隧道也相继发生严重涌水事故,造成重大损失。

总的看来,大长隧道的岩溶涌水预报与防治是我国工程建设中还未解决的难题,其整体水平还不能满足建设需要。主要表现在以下两个方面。

(1)认识和理念方面。隧道工程像任何岩土工程一样,其最突出的特征是不确定性。而岩溶隧道涌水可能性及涌水量更是一种复杂的不确定性问题。这种不确定性包括岩溶形态三维分布及结构的不确定性;作为主要参数的岩溶率、渗透系数及给水度等参数的不确定性;岩溶水及其水压力的多变性;岩溶作用的复杂性,如突水突泥造成的坍塌冒顶、地面塌陷、生态灾害等的不确定性。可以说隧道岩溶涌水问题是一种时空四维不确定性问题,仅靠少量的勘探工作是无法解决的,有关规范也不完全适应上述情况。尽管目前渗流理论有各种解析法和数值法,并相应研发了许多计算软件,但很难直接应用到隧道岩溶涌水量计算中。因为隧道岩溶涌水量计算不可能像地下水源、地水资源评价那样进行详细地勘探和试验工作,获得代表性参数,特别是岩溶水的运动是裂隙流—管道流—渠道流的多项态流。目前在理论上还没解决多项态流问题,也没有准确的计算模式。因此,应用于非岩溶区的勘探规范和基于水资源评价的涌水量计算方法,在理论上和方法上都不适用于岩溶隧道。

(2)勘测技术与方法方面。国内在大岩溶隧道的勘测设计、施工预报方面还存在如下问题:①对岩溶地区特殊性认识不足,勘测工作按一般地区勘测程序进行,调查范围太窄,没有查清与隧道有关的完整岩溶水系统的空间结构、地下水动态变化及其与隧道的三维联系;②岩溶含水介质极为不均一,少量钻孔很难揭露溶洞的分布和规模,必须重视岩溶发育基本规律的研究,以岩溶水文地质为基础,结合物探、钻探,综合判断;③对施工地质监测工作及超前预报工作重视不够,超前预报在技术方法上不过关,相互结合不够;④勘测技术手段不配套,除了钻探、物探外,应重视采用岩溶及洞穴调查的专门手段和方法。

尽管我国在岩溶地区的铁路、公路、水电等隧道工程已有50多年的发展历史,施工的大长隧道也有百余座,经验、教训很多,但由于体制及理念方面的原因,技术水平却不能全面的总结与提高,也未形成系统的理论和方法。随着国家经济建设的发展,目前在岩溶区正在修建大量的隧道,积极开展岩溶隧道涌水预报、治理及生态保护研究是岩溶工作者的重要任务。

7.2 我国典型岩溶隧道的岩溶水文地质及涌水特征

笔者在1967—1972年参加国家科学技术委员会(现为科学技术部)组织的襄渝铁路大巴山隧道岩溶涌水预报国家重点科研项目,并参加隧道工程建设的全过程。在此期间对贵昆铁路、成昆铁路的隧道岩溶问题进行了调查。近年来,参与了多项公路、铁路、水工隧道的涌水预报及处治工作,特别是从2003年开始承担沪蓉西高速公路11个岩溶隧道的涌水预报研究。现将国内典型岩溶隧道的岩溶水文地质条件及突水特征整理如下(表7-1)。

根据国内外大量的岩溶隧道涌水特征分析,隧道岩溶涌水是受多种因素影响的复杂地质灾害问题。它的涌水部位、涌水方式、涌水动态及涌水量的不确定性和多变性是极为特殊的。另一方面,它又受一定的地质和环境因素控制和影响,在宏观上又有一定规律可循。因此,我们不能苛求用某种数学模型或某种特殊仪器一举解决这个问题,也不必坠入不可知论,无所作为。我们必须探索一种理论和经验相结合的判断方法。

表 7-1 典型岩溶隧道涌水特征表

隧道	隧道工程	地质概况	岩溶水地文地质要素					涌水特征				环境影响
			岩溶层段	岩溶水	垂直水动力分带	水平水动力分带	构造	涌水方式	涌水动态	涌水量及来源		
大巴山隧道（襄渝铁路）	长 5.4km，南口 775m，北口 标高 803.5m，埋深 100～800m 人字坡	隧道穿越北西向大巴山岩溶山区，标高 1600～1700m，为汉水与嘉陵江分水岭。地质上为北西向复式背斜，断裂发育，由震旦系至三叠系组成，碳酸盐岩占 70%	南口 1000m，P—T 灰岩段	岩溶裂隙水	包气带		叠瓦式断裂裂带下盘	沿岩溶裂隙呈分散滴状、股状涌水	降水后有略增加	600～800m³/d，岩溶裂隙水		不明显
			北口 2000～2200m，Zdn 白云岩段	W_1 暗河系统	压力饱水带，水头 400m	暗河排泄带	张性断裂裂带涌水	沿洞顶张裂隙喷出，为清水	降水后水量增加	800～1000m³/d，由 W_1 暗河岩溶裂隙水涌出		W_1 暗河流量减少
			北口 1000～1600m，ε_1 灰岩段	W_2、W_3、W_4 暗河系统	压力饱水带，水头 110m	暗河排泄带	压性断层上盘涌水	导坑掌子面逆断层盘、溶洞集中突水、突泥，引起 2 条暗河倒灌	初始突泥涌水，压力大，7d 后减小，降大雨后再次引起大涌水	初始最大涌水量为 15×10^4m³/d，为 W_2、W_3 暗河干涸量，7～10d 后静储量为 6000m³/d，每场大雨均引起大涌水		W_2、W_3 暗河干涸，井产生塌陷，引起河水倒灌，洞穴生物死亡
梅花山隧道（贵昆铁路）	长 3.954km，隧道 2015m，标高 200～500m	隧道穿越北北走向岩溶分水岭，标高 2500m，为长江与珠江支流分水岭。地质上为北北西走向大背斜，由石炭系、二叠系碳酸盐岩组成，岩溶极发育，多条暗河与隧道立交	北口 C_2 灰岩段	W_9 龙潭暗河 $Q_{丰}=3.25$m³/s，$Q_{枯}=0.35$m³/s	季节变化带，暗河枯水位低于正常 0.52m	处于暗河下游与暗河通道相交	暗河沿层间裂隙发育	隧道遇暗河、洪水期暗河水位上涨、淹没隧道	枯水期暗河水位低于隧道底，洪水期淹没隧道	季节性涌水，枯水期水位低于隧道底，洪水期水量大于 2m³/s		暗河流量大减，地面塌陷
			南口 C_2—C_3 灰岩段	W_1 王保柱暗河 $Q_{丰}=3.0$m³/s	隧道处于压力包水带，水头 200m	处于暗河径流排泄带	暗河溶洞沿裂隙发育	高压突水、突泥、炮眼喷水 18m	初始高压突水、后减小，大雨后突水大增	初始涌水量 2.5×10^4m³/d，由静储量引起大雨后增为 4.47×10^4m³/d		暗河干涸，地面局部塌陷

第7章 隧道岩溶涌水预报与处治

续表 7-1

隧道	隧道工程	地质概况	岩溶水文地质要素					涌水特征			环境影响
			岩溶层段	岩溶水	垂直水动力分带	水平水动力分带	构造	涌水方式	涌水动态	涌水量及来源	
岩脚寨隧道（贵昆铁路）	长 2.714km，隧道东口标高 1349m，西口标高 1375m，单坡，埋深 150～250m	隧道呈南西西向穿越大煤山岩溶分水岭，北侧发育黑塞暗河，高出隧道 40m，南侧发育龙潭暗河，高于隧道 50～150m。构造上为三叠系、二叠系灰岩组成的背斜，产状陡峻	西口共 250m，T₂灰岩段	黑塞暗河系统 Q 为 0.3～8m³/s	隧道处于季节变化带	处于暗河径流排泄区	横张裂隙及走向断层	枯水期遇溶洞无水，大雨后涌水、洪积，时大出水	季节性涌水，大雨后突水，旱期无水	1959 年 6 月 26 日大雨后，涌水量 14×10⁴m³/d，雨后渐小	暗河洪水流量大减
			西口 750～890m，T₁灰岩段	龙潭暗河系统 Q 为 0.1～1m³/s	隧道处于压力饱水带，水头 70m	处于暗河径流区	沿层间裂隙发育岩溶	压力突水	降水后水量增加	约 1.5×10⁴ m³/d	暗河流量减少
大瑶山隧道（京广铁路复线隧道）	长 14.295km，隧道标高 180～800m，谷内标高 300～910m，隧道埋深 100～910m	隧道近东西向穿越武夷河湾分水岭，山顶岩溶槽谷发育，谷内岩溶发育，岩体泉眼众多，构造为斑块状，核部为泥盆系灰岩背斜向斜	隧道中部在 D₂灰岩段通过	斑谷坳岩溶水系统为溶洞裂隙水	处于岩溶地下水位以下 400m 的压力饱水带	隧道在岩溶水排泄带通过	涌水点集中在九峰山大断层上盘	多处断层突泥、高压涌水	涌水大，呈指数曲线下降，雨后增大，水位由隧道底标高升至标高 405m 处	初始主要来自静储量，反复复复出现突涌水、泥，最大总涌水量为 4×10⁴m³/d 左右	地面塌陷，泉水干涸，地面裂缝
山西引黄隧道群	最长隧道 20km，山头标高 1100～1200m，隧道埋深 50～500m	隧道穿越吕梁山脉，总体为吕梁山背斜，产状平缓，古岩溶发育	隧道在 O₂灰岩中通过	神头泉域	处于包气带	地下水补给区	断层及古岩溶连通地下溶洞	基本无大的涌水，主要是溶洞古填物充填穴坍塌	雨季渗水使充填物坍塌加剧	大量古溶洞充填红土，多处坍塌，最大可达 1000m³	掩埋隧道及机具，并引起地面民井干涸

7.3 理论指导及工作方法——隧道岩溶涌水专家评判系统的建立与发展

7.3.1 理论导向,经验判断,探测验证,实测定量

正如前述,隧道工程是一种与地质打交道的岩土工程或地质工程,其最突出的特征是具有不确定性,而隧道岩溶涌水更是一种极为复杂的不确定性问题。对岩土工程,刘建航院士提出的"理论导向,经验判断,实测定量"十二字理念切中要害,对隧道涌水问题也完全适用。我们提出的隧道岩溶涌水专家评判系统也正符合这种理念,只不过由于岩溶问题的特殊复杂性,我们加上了"探测验证"这四个字,成为"理论导向,经验判断,探测验证,实测定量"。

对于隧道岩溶涌水预测预报及治理工程,我们必须以岩溶发育基本理论、岩溶水文地质及岩溶水系统理论、地下水动力学理论(包括渗流理论及管道流理论)、地质灾害发生机理、地质结构体与结构面理论等,作为研究、判断的理论基础。理论使我们认清了事物的本质,建立清晰的概念模型,没有理论指导的实践是盲目的行为。事实上,岩溶突水问题虽然是不确定性问题,但受一定因素控制,其宏观规律还是存在的。但是地质科学和岩土工程与其他精密科学是不同的,其不确定性和多变性,是任何理论都不能精细刻画和预测的,再加上现实勘探工作的局限性造成信息与资料的不完善、不准确,使单纯的理论计算往往缺乏可靠的依据。因此理论能起导向作用,在理论导向下的经验判断就变得十分重要了。有经验的地质专家和岩土工程师可以用地质类比法,根据类似工程经验对新工程进行对比判断。"隧道岩溶涌水专家评判系统"正是体现了这种理论导向与经验判断的结合。笔者从20世纪60年代至今,参加和调查了几十个岩溶隧道的施工和研究工作,分析了百余个岩溶隧道涌水资料,建立了自己的资料库,形成了多种岩溶涌水地质模式及相应的参数系统,为隧道岩溶涌水评价建立了坚实的理论与实践基础。

在引进岩土工程研究理念解决隧道岩溶涌水问题中,我们所补充的"探测验证"不仅指地表钻探、物探工作,也包括隧道施工超前探测工作,如施工地质监测、超前钻探及各种物探等。

"实测定量"既包括施工前对地表有关岩溶泉、地下河流量及地下水位观测,也指施工期的岩溶水文地质监测工作,通过涌水前兆的观测及超前钻孔放水试验,修正施工前的涌水量计算值,最终给出正确的涌水性质及量值。

应当指出,勘测阶段对隧道区有关的地下河系统的水位、流量及小流域降水量进行一个水文年以上的观测,并进行水均衡研究,求取各种参数,对与隧道密切相关的地下河段进行分割、圈定。用这种实测及半定量方法对涌水量进行评价,是一种有效的方法。施工阶段,详尽的施工地质监测及涌水观测、水压观测、地下与地表连通性研究,不断验证和修正对涌水量的认识,是全面掌握隧道岩溶涌水及其变化不可缺少的工作。

7.3.2 隧道岩溶涌水的基本规律及评判要素

隧道的岩溶涌水是一个复杂的岩溶水文地质和工程地质问题。但从大量的典型岩溶隧道涌水特征分析,我们可以确定,隧道岩溶涌水是受一定因素控制的、有规律可循的。

(1)岩溶隧道涌水是因为隧道在地下揭露岩溶水系统通道(包括溶洞、溶隙等),并与岩溶地下水系统产生耦合碰撞的必然结果。

我国南方岩溶区(特别是西南岩溶区)岩溶水系统按其含水介质及水流特征,一般分为两种类型:一是地下河系统;二是岩溶泉系统。我国西南地区分布 3000 多条大型地下河和上万条中小型地下河,其特征是地下水流集中于地下通道或管道,呈紊流运动状态,有时具有河流特征,其动态变化受当地降水影响明显,具有快涨快落的特点。由大型地下河的干流与支流组成地下河系统,汇水面积可达 $n \times 100 km^2$。岩溶泉系统的特征是地下水分散于岩溶裂隙及小型管道之中,以层流运动为主,其动态变化较平稳,含水介质中可以发育成渗透性大的强径流带,但不具备地下河性状。根据调查分析,我国岩溶长隧道的大型涌突水 ($\geqslant 5 \times 10^4 m^3/d$)、特大型涌突水 ($\geqslant 10 \times 10^4 m^3/d$) 都是由于隧道揭穿地下河系统的主通道、支通道或者有大过水能力的溶洞管道而引起的,不仅涌水而且涌泥砂。因此,在岩溶隧道涌水研究中,对水源的判断应分清水源是岩溶泉系统还是地下河系统,后者才是造成大型和特大涌水的根源。对与隧道相关的地下河系统的调查研究,是隧道岩溶涌水研究的重点。

(2)岩溶垂直水动力分带与隧道涌水可能性、涌水动态有密切关系。

隧道大都穿越分水岭或河间地块,隧道的高程与岩溶水系统分布的高程之间的关系是涌水预报必须加以研究的要素。处于不同垂直水动力分带的隧道,涌水及地质灾害特点不同,评价方法也不同。根据近年来的研究,我们提出了垂直水动力分带模式(图 7-1)。

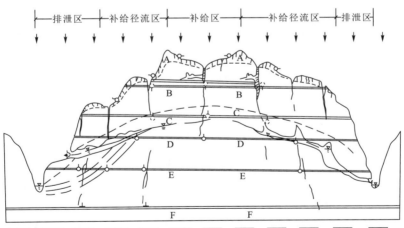

图 7-1 分水岭(河间地块)岩溶水动力分带与隧道涌水图

1. 表层岩溶带;2. 包气带;3. 季节交替带;4. 浅饱水带;5. 压力饱水带;6. 深部缓流带;7. 季节性下渗管流水;8. 季节性有压管流涌水;9. 有压管流涌水;10. 有压裂隙水;11. 隧道;12. 地下河

岩溶水动力垂直分带主要分以下几个带。

①表层岩溶带。表层岩溶带水是岩溶山区储存于可溶岩地表强岩溶化的溶隙及溶孔中的岩溶水，其下界面是溶蚀相对微弱的完整可溶岩面，一般厚度为5~30m。表层岩溶泉成为山区人畜用水和分散农田灌溉的重要水源。当隧道埋深浅时，可能影响表层带，对人畜用水及生态造成影响。如沪蓉西高速公路谭家坝隧道埋深过浅，处于表层岩溶带，造成地表泉水干枯、鱼塘及稻田干枯、地表塌陷、隧道坍塌。

②包气带，即垂直下渗带，位于表层岩溶带以下，丰水期区域地下水位以上的地带。本带通过溶隙、溶蚀管道、竖井与地表的洼地、漏斗、槽谷相通，可以将大气降水及地表水导入地下。在暴雨期间，大量洪水携带泥砂通过包气带进入地下。与碎屑岩区不同，岩溶区的包气带可以很厚，从十余米到百余米，此带水流是不连续水流，一般不具静水压力，但在管道中短时间的灌入压力有时很大，本带中多有垂直状态的溶隙及溶洞，但也存在一些水平干溶洞，有时被黏土、碎石充填。当隧洞通过此带时，受到季节性地表水灌入的威胁，洞穴充填物塌陷也需引起重视。如沪蓉西高速公路朱家岩隧道，就是典型的包气带隧道，每逢降水量较大时，地表洼地积水通过管道向隧道的涌水、涌泥，无雨季节基本不产生大的涌水。

③季节交替带，又称过渡带，由于季节变化而引起的地下水位升降波动的地带，位于包气带与饱水带之间。岩溶山区季节变化带的厚度可达几十米。隧洞通过此带雨季将受到自下而上的有压涌水、涌泥，贵昆铁路岩脚隧道的出口段平行导坑遇到溶洞，平时无水，施工时用渣填埋，一场暴雨后，溶洞冒水量大，将石渣、机具冲溃。沪蓉西高速公路齐岳山隧道出口段300m范围内处于马槽洞地下河季节变化带。平时水位低于隧道底部7~8m，洪水时高出3m，造成隧道被淹没。

④浅饱水带，又称水平管道循环带，指枯水期地下水位以下，地下河排水口影响带以上的含水带。本带处于岩溶含水层的上部，岩溶强烈发育，一些水平的洞穴、地下河主通道常发育在此带。此外一些大的充水溶洞、宽大的溶缝、深潭、地下湖均发育在此带，对隧道涌水的威胁极大，一般为有压突水、突泥。沪蓉西高速公路的很多隧道处于这一带。

⑤压力饱水带，在浅饱水带之下，即暗河口排水面以下，当地主要河流排水基准面影响带的含水层。在我国南方岩溶区，当地的岩溶地下水多以泉水或暗河在当地的槽谷、坡立谷或河谷中排泄，有时高出附近主要河流的河水面几十米或上百米。人们往往误认为在暗河口以下的含水层岩溶发育微弱，属于"深部缓流带"，不会产生严重的溶洞涌水。事实上，暗河排泄区，岩溶发育深度大，有时发育倒虹吸循环带，隧道涌水威胁很大，很多特大型涌水、突泥都出现于此带。如襄渝铁路大巴山隧道大突水（最大涌水量为$15\times10^4 m^3/d$），就是发生在当地暗河口以下110m深的断层带溶洞部位；京广线大瑶山隧道竖井突水点在当地岩溶泉口以下170m的断裂带，涌水量达$8200 m^3/d$，并产生大量泥砂涌入。渝怀铁路圆凉山隧道和宜万铁路马鹿箐隧道都是在压力饱水带发生灾害涌水。

⑥深部缓流带，指饱水带之下，不受当地排水基准面影响并向远方缓慢运动的岩溶水带。一般情况下，岩溶发育较弱，但在大的构造断裂带处亦可形成溶洞或溶蚀断裂带。这种情况对水电工程很重要，交通隧道涉及此带情况较少。

(3)岩溶水动力水平分带与岩溶涌水的关系。

岩溶水系统的水动力水平分带对隧道涌水也有重要影响。从河间地块或分水岭至河谷可以分为补给区、补给径流区、排泄区。

补给区多处分水岭地带，经常有岩溶洼地分布，强降水使洼地积水，可造成隧道季节性涌水、涌泥，如沪蓉西高速公路八字岭隧道中部，地表为岩溶洼地，隧道遇 97m 的溶洞充填带，有大量碎石泥砂涌出，但仅有季节性涌水。

补给径流区地下水埋深增大，浅饱水带管道发育强烈，岩溶发育深度较浅，可产生管道状涌水，受降水影响大。沪蓉西高速公路野三关隧道中部揭露的涌水管道，即位于白岩洞暗河的补给径流区，无雨期涌水量 1000m³/d 左右，大雨期涌水量达 72 000m³/d。

排泄区包气带厚度大，饱水带水平管道发育，特别是岩溶发育深度加大，可在暗河口以下或河水面以下形成倒虹吸循环带。在暗河口或河床岸边，随钻孔深度加深，钻孔水头不断升高，说明地下水有向上运动的趋势。此带岩溶发育深度可达暗河口以下 100m 至数百米。隧道在暗河排泄区下面通过，往往会遇到高压涌水。如大巴山隧道和华蓥山隧道都是在暗河排泄区下面遇到特大涌水，并导致暗河口干涸。宜万铁路马鹿箐隧道的主要突水点也接近排泄区。

（4）隧道硐身岩溶及岩溶结构面发育强度与空间位置是决定隧道岩溶涌水可能性及涌水规模的关键要素。

由于岩溶发育的不均一性，使隧道揭露溶洞有一定的不确定性。现在的勘探技术没有完全把握确定每个溶洞、溶隙的确切位置及规模大小。但据国内典型岩溶隧道的施工实践经验，我们认为绝大部分涌水溶洞、溶隙几乎均与各种岩溶结构面有关，特别是深部岩溶几乎全部与岩溶结构面有关，主要规律如下。

V_1 逆冲断层的上升盘，如大巴山、大瑶山、华蓥山等隧道的主要突水点均出现在逆冲断层上升盘，而下降盘挤压紧密，岩溶发育微弱。

V_2 张性及张扭性断层，如大巴山隧道第二含水段，引黄工程隧道、紫金山隧道、岩脚隧道以及北方的大水矿井，横张断裂溶蚀带几乎全部导水。沪蓉西高速公路齐岳山隧道出口段近 1000m 的硐身沿张性断裂带掘进，不断发生岩溶管道涌水。龙潭隧道 F_1、F_2、F_3 横张性断层溶洞带都发生了突水、突泥。

V_3 碳酸盐岩层层间滑动面。我国西南岩溶区在地质构造应力作用下坚硬的厚层石灰层、白云岩层面之间多产生层间滑动破裂面，由于地层错断位移不明显，地表很难发现。但极易发生强裂溶蚀生成溶洞，很多沿地层走向发育的地下河都是岩层间滑动面。

V_4 可溶岩层与非溶岩层界面。在灰岩、白云岩与碎屑岩或煤系地层的接触面上最易汇集地下水形成溶洞、溶蚀带及地下河，这种情况屡见不鲜。如沪蓉西高速公路龙潭隧道出口段在中上奥陶统弱岩溶层与下奥陶统强岩溶层界面发育溶洞地下河，隧道有 800m 硐身沿溶洞充填带掘进，多次发生突水、突泥。乌池坝隧道中部在埋深 350m 处，沿 T_1d^{1+2} 泥灰岩与 T_1d^3 灰岩界面发育宽约 200m 的洞穴充填带。

V_5 膏溶面。我国西南地区有些地层中含石膏层，如三叠系灰岩中夹多层石膏，溶蚀后形成溶塌角砾岩层，沿该层可发育溶洞、溶蚀带，在深部会有较多的硫酸根离子，对隧道衬砌有腐蚀作用。宜万铁路马鹿箐隧道灾害性突水即出现在三叠系大冶组与嘉陵江组界面处的膏溶带中。

V_6 混合溶蚀带。根据最新研究，我国西南地区深部岩溶相当发育，已突破所谓"侵蚀-溶蚀基准面"的概念。原因之一是地下发生混合溶蚀作用,即不同温度、不同矿化度、不同水化学成分的地下水混合后,溶蚀能力加强,形成强溶蚀带,有时可形成深1000m的深岩溶。

V_7 古岩溶面。在西南、华北岩溶区都存在多期古岩溶,在西南岩溶区存在4~5期古岩溶面,往往在深部有古溶洞,一般多被充填,但在隧道揭露时,充填物塌方漏水,造成危害。山西引黄隧道工程,多处揭露古近纪、新近纪古岩溶洞穴,造成隧道塌方。

7.3.3 岩溶隧道涌水专家评判系统的执行

隧道岩溶涌水的预测是非常复杂的问题。目前,在预测工作方面之所以经常出现错误,除了上述一些基本概念问题外,没有一套切合实际的评判系统也是重要原因。基于岩溶水文地质学的基本理论和国内外工程实践,结合笔者多年的经验,提出"岩溶隧道涌水专家评判系统"(表7-2、表7-3)。

表 7-2 岩溶隧道涌水专家评判系统表
(KWBEJS)

国内外典型岩溶隧道涌水实例剖析　　岩溶水系统分析理论　　代表性专家知识分析与归纳

KWBEJS系统的知识体系及相应技术方法的应用

评判项目	评判要素	评判依据	资料获取
隧道硐身揭露的区域岩溶层段	确定隧道硐身揭露以下岩溶层段:A_1 区域强岩溶层段、B_1 区域中强岩溶层段、C_1 弱岩溶层及层间岩溶层	隧道硐身揭露 A_1 类岩层是大型至特大型岩溶涌水的必要条件之一;B_1 类岩层一般只可能构成中、小型岩溶涌水;C_1 类岩层只可能引起小型涌水	①通过区域地质、水文地质调查(1:5万~1:1万)及典型剖面研究、掌握区域岩溶发育的基本规律,划分出区域 A、B、C 三类岩溶层,并测定其岩性变化、厚度、夹层等; ②通过线路地质调绘(1:1万~1:2000)及钻探、物探资料,提出准确的隧道工程地质剖面,确定硐身揭露区域岩溶层的空间位置
岩溶层段中的岩溶水系统及类型	确定隧道硐身各岩溶层段中发育哪类岩溶水系统及补给面积,枯洪期流量:A_2 大型地下河系(补给面积$\geqslant 10km^2$)、B_2 小型管道状岩溶泉(补给面积 $5\sim 10km^2$)、C_2 岩溶泉域	隧道硐身 A_1 类岩溶层段中发育 A_2 类地下河系是大型至特大型涌水的必要条件之二;B_2 条件可引起中型至大型涌水;C_2 条件一般只能引起中型、小型涌水	①通过区域水文地质调查,连通试验,水化学及同位素研究,圈定地下河系及岩溶泉域的边界和循环条件; ②通过观测掌握流量动态,特别是最大、最小流量和降水关系

续表 7-2

评判项目	评判要素	评判依据	资料获取
隧道硐身所处岩溶水动力垂向分带	确定隧道硐身各岩溶层段处于岩溶水系统的垂直水动力带的部位：A_{3-1} 浅饱水带、A_{3-2} 压力饱水带、B_3 季节变化带、C_3 表层岩溶带及包气带	隧道硐身处于 A_{3-1}、A_{3-2} 垂直水动力带是大型至特大型涌水的必要条件之三；处于 B 带是季节性涌水的必要条件；处于 C 带雨季可能有下灌式涌水、涌泥	①通过对地面各种水点（如暗河出露点、竖井、天窗等）的调查，测定地下水位及其变化；②通过钻孔水位观测，研究地下水位及其变化规律；③所有钻孔深度必须打到稳定地下水位以下
隧道硐身所处岩溶水动力横向分带	研究隧道硐身各岩溶段处于岩溶水系统横向水动力分带的部位：A_4 排泄区、B_4 补给径流区、C_4 补给区	隧道硐身处于 A_4 区和 B_4 区是大型至特大型涌水的必要条件之一	①通过对地下河系及泉域的水文地质调查分析；②通过钻孔水位及水头观测分析。钻孔水头随深度不断下降的地段为补给区，钻孔水头随深度有上升趋势的地段为排泄区；③通过钻孔确定岩溶发育深度，特别是在排水基准面以下的深度
隧道硐身岩溶及岩溶结构面发育强度及空间位置	确定隧道硐身的溶洞、管道、溶蚀带及各种岩溶结构面发育强度和空间位置：A_5 硐身发育强岩溶并有岩溶结构面通过，溶洞直径>80cm，溶隙宽度>60cm；B_5 硐身岩溶发育中等强度，有岩溶结构面通过，溶洞直径<80cm，溶隙宽度<60cm；C_5 硐身岩溶发育弱，未见岩溶结构面通过	本要素是评判隧道岩溶涌水可能性及涌水规模的关键要素之一。由于岩溶发育的不均匀性，使隧道涌水具有机遇性，根据国内隧道涌水的研究分析，绝大部分涌水溶洞、溶隙、通道几乎均与岩溶结构面有关，特别是深部岩溶全部与岩溶结构面有关，A_5、B_5 条件是大型至特大型涌水的必要条件	①通过各种岩溶结构面的三维分析，如沿张性断裂、张扭性断裂、逆冲断裂上升盘、层间滑动面等易于岩溶发育，并控制岩溶方向；②通过钻探和物探（包括钻孔透视）查明硐身岩溶；③通过钻孔水文地质试验及水化学研究

表 7-3　隧道岩溶涌水评判程序表

隧道涌水类型		涌水可能性评判	涌水特征评判	环境影响评判	涌水量评估	实例
5A 类隧道	$A_1+A_2+A_{3-2}+A_4+A_5$	概率 90%，为高风险隧道	高压突泥、突水	地下河可能干涸，地面塌陷	枯水季节最大涌水量为静储量＋地下河枯水流量；洪水季节最大涌水量为地下河洪峰流量	大巴山铁路隧道、圆梁山铁路隧道、马鹿箐铁路隧道
	$A_1+A_2+A_{3-1}+A_4+A_5$	概率 90%，为高风险隧道	突泥、突水	地下河干涸，地面塌陷	同上	华蓥山公路隧道

续表 7-3

隧道涌水类型		涌水可能性评判	涌水特征评判	环境影响评判	涌水量评估	实例
AB类隧道	$A_1+A_3+B_3+B_4+B_5$	概率90%,为高风险隧道	枯水季节不涌水,洪水季节突水、突泥	地下河洪水流量减少	最大涌水量为地下河部分洪水流量	岩脚寨隧道
	$A_1+B_2+A_{3-2}+B_4+A_5$	概率75%左右,为高风险隧道	高压突泥、突水	地表泉水干涸,地面塌陷、地表水渗漏	初始涌水量为静储量,后转为泉水流量,随季节变化	大瑶山铁路隧道
ABC类隧道	$B_1+B_2+A_{3-2}+B_4+B_5$	概率<50%,为中低风险隧道	岩溶发育强度较弱,为裂隙状涌水,对施工危害较小	泉水流量减少	涌水量仅为部分泉水流量	大巴山铁路隧道灯影灰岩段
	$A_1+C_2+C_3+C_4+B_5$	概率30%左右,为低风险隧道	仅在雨季产生渗滴水及洞穴充填物塌陷	充填物塌陷引起地表小泉及民井干涸	涌水威胁不大,充填物塌陷是主要问题	山西引黄隧道

该系统的评判过程由多个模块组成的程序软件来完成。评判过程主要有5项内容。

(1)隧道硐身揭露的区域岩溶层段。首先,要通过准确的隧道工程剖面确定硐身是否揭露区域强岩溶层。西南扬子地台区和华南褶皱带的强岩溶层均具有广泛的分布区域,尽管有岩相变化,但基本都具有厚度大、分布广、质地纯的特点,我国南方90%以上的地下河系统分布在这些岩层中。隧道硐身是否揭露这些岩溶层,揭露宽度多少,是判断突水的首要项目。

评判程序的模块中给出了全国各地可溶性岩组的分布、岩性组合、厚度变化,以及岩溶发育程度,划分出区域强岩溶层、中强岩溶层、弱岩溶层及层间岩溶层。通过隧道区岩溶地质调查与区域对比,便可确定本隧道所揭露的岩溶层段的类别。例如,在沪蓉西高速公路360km线路区通过调查对比确定中寒武统石龙洞灰岩层、上寒武统三游洞白云岩层、下二叠统栖霞组及茅口组灰岩层、下三叠统大冶组及嘉陵江组灰岩层为强岩溶层组。模块中还给出了全国各地在上述强岩溶层中已施工的隧道、矿井涌水的实例资料,以供对比研究。事实证明,沪蓉西高速公路及宜万铁路的所有大型涌水、突水隧道都处于上述强岩溶层组中。应指出,地质科学(包括岩溶地质)必须进行区域对比研究,只有在对比研究中,才能对某种规律有清楚的认识。

(2)岩溶水系统类型及规模的确定。当确定硐身揭露的岩溶层后,必须从区域角度调查该层中岩溶水系统的类型及规模。在我国南方山区强岩溶层组中主要发育地下河系统,在中强及弱岩溶层组中主要发育小型暗河及岩溶泉,在北方强岩溶层组中主要发育岩溶大泉。地下河是隧道灾害性涌水的主要源头,在南方岩溶山区的强岩溶层中,只要有10km² 左右的汇水面积就能发育大小不等的地下河。

评判程序的模块中给出了南方岩溶区地下河的分布及大型地下河的有关数据,同时给出了北方岩溶大泉的分布及有关数据。新建隧道区所处的区域岩溶水文地质条件及所处的地下河系统,大多可以获得概括认识。例如,沪蓉西高速公路乌池坝隧道及宜万铁路马鹿箐隧道同处小溪河地下河流域,均产生了不同程度的突水、突泥。根据评判系统的提示,在隧道区扩大范围调查,发现了多条汇水面积在 10km² 左右的地下河。这些地下河在区域上属于中小型地下河,但对隧道的威胁最直接,也可以产生灾害性涌水。

(3)确定隧道硐身所处岩溶水水动力垂向分带。通过综合岩溶水文地质调查及钻孔水文地质观测,确定硐身所处水动力分带,是决定涌水特征及涌水量评价方法的重要因素。但往往由于钻孔施工及观测工作不规范,不能给出真实的水位资料,如在沪蓉西高速公路的勘探孔中,有 85%～90% 的钻孔无法观测或水位不准,不能代表真实岩溶地下水位,这就给判断隧道所处水动力带及压力水头造成困难,也给隧道防水设计造成错误。为此,评判系统给出了根据区域岩溶水文地质条件判断地下水水力坡降,计算水位标高的经验方法,同时给出了各岩溶区岩溶地下水水力坡降的经验数据。事实上,沪蓉西高速公路很多隧道的地下水位都是根据上述方法判定的,纠正了钻孔假水位造成的错误。如扁担垭隧道、夹活岩隧道、朱家岩隧道,原勘探资料认为隧道处于地下水位以下 100～150m 的高水压饱水带中,是大水隧道,为此设计了 1909m 抗水压衬砌。在评判系统指导下,经过重新调查研究,认为上述隧道均处于地下水包气带,不存在经常性高水头压力,也不会产生灾害性大涌水,施工验证了这一结论,从而节省了大量建设经费。

(4)确定隧道硐身所处岩溶水动力横向分带。隧道硐身所处岩溶水动力横向分带位置,对判断隧道岩溶涌水的可能性及涌水量大小也有很重要的关系。岩溶地下水系统下游排泄带的岩溶发育强烈,且深度大,隧道揭露岩溶洞穴概率大,一旦涌水,其涌水量可来自整个地下河系统的储存量和补给量。宜万铁路马鹿箐隧道和襄渝铁路大巴山隧道均位于地下河下游排泄带,若发生灾害性大涌水,其涌水量基本等于整个地下河系统的储存量和补给量。

隧道硐身如果处于上游补给区,其补给量较少,对隧道威胁较小;隧道硐身如果处于中游补给径流区,则多发生浅饱水带岩溶管道涌水,其涌水量主要来自上游来水,涌水量与水压力随降水强度迅速变化。

(5)确定隧道硐身的溶洞、溶蚀带及各种岩溶结构面发育强度和空间位置。本要素是评判隧道涌水点位置及规模的重要因素。除了通过地面勘探及施工超前探测等手段外,根据岩溶发育规律进行分析判断也是极为重要的。根据大量实际资料分析,绝大部分涌水溶洞、管道、溶隙,几乎均与各种结构面有关。评判系统给出了国内主要岩溶区各种地层结构面、构造结构面及其与当地岩溶发育的关系,作为评判当地隧道涌水的导向依据。沪蓉西高速公路龙潭隧道走向与地层走向平行,通过判断认为原设计线路可能正处于下奥陶统南津关组强岩溶层与中上奥陶统弱岩溶层界面附近,并可能与龙潭地下河主通道重合,建议线路北移避开强岩溶带,后来施工完全证明了这种判断的正确性。

7.3.4　隧道岩溶涌水量预测预报的原则与方法

1. 涌水量预测原则

根据"隧道岩溶涌水专家评判系统"的指导思想,涌水量预测应考虑以下原则。

(1) 要考虑各隧道所遇岩溶段的岩溶发育程度及区域岩溶发育特征，从而采取不同的参数。

(2) 要考虑各隧道岩溶段所处的垂直及水平水动力分带位置，采取不同的评价方法，评价不同性质的涌水。

(3) 隧道岩溶涌水预测与隧道所在岩溶水文地质单元的岩溶水资源评价是两个不同的概念，前者更注重突发性、灾害性的涌水，因此必须考虑水头压力及不同频率降水引起的瞬间峰值涌水的危害性。

2. 涌水量预测方法

目前国内隧道岩溶涌水量预测方法不成熟，概念混乱。在沪蓉西高速公路隧道涌水量评价中，我们根据隧道岩溶涌水专家评判系统，采取先定性后定量的方法，首先把握每个隧道涌水的可能性、涌水性质、涌水动态，然后综合判断其涌水规模及数量级。在此基础上，采取适当方法计算涌水量。

观测资料不足、不规范，是定量预测的最大困难。随着观测工作的加强及施工的开展，应不断修正涌水量预测值。

隧道涌水最显著的特征是时空变化大。首先，隧道处于不同水动力带，其涌水水源、涌水动态、涌水方式、危害性不同。如在垂直下渗带（包气带），只在雨季产生暂时性下贯式涌水、突泥，其危害在于引起洞穴充填物坍落，造成机具、人员损伤并引起地表水下渗。季节变化带在雨季随着区域地下水上升而产生周期性动储量涌水；浅饱水带和压力饱水带，在隧道揭露溶洞或溶隙初期，涌水来自静储量，即使是在枯水季节，也会造成大量突水、突泥，特别是在压力很大的饱水带中，冲溃型的突水往往会造成灾害性事故。因此，在这种情况下必须预测评价静储量涌水量、平水期动储量涌水量及雨季最大涌水量。

目前，隧道涌水量预测的方法有水文地质比拟法、解析法（地下水动力方法）、数值模拟计算法、地下水均衡计算法、地下径流模数法、洼地渗入法等。其中水文地质比拟法是在掌握条件类似隧道涌水的详细资料后，与拟建或在建隧道涌水量进行对比预测，显然这需要经验丰富的技术人员才能完成此任务。数值模拟计算法在隧道的勘探试验水平较低的情况下，是没有条件应用的。在局部地段，当勘探试验资料较多时，解析法可应用。在沪蓉西高速公路龙潭隧道 F_2 断层溶蚀充填带涌水段，便使用了解析法，并得到了施工验证。

地下水均衡计算法、地下径流模数法、洼地渗入法等，这些源自地下水资源评价的方法，目前广泛应用在隧道涌水量评价中。且这些方法作为勘设阶段隧道涌水量的估算还算较为准确，但问题是所有的参数都是人为设定的，误差较大，且不确定性很大。"隧道岩溶涌水专家评判系统"按着先定性后定量的观点给出了一套定性判断的标准，在此基础上的定量就有了一定根据。此外，评判系统认为隧道所穿越的任何岩溶地层或含水层都是某个岩溶水系统（地下河系统、岩溶泉系统）的组成部分。隧道涌水都是部分或全部截取岩溶水系统的储存量、径流量或入渗补给量。因此，对与隧道涌水关系最密切的典型地下河系统或泉域进行系统观测和均衡研究是最实际的方法。例如对沪蓉西高速公路野三关隧道区的白岩洞地下河、齐岳山隧道出口段的马槽洞地下河的出口流量、地下河支流进出口流量、水位、小流域降水量、洼地下渗量、外源水流入量等进行长期观测，不仅直接获得了地下河系的流量数据与降水的相关关系,而且通过均衡法,可以反求分区有效入渗系数、给水度及地下水流速等参数,根据这些参数再去计算隧道涌水量就有一定的可靠性。

沪蓉西高速公路隧道岩溶涌水量预测采用了如下方法:

(1)处于表层岩溶带、包气带的隧道,采用洼地入渗法。如八字岭隧道处于包气带,地表有串珠状洼地与隧道立交。洼地底部有漏斗、落水洞与地下岩溶相通,隧道揭穿溶洞概率很大,洼地在非降雨时一般无常流水,但大雨过后有流水并积水,基本全部入渗地下。因此采取洼地入渗法是合理的。此外,朱家岩隧道的进出口段及岩湾隧道也采取此法。

(2)处于浅饱水带的隧道,主要采取以实测为基础的均衡法(如野三关隧道等),分别计算枯水季节静储量涌水量、动储量涌水量及洪水期涌水量。

(3)处于季节变化带的隧道,采用均衡法并结合地下水动力学方法计算雨季特别是大雨时段的涌水量,如龙潭隧道和齐岳山隧道。

(4)对于隧道通过弱岩溶及弱透水岩层的地段,则采取地下径流模数法进行计算,如扁担垭隧道进口段的震旦系灯影组灰岩涌水段及寒坡岭隧道泥灰岩弱岩溶涌水段,都是通过实测地下径流模数来评价隧道涌水量。

(5)对于断层及碎岩层可能产生的裂隙水,则主要采取地下水动力学方法。

3. 计算参数问题

关于涌水量计算的参数问题,由于观测工作不规范,完全靠区内实测资料是不现实的,因此采取部分实测与区域对比的方法,在充分研究本区岩溶水文地质条件基础上,使参数选用有一定合理性,在沪蓉西高速公路的野三关隧道、齐岳山隧道均选择典型地下河系统进行了观测和均衡研究、实测和反求参数。

(1)降水量(A)。特别是最大降水过程的降水量及最大日降水量,是隧道涌水最重要的数据,但这些数据都是随机变化的,因此必须有多年降水观测及统计数据。根据各种相关资料研究,沪蓉西高速公路地区夏季最常见的大雨过程是 2~3d 内降水量为 100~150mm,因此我们采用 2d 降水量 100mm 及 2d 降水量为 150mm 作为常见大降水量。

多年降水量观测到的日降水量极值(约 30a 一遇)是日降水量 191.9mm,尽管此值频率较低,但也作为一种极端情况加以考虑。对于施工期长的大长隧道,均应设雨量站,对施工期涌水预报极为有用。

(2)入渗系数(λ)。入渗系数是均衡法计算隧道的基本参数。该参数的实测过程较为复杂,需在边界条件十分清楚并具有全排型泉口的水文地质单元进行多年降水及泉口流量观测基础上才能确定。根据国内多年研究成果,北方岩溶区的入渗系数一般为 0.13~0.32,西南岩溶区的入渗系数为 0.35~0.75。评判系统中给出了全国各岩溶区入渗系数的经验数据。在沪蓉西高速公路隧道涌水量计算中,根据各隧道的地层、地貌、地质构造及岩溶发育程度不同,选用不同的入渗系数,并用典型地区均衡试验加以校正。

(3)涌入系数(N)。降水渗入量及地表水渗入地下后,是否全部涌入隧道是一个复杂的问题。一般来讲,隧道区岩溶发育强度大、隧道埋深浅、隧道揭露大型岩溶通道的概率大,涌入隧道的水量必然大。有时整条地下河水全部灌入地下(如大巴山隧道、娄山关隧道等),此时涌入系数为1,有的隧道则不然,降水后形成的地下径流或地下河水仅有部分水量进入隧道,如南岭隧道涌入系数为 0.8~0.9,大巴山隧道中段灯影组岩溶段涌入系数为 0.5 左右。

(4)给水度(α)。给水度是单位体积的岩体与所能排出水量体积之比,综合考虑本区岩溶发育情况及钻孔抽水、压水资料,对不同隧道给出不同的给水度值。在评判系统中,给出国内各岩溶区给水度参考值。

(5)地下径流模数(M)。地下径流模数是某岩溶水文地质单元单位面积可以产生的地下径流量,单位 $m^3/d \cdot km^2$。沪蓉西高速公路扁担垭隧道与寒坡岭隧道为弱岩溶、弱透水岩层,涌水量计算采用当地实测地下径流模数值。

(6)渗透系数(K)。该系数根据抽水、压水试验资料,再结合岩溶发育状况来判定。

7.3.5 岩溶隧道外水压力的预测与确定

岩溶山区铁路、公路隧道及水电引水隧道、地下厂房的设计与施工遇到的突出问题之一是岩溶涌水问题及外水压力问题,这两方面问题往往密不可分,但也不能等同于一个问题,水头压力大,涌水量往往也大,但在水头压力小的情况下,若隧道揭穿暗河主通道,涌水量也可能很大;另一方面有时深埋隧道涌水量不是很大,但渗流的水头压力可能很大。由于水头压力是隧道衬砌设计和施工防水必不可少的资料依据,因此如何在勘设阶段预测水头压力,在施工阶段如何根据实际揭露情况确定压力水头是一个非常现实的问题。根据笔者多年参加隧道勘测与施工研究并结合国内外研究资料进行了如下探讨。

1. 原始地下水位的确定

在勘设阶段,设计工作需要岩溶地下水的涌水量及水头压力等资料,资料的准确性直接关系到工程防水设计的标准、工程预算及施工安全措施等重大问题。

现有的规范对线路区水文地质勘查的要求一般都不能满足岩溶区调查的特殊要求,仅靠线路两侧 500~1000m 范围的路线调查及少量钻探工作,往往不能获得完整真实的水头压力及涌水量评价资料。例如沪蓉西高速公路 11 个大长岩溶隧道,勘测阶段保留的 30 余个观测孔,真正反映隧道区域岩溶地下水位及隧道硐身水头压力的仅有 4 个孔,约占观测孔数的 13%,大部分观测孔给出的都是与隧道硐身岩溶水无关的假水头,根据假水头数据设计的抗水压衬砌显然是不可靠的。

目前在对隧道外水压力水头的确定方面存在的主要问题不是计算理论或计算方法,而是如何在勘设阶段确定作用于隧道硐身的天然水头压力,以及传导压力的岩溶通道特征。在实际工作中应注意如下各种情况。

(1)我国西南岩溶区有多层岩溶含水层组,中间往往有隔水夹层,形成上层滞水、层间岩溶水,这些水位往往很高,但不代表岩溶含水层的区域地下水位。如某隧道硐身为上寒武统三游洞组强岩溶含水层,但钻孔从隧道顶开孔首先揭露奥陶系,其底部有页岩隔水层,形成高水位的浅层地下水,钻孔施工后该层水流入钻孔,使孔内水位增高,不能代表硐身区域地下水位,这种情况相当普遍。

(2)在钻探过程中,由于钻孔漏水,用水泥或黏土止水,使钻孔成为"死孔",完全不能代表真实地下水位。

(3) 岩溶地下水位变化较大,季节性变幅有时可达几十米,如果没有一个水文年以上的观测资料,很难掌握最枯水位及最高洪水位。

(4) 必须扩大调查范围,进行岩溶专题研究,查清隧道区基本岩溶水文地质条件,确定洞身主体岩溶含水层中地下水或地下河系统的补径排途径及岩溶发育规律。

(5) 全力找到与隧道关系最密切的地下河排泄口,调查其出口标高及流量,并由出口向上游调查可直测的暗河主干道上的露头,特别是隧道附近的出露点水位标高,以获得最直接、最可靠的区域水位。

2. 岩溶隧道压力水头的判定

原始水位(或自然水位)是确定设计压力水头的基础,但原始水位并不一定是直接作用在隧道外壁的压力水头值。尽管从静水力学的原理中可知,在静止状态下,作为连续介质,压力的传递与方向无关,压力大小只与水头有关。但实际上任何的隧道衬砌都不是绝对封闭止水的。只要有渗水就有水头损失。而水头损失大小与岩溶发育程度及岩体透水性等因素有关,即岩溶发育强、洞穴管道通畅、水头损失小,而岩溶发育弱,透水性差,水头损失大。

近年来,国内对于岩溶隧道排水实施"限量排放"的措施,衬砌外水压力的计算方法尚处于探讨阶段,各种理论计算方法尚不够成熟,一般多借鉴水工隧洞经验性的折减系数法。水头折减系数 β 为综合性指标,包括外水压力传递过程中受阻的水头损失、水压作用于隧道的面积和排水卸压情况等因素。相关的公式及 β 值如下:

$$P = \beta \cdot \gamma \cdot H \tag{7-1}$$

式中,P 为作用于衬砌上的外水压力;γ 为水的容量;H 为计算点处的水头;β 为外水压力折减系数,按表 7-4 查用。

表 7-4 水电部门给出的根据岩溶发育程度的水头折减系数

岩溶发育程度	折减系数 β	岩溶发育程度	折减系数 β	岩溶发育程度	折减系数 β
强岩溶区	0.5~1.0	中等岩溶区	0.3~0.5	弱岩溶区	0.1~0.3

交通部门提出的经验水头折减系数如表 7-5 所示。

表 7-5 交通部门给出的水头折减系数 β 值

岩溶强度	岩溶溶类型	透水性	β
微弱	溶孔型	微弱透水($K<0.01$)	<0.1
弱	溶隙型	弱透水($K=0.01\sim1$)	0.1~0.3
中等	隙洞-洞隙型	透水($K=1\sim10$)	0.3~0.5
强	管道-强洞隙型	强透水($K>10$)	0.5~1.0

总之,目前在隧道开挖前,根据勘查资料确定的折减系数,主要还是经验值,这与勘探程

度,研究者经验有很大关系,根据我们多年对岩溶区隧道施工监测实践,参照"隧道岩溶涌水专家评判系统",结合必要的勘探测试工作,给出如下综合判断 β 值(表 7-6)。

表 7-6 "隧道岩溶涌水专家评判系统"给出的 β 经验值

隧道可能揭露岩溶层	岩溶水系统类型及规模	隧道硐身岩溶及岩溶结构面发育程度	折减系数 β	实例
区域强岩溶层段	大型地下河	大型溶洞及大型管道	0.65~1.0	铁路圆梁山隧道、马鹿菁隧道、齐岳山隧道
		大型断裂溶蚀带,溶蚀管道	0.4~0.65	公路龙潭隧道出口段,野三关隧道
	大型岩溶泉、中型地下河	断层、溶蚀带及管道	0.4~0.5	锦屏水电站施工硐
		裂隙溶蚀带及小型溶管	0.35~0.4	公路乌池坝隧道进口段、齐岳山隧道中段
区域中强岩溶层段	小型地下河、中小型岩溶泉	断层、小型溶洞	0.25~0.35	大巴山隧道第三涌水段
		溶蚀裂隙带	0.2~0.25	引黄隧道
区域弱岩溶层段及层间岩溶	小型岩溶泉	裂隙岩溶带	0.1~0.2	公路扁担垭隧道进口段,寒坡岭隧道

7.3.6 基于"隧道岩溶涌水专家评判系统"的层次分析技术(AHP)

以"隧道岩溶涌水专家评判系统"为基础,采用层次分析法(AHP)将岩溶隧道涌水有风险性的决策思维过程数字化,通过一系列数学方法对多层次、多方案系统作出综合评价,从而为方案的决策提供依据。层次分析法是基于系统论中的系统层次性原理建立起来的,它遵循认识事物的规律,把人的主观判断用数字的形式表达和处理,是一种将决策者对复杂系统的决策思维过程模型化、数字化的过程。因此,根据 AHP 的原理及评价步骤,隧道岩溶涌水风险性评价因子的权重系数,在一定程度上可以使评判结果更为客观,其相关控制因子的选取、模型的构建详见本书 6.5.3 节。

7.3.7 物理模拟

1. 物理模拟基本原理与模拟装置

岩溶管道水系统物理模拟是用等效水箱(水能储存单位)与变径管束(水能输送单位)组合的模型来模拟岩溶地下水系统。按水力相似原理,以一定的时空比例来组装模型,通过动态模拟,寻求岩溶管道水系统含水介质和地下水运动特征,求取水文地质参数,为岩溶地下水系统定量评价和水量预报提供依据。

岩溶管道水系统进行物理模拟要进行一定的概化和时空缩小等多方面的处理。概化与处理必须遵循一定的规律,即满足力学相似条件。力学相似条件是指系统与模型内的水流中同类运动要素(例如某点速度或阻力)之间存在一定的比例关系。力学相似包括几何相似、运动相似、动力相似、边界相似4个方面。

岩溶地下水系统的物理模拟以力学相似定律为基础,同时结合系统自身的结构与水流运动特征,建立相应的相似准则。

2. 朱家岩隧道涌水物理模型概化

根据水动力相似原理,按朱家岩隧道实际水文地质条件,选取线性相似比例系数 $1/10^3$,从而面积相似系数为 $1/10^6$,体积相似系数为 $1/10^9$,时间相似系数为 $1/10$,流速相似系数为 $1/10$,流量相似系数为 $1/10^7$。

研究区补给面积为 $8\times10^{-2}\mathrm{km}^2$,范围为碉身及其两侧附近地带,其中包括可能与隧道沟通的汇水洼地、落水洞等地带。根据资料综合分析,隧道碉身均在包气带,枯水期为表层岩溶带、垂直下渗带和季节交替带,厚度为 230~355m,丰水期为表层岩溶带和垂直下渗带,厚度为 210~305m。因此,水箱采用(储水介质)概化面积为 $800\mathrm{cm}^2$,枯水期高度为 35cm,丰水期高度为 30cm 的垂向变体积水箱。由于研究区以管道流为主,对各子系统之间以裂隙方式的面状水量变换,可以等效到管道连接部分合并处理。对岩溶管道(包括箱间连接管道及排泄通道)的模拟,先根据工程地质、水文地质及岩溶发育条件的分析给出初值(包括管道空间状态、流量分配及阻力状况等),然后根据动态模拟结果反复调整。初值的绘出,遵循下列约束条件:①管道条数,根据岩溶结构面分析的结果,初步确定管道条数为3条,如果模拟结果与实际相差很大,则重新选择管道条数;②管道位置高度;③管道流量约束,水箱补给管道水量应近似于降水补给研究区的水量,管道总排泄量应近似于隧道涌水量。经多次反复模拟试验,实现对朱家岩隧道涌水过程的最佳模拟,拟合程度最好的即为该区管道组合结构。

研究区补给面积为 $8\times10^{-2}\mathrm{km}^2$,远小于红岩泉地下河系统的注水面积($10.5\mathrm{km}^2$),而实测隧道最大涌水量为 $3400\mathrm{m}^3/\mathrm{d}$,即 39.4L/s,也远小于红岩泉洪水期的流量(1000~2000L/s),隧道涌水虽然对红岩泉地下河系统造成了一定的影响,但是影响不大。

3. 朱家岩隧道岩溶管道涌水的物理模型研究

根据 2005 年 8 月 15 日的降水量、涌水量资料,建立朱家岩隧道包气带岩溶管道水系统物理模拟模型(图7-2),用等效箱-管模型来组合模拟,经过反复使用1条、2条、3条切换管道的组合模拟,最终确定采用3条切换管道,模拟结果才较为理想。

应用该模型来模拟朱家岩隧道 8 月 15 日涌水的时间-流量过程线如表 7-7 所示。

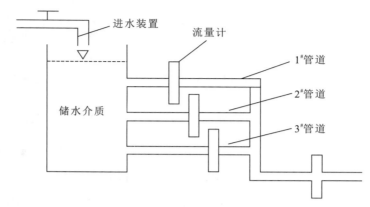

图 7-2 朱家岩隧道物理模型装置示意图

表 7-7 模拟最接近实测数据的一次实验数据表

日期	降水量实测数据/mm	水头/mm	总流量/(L·h^{-1})	1$^\#$流量/(L·h^{-1})	2$^\#$流量/(L·h^{-1})	3$^\#$流量/(L·h^{-1})
8月16日	37.3	238	105	34	33	38
8月17日	28.9	178	100	32	32	36
8月18日	8.5	232	99	32	31	36
8月19日	3.4	220	98	31	32	35
8月20日	16.1	187	96	30	31	35
8月21日	34.7	193	93	30	29	34
8月22日	1.3	258	90	29	28	33
8月23日	0.3	216	85	28	26	31
8月24日	0	182	78	26	24	28
8月25日	0	143	70	24	21	25
8月26日	0	122	62	21	19	22
8月27日	0.3	82	56	19	17	20
8月28日	4	58	50	17	15	18
8月29日	23.2	45	45	15	14	16
8月30日	4.4	95	40	14	12	14
8月31日	0	88	38	13	11	14
9月1日	0	69	34	12	10	12
9月2日	5.9	50	31	11	9	11
9月3日	0	52	28	10	8	10
9月4日	0.4	36	25	9	7	9

表中 8 月 19 日和 8 月 20 日 $1^{\#}$、$2^{\#}$ 流量的大小关系与别的时间段的大小关系不一致，可能是由于模型概化时水箱边界条件的选取不是很精确造成的，在以后的工作中会予以重视。

据资料记载，湖北省宜昌市最大日降水量为 385.5mm（1935 年 7 月 5 日），将此降水量值输入该模型，经过反复实验，求得最大涌水量为 9800m^3/d（图 7-3、图 7-4）。

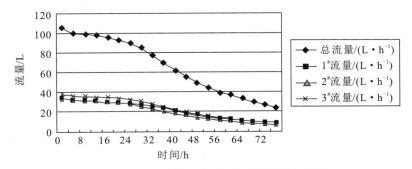

图 7-3 实验所得时间-流量过程模拟曲线图

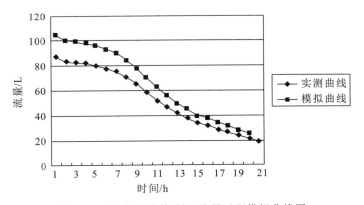

图 7-4 朱家岩隧道时间-流量过程模拟曲线图

通过物理模拟，可以进一步认识处于包气带的朱家岩隧道涌水是由隧道顶部岩溶洼地雨季积水后，通过 3 条主要垂直岩溶管道向隧道涌水，在多年一遇最大降水情况下，其最大涌水量为 9800m^3/d，形成的暂时性水头可达 30m。

岩溶管道水系统中地下水的运动受控于水力梯度与介质空隙空间体形态及其组合。分析与总结前人的研究成果表明，在系统中，重力和紊动阻力作用是影响地下水运动状态的关键因素。因此，系统物理模拟需同时建立重力相似准则。

7.4 典型隧道岩溶涌水预报与处治

7.4.1 八字岭隧道岩溶涌水预测与施工处治

八字岭隧道进口位于宜昌市长阳县榔坪镇八字岭村，出口位于恩施州巴东县野三关镇栗子园村的四渡河东岸，连接著名的四渡河大桥。该隧道设计为分叉式隧道。隧道呈近东西向展布，左硐全长为3525m，右硐全长为3548m，平均纵坡为2.4%，最大埋深约415m。进口高程为838.47m，出口高程为923.67m。

1. 八字岭隧道岩溶水文地质特征

1) 自然地理概况

本区属长江一级支流清江流域的支流水系，清江基本呈东西流向，其两岸支流大体呈现南北流向汇集于干流，隧道穿越清江支流四渡河与叉河之间的分水岭（图7-5），进口处于构造侵蚀低中山碎屑岩区，海拔标高为450~1277m，高差约830m，地形陡峻，318国道从隧道进口端通过，交通十分便利。隧道硐身大部分处于岩溶发育区，属构造溶蚀峰丛洼地-峡谷地貌，山体多呈浑圆状，最高顶峰高达1300多米，隧道出口段处于四渡河东岸，峡谷深切，地形陡峻，坡度在60°左右，交通不便。

八字岭隧道东侧有叉河，河谷底高程在550~630m之间，切割深度约372m，为常年性河流，最枯流量为300L/s。西有木龙河-四渡河峡谷，谷底高程为435m，切割深度为840m，为常年性河流，最枯流量为2~3m³/s。

八字岭隧道地处亚热带温暖湿润气候区，四季分明，春季细雨霏霏，阴冷潮湿；夏季暴雨常袭，山洪屡见不鲜，秋季天高气爽，气候宜人。冬季少雨寒冷，常冰雪封山。年最高气温为35.4℃，年平均降水量为1770mm，最大年降水量为2 304.6mm，最小年降水量为1 050.0mm，日最大降水量为191.9mm，年蒸发量为1 323.8mm，每年5—9月为雨季，11月至次年3月为旱季。

2) 地质概况

本区地层主要分布于二叠系碳酸盐岩地层中，主要构造有干沟向斜、金子山背斜。

干沟向斜位于本区中部张三坡—干沟—牛鼻子洞一线，轴向北东60°，轴部在出口段与隧道呈25°角相交。两翼产状很陡，南东翼产状300°∠56°，北西翼产状120°∠50°~80°，轴部出露地层为三叠系大冶组。整个向斜向北东向仰起。向斜北东段、中段分别有3条近南北走向断裂通过。整个向斜轴部小褶曲发育，岩石破碎，不规则的方解石脉遍布。

金子山背斜位于野三关三斗坪—水南—金子山一带，轴向北东40°。核部出露地层为二叠系茅口组（P_1m）灰岩地层。背斜两翼岩层倾角45°左右，背斜向北东向仰起，向南西向倾伏，核部有两条北东走向的断裂通过。

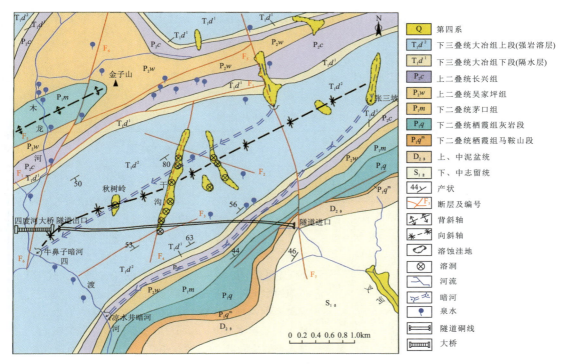

图 7-5 沪蓉西高速公路八字岭隧道岩溶水文地质图

本区内断裂以北东向、北北东向断裂为主,北西向断裂次之,与隧道关系密切的有 F_2、F_3、F_4(图 7-6)断裂。

3)岩溶发育特征

从总体上看,本区属鄂西岩溶台原山地三盆期剥夷面深切峡谷区。剥夷面上广布溶丘、溶岗、洼地及槽谷,地下则发育多条地下河,如凉水井地下河、牛鼻子地下河等。溶丘、溶岗高程在 1250~1350m 之间,而洼地和槽谷底高程在 1000~1280m 之间,该夷面西、西北侧有木龙河、四渡河深切峡谷,切割深度达 800m 以上,是岩溶地下水排水基准面,两岸均有地下河出口。

本区岩溶主要发育在三叠系大冶组上段灰岩分布区。通过对岩溶洼地等岩溶负地形统计,平均达 1.43 个/km^2,除去深切河谷地带,补给区洼地平均密度高达 2~3 个/km^2。

岩溶管道、溶洞、溶隙很发育,突出表现为洼地落水洞密度大;岩溶地下水 90% 是以泉水和暗河形式排出;三水转化非常迅速,据观测大泉、暗河流量动态滞后降水 7~12h,说明地下水岩溶洞穴管道很发育。

本区洼地、漏斗、槽谷、落水洞及地下岩溶管道系统的发育与分布明显受地层岩性、断裂、向斜轴部、可溶岩与非可溶岩界面、裂隙密集带与结构面所控制。如本区的响龙坪-牛鼻子洞地下岩溶管道,就是发育分布在八字岭干沟向斜轴部 T_1d^2 灰岩中,张三坡-凉水井地下岩溶管道的发育分布明显受可溶岩(T_1d^2、P_1q 灰岩)与非可溶岩(T_1d^1 泥页岩、P_1m 砂岩夹碳质页岩)所控制。

岩溶发育垂直分带明显，由上向下划分为表层岩溶带→垂直下渗带→季节交替带→水平管道循环带。

4) 岩溶水文地质条件

本区岩溶含水透水岩组如表7-8所示。

表7-8 含水层划分简表

系	统	组	厚度/m	类型代号	水文地质特征
第四系	全新统		1~10	I	I. 松散岩类孔隙水：赋存于第四系冲洪积砂卵石及残坡积黏土，接受大气降水补给和基岩水侧向补给，以渗流形式排泄。分布零星，水量贫乏，动态变化大，对本工程无影响。 II. 碎屑岩裂隙水：赋存于碎屑岩中，补给源为大气降水，以裂隙水下降泉形式出露，动态变化较大，水量贫乏，水质类型 HCO_3-Ca 和 HCO_3-SO_4-Ca 型水，其中 T_1d^1、P_2w 在区域水流中可起相对隔水层作用。 III_1. 碳酸盐岩岩溶水：赋存于 T_1d^2、P_1m 中，由大气降水补给，泉流量为 5~70L/s，暗河流量为 100~2000L/s，水量丰富，水质类型属 HCO_3-Ca 型水，是研究区的主要含水层。 III_2. 碳酸盐岩溶洞-裂隙水：赋存于 P_1q、P_2c 中厚层灰岩夹页岩或硅质条带中，由大气降水补给，泉流量为 5~20L/s，含水量较丰富，水质类型属 HCO_3-Ca 型水，岩溶管道流中等发育
三叠系	下三叠统	大冶组	560	III_1	
			90~100	II	
二叠系	上二叠统	长兴组	60~100	III_2	
		吴家坪组	70	II、III	
	下二叠统	茅口组	90~100	III_1	
		栖霞组	120~220	III_2	
			36~45	II	
泥盆系			320	II	
志留系			1000	II	

垂直方向岩溶水动力分带可划分为以下几个方面。

(1) 表层岩溶带：为强烈岩溶化的包气带表层部分，区内发育厚度一般为5~30m。表层岩溶泉与饱水带之间没有直接水力联系。但与包气带有一定关系，当隧道埋深浅时，可能影响表层带，引起水源枯竭，对人畜用水及生态造成影响。

(2) 垂直下渗带(包气带)：本区厚度在35~250m左右，补给区的洼地-槽谷内厚度小；而排泄区，由于接近四渡河峡谷，排水基准很低，使包气带厚度增加到300m以上。在本带中以垂向型岩溶为主，如竖井、落水洞、垂直溶缝等，但也存在一些水平溶洞，有时被黏土夹碎石充填。上述岩溶形态是将大气降水和地表洪水导入地下的通道，在某些大型洼地和槽谷下面，这些通道的泄水能力很强。当隧道通过此带时，受到季节性地表水灌入的威胁，洞穴充填物塌陷也必须引起重视。八字岭隧道处于此带中。

(3) 季节交替带：本区在每年5—9月份一般有5~6个大的降水过程(100~120mm)，都会引起地下水面的上升,其变化幅度在 20~40m 左右。此带隧硐在雨季将受到自下而上的有压涌水、涌泥。

(4)水平管道循环带:枯水期地下水位以下地下河排水口以上的饱水含水带,实际是指岩溶含水层的浅饱水带,往往是岩溶强烈发育的地带,对隧道涌水的威胁最大。

本区形成典型的向斜岩溶水系统,主要含水介质为三叠系大冶组上段(T_1d^2)的强岩溶化灰岩,其隔水边界由大冶组下段(T_1d^1)页岩、泥岩、泥灰岩组成。构成北东—南西走向向斜汇水岩溶系统,其汇水面积约 $10km^2$。

该岩溶水系统内,岩溶洼地、岩溶槽谷、落水洞与地下岩溶管道相通,组成统一的地表-地下岩溶系统。

本区内与隧道关系最为密切的地下暗河系统有牛鼻子洞暗河与凉水井地下暗河。

牛鼻子洞暗河:流向 240°,出口位于四渡河东岸,高程为 450m,长度为 4300m,枯水期流量为 50L/s,洪水期流量大于 200L/s。地下暗河主要沿向斜轴部三叠系大冶组灰岩发育(T_1d^2),入口为响龙坪落水洞,高程为 1030m,为常年性小溪,枯水期流量为 38L/s,洪水期流量为 1000~2000L/s。途经秋树岭洼地和干沟洼地,沿途落水洞较多,地表岩溶发育。该暗河汇水面积为 $7.5km^2$。

凉水井地下暗河:出口位于四渡河东岸,入口为张三坡伏流,全长为 6100m,流向 230°,入口高程为 950m,出口高程为 440m,出口流量为 100L/s,洪水期流量大于 2000L/s。地下暗河主要沿地层走向发育。入口段发育于相对隔水层(T_1d^1)与含水层(T_1d^2)接触带,地下水由北东流向南西,经 F_7 断层后,进入二叠系长兴组灰岩层中。

5)地下水示踪试验

湖北省水文大队于 2003 年 8 月 19 日至 2003 年 10 月 14 日对响龙坪-牛鼻子洞地下河系进行了连通示踪试验。

试验全过程历时 57d,在响龙坪地下河入口处投放示踪剂(工业盐)2000kg,分别在牛鼻子洞、凉水井等处接收,8 月 19 日 14 时—8 月 24 日,取样间隔时间为 15min,9 月 5 日—9 月 19 日间隔为 60min,9 月 19 日—10 月 15 日结束时的间隔时间为 12h,并及时采用硝酸银滴定法检测 Cl^- 含量变化,检测精度为 2.5mg/L。

据试验结果分析,牛鼻子洞泉排泄点中的地下水 Cl^- 含量出现异常,而在凉水井等其他排泄点中未见 Cl^- 显示,说明响龙坪只与牛鼻子洞相通,地下水向 40°~60°方向流动,其视流速为 371.04m/d,单位水头视流速为 0.663m/d,天然水力坡度为 129‰。地下含水结构为大水力坡度岩溶管道。

地下河系统离子浓度-时间曲线如图 7-6 所示,从图中可以看出,出口处的 Cl^- 浓度曲线为单峰陡坡曲线,两翼不对称,上升翼较下降翼陡,显示地下暗河结构复杂,发育有较大的深潭,由于其地处两个河间地块之间,天然水力坡度陡,地下水流速较快。在构造上该暗河系统发育于八字岭向斜轴部,两翼为三叠系大冶组(T_1d^1)隔水地层,其西部发育了一处压性断裂,东部大体以三叠系大冶组(T_1d^1)为界构成系统的边界条件,北段大体以山体为界向北延伸。大气降水主要沿这些负地形以点状注入补给地区,长期在外地质营力作用与有利的环境地质条件下,向斜轴部发育形成了长 4.33km 的暗河管道。

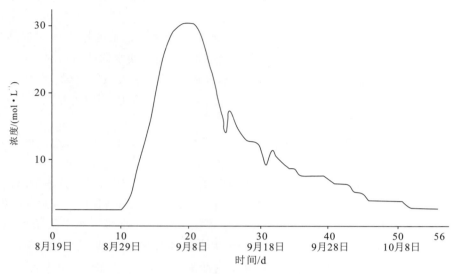

图 7-6 牛鼻子洞岩溶水动态曲线图

2. 勘设阶段专题研究对隧道岩溶涌水的预测

1) 勘设阶段专题研究工作

在八字岭水文地质单元内开展了 1∶1 万岩溶水文地质调查,查明与其有关的地层岩性、地质构造、地表水系及岩溶洼地、落水洞、漏斗、泉水、民用水井,圈定岩溶水系统边界并查明与隧道的三维交叉关系。

对岩溶地下水位及其动态进行观测,对暗河、泉水进行测流,对有关民井水位进行观测。对主要点开展水化学取样分析。

在现有资料的基础上,补充岩溶结构面调查,综合分析钻探、物探等各种资料,对隧道工程地质剖面进行修正。

2) 隧道岩溶涌水分析

隧道进口在 YK96+800～YK97+600 处,该段围岩主要为泥盆系石英砂岩、细砂岩、粉砂岩及页岩;二叠系马鞍山组砂岩页岩夹煤层;栖霞组灰岩夹页岩;茅口组燧石结核灰岩;吴家坪组页岩、碳质页岩夹煤层;长兴组含燧石结核灰岩;三叠系大冶组下段页岩、泥岩夹泥灰岩。

上述地层岩性多属相对隔水层,主要有基岩裂隙和层间裂隙水的渗滴及小股水形成涌水,对施工影响不大,但对环境有一定影响,造成表层岩溶及层间岩溶泉、井水位下降,甚至干枯,影响人畜饮水。

从桩号 YK97+600 至隧道出口段处于岩溶地下水包气带,该段全为三叠系大冶组上段灰岩,地表、地下岩溶发育,溶洞岩溶水丰富,干沟向斜轴部在 YK99+660 处与隧道呈 25°角相交。根据本区岩溶水文地质条件综合分析认为牛鼻子洞暗河与凉水井暗河均从隧道底部通过(图 7-7 和图 7-8)。

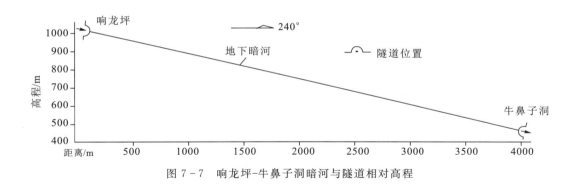

图 7-7 响龙坪-牛鼻子洞暗河与隧道相对高程

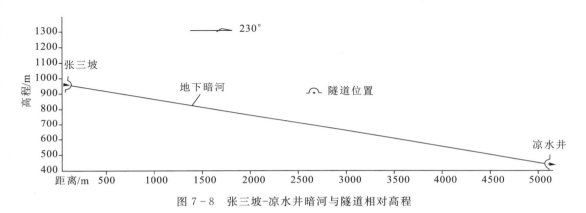

图 7-8 张三坡-凉水井暗河与隧道相对高程

从图 7-7、图 7-8 看出,隧道位于凉水井地下暗河上方约 200m,位于牛鼻子洞地下暗河上方 220m,地下河对隧道基本无影响,根据水文地质条件判断,从牛鼻子洞地下河出口标高 450m 算起,按最大水力坡度 150‰计算,从牛鼻子洞到干沟洼地一带水平距离 2000m,地下水位可上升 300m,即暗河标高为 730m,而隧道标高在 990m 左右,暗河标高与隧道标高仍相差 170m,因此不会产生有压稳定涌水。

在隧道 YK98+600～YK99+100 地段属包气带中季节性过境临时涌水地段,该段地表有干沟洼地,雨季积水可入渗地下,产生涌水。

该段在枯水季节基本没有涌水威胁,即使遇上溶洞,也不会有大的涌水,但遇到大型溶洞的可能性较大,可能有溶洞充填物坍塌,必须引起重视。但在雨季,特别是在大雨、暴雨期间,滞后降水 7～12h 会产生大量过境临时性涌水,当降水结束几天后,涌水逐渐减弱。

3)涌水量采用洼地渗入法

本段涌水量采用洼地渗入法估算:

$$Q = N \cdot a \cdot A \cdot F/T \tag{7-2}$$

式中,N 为涌入渗系数,取 0.8;a 为入渗系数,取 0.65;A_1 为降水量 150mm;A_2 为降水量 100mm;T 为降水周期 48h;F 为洼地积水面积 $26.25 \times 10^4 \text{m}^2$。

$$Q_{A1}=0.8\times0.65\times0.15\times26.25\times10^4/2$$
$$=1.02\times10^4(\mathrm{m^3/d})$$
$$Q_{A2}=0.8\times0.65\times0.10\times26.25\times10^4/2$$
$$=0.68\times10^4(\mathrm{m^3/d})。$$

3. 施工地质监测与预报工作

八字岭隧道于2004年开始施工,施工从进口和出口两端相向掘进,我们对隧道进行了全程地质监测及地质预报工作(图7-9)。

进口端在2005年5月29日时,左硐627m,里程桩号ZK97+380,右硐进硐905m,里程桩号YK97+613.8。左、右硐自硐口向掌子面依次穿过中上泥盆统砂岩、二叠系栖霞组灰岩、茅口组灰岩、上二叠统吴家坪煤系。左硐在ZK97+369附近已到二叠系长兴组,掌子面为黑色碳质灰岩。右硐则已穿过长兴组,掌子面为三叠系大冶组底部薄层泥灰岩夹页岩。岩层总体产状倾向335°~340°,倾角50°~66°。尽管上述地层中栖霞组灰岩、茅口组灰岩、长兴组灰岩都是岩溶含水层,并发育地下河,但由于隧道处于包气带,施工中仅ZK98+139、ZK98+380等处遇裂隙及断层,除有小股岩溶裂隙水外,其余地段基本干燥,证实了对八字岭隧道涌水预报的正确性。

截至2005年11月13日,八字岭隧道进口端左硐进硐1432m,里程桩号ZK98+185;右硐进硐1687m,里程桩号YK98+414m。左、右硐自硐口向掌子面依次穿过泥盆系砂岩、二叠系栖霞组灰岩、茅口组灰岩、吴家坪组煤系、长兴组燧石结核灰岩及大冶组下段页岩夹泥灰岩,进入大冶组上段灰色薄层灰岩地层。岩层产状倾向330°~350°,倾角50°~66°。施工过程中,除ZK97+193、ZK97+380、ZK97+720、ZK98+185等处有小股裂隙涌水外,其余地段很少有渗滴水。

截至2005年11月13日,八字岭隧道出口端,左硐进硐789m,里程桩号ZK99+470;右硐进硐1256m,里程桩号YK99+008。左、右硐硐身围岩均为三叠系大冶组上段薄—中厚层灰岩,岩层倾向295°~335°,倾角70°~85°。左、右硐从硐口至360m处于岸边减荷带,岩层破碎,裂隙、溶隙、溶洞发育,大部充填黄色黏土,进硐360m以后,硐身围岩逐渐完整,多为四类围岩。

八字岭隧道硐身围岩虽然大部分为区域强岩溶地层,但由于硐线处于包气带,在地下水位之上,高于牛鼻子洞及凉水井暗河系统,因此没有产生有压稳定涌水。施工中证实,硐身围岩大部分比较干燥。但隧道出口段有厚度较大的岸边减荷带,溶隙、溶洞、裂隙发育,充填黄泥,与地表裂隙相通,在地表水长期下渗作用下,充填物极易坍塌。硐线中部F_3、F_4断层附近遇溶隙、溶洞,是地表雨水下灌时的过境水通道。为保证隧道建成后营运期的安全,对溶洞的处理至关重要,封堵时应根据溶洞具体情况采取特别加固、防渗、设置缓冲层及地表塌陷填堵等措施。

八字岭隧道右硐于2006年2月上旬贯通,左硐至6月28日,进口端进硐2225m,里程桩号ZK98+978,掌子面全为溶洞充填物,80%为灰褐色粉状土,20%为碎石,干燥无渗滴水。出口端进硐1184m,里程桩号ZK99+075,掌子面为松散碎石。

左硐ZK98+978~ZK99+075段共97m,地表为干沟岩溶洼地,并有F_4断层通过,发育

第 7 章 隧道岩溶涌水预报与处治

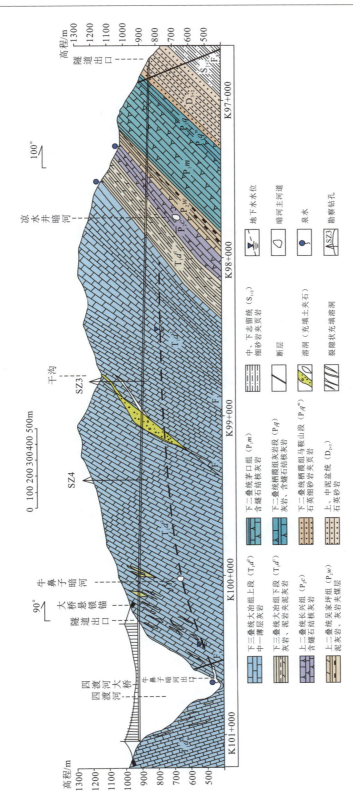

图 7-9 沪蓉西高速公路八字岭隧道岩溶水文地质纵剖面图

了垂直溶洞,为洼地洪水过水通道,由于处于包气带,平时仅有少量渗水,但洪水期必须引起重视。

4. 施工处治

(1)左硐 ZK98+978～ZK99+075 段共 97m 溶洞带,充填大量碎屑石渣,涌入隧道,给施工造成困难。采用管棚超前支护、分段注浆固结、台阶式掘进、加强支护等方法,在枯水季节通过。

(2)隧道出口段岸边卸荷带的溶洞采取如下方案处治。

ZK99+998 处溶洞处理方案:八字岭隧道左硐 ZK99+978～ZK99+998 约 20m 段开挖施工时揭露一处较大规模溶洞,为典型溶洞发育横断面(图 7-10)。该处溶洞隧道开挖轮廓线范围内基本被黄色溶蚀泥(黏土)所填充,充填物致密、含水量较小、黏性大,隧道底板部多为泥夹孤石,溶洞整体沿基岩层理方向发育(斜穿隧道)。

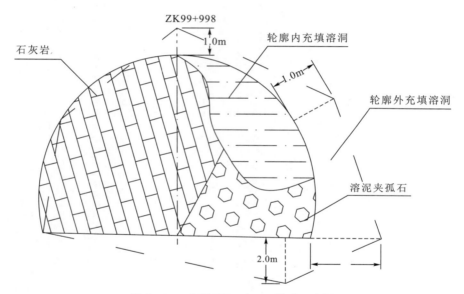

图 7-10 左硐 ZK99+998 掌子面溶洞

根据溶洞发育情况,主要处理方案如下:

初期支护采用 3.5～4.5m 长卷锚杆,锚杆尽量穿过周边溶蚀填充物、伸入基岩不小于 1m,尾端焊接在钢拱架上。设置 18 型钢拱架(包括仰拱),纵向间距 75cm。边墙、拱部设置双层 $\Phi 8$ 钢筋网。

二衬采用钢筋混凝土结构,钢筋布置参加 S2-a 衬砌配筋。

仰拱基础部采用 M7.5 号浆砌片石换填,换填厚度不小于 2m。

溶洞处理范围 ZK99+973～ZK100+003 共 30m,二衬设置多道沉降缝、间距不大于 6m。衬砌背后环、横向排水管纵向间距大于 3m。

该段二次衬砌及时施作,滞后掌子面距离不小于 20m。

隧道右硐出口 YK99+962～YK99+977 段溶洞处理方案：开挖施工时揭露一处较大规模溶洞，典型溶洞发育横断面（图 7-11）。该处溶洞隧道开挖轮廓线范围内基本被黄色溶蚀泥（黏土）所填充，充填物致密、含水量较小、黏性大，隧道底板部多为泥夹孤石，溶洞整体沿基岩层理方向发育（斜穿隧道）。

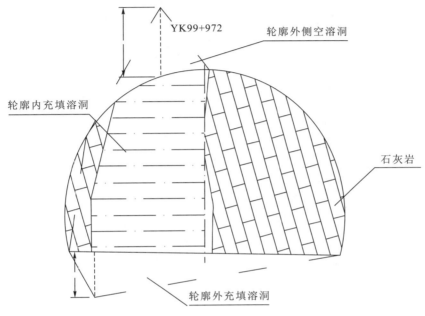

图 7-11　右硐 YK99+972 掌子面溶洞

根据溶洞发育情况，主要处理方案如下：

初期支护采用 3.5～4.5m 长卷锚杆，锚杆尽量穿过周边溶蚀填充物、伸入基岩不小于 1m，尾端焊接在钢拱架上。设置 18 型钢拱架（包括仰拱），纵向间距 75cm。边墙、拱部设置双层 Φ8 钢筋网。

二衬采用钢筋混凝土结构，钢筋布置参加 S2-a 衬砌配筋（图 7-12）。

仰拱基础部采用 M7.5 号浆砌片石换填，换填厚度不小于 2m。

ZK100+129 处溶洞处理方案、四渡河特大桥宜昌岸隧道锚后锚室人洞变更设计。

八字岭隧道出口左硐侧导坑施工时于 ZK100+129 处揭露一处垂直顺层发育的特大型溶洞，溶洞高 20～30m，水平方向（顺路线方向）长约 39m，宽 2～3m，并与隧道轴线以 25°～30°相交，溶洞下部 3～5m 为黄泥充填，上部为空洞，顶部参差不齐，溶洞侧壁基岩大部分地段较完整，揭露时溶洞内无流水、积水，仅岩壁有少量基岩渗水。同时四渡河特大桥宜昌岸隧道式锚碇尾端正好位于该处溶洞上方，锚体距溶洞顶最小距离约 10m。该溶洞对四渡河特大隧道锚影响较大、对八字岭隧道影响相对较小、对隧道锚下局部空洞进行回填密实并做好防排水措施。同时结合四渡河特大桥宜昌岸隧道式锚碇后锚室施工人洞布置情况，在对该处溶洞进行处理时充分利用其发育形态对隧道式锚碇后锚室施工人洞位置及布置进行了适当调整。

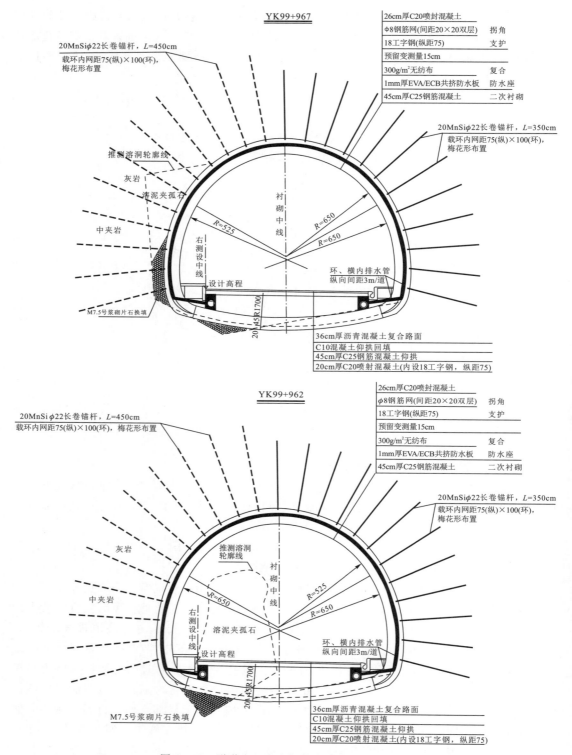

图 7-12 隧道出口岸边卸荷溶洞带衬砌结构图

5. 结论与经验

(1)施工实践证明,勘设阶段及施工阶段的隧道岩溶涌水预测预报是正确的,尽管隧道与两条暗河立交,但专题研究确认隧道处于包气带中,不会直接揭露暗河充水溶洞,不会产生有压涌(突)水。由于隧道在勘设阶段没有留下任何地下水位观测孔,给预测预报工作带来很大困难和风险。专家组通过详尽认真的岩溶水文地质调查和暗河出口流量及水位的长期观测分析,认定了洪水期最高水位也达不到隧道标高。这些分析再一次验证了"岩溶隧道涌水专家评判系统"的适用性。

(2)隧道中部 ZK98+978~ZK99+075 共约 97m 地段处于 F_4 断层带及干沟洼地下方,是包气带中季节性过境临时涌水地段,在枯水季节无涌水威胁,但遇溶洞及充填物,在雨季也可产生少量涌水。上述情况在专题研究的预测及施工预报中都给出了防治措施的意见。

(3)隧道出口位于四渡河峡谷岸边,峡谷深切 600~800m,左、右硐硐身围岩均为三叠系大冶组上段灰岩,岩层倾向北西,倾角 75°~85°,从施工揭露情况来看,出口端左右硐进硐后 0~360m 处于岸边减荷带,岩层破碎、节理、裂隙、溶隙、溶洞发育,大部分充填有黄色黏土,多与地表相通。其中左硐 ZK100+000~ZK99+967、右硐 YK99+980~YK99+943,隧道硐身几乎在相连的多个顺层不规则状溶洞中掘进,溶洞宽 3~4m,高 3~5m,顶、底两则常伸出隧道断面,大部为黄土及灰岩碎块充填。而右硐 YK99+913~YK99+903 地段,掌子面中部为纵向长 10m,宽 5m,垂直发育的顺层空溶洞、该洞从隧道底板向上垂直高度约 20m,向下深度不详。由于隧道硐身处于包气带,远在区域地下水位之上,施工中未发生涌水、涌泥,但应注意大雨、暴雨及连续降雨时段发生过境临时涌水及充填物坍塌。由于岸边减荷带溶洞发育跨度大,对隧道基底稳定性影响较大,必须进行特殊处理。

(4)关于八字岭隧道的岩溶涌水问题,专家组与勘设部门在勘测阶段有过不同的意见。勘设部门曾认为该隧道为大水隧道,并预测涌水量达 $10×10^4 m^3/d$。专家组判断,本隧道虽与暗河立交,但处于包气带,不会产生稳定有压涌水。由于没有可靠的地下水位观测资料,上述判断有一定风险性。之所以专家组肯定该隧道不是大水隧道,是因为对岩溶水系统的边界条件,特别是排泄条件及岩溶发育特征进行了深入研究,正确应用了"岩溶隧道涌水专家评判系统"的结果。

7.4.2 龙潭特长隧道岩溶涌水、突泥预测预报与施工处治

龙潭隧道位于湖北省宜昌市长阳县内,隧道为上下行分离式,近东西向展布,左硐长为 8693m,右硐长为 8620m。隧道标高进口为 998m,出口为 865m。最大埋深 500 余米,属特长隧道,是沪蓉西高速公路的控制性工程。该隧道工程地质条件极为复杂,施工中遇到断层溶洞涌水、突泥及隧道顶底板坝塌、岩体地应力偏压问题等,给施工造成极大困难和风险。中国地质科学院岩溶地质研究所从勘设阶段到施工阶段全过程开展了对岩溶水文地质预报及施工地质监测工作,配合施工部门,及时判定各种岩溶工程地质问题,治理了各种岩溶灾害,最终安全贯通隧道。

1. 龙潭隧道岩溶水文地质特征

1) 自然地理概况

本区属长江与清江的分水岭地区,为构造侵蚀、溶蚀中低山区。受长阳背斜东西向构造及岩性影响,该区南北两侧相对均为高山,南部是海拔为1750～1840m的碳酸盐岩组成的岩溶夷平面,北侧为标高1650～1790m的碎屑岩地层侵蚀山地。本区中部隧道经过部位为高程为838～1200m的东西走向谷地。谷地中段碑坳一带地势高,为地表水及地下水的共同分水岭。该地实际为向北流入长江的九湾溪与向西流入清江的椰坪河及向东流入清江的丹水之间的大流域分水岭。隧道进口端头道沟水自西向东,属清江支流丹河水系。隧道出口段基本沿青岩沟沟底穿行,自东向西沿沟正好是奥陶系碳酸盐岩与志留系碎屑岩层的地质界面。青岩沟北侧碎屑岩区冲沟发育,常年流水不断,枯水季流量一般3～4L/s,进入奥陶系后潜入地下成为岩溶干谷,雨季成为该区泄洪主要通道,暴雨后沟水流量最大可达1500～2500L/s(图7-13)。

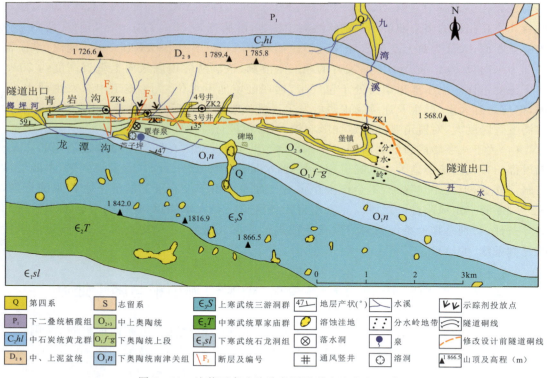

图7-13 沪蓉西高速公路龙潭隧道岩溶水文地质图

工作区地处亚热带温暖湿润气候,冬季干冷少雨,有冰冻,最低温度为-15.4℃,夏季湿热多雨,最高气温为35.4℃。多年平均气温为12.7℃,年平均降水量为1338～1500mm,最大降水量为2304.6mm,最小年降水量为1050mm,日最大降水量为100～300mm,年均蒸发量为 1323mm。每年 5—9 月为雨季,11 月至次年 2 月为枯水期。

2)地质条件

隧道区出露地层主要为寒武系、奥陶系和志留系(图 7-14)。

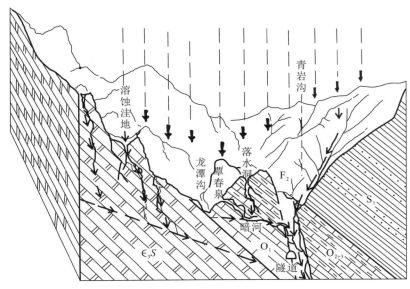

图 7-14　龙潭隧道西段地下水补给、径流、排泄示意图

上寒武统三游洞群为总厚达 600m 的厚层状白云岩。

下奥陶统南津关组,为中厚层状微晶灰岩夹细晶灰质白云岩,底部为灰绿色页岩,总厚约 130m。

中、上奥陶统为呈间层状分布的灰岩与页岩组合地层,每组厚 15～30m,总厚约 140m。

下志留统龙马溪组及罗惹坪组均为砂页岩,总厚 800～900m。

第四系主要为分布于冲沟及洼地中的冲洪积物,残坡积物及洞穴泥夹石充填体。

在地质构造上,龙潭隧道处于长阳大背斜的北翼,为近东西走向,向北倾的单斜构造,倾角为 35°～55°。

由于隧道线路大致与地层走向平行,局部斜交但夹角小于 20°,因此隧道进口至 ZK70+406 段约 4890m 洞身均在志留系碎屑岩地层中。出口段约 3800m 洞身依序切穿上奥陶统五峰组至下奥陶统南津关组碳酸盐岩地层,为本次主要研究对象。

隧道洞身经过 F_1、F_2、F_3 等断层。F_1 断层走向北西,倾向北东,物探有异常反映,断层进入奥陶系碳酸盐岩地层后,岩性破碎,岩溶发育。F_2 断层位于芦子坪附近,走向北北西,倾向东,具东盘向南斜移的张扭性质。据 ZK4 钻孔资料,沿断层有串珠状溶洞,与暗河有联系,F_3 断层为北北东向,沿线为沟谷。区内层间裂隙、层间错动很普遍,特别是沿软硬岩层界面的错动,不仅使岩层稳定性下降,而且是岩溶集中发育的部位,是地下水运移的良好通道。

3) 岩溶发育特征

本区岩溶主要发育在上寒武统三游洞群白云岩、白云质灰岩与上覆下奥陶统南津关组灰岩分布区，这两组地层厚度大，为较纯的可溶碳酸盐岩，区内的岩溶洼地、落水洞及地下河均发育在该层中，成为区域强岩溶含水层。此外，中上奥陶统的灰岩与页岩间层状分布的地层具有弱岩溶层及层间岩溶含水层特点。

断裂构造及层间裂隙、层间滑动面是岩溶发育的有利部位，钻探、物探资料反映，沿 F_1、F_2 断层均有明显低阻异常显示，破碎带中串珠状、裂隙状溶洞发育，是岩溶水运动的良好通道及地段。

本区因新构造运动地壳抬升，水力坡度大，地下水总的运动通道受层间裂隙控制，由东向西运动。地下水补给、径流、排泄较畅通。北侧志留系碎屑岩区南北向沟谷发育，从茶店子到青岩沟口较大的水沟有 6 条，沟水进入奥陶系岩层后漏失，为岩溶外源水，溶蚀力强，因此沿志留系与奥陶系接触带及下奥陶统强岩溶层与中上奥陶统弱岩溶层接触带是强岩溶带，特别是在龙潭沟、青岩沟一带隧道硐身地段岩溶作用更为强烈。

龙潭隧道出口段深部为南津关组灰岩及巨厚的三游洞群白云岩，单斜构造，因此，岩溶发育深度取决于西侧渔泉河排水基准面的高程，约 800m，ZK3、ZK4 钻孔及物探资料也证实该地段岩溶发育深度延伸到标高 850m 以下，因此处于标高 880~900m 的隧道硐身，完全在强岩溶发育带内。

4) 岩溶水文地质条件

因龙潭隧道进口段均在碎屑岩地层穿行，水文地质条件简单，故着重论述出口段岩溶水文地质问题。

本区南部近东西走向的山脊正好是上寒武统三游洞群与中寒武统覃家庙群地层界线，地面分水岭与地下分水岭吻合，也是本区岩溶水文单元的南部边界。该地段大气降水汇集于岩溶洼地，经落水洞、溶隙等岩溶管道及层间裂隙顺坡向北运移汇入暗河。

本区北部志留系碎屑岩分布，为区域隔水地层，地下水以裂隙水为主，地表沟谷发育，较大的支沟 4 条，常年流水不断，枯水季总流量约 21L/s，这些沟水在青岩沟及龙潭沟附近奥陶系顶界处下渗进入地下。北侧山脊为本区水文单元北边界。

以上两类水汇集于志留系与奥陶系接触带，发育顺层岩溶地下水富集带，其中在 F_1、F_2 断层附近岩溶更为发育，形成覃春泉暗河系统，该暗河发育在奥陶系岩溶含水层中，最后向西面椰坪河方向排泄，隧道硐身西段处于该暗河地下水的补给区。经探洞证实，该暗河主通道位于南津关组岩层中，暗河主通道与隧道平行。暗河汇水面积为 $6.4km^2$，洪水期流量可达 1000L/s 以上。通过钻孔水文地质长期观测研究，枯水季节地下水位高于隧道 10~20m，洪水期高于隧道约 100m。

2. 勘设阶段专题研究对隧道岩溶涌（突）水预测

1) 岩溶水文地质专题研究工作

本隧道岩溶水文地质条件复杂，在勘设阶段除了完成一般的勘察工作外，又由中国地质科学院岩溶地质研究所进一步开展了岩溶水文地质专题研究，该研究全面运用了"岩溶隧道涌水专家评判系统"的思路和方法，补充开展了如下工作。

(1) 对隧道经过的地带扩大调查范围,开展1∶1万岩溶水文地质调查,其范围涉及完整的水文地质单元,面积超过 $20km^2$。通过调查,本研究查明了水文地质单元边界条件,补给、径流、排泄范围,及有关岩溶发育状况和特征。

(2) 对各钻孔水位,井泉流量、水位及当地降水量进行长期观测,掌握了地下水动态及与大气降水的相关关系,特别是对钻孔水位进行了核实。

(3) 开展了水化学研究,对主要水点取样做水化学分析。

(4) 对覃春泉暗河进行洞穴探测调查,深入暗河通道中,调查其延伸途径及与隧道的关系。

(5) 对断层及岩溶层面进行重点调查,进一步证实 F_1、F_2 断层带岩溶强烈,下奥陶统强岩溶层与中上奥陶统弱岩溶层之间的接触面是强岩溶带。

2) 隧道岩溶涌水要素及涌水可能性分析

龙潭隧道西段碑坳分水岭地带至隧道出口(ZK70+400~ZK74+209),长约3810m。其中 ZK70+400~ZK73+100 段,隧道具备岩溶涌水的特征要素。

(1) 隧道围岩为奥陶系碳酸盐岩地层,其中南津关组为厚度较大的微晶灰岩及灰质白云岩,是本区强岩溶含水层位。此外,中、上奥陶统有多层层间岩溶含水层,由于断层切割,可能与南津关组含水层沟通,沿下奥陶统强岩溶层与中上奥陶统弱岩溶层界面为强岩溶带,发育地下河通道。

(2) 隧道硐身位置处于谷地下部,在 F_2 断层至碑坳地下分水岭有汇水面积为 $2.33km^3$ 的奥陶系碳酸盐岩地层,提供丰富的岩溶水。覃春泉暗河枯水期流量约5L/s,丰水期雨后流量估计大于300L/s,经探测该暗河通道向隧道硐线方向延伸。谷地北侧有汇水面积为 $6.4km^2$ 的沟溪外源水渗入补给,枯水季流量21L/s,大雨后青岩沟口排洪量1500~2500L/s(2004年5月2日测),估计整条沟流量至少有1500L/s可渗入地下。覃春泉地下河与隧道平行,主要通道可能沿下奥陶统南津关组强岩溶层顶面发育。

(3) 硐身在该段穿越 F_1、F_2 两条断层,沿断层发育溶隙及串珠状溶洞,有较好的导水管道及储水空间。

(4) 该段隧道处于岩溶作用较强的季节交替带及饱水带中。

综上所述,龙潭隧道西段施工中极可能发生涌水、涌泥、破碎岩层坍塌等事故。

3) 隧道涌水动态及涌水量预测

隧道涌水量除受岩溶发育及水文地质条件控制外,还与季节性降水有很大关系,因此预测隧道涌水量时,应按隧道所处的岩溶垂向水动力分带部位,分析涌水动态,根据隧道的汇水(补给)面积采用均衡入渗法,分别计算正常涌水量及雨季最大涌水量。

隧道在桩号 ZK70+400~ZK73+100 为季节变化带及饱水带,可能产生岩溶涌(突)水。

枯水季节:隧道涌水量 Q_m 相当于覃春泉暗河枯水季流量 Q_{m1} 加北侧4条沟水枯水期流量 Q_{m2}(完全渗入地下,补给岩溶水):

$$Q_m = Q_{m1} + Q_{m2}$$

$Q_{m1} = 0.005 \times 60 \times 60 \times 24 = 432 (m^3/d)$

(注:0.005 为覃春泉暗河流量5L/s)

$Q_{m2} = 0.021 \times 60 \times 60 \times 24 = 1814.4 (m^3/d)$

(注:0.021 为 4 条沟水入渗总量 21L/s)

$$Q_m = Q_{m1} + Q_{m2} = 2246 (m^3/d) \approx 26 (L/s)。$$

雨季:每次大的降水后,南北两侧降水汇入地下,区域地下水位上升,隧道硐身低于地下水位,会发生涌水。雨季涌水量 Q_F 为南侧奥陶系岩溶水涌入量 Q_f 与北侧志留系沟溪水入渗量 Q_g 之和。

$$Q_F = Q_f + Q_g$$

其中,$Q_f = N \cdot a \cdot A \cdot F/T$

式中,N 为涌入系数,本段取 0.6;a 为入渗系数,本段取 0.5;A_1 为降水量 150mm;A_2 为降水量 100mm;F 为补给面积 2 330 000m²;T 为降水周期 2d。

$$Q_{f1} = 0.6 \times 0.5 \times 0.15 \times 2\ 330\ 000/2 = 5.2 \times 10^4 (m^3/d)$$
$$Q_{f2} = 0.6 \times 0.5 \times 0.10 \times 2\ 330\ 000/2 = 3.5 \times 10^4 (m^3/d)。$$

根据观测,大雨后北侧沟溪泄洪时总共约有 0.15m³/s 洪水渗入地下。

$$Q_g = 0.15 \times 60 \times 60 \times 24 = 1.3 \times 10^4 (m^3/d)$$
$$Q_{f1} + Q_g = (5.2 + 1.3) \times 10^4 = 6.50 \times 10^4 (m^3/d)$$
$$Q_F = Q_{f2} + Q_g = (3.5 + 1.3) \times 10^4 = 4.80 \times 10^4 (m^3/d)。$$

综上所述,本段隧道在枯水季水位高于隧硐 10~20m,一般不会产生岩溶高压突水现象,但小股岩溶管道流水及滴渗水比较普遍,总涌水量约 2246m³/d。小股流水亦可能引发破碎岩层及溶洞充填物坍塌。雨季,区域地下水位升到隧道硐身 100m 之上,每次大的降水过程都有可能在溶洞、溶隙发育地段及断层破碎带发生有压涌水、突泥,水量大小与降水量有关,若两日降水量为 100mm,涌水量约 $4.8 \times 10^4 m^3/d$;若两日降水量为 150mm,最大涌水量可达 $6.50 \times 10^4 m^3/d$。

4)勘设阶段专题研究成果的应用

隧道沿线除了沿断层岩溶发育外,也可能沿强岩溶层接触面发育。建议隧道线路向北移,避开南津关组岩溶层及覃春泉暗河主通道。

考虑各种因素,将线路北移,避开了与线路基本平行的暗河主通道。

3. 施工阶段隧道岩溶涌(突)水预报研究

1)施工阶段岩溶水文地质专题研究工作

隧道从 2003 年 11 月开始施工,即参加了隧道施工岩溶水地质预测预报工作,通过 4 年多的施工实践,可以认为龙潭隧道出口段是西南岩溶地区最复杂的岩溶隧道之一。右硐遇到断层溶洞填充带及地应力造成衬砌变形和裂开;左硐的断层溶洞充填带沿隧道走向长达 700~800m,随时受到涌水、涌泥和坍塌的威胁,其岩溶水文地质条件和工程地质条件的复杂性,远远超出了勘设阶段的认识,在此阶段补充了如下的各项工作。

(1)跟踪施工进行施工地质研究,共向有关部门提交隧道岩溶水文地质预报 60 余份,为设计变更、施工安全提供了可靠依据。

(2)补充地面地质调查,除进一步查明 F_1、F_2 断层性质外,新发现 F_3 断层,对隧道岩溶涌水有重要作用。

(3)对钻孔水位,当地降水量及隧道涌水量定期观测,获得了系统的观测数据。

(4)通过连通试验,研究隧道涌水来源。

(5)通过对隧道内洞穴充填物进行颗粒分析及化学成分研究,研究充填体的稳定性和来源。

(6)对涌水及坍塌机制进行探讨。

2)施工阶段隧道岩溶水文地质及涌(突)水分析

龙潭隧道东段(进口端)施工监测情况与勘设阶段认识基本吻合,为志留系砂页岩地层中的基岩裂隙涌水,但涌水量比预计稍大,其中 YK68+440、ZK67+206 地段位于次级向斜褶曲中,裂隙破碎带空隙充水,有一定静储量,初始涌水量均超过 $400 m^3/h$,在基岩裂隙涌水类型中属较大型涌水。志留系含泥较多,在渗涌水作用下,很快风化,极易坍塌,加上倒坡施工,增加了工作难度。施工部门制订了反坡抽排水方案,在裂隙发育渗涌水处压注水泥浆,采用短进尺、小爆破、紧跟支护,设置 I18 型钢支撑等防坍塌措施,保证了施工安全,处治措施可供同类型隧道施工借鉴。

通过对龙潭隧道西段的深入研究和施工监测可以得出如下认识。

根据勘设的专题研究及分析判断,认为原设计线路位于下奥陶统南津关组强岩溶层中,可能与覃春泉地下河主通道接近,产生大量涌(突)水的可能性较大,建议隧道线向北进行调整,避开地下河主通道。实践证明,这一建议符合该区地质特征,避免了隧道施工中有大突水灾害。

由于隧道线路与地层走向平行,预测除了 F_2 断层外,沿强岩溶层与弱岩溶、非岩溶界面可能发育顺层溶蚀,事实证明了隧道顺层溶蚀充填带极为发育,给施工造成很大困难。

通过施工监测及补充调查,确定出口端左硐从桩号 ZK72+770~ZK72+167 的洞穴充填带是在 F_2 断层及 F_3 断层(新发现)影响下,沿 O_{2+3} 弱岩溶层与 O_1n 强岩溶层界面附近发育的洞穴充填带,由于地层走向与隧道走向相近,使左硐始终没有避开该溶洞充填带。

该溶洞充填带是覃春泉暗河系统的组成部分,隧道左硐硐身位于覃春泉地下河系统的支洞充填物中,避开了暗河主通道,但通过横向断层(F_2、F_3、F_1)与暗河存在一定水力联系(图 7-15、图 7-16)。通过 ZK4 钻孔一个水文年的观测,岩溶地下水的水位高于隧硐 10~20m(枯水期),或 100m(洪水期最高水位)。根据现场观测,水压折减系数可取 0.65,作为 F_2 断层及 F_3、F_1 断层带范围涌水抗水压设计依据。

溶洞充填物主要为棱角状砾石夹泥,角砾和砂粒占 60%~85%;粉黏土占 15%~35%,这种充填物基本是松散堆积物,特别是含水量大时,从软塑状态变为流塑状态,其内聚力为零,必然产生坍塌,并可能对衬砌产生附加压力,破坏衬砌的可靠性。特别是隧道底板可能产生不均匀沉降,造成衬砌断裂。目前,发现的衬砌裂缝已显示出对衬砌的破坏力,建议必须按松散堆积体重新加固衬砌。此建议受指挥部高度重视并召开了专门会议,制定加固措施,目前已有部分完成对隧道底板注浆加固工作。

从整体来看,龙潭隧道出口段左硐 F_2-F_3 断层带之间共有 770 余米的断层溶洞充填带,整个隧道是在有一定水压力的三维空间泥夹石松散堆积物中通过,不仅给施工带来很大的困难,其处理效果也需经过一定的时间考验。建议即使竣工后的运营期,也应作为特殊隧道进行较长时期的监测,以便保证长期安全。

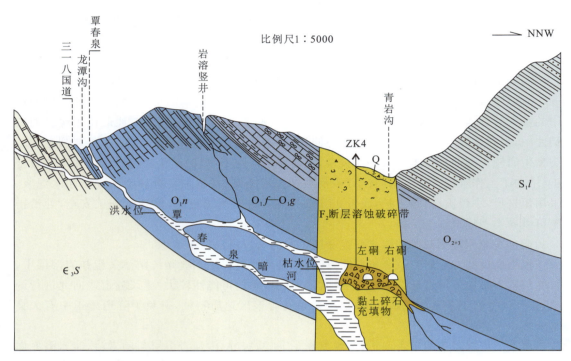

图 7-15　隧道左、右硐 F_2 断层溶蚀破碎带与覃春泉暗河关系示意图

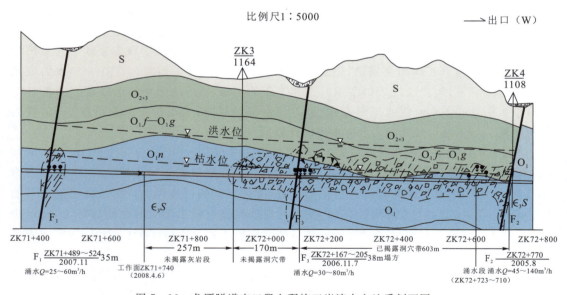

图 7-16　龙潭隧道出口段左硐施工岩溶水文地质剖面图

通过施工揭露及地质判断，隧道涌水主要是集中在 F_2、F_3、F_1 断层带附近，为含水溶隙及溶洞向隧道内呈多股状有压涌水，其渗流特征可以概括为有压溶洞裂隙水以渗流形式向

隧道涌水。

3) 隧道涌水机制及涌水量评价研究

根据施工地质研究,龙潭隧道岩溶涌水主要发生在隧道出口段左硐 F_2-F_3-F_1 断层带及顺层溶洞充填带,但并不是普遍涌水,涌水口主要集中在 F_2、F_3、F_1 三条与隧道直交的断层带范围内,其中 F_2 断层涌水带宽 40m,F_3 断层涌水带宽 38m,F_1 断层涌水带宽 35m。断层带表现为溶蚀裂隙及溶洞,多有灰岩角砾及黄土充填,呈有压涌水,地下水位在洪水期高于隧道 100m。经研究预测,尽管隧道硐身在顺层溶洞充填带内可能有 770m,但真正的涌(突)水仅有上述 3 处,共 133m。上述断层带是隧道与区域地下水及覃春泉暗河地下水联系的通道,可以将涌水机制概化为图 7-17 的有压溶洞裂隙水以渗流形式向隧道涌水的岩溶水文地质模型。

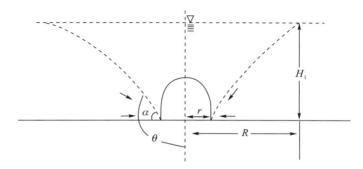

图 7-17 隧道涌水地质模型概化图

将隧道涌水归结为溶隙-溶洞有压渗流双向隧硐涌水,采用地下水动力学计算方法,可进一步研究涌水量。

$$Q = q_0 \cdot L \tag{7-3}$$

式中,q_0 为单位长度隧道涌水段的涌水量,用下式求得:

$$q_0 = \frac{0.443 \cdot K \cdot H_1}{\lg \frac{R}{r}}$$

式中,K 为渗透系数,按钻孔抽水试验取 8.0m/d;H_1 为隧道底板以上含水性厚度,洪水期取 100m;R 为影响半径,$R = 2H_1\sqrt{H_1 K}$,单位:m;r 为隧道半径,取 4.9m;θ 为 $\alpha + \frac{\pi}{2}$,取 2.35;L 为断裂带宽度 $L = L_1 + L_2 + L_3 = 113$m;$F_1$ 断层为 $L_1 = 35$m;F_2 断层为 $L_2 = 40$m;F_3 断层为 $L_3 = 38$m;$q_0 = \dfrac{0.443 \times 8.0 \times 2.35 \times 100}{\lg \dfrac{2 \times 100 \times \sqrt{100 \times 8}}{4.9}} = 272.96$(m³/d);$Q = q_0 \times 113 = 30\ 844$(m³/d)。

注:计算模型中的 K 值(渗透系数)是可变的。

由计算得知,龙潭隧道出口段左硐岩溶涌水量在开挖初期,断层带涌水量在洪水期可达

$3\times10^4 \mathrm{m}^3/\mathrm{d}$，其中 F_1 断层为 $9554\mathrm{m}^3/\mathrm{d}$，$F_2$ 断层为 $10\,918\mathrm{m}^3/\mathrm{d}$，$F_3$ 断层为 $10\,372\mathrm{m}^3/\mathrm{d}$。如果不能及时封堵处理，当黏土充填物被冲刷后，$K$ 值将增大，甚至由渗流变为管道流，涌水量也将大增。

4. 施工处治

龙潭隧道出口段是我国西南岩溶区最复杂的隧道之一，原勘设资料与施工实际开挖相差甚大。总长 $770\sim800\mathrm{m}$ 的断层溶洞充填带及其岩溶水文地质和工程地质条件地不断变化，给专题研究和施工预报带来巨大的挑战，也给施工带来极大的困难，同时还涉及补勘及变更设计问题，此外已完成衬砌施工的地段，又出现不均匀沉降、开裂，需要重新处理，从 2005 年开始揭露 F_2 断层，至 2008 年 12 月，共 3 年 4 个月在该断层溶洞内只成硐 $700\mathrm{m}$，平均一年施工 $200\mathrm{m}$，可见其施工难度之大。但庆幸的是，由于预报准确，施工谨慎，措施得当，此次施工中并没有出现重大事故，最后通过了这段控制全线进度的断层岩溶段，在施工阶段遇到的主要问题处治措施如下。

1）断层溶洞充填带的施工方法及止水防突泥措施

进入 F_2 断层带以后，左右硐围岩均为含水量不等的泥夹石松散堆积，随时都有坍塌和涌水、突泥的危险，施工中采取如下措施。

（1）按"新奥法"动态设计及施工，及时按实际围岩条件，变更围岩类别，一般将泥夹石充填物定为Ⅱ类（Ⅴ级），采用台阶法开挖，设置超前小导管支护，岩溶水涌水地段施作帷幕注浆进行固结止水，采用小炮量、短进尺，每循环进尺不大于 $1\mathrm{m}$，钢支撑锚喷联合支护，在拱脚处设置锁脚导管，变形大的段落加设钢护拱和临时仰拱支撑，采用径向注浆固结围岩；下台阶侧槽开挖，仰拱及时封闭，二衬紧跟施做。隧道复合式衬砌结构参数做了较大修正，普遍提高了支护类型。

（2）对涌水、突泥的处治。最典型的涌水、突泥发生在 2006 年 11 月 5 日，左硐开挖到 ZK72+167 里程。掌子面为泥夹砾石洞穴充填堆积体，夹泥呈可塑状，砾石直径为 $10\sim30\mathrm{cm}$；初时掌子面右侧拱出现股状涌水，随后掌子面发生坍塌，流量约 $60\mathrm{m}^3/\mathrm{h}$，涌水地段粉土质充填物呈流塑状，似泥石流状流出，掌子面处坍塌，堵塞了水流，使水流渗入初支拱顶及拱侧，造成初支拱顶及边墙外侧的角砾土围岩含水量大增，黏聚力丧失，从而对初衬压力增大，致使已完成的支护变形、开裂、坍塌。到 2006 年 11 月 8 日，塌至 ZK72+202 里程，坍塌段总长约 $42\mathrm{m}$，在突水坍塌处理过程中分别在 2007 年 2 月 24 日和 2007 年 3 月 28 日发生两次突水、涌泥，涌出体约 $3000\mathrm{m}^3$，涌出物呈黑色，由块石、碎石、砂质、黏土混杂而成，以粗颗粒块石、碎石为主。岩性成分有灰岩、泥岩、砂页岩及断层泥，断层泥中的页岩碎片还保留了挤压形成的磨光片理。经分析判断突水坍塌地段附近有 F_3 断层通过，涌出物是沿断层发育的溶洞充填物及断层破碎带的混杂体。目前涌水量稳定在 $20\mathrm{m}^3/\mathrm{h}$ 左右，水压力在 $0.023\mathrm{MPa}$ 左右（水压力计埋在仰拱内），水质清，化验分析证明涌水来源是覃春泉地下河系统的一个分支部分。

隧道各类复合式衬砌主要支护参数和衬砌结构见表 7-9 和表 7-10。

表 7-9 隧道复合式衬砌结构参数表

围岩类别	衬砌类型	预留变形量/cm	初期支护 喷混凝土 C20混凝土/cm	径向锚杆 直径/cm	径向锚杆 单根长/cm	径向锚杆 间距/cm	钢筋网 直径/cm	钢筋网 间距/cm	钢支撑/格栅钢架 类型	钢支撑/格栅钢架 间距/cm	二次衬砌 模筑混凝土/cm	二次衬砌 钢筋混凝土/cm	二次衬砌 仰拱 混凝土/cm	二次衬砌 仰拱 钢筋混凝土/cm	铺底 C15混凝土/cm	备注
Ⅱ	S2-a	10	26	Φ25	350	75×100	Φ8	20×20	18工字钢	75		60	60			岩溶发育段
Ⅱ	S2-1	10	26	Φ25	350	75×100	Φ8	20×20	18工字钢	75		45	45			浅埋段
Ⅱ	S2	10	24	Φ25	350	75×100	Φ8	20×20	16工字钢	75		45	45			深埋段
Ⅲ	S3	7	22	Φ22	300	100×100	Φ6	20×20	Φ22格栅	100	40		40			
Ⅳ	S4	5	10	Φ22	250	120×120	Φ6	20×20			35				15	
Ⅴ	S5	3	6	Φ22	250	局部					30				15	地质较差段
Ⅲ	S7-a	7	22	Φ22	350	100×100	Φ6	20×20	Φ22格栅	100	40		40			
Ⅳ	S7-1	5	15	Φ22	300	100×120	Φ6	20×20			40				15	
Ⅴ	S7-2	3	8	Φ22	300	120×150					40				15	

表 7-10　龙潭隧道左线 F_2 断层围岩类别、衬砌类型及长度一览表（施工图设计）

序号	起点里程	讫点里程	长度/m	围岩类别	衬砌类型	辅助施工措施
1	ZK72+723.0	ZK72.777.0	54.0	Ⅲ	S2-a	
2	ZK72+620.0	ZK72+723.0	103.0	Ⅲ	S3	
3	ZK72+613.0	ZK72+620.0	7.0	Ⅳ	S3	
4	ZK72+541.5	ZK72+613.0	71.5	Ⅳ	S4	
5	ZK72+500.5	ZK72+541.5	41.0	Ⅳ	S7-1	
6	ZK72+477.0	ZK72+500.5	53.5	Ⅳ	S4	
7	ZK72+440.0	ZK72+477.0	7.0	Ⅳ	S3	局部设超前锚杆（40m），K72+260～K72+400 超前探孔 180m
8	ZK72+260.0	ZK72+260.0	180.0	Ⅲ	S3	
9	ZK72+253.0	ZK72+260.0	7.0	Ⅳ	S3	
10	ZK72+207.0	ZK72+253.0	46.0	Ⅳ	S4	
11	ZK72+200.0	ZK72+207.0	7.0	Ⅳ	S3	局部设超前锚杆 40m
12	ZK72+000.0	ZK72+200.0	200.0	Ⅲ	S3	K72+000～K72+200 超前探孔 200m
序号	起点里程	讫点里程	长度/m	围岩类别	衬砌类型	辅助施工措施
1	ZK72+770.0	ZK72+723.0	47.0	Ⅲ	S2-a	周壁17m,帷幕30m
2	ZK72+723.0	ZK72+650.0	43.0	Ⅱ	S2-2	全程超导,仰供换填
3	ZK72+650.0	ZK72+578.0	72.0	Ⅲ	S3	57m超锚,仰供换填
4	ZK72+578.0	ZK72+496.1	81.9	Ⅱ	S2-2	全程超导,仰供换填
5	ZK72+496.1	ZK72+455.1	41.0	Ⅲ	S7	全程超导
6	ZK72+455.1	ZK72+423.0	32.1	Ⅱ	S2-2	全程超导
7	ZK72+423.0	ZK72+232.0	191.0	Ⅲ	S3	全程超锚
8	ZK72+232.0	ZK72+167.0	65.0	Ⅱ	S2-2	全程超导

注：2006年11月8日发生突水后，ZK72+207.0～ZK72+167.0 段已完成的 S2-2 初期支护完全破坏，后该段变更为Ⅱ类围岩，S2-a 加强型复合式衬砌形式，辅助施工措施采用双排超前小导管加径向小导管注浆；ZK72+207.0～ZK72+232.0 段衬砌形式变更为 S2-2 加强型，辅助施工措施增加了径向小导管注浆。

涌水坍塌过程中，在 ZK72+176～ZK72+183 段和 ZK72+232～ZK72+207 段拱、墙部位架立临时型钢拱架支护：拱架纵向间距 0.5m，拱架间设置 $Φ22$ 联接筋，长 0.7m/根，挂双层 $Φ8$ 钢筋网，规格为 $20cm×20cm$，喷厚 24cm C20 混凝土封闭；拱墙部位打设 $Φ42$ 有孔钢花管径向注浆固结岩体，长 4.5m/根，纵环向布设间距 $1.0m×1.0m$，"梅花"形布置。ZK72+253～ZK72+232 支护已开裂里程段，拱墙部位施做 $Φ42$ 有孔钢花管径向注浆固结岩体、长 4.5m/根，纵环向布设间距 $1.0m×1.0m$，"梅花"形布置，注纯水泥浆，有效地抑制了坍塌的后延。

在涌水坍塌处理过程中,先后采用 I18 工字钢、大格栅拱架支护,双排小导管超前支护,径向小导管注浆,三台阶法施工,分六个步序稳步掘进。

2) 加强监控测量,随时掌握围岩及支护稳定性,并及时进行治理

为及时掌握围岩和支护的稳定情况,对围岩和支护进行了监控测量,监控测量包括周边位移、拱顶下沉、地表沉降、围岩地质素描、围岩压力及两层支护间压力、钢支撑内力检测等项目。测量结果显示,收敛最大值达 195mm(图 7-18、图 7-19),拱顶沉降最大值达 63.9mm,收敛稳定时间最长达 5 个月。

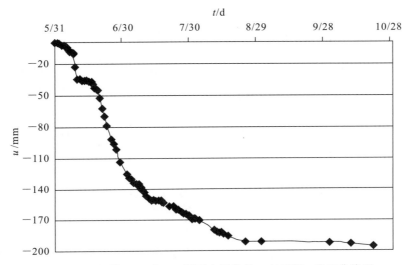

图 7-18 左硐 ZK72+443 断面水平收敛 u 与时间 t 关系曲线图

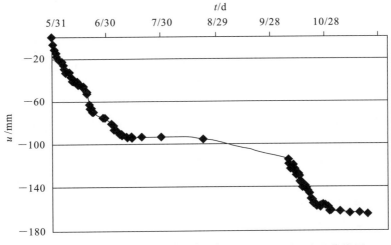

图 7-19 右硐 YK72+425 断面水平收敛 u 与时间 t 关系曲线图

左、右硐已施工完成的 F_2 断层及其影响带支护形式经过调整多为 S2-2、S3 复合式衬砌形式,局部地段进行了加强支护处理,辅助施工措施主要采用了超前小导管、超前锚杆支

护形式,施工中多采用了半断面或短台阶方式进行掘进,但是支护还是有多处变形、开裂甚至坍塌。部分地段仰拱找平层沉降较大。对目前已施工完成的 F_2 断层带衬砌结构观察发现,已出现基底沉降、衬砌开裂现象,现场统计左硐衬砌裂缝共有 19 条,右硐衬砌裂缝共有 37 条。裂缝最长约 22m,最宽达 2.3mm。实际施工过程中,右硐支护大部分以Ⅲ类支护通过,围岩变形大,衬砌裂缝多。

3)隧道底部注浆加固

隧道左右硐共有 600~800m 的硐身处于洞穴充填物松散堆积体中,由于强度低、水稳性差,造成围岩不稳,土压力大,衬砌完工地段出现不均匀沉降,造成衬砌破裂,并对今后运营留下隐患。笔者建议对围岩进行补勘,并及时进行加固处理。有关单位在左、右硐内利用钻探等手段进行补勘。

左硐硐身 ZK72+760~ZK72+245 段,长 515m,共施工 8 个钻孔,钻孔资料表明:隧道底板下 17.0~31.0m 范围内均为溶洞充填物,即碎石、块石和黏土的混合物(图 7-20)。在 ZK72+750 处厚度最大(31.0m 左右,F_2 断层影响带),自西向东逐渐变薄,至 ZK72+245 时厚度变为 14.7m,反映出溶洞底板自西向东呈上升趋势,这与分水岭地带溶洞发育分布规律相吻合。充填物随深度呈松散→稍密→中密状变化。块石成分主要为灰岩,块石间充填物为软—可塑状黏土,局部有未充填空洞及漏水现象。钻探时孔壁不稳定,易垮孔、卡钻、漏水等,表明该层较松散。钻孔中动探($N_{63.5}$)击数较高,主要是由于块石阻挡所致,同时也反映出充填堆积体仍具有一定承载力。充填物下伏基岩仍然为南津关组中厚层状白云质灰岩,仅在 ZK72+660 钻孔 31.4m 处揭露相对隔水的薄层泥灰岩夹层。

溶洞底板岩石中仍发育形态各异及规模不等的小溶洞、溶孔、溶隙等,属岩溶化岩层。总体而言,该段隧道穿行于断层破碎带及松散洞穴充填块石土中,密实度不一、厚度不均匀、自稳性差,饱含地下水,隧道开挖处理不当极易坍塌、涌水,并有底板隆起、二衬开裂现象发生。以上表明该硐段围岩工程性能与饱水的块碎石土体相当,且由于溶洞形态的复杂多变导致充填物空间形态亦复杂多变,致使硐身上、下、左、右的土压力在各处不尽相同,总的趋势是随着隧道朝小号方向掘进,溶洞逐渐抬升,底板下的松散层由厚变薄,而顶板松散层由薄变厚,致使大号段易产生较大沉降,小号段易产生较大顶部土压力。

右硐 YK72+780~YK72+030 段:长 750m,该段共施工 6 个钻孔,钻孔资料表明:YK72+030 钻孔中未揭露到溶洞充填物,岩芯相当完整;YK72+780~YK72+046 段隧道底板下 0.0~15.1m 范围内为溶洞充填物,即碎石、块石和黏土的混合物。充填物随深度呈松散→稍密→中密状变化。块石成分主要为灰岩,块石间充填物为软—可塑状黏土,有漏水现象。钻探时孔壁不稳定,易垮孔、卡孔,钻孔中动探($N_{63.5}$)击数亦较高,其底板灰岩仍发育岩溶化现象,但程度较左硐弱。从施工情况及本次钻探资料可以看出,右硐位于充填溶洞的北缘(侧),受其影响相对较轻。

因此采用钢花管注浆加固,选用 $\Phi75$ 钢花管灌注水泥浆,间距为 1.0m×1.0m。注浆压力根据现场实验为 0.35~0.5MPa,注意防止注浆压力过大对已施工段衬砌产生破坏。

注浆深度由承载力和基础沉降两者控制,经过计算本隧道主要沉降控制,注浆深度需要达到 15m 才能有效减少隧道沉降,降低不均匀沉降。考虑隧道施工后,由于改变了区内的水文地质条件,尤其是在洞周形成了新的渗流排泄通道,块石间黏性土及细粒物质有可能潜

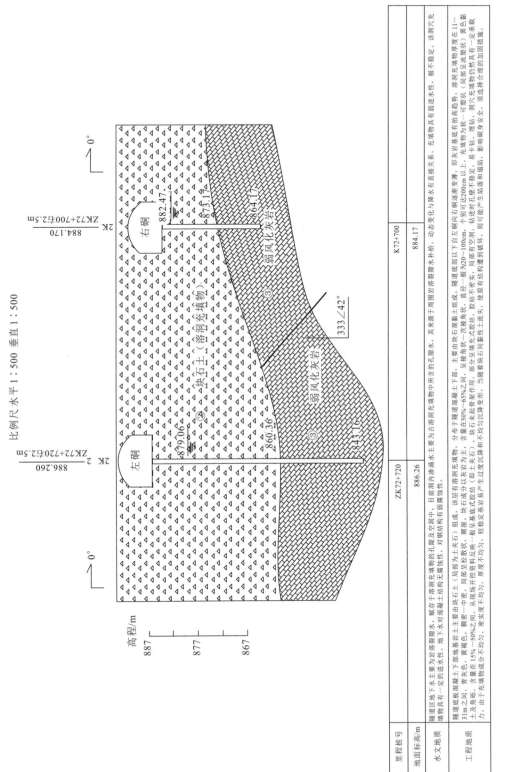

图 7-20 龙鼻隧道底部工程地质横断面图

蚀流失,使原有充填结构遭到破坏,进而引起塌陷、陷落危害,成为今后运营的一大安全隐患。因此预留一定安全系数,注浆深度按15m控制。当隧底距离基岩底板小于14.5m时,钢管桩应钻至隧道底部基岩处,钢管桩应嵌入基岩不小于50cm。下管注浆完毕后,钢花管留置孔中,管中注满浆。

4. 多开施工面,加快工程进度

由于左硐ZK72+167~ZK72+205段涌水、突泥严重,封堵后,难以继续掘进,为了保证整个工程进度,一方面对ZK72+167坍塌涌泥地段进行处理,另一方面从右硐YK71+260处打横硐绕到左线坍塌段前方ZK71+227.9处继续施工。

5. 结论

(1)运用"岩溶隧道涌(突)水专家评判系统",在勘设阶段,经过专题研究,确认龙潭隧道西段(出口段)原设计线路硐身处于岩溶地下水饱水带及季节变化带中,并与暗河主通道相交,属于 $A_1+A_2+A_{3-1}+B_4+A_5$ 大型或特大型涌(突)水隧道。

建议隧道线路向北移,避开暗河主通道。有关部门施工时将线路北移,避开了与线路基本平行的暗河主通道。

(2)施工阶段,全程跟踪,开展详尽的施工岩溶地质工作,确认隧道出口段约770m硐身处于顺层溶洞充填带中,通过F_2、F_3、F_1断层与暗河主通道产生水力联系。地下水位高于隧硐10~20m(枯水期)至100m(洪水期),根据现场观测,水压折减系数可取0.65,作为F_2、F_3及F_1断层带范围涌水抗水压设计依据。

(3)通过施工揭露及地质判断,隧道涌水主要是集中在F_2、F_3、F_1断层带附近,为含水溶隙及溶洞冲溃充填物向隧道内呈多股状有压涌水。水流特征即为有压溶洞裂隙水以渗流形式向隧道排水。采用地下水动力学的方法,计算最大涌水量为$3\times10^4\mathrm{m}^3/\mathrm{d}$左右,与施工揭露情况基本相符。

(4)上述F_2、F_3、F_1断层涌水带必须及时进行封堵,并按抗水压设计衬砌,以防充填物进一步垮塌,造成涌水量增大。

(5)整体来看,龙潭隧道出口段左硐在$F_2-F_3-F_1$断层带之间共有770余米的断层溶洞充填带,隧道硐身在有一定水压力的三维空间泥夹石松散堆积物中通过,必须做为特殊围岩进行加固处理。这样处理效果须经过一定时间的考验,建议即使在运营期,也应作为特殊隧道进行较长时间的监测,以便保证长期安全。

经过多年通车运营的考验,上述措施是有效和可靠的。

7.4.3 乌池坝隧道岩溶涌水分析与施工验证

沪蓉西高速公路乌池坝隧道位于恩施州白果坝镇与利川市团堡镇内。乌池坝隧道设计为上下分离式隧道,进口位于恩施州白果坝镇乌池坝村,出口位于利川市团堡镇箐口柏腊村。

乌池坝隧道长为6708m,进口标高为1 072.84m,出口标高为1 179.90m;右幅里程桩号为 YK253+162～YK259+855，长 6693m；进口标高为 1 070.157m，出口标高为 1 182.031m。隧道左硐最大埋深约 488m，右硐最大埋深约 460m。

乌池坝隧道由进口到出口为上坡，坡度为 18‰。施工方式由进出口向中部掘进，分界点为 ZK256+645。进口段为上坡掘进，可自然排水。出口段为下坡掘进，不能自然排水。

鉴于乌池坝是沪蓉西高速公路的控制性工程，岩溶水文地质条件较为复杂，特别是位于乌池坝隧道北侧 2000～3000m，近于平行的铁路马鹿箐隧道发生灾害性突水、突泥事故，引起沪蓉西高速公路建设指挥部的高度重视。随后该指挥部委托中国地质科学院岩溶地质研究所对该隧道进一步开展岩溶水文地质专题研究工作，从 2006 年 3 月至 2008 年 10 月 8 日隧道全部贯通。

1. 乌池坝隧道岩溶水文地质特征

1）自然地理概况

本区地处湖北省利川市团堡镇狮子口、箐口、白岩坝；元堡乡花椒坪及恩施州白果坝镇乌池坝等行政辖区。本区处于鄂西南清江流域中上游岩溶高原区，分水岭高程为 1500～1600m，河谷高程为 1000～1100m，隧道呈北西走向，穿越北东走向的清江支流分水岭。

本区地处亚热带季风气候区，温和多雨。年平均气温为 12.8℃，年平均降水量为 1 318.3mm，最大降水过程的 3 日降水量 227mm。气候的垂直分带性明显，地面高程每上升 100m，年平均气温递减 0.61℃，年平均降水量增加 33.3mm。

本区位于清江中上游南岸小溪河流域，小溪河与清江汇合的明流段长约 4.5km，汇合点地面高程为 610m。小溪河上游主要为地下河系，隧道进口段分布白岩坝地下河，出口段分布龙潭地下河。

2）地质条件

出露地层有志留系下、中统、泥盆系中、上统、石炭系、二叠系、下三叠统及第四系，三叠系碳酸盐岩在本区出露面积最大（图 7-21）。

志留系出露于工作区东南部隧道进口端，出露地层为下志留统罗惹坪组，主要为页岩夹粉砂岩、粉砂质黏土岩等。中志留统纱帽组，岩性为灰绿色砂质页岩、粉砂岩、粉砂质泥岩。

中、上泥盆统乌池坝隧道进口端局部出露，呈条带状分布，岩性以灰白色层状石英砂岩为主，局部夹灰绿色薄层页岩。

石炭系仅在乌池坝隧道进口端小片出露，岩性为白云岩、微晶灰岩，夹少量石英砂岩、粉砂岩。

二叠系主要为一套碳酸盐岩建造，局部夹碎屑岩。假整合于石炭系或泥盆系之上，主要分布在乌池坝隧道进口段。

栖霞组下部为灰黑色厚层灰岩夹碳质、钙质页岩，上部为深灰色厚层灰岩，夹碳质灰岩，含燧石结核，具瘤状构造，厚度为 150～200m。

茅口组为浅灰色厚层状泥灰岩、深灰色中—厚层状含燧石结核或条带微晶灰岩夹瘤状含生物屑细—微晶灰岩，厚度为 77～148m。

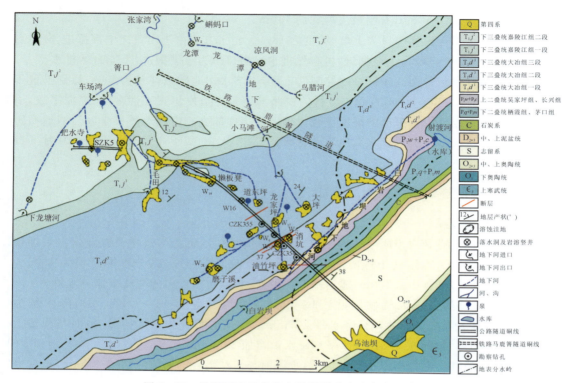

图 7-21 沪蓉西高速公路乌池坝隧道岩溶水文地质图

吴家坪组为深灰色厚层含燧石结核微晶灰岩、条带状生物屑硅质岩、灰白色钙质黏土岩、黑色碳质页岩夹煤层,总厚为 56~77m。

长兴组下部为灰黑色中厚层生物碎屑灰岩;中部为灰白色厚层白云岩、生物灰岩,含燧石团块;上部为深灰色厚层生物碎屑灰岩,总厚为 30~36m。

下三叠统为一套碳酸盐岩为主的夹碎屑岩地层。乌池坝隧道出口端硐身围岩大部分为大冶组,乌池坝隧道北侧的铁路马鹿菁隧道则穿越大冶组和嘉陵江组。

大冶组第一岩性段为灰色页岩、泥岩夹泥灰岩;第二岩性段灰色—灰黑色中厚层灰岩夹薄层页岩;第三岩性段灰色薄—微薄层夹中厚层灰岩,中部为鲕状灰岩,底部为灰色厚至中厚层状灰岩,总厚约 400m。

嘉陵江组为中厚层状白云质灰岩、灰岩,次生白云岩夹灰岩、溶崩角砾岩等,总厚约 800m。

第四系分布于岩溶槽谷底部、岩溶洼地及剥夷面缓坡。岩性为黏性土夹碎石、砾石。厚度变化大,一般为 1~5m。此外,在洞穴中充填堆积的黏土夹碎石分布普遍。

本区位于恩施盆地与利川盆地之间的隆起地带,以发育于三叠系中的一系列次级褶皱组成的复向斜为特征,主要包括金子山向斜、白果坝背斜等,轴线方向总体为 NE30°~60°。向斜呈宽缓型,背斜则较紧密。

乌池坝隧道位于白果坝背斜的北西翼、金子山向斜南东翼的单斜地层中,岩层倾向北西

(300°～330°)，乌池坝隧道进口段倾角较陡，为 30°～40°，出口段地层倾角平缓，一般为 10°～15°。区内主要存在两组节理裂隙：一组为北东(30°～70°)走向，倾角较陡，在 80°～90°之间，节理密度为 1～2 条/m；另一组北西(300°～360°)走向，倾角稍缓，为 60°～80°，节理密度为 2～3 条/m，对区内岩溶发育有较明显的控制。

3）岩溶发育特征

区内主要岩溶地貌类型为丘(峰)丛洼地、溶蚀-侵蚀峰丛沟谷、溶丘谷地等。

鄂西岩溶台原自中生代晚期抬升裸露，经历了长期的溶蚀和侵蚀作用，形成了极为丰富的地表、地下岩溶形态。除峰丛、溶丘以外，主要还有岩溶干沟和岩溶洼地。本区除起源于地下河排泄点的箐口河段形成常年河流外，其余大部分溶蚀-侵蚀沟谷均为雨季时断续有水的岩溶干沟，沟底或为基岩裸露，或为岩石角砾、块石覆盖，具有很强的透水性。区内典型岩溶干沟(谷)有小马滩干沟(谷)、懒板凳干沟(谷)。

岩溶洼地是区内分布最广的岩溶负地形，主要分布在下三叠统大冶组二段和三段灰岩区。根据区内洼地分布高程统计，洼地主要分布在 1400～1500m 高程段。洼地底部一般较平坦，宽度一般在 100m 以上，长度在 200m 以上，形态各异。洼地底部有较厚的黏土层，是区内农作物种植的主要用地和居民住地。洼地中部或边缘多发育有水溶洞、消水洞，并有表层岩溶泉水。区内典型洼地有龙家坪(W_{17})、磨子溪(W_{28}、W_{29})、消坑(W_{22})、油竹坪(W_{24})等，洼地内均有落水洞。

地下河为本区最为发育的地下岩溶形态，通过长期发育演化形成的小溪河地下河系统，具有多分支(子系统)、多级排泄和明暗交替的特点，隧道区的龙潭地下河和毛田地下河均为次级支流。

溶洞分布普遍，区内发育的溶洞具有多层性，规模较大的主要发育在地下河的径流排泄区。地表出露 3 层溶洞，其高程分别为 980～1020m、1050～1200m、1250～1350m。下层溶洞主要为地下河通道，溶洞常年有水；中层溶洞一般处于季节变动带，洪水季节有水涌入或涌出；上层溶洞一般处于垂直方向渗滤带(包气带)，为干溶洞。

天窗、竖井为地下河和岩溶管道在水流溶蚀-侵蚀作用下，上覆岩石坍塌而成，如龙潭地下河天窗(W_8)(深 7.25m，洞底标高 937.5m)，石板沟竖井(W_{11})长轴方向为北东向，表明该处岩溶管道发育方向主要受北东向节理裂隙控制。

岩溶发育受地层岩性控制。隧道穿过的碳酸盐岩岩组主要有栖霞组、茅口组；长兴组、大冶组、嘉陵江组，岩溶发育。而吴家坪组和大冶组 1～2 段以碎屑岩为主溶蚀微弱，构成相对隔水层。

栖霞组和茅口组为较纯的厚层碳酸盐岩，岩溶发育明显反映出岩溶发育的非均一性和差异性，主要形成补给、排泄交替快的管道岩溶介质。

大冶组第 1～2 岩性段以泥质岩类为主，分布于油竹坪消坑一带，岩溶化弱。第三岩性段以较纯碳酸盐岩为主，分布于龙家坪一带，岩溶发育，地表形成岩溶负形态。如龙家坪洼地(W_{17})、大坪洼地(W_{19})，洼地中多发育有落水洞或消水坑；东平洼地底部沿溶缝发育消水洞(W_4)，有较强的导水能力。

嘉陵江组发育有大型岩溶管道和地下河，如龙潭地下河(W_8)。

岩溶发育受构造控制。受区域构造应力方向的控制，区内主要存在两组节理裂隙：一组是走向北东(30°～70°)，倾角80°～90°的纵张节理；另一组为走向北西(300°～360°)，倾角60°～80°的横张节理。这两组节理对区内岩溶发育有较明显的控制作用。如龙潭地下河(W_8、W_9、W_{10})主要是沿走向为北西(300°～360°)的横张节理发育；竖井(W_{11})、伏流口(W_{28}、W_{29}、W_{30}、W_{33}、W_{34})则沿走向北东(30°～70°)的纵张节理发育。呈长条形，长约80m，宽约20m。

岩溶发育受可溶与非可溶岩界面结构面控制。如白岩坝地下河，发育于二叠系茅口组和下二叠统栖霞组上部较纯的厚层碳酸盐岩中，其两侧分别被相对隔水层挟持，沿地层走向发育。发育于三叠系岩溶层中的龙潭地下河主体管道，在下游马鹿箐隧道一带，可能沿嘉陵江组与大冶组界面发育，上游乌池坝隧道一带，沿大冶组(T_1d^{1+2})泥岩段与(T_1d^3)灰岩段之间界面发育。

区内岩溶水系统显示了多级排泄的特点，而每级排泄都是非全排型，一直到区域排泄基准——清江，才全部排泄完。图7-22表明，岩溶水系统的径向流，可以分为上部水平径流带(浅饱水带)和下部压力饱水带。上部水平径流带为快速流带，大型暗河通道及溶洞都发育此带。而下部压力饱水带中，存在深部慢速径流带，该带是岩溶地下水的主要调蓄带，发育深度大，多以溶隙和小型管道为主，与上部暗河通道有水力联系，隧道一旦揭露此带，即会产生高压涌水。

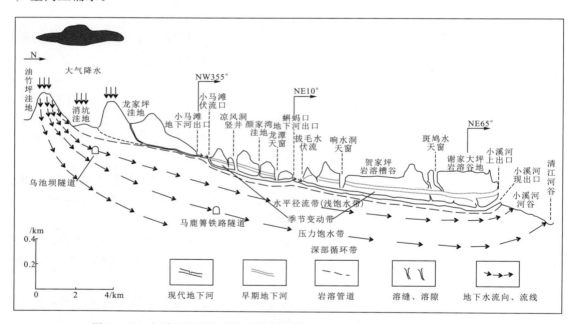

图7-22 小溪河地下河系统岩溶发育模式——龙潭子系统与地下河干流图

4)岩溶水文地质条件

隧道区自东向西出露了志留系—三叠系，第四系残坡积主要分布于岩溶洼地和斜坡地带。根据调查区的地层岩性组合特征、含水介质特征及地下水富存条件，本区的含水岩组划分如表7-11所示。

表 7-11　岩溶含水特征表层组

含水岩组类别	岩性特征	岩溶特征	组合特征	含(透)水性
溶洞裂隙含水层	纯质碳酸盐岩	峰丛、溶丘、洼地、槽谷、地下河、溶洞、管道	厚层连续	强含(透)水岩组
溶洞裂隙含水层	碳酸盐岩夹硅质岩	峰丛、溶丘、洼地、槽谷、地下河、溶洞、管道	中、厚层连续	强含(透)水岩组
溶洞裂隙含水层	碳酸盐岩夹硅质岩	峰丛、溶丘、洼地、槽谷、地下河、溶洞、管道	连续	强含(透)水岩组
岩溶裂隙含水层	含泥质条纹(条带)	岩溶干沟(谷)	上覆弱岩溶层	中等(透)水岩组
岩溶裂隙含水层	碳酸盐岩夹碎屑岩	无明显岩溶现象，弱透水，地下水受阻溢流，层面之上发育上层泉或岩溶管道	上覆弱岩溶层	中等(透)水岩组
裂隙岩溶含水层	非碳酸盐岩或碎屑岩夹碳酸盐岩	无明显岩溶现象，弱透水，地下水受阻溢流，层面之上发育上层泉或岩溶管道	上覆强岩溶层	中等(透)水岩组
碎屑岩类裂隙含水层	页岩、粉砂岩、砂岩	无岩溶现象	页岩、砂岩互层	相对隔水层

区内与隧道关系最为密切的地下河为小溪河和白岩坝两个地下河系统。

小溪河地下河系统发育于团堡金子山向斜东南翼，系统介质主要是下三叠统嘉陵江组和大冶组碳酸盐岩。系统西边界为金子山非碳酸盐岩地表分水岭；北西及北东边界为小溪河与清江的地下分水岭；南部边界于花椒坪一带，由大冶组底部泥页岩组构成；东部边界位于石板岭至白岩坝一带，地表分水岭与地下水分水岭一致。系统水资源来自大气降水，汇水面积为 287.5km^2，其中碳酸盐岩分布面积为 240.25km^2，上游发育多个地下河或岩溶水管道子系统。

乌池坝隧道主要涉及以下子系统，龙潭地下河补给面积约 12.8km^2。地下河上游主要呈北东方向展布，自磨子溪，经龙家坪，于小马滩一带的溶洞(W_{38})(标高为 1375m)流出地表，长约 3.0km，水力坡度约 13.3‰。地下河下游段呈北西方向展布，由小马滩落水洞(洞深为 46m，洞底标高为 1251m)到蛳蚂口(标高为 989m)排出，长约 4.5km，枯水季流量约为 5.0L/s，雨季流量约 2900L/s。2007 年 7 月连通试验表明，自磨子溪投入食盐(NaCl)，在小马滩收到，地下水视流速为 183.4m/d，峰值延续 23d，说明地下河管道较为复杂(图 7-23)。

毛田地下河系统呈北西展布，汇水面积约 7.2km^2，主要河道自董家屋场伏流口(W_{34})(底板标高为 1165m)、经毛田消水洞(W_1)、齐心坪消水洞(B_2)到箐口车垇湾溶洞(B_{15})(标高为 1050m)排出，枯水季流量约为 2.0L/s，雨季流量约 1200L/s。该地下河段长约 3.1km，由毛田至箐口推算，水力坡度为 37.1‰。该地下河存在两个分支：一分支自懒板凳落水洞(W_{14})，经石板沟竖井(W_{11})(深约 25m，洞底标高为 1135m)、毛田(W_1)汇入毛田地下河系统，长约 1.5km；另一分支自道东坪消水洞(W_4)，经钟家垅场、石板沟竖井(W_{11})、毛田消水洞(W_1)汇入毛田地下河系统，长约 3.0km。

白岩坝地下河系统位于团堡金子山向斜的东南翼，发育于茅口组和栖霞组上部较纯的厚层碳酸盐岩中，东西两侧分别被相对隔水层(西侧为吴家坪组煤系地层，东侧为栖霞组底部石英砂岩、碳质页岩地层)挟持，总体沿地层走向(南西—北东)发育。该岩溶水系统的主

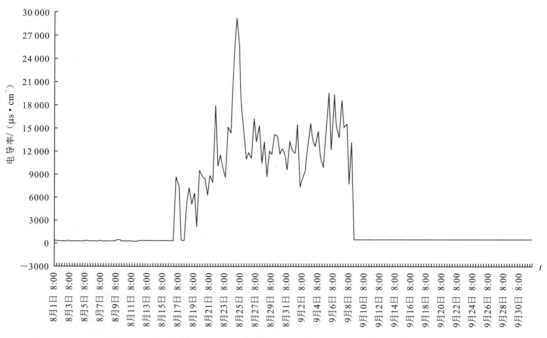

图 7-23 龙潭地下河磨子溪至小马滩段 NaCl 浓度变化曲线图

要补给源为汇水面积约 12km² 的季节性地表河流。洪水期的主要进水口位于白岩坝龙家坪南 200m 处，进口标高为 1250m。出口位于罗针田雾树孔村的射渡河水库内，以岩溶泉的形式排泄，枯季流量约 350L/s，雨季流量可达 6000L/s，出口标高为 835m。地下河长约 7.2km，根据进出口标高推算，平均水力坡度为 57.6‰。据调查，1996 年，白岩坝坡立谷被洪水淹没，水位抬升约 20m，高于公路 1m，容积约 $100×10^4m^3$，并发生岩溶塌陷，形成落水洞，经过 1d 后水位下降 1m，10d 后洪水基本消退。2005 年 7 月洪水使坡立谷水位抬升 2m，1d 后消完。

2. 隧道涌水预测

1) 隧道涌水条件及可能性分析

隧道进口于 ZK253+182～ZK255+405，硐身围岩为志留系、泥盆系、石炭系及二叠系栖霞组底部地层，岩性以砂岩、粉砂岩、页岩为主，为相对隔水层，普遍有渗滴状、小股状基岩裂隙涌水，对施工影响不大(图 7-24)。

自 ZK255+405～ZK259+890，隧道硐体主要位于下二叠统和下三叠统大冶组中。以灰色薄—中、厚层微晶灰岩为主，局部夹泥灰岩、泥页岩、鲕状灰岩等。据隧道及其上覆岩层所处的水动力位置特征的不同及枯水期水头高度，可分成 4 带进行预测，即垂直渗透带(包气带)(ZK259+000～ZK259+890 段)、季节变动带(过渡带)(ZK258+500～ZK259+000 及 ZK255+405～ZK256+300 段)、浅水平径流带(浅饱水带)(ZK257+500～ZK258+500 段，枯水期水头<10m 段)、深水平径流带(深饱水带)(ZK256+300～ZK257+500 段，枯水

第 7 章 隧道岩溶涌水预报与处治

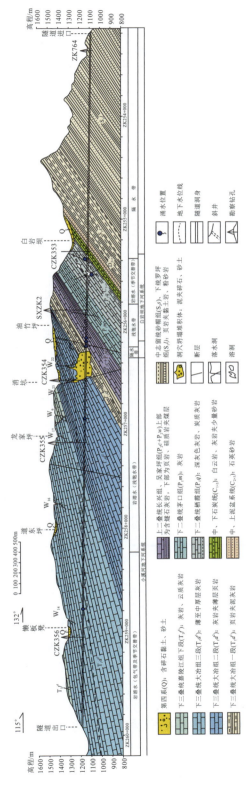

图 7-24 沪蓉西高速公路乌池坝隧道岩溶水文地质纵剖面图

期水头 80m)段,有关计算参数(表 7-12),计算结果如表 7-13 所示。

表 7-12 乌池坝隧道涌水量分段计算参数表

区段编号	里程桩号	雨期动储量计算参数					静储量计算参数				
		a	N	A	F	T	μ	N	H	F	T
1	ZK255+405~ZK256+300	0.5	0.3	100~150	10.5	2					
2	ZK256+300~ZK257+500	0.5	0.3	100~150	9.1	2	0.002	0.3	80	6.5	5
3	ZK257+500~ZK258+500	0.3	0.5	100~150	0.7	2	0.002	0.5	6.5	1.8	5
4	ZK258+500~ZK259+000	0.3	0.5	100~150	0.9	2					

表 7-13 乌池坝隧道分段计算涌水量预测结果表

区段编号	里程桩号	静储量 Q	非雨期动储量 Q_m	雨期动储量 Q_f		隧道涌水量 Q	
				降水(100mm)	降水(150mm)	最大	最小
1	ZK255+405~ZK256+300			7.8	11.8	11.8	0.00
2	ZK256+300~ZK257+500	6.2	0.04	6.8	10.2	16.4	0.04
3	ZK257+500~ZK258+500	2.3		0.5	0.8	2.3	0.00
4	ZK258+500~ZK259+000			0.7	1.0	1.0	0.00

注:涌水量单位为 $\times 10^4 \text{m}^3/\text{d}$。

ZK255+405~ZK256+300 段,隧道硐身主要位于二叠系中,地貌主要是岩溶槽谷。该地段发育白岩坝地下河系统,降水时地表水大量汇集于岩溶槽谷,然后注入白岩坝地下河。由钻孔(SXZK2)资料(孔深 230.00~390.06m 裂隙发育有溶蚀现象,长期观测水位为 1129m)及白岩坝地下河平均水力坡度(57.6‰)说明,该段岩溶发育深度大于隧道埋深,地下河发育于隧道硐身下部,隧道硐身处于季节变动带,在枯水季及夏季的非降水时段,一般不会产生岩溶涌水。但降水时段,特别是特大降水时段,可能会产生涌水、涌泥,涌水来源主要是区域性地下水位上升和局部过境水。因此,隧道涌水量只需考虑雨期动储量(Q_f),可采用下式估算：
$$Q_f = N \cdot a \cdot A \cdot F / T \tag{7-4}$$
式中，N 为涌水系数；a 为入渗系数；A 为降水量(mm)；F 为补给区汇水面积(km^2)；T 为降水周期(d)。

ZK256+300～ZK257+500 段，硐身围岩为大冶组，地貌主要为岩溶槽谷，沿槽谷发育呈串珠状洼地。通过洼地，降水时地表水大量汇集并注入龙潭地下河。由铁路钻孔(ZK_2)长期观测水位(1 099.4m)资料及龙潭地下河天窗(W_8)长期观测水位(990.8m)可知，此段内隧道硐身处于饱水带中，枯水期水头为 50～100m，而且 CZK354 钻孔资料(岩芯多呈碎块状，岩芯采取率 51.1%，孔深 19.78～30.25m 为溶洞，103.6～127.4m、181.85～219.23m 及 251.28～271.5m 节理裂隙极发育)表明，岩溶发育深度达 270m，接近隧道埋深，且有断层(F_2)通过。因此，隧道涌水可能性极大。涌水量计算需考虑雨期动储量(Q_f)、非雨期动储量(Q_m)和静储量(Q_s)。雨期动储量(Q_f)可采用式(7-4)估算；非雨期动储量(Q_m)即为地下河系统的枯水季流量；静储量(Q_s)宜采用式(7-5)估算：
$$Q_s = N \cdot \mu \cdot H \cdot F / T \tag{7-5}$$
式中，N 为涌入系数；μ 为岩石孔隙度；H 为隧道底板以上含水层厚度(m)；F 为补给面积(km^2)；T 为疏干时间(d)。

ZK257+500～ZK258+500 段，硐身围岩为大冶组，且硐身处于饱水带，枯水期水头小于 10m，但地表洼地较少，降水时地表水多以坡面流流入沟谷，因此，隧道涌水量需考虑雨期动储量(Q_f)和静储量(Q_s)。

ZK258+500～ZK259+000 段，硐身围岩为下三叠统大冶组，硐身处于季节变动带，地貌为峰丛沟谷，降水时地表水多以坡面流入沟谷，特别是特大降水时段，区域性地下水位上升，会产生涌水、涌泥。因此，隧道涌水量只需考虑雨期动储量(Q_f)。

ZK259+000～ZK259+890(隧道出口)段。隧道硐身处于下三叠统大冶组中。以灰色薄—中、厚层微晶灰岩为主，局部夹泥灰岩、泥页岩、鲕状灰岩。隧道硐身处于包气带，基本不会受到岩溶涌水的威胁。

2) 隧道涌水量的预测

由上述分析：ZK255+405～ZK256+300 段与 ZK258+500～ZK259+000 段，硐身处于季节变动带，可能产生季节性突水、突泥。雨季 2d 内降水 100mm 引起的涌水量分别为 $7.8 \times 10^4 m^3/d$ 和 $0.7 \times 10^4 m^3/d$，2 日内降水 150mm 引起的涌水量分别为 $11.8 \times 10^4 m^3/d$ 和 $1.0 \times 10^4 m^3/d$。

ZK265+300～ZK257+500 段，硐身处于饱水带，涌水可能性极大，一旦遇岩溶管道，枯水季初始涌水量可达 $6.2 \times 10^4 m^3/d$；雨季 2d 内降水 100mm 引起的涌水量为 $6.8 \times 10^4 m^3/d$，2d 内降水 150mm 引起的涌水量为 $10.2 \times 10^4 m^3/d$，最大涌水量可达 $16.4 \times 10^4 m^3/d$。

ZK257+500 和 ZK258+500 段，硐身处于低水头浅饱水带，一旦遇岩溶管道，枯水季初始最大涌水量为 $2.3 \times 10^4 m^3/d$。此段，大气降水主要形成地表径流，地下水主要是侧向补给，降水对隧道的涌水没有直接影响。雨季 2d 内降水 100mm 引起的涌水量约为 $0.5 \times 10^4 m^3/d$，2d 内降水 150mm 引起的涌水量为 $0.8 \times 10^4 m^3/d$。

从 ZK259+000～ZK259+890(隧道出口)段。该段隧道硐体主要位于大冶组中。以灰色薄—中、厚层微晶灰岩为主,局部夹泥灰岩,鲕状灰岩。但隧道硐身处于包气带,基本不会受到岩溶涌水的威胁。

3. 乌池坝隧道施工岩溶水文地质监测

1) 施工岩溶水文地质监测

乌池坝隧道是本区岩溶水文地质条件最复杂的隧道之一,造成宜万铁路马鹿箐隧道涌水事故的小溪河暗河龙潭子系统正好处于乌池坝隧道穿越地区,施工中遇暗河发生涌(突)水的可能极大。

乌池坝隧道进口端,至 2008 年 4 月 18 日,左硐进硐 3145m,里程桩号为 ZK256+327。右硐进硐 3111m,里程桩号为 YK256+273。2008 年 1 月中下旬,左硐在 ZK256+232、右硐在 YK256+177 附近由长兴组灰岩进入大冶组一段薄层泥灰岩夹页岩地层,由于大冶组一段隔水层具阻水作用,左、右硐分层部位长兴组灰岩段均出现岩溶管道涌水,左硐 ZK256+232 处表现为隧道底板 10m² 范围内自下而上片状涌水,水质清,涌水量为 2.7~4.5L/s。右硐 YK256+177 处,则是隧道左侧壁小溶洞管道流涌水,水质清,涌水量为 12.5~13L/s。

左硐从 ZK256+285 处开始,由破碎状岩层过渡为现掌子面的泥夹石坍塌堆积体(图7-25)。堆积体中黄泥与块石几乎各占 50%,黄泥呈硬塑状,块石成分主要是泥灰岩、灰岩,直径 2~10cm,个别达 20cm,多棱角状,偶见半磨圆状,大小不等杂乱分布,但局部地段也可见移动过的层理痕迹。堆积物充填密实,较少渗水。右硐现掌子面为大冶组一段上部薄层灰岩夹页岩地层,裂隙发育,岩层破碎,沿裂隙破碎面有黄泥充填及少量渗水。根据指挥部 2008 年 3 月 19 日协作单位联席会议决定,施工部门于 4 月上中旬在左、右线 ZK256+314、YK256+273 掌子面各施工了两个百米超前水平钻孔,据超前钻孔资料,左硐掌子面前方 105m,至 ZK256+419 段,全为泥夹石坍塌堆积体。右硐掌子面前方 35m 内,至 YK256+328 段,仍为破碎状灰岩夹页岩,局部泥夹石,为 55~100m,即 YK256+328~YK256+373 段,为灰岩,超前钻孔中仅有 0.1~0.2L/s 清水流出。

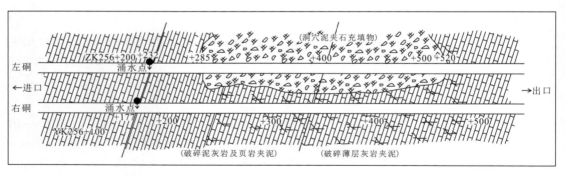

图 7-25 乌池坝隧道中部涌水点及洞穴泥夹石充填体平面图

乌池坝隧道中部尚未贯通地段(左、右硐各 300 余米)地表为消坑、油竹坪等大型溶蚀洼地及大冶组二段强岩溶地层,并有断层通过,岩层破碎。特别是该处为大冶组岩层中 $T_1d_1^1$ 泥岩段与 $T_1d_1^2$ 页岩夹灰岩段两种岩性接触带,极易成为强岩溶集中发育带。

虽然铁路马鹿箐隧道通过抽排水,使地下水位有所下降,但现在雨季已来临,大量雨水汇集于洼地,经落水洞流入地下,使地下水位极快恢复,马鹿箐隧道又发生涌水事故,说明地下水补给极为迅速。

马鹿箐隧道施工证明,本区岩溶发育极不均匀。在马鹿箐隧道揭露的 4000 余米三叠系灰岩中,发生特大灾害性涌水的岩溶充水溶洞带宽度为 49m,仅占揭露的三叠系灰岩段的 1%。因此乌地坝隧道不能因为仅剩 300 余米,就认为不会遇到危险。掌子面遇到的洞穴堆积体,有可能是地下河底部的沉积物,这种堆积物极为松散,一旦大规模坍塌,可能引起上部或周围岩溶水的涌入。

因此,不仅要注意掌子面前方的超前预报,而且必须重视隧道顶板安全。为确保施工安全,制定了下列措施:

(1)在已施工百米超前钻地段,掌子面两侧向硐壁各打一个 45°角 18m 孔深的水平斜插孔。若钻孔涌水,则再增加 2 个超前钻孔,保证隧道硐身两侧各有 10m 安全防水墙。

(2)左硐掌子面相对右硐掌子面前推 50m,拉开左、右线掌子面距离,减少施工风险。

(3)采用平推法施工工序、留核心土、短进尺、小爆破、双层小套管超前支护等防坍措施,特别防止顶板坍塌。

(4)加强监控量测工作,在目前水泥材料供应紧张的情况下,跳开地段进行二衬支护,防止硐身变形及大面积坍塌。

制定好应急方案,大雨后注意观察围岩及涌水情况,放炮时左、右线施工人员均应撤离施工现场。

2)乌池坝隧道与龙潭暗河关系的分析

乌池坝隧道的出口段全部及进口段部分处于三叠系大冶组灰岩强岩溶层中。岩溶专题研究阶段进行了大量的岩溶调查,地下水观测及连通试验、水化学分析等工作,综合分析认为乌地坝隧道与马鹿箐隧道一样,具备发生大型及特大型涌水的条件。

乌池坝隧道与马鹿箐隧道出口段 3000 余米硐身都处于区域强岩溶化的三叠系大冶组灰岩与嘉陵江组灰岩层中。该套岩层厚度 1000 余米,分布广泛,岩溶极发育,地表遍布洼地、漏斗、槽谷、落水洞、地下河、溶潭、充水溶洞、溶隙。

乌池坝隧道与马鹿箐隧道所处的岩溶化地层中分布区域大型岩溶地下河系统——小溪河地下河系统,总控制面积约 200km^2,形成网状管道系统,主通道受北东向纵张断裂控制,呈 NE45°~50°方向延伸。其两侧沿北西-南东向横张裂隙发育支岩溶管道,形成小溪河岩溶水系统的多个子系统。乌池坝隧道与马鹿箐隧道主要涉及的子系统为龙潭地下河。龙潭地下河在龙潭以上汇水面积约 20km^2,属大型地下河。该地下河主通道与马鹿箐隧道在桩号 DK256+300 左右立交;与乌池坝隧道在桩号 ZK256+900~ZK257+100 左右立交,并继续向东南方向龙家坪、磨子溪、消坑、油竹坪一带延伸。连通试验表明,从磨子溪至龙潭暗河出口小马滩泉,具有连通性,运移速度为 183.4m/d,该通道与隧道立交。

在垂直向水动力分带方面,根据地下河沿线各点水位调查,龙潭口水位为 937.5m,凉风洞为 1046m。小马滩为 1251m,平均水力坡降为 30‰左右。推算地下河与马鹿箐隧道交叉点水位为 1120~1150m,马 2 孔 2006 年 7 月初水位为 1120m(图 7-26),说明地下水位高于马鹿箐隧道 127m,该段硐身处于岩溶地下水压力饱水带。该地下河与乌池坝隧道立交点地下水位为 1249m,高出隧道 94～100m,CZK354 孔资料表明,该点地上水位为 1255m,高出隧道 105～121m。

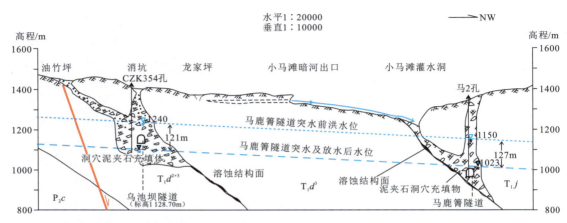

图 7-26 马鹿箐隧道突水及放水后区域岩溶水位下降对乌池坝隧道的影响图

虽然乌池坝隧道底板比马鹿箐隧道高出 144～153m,但由于地下水位向东南抬高,乌池坝隧道中段仍有相当部分处于地下水位以下的饱水带中,最高水头可达 105～121m。

综上所述,隧道很难避开岩溶管道或溶隙,一旦揭穿,只要 0.5m 宽的溶隙,便会在 100 余米的水压作用下,与周围水体连通,形成突水、突泥。

因此,乌池坝隧道发生大型及特大型岩溶突水、突泥的可能性很大。专题研究认为最可能涌水的部位是在隧道中部七标段与八标段分界点(ZK256+645)东西 500m 范围内,也就是在三叠系底部 T_1d^{1+2} 泥灰岩及页岩弱岩溶相对隔水层与 T_1d^3 灰岩强岩溶含水层之间界面附近。

3)实际开挖情况

2008 年 3 月中旬,乌池坝隧道进口段左硐进硐 3103m,桩号 ZK256+285,由破碎状岩层过渡为泥夹石坍塌堆积体。堆积体中黄泥与石块几乎各占 50%,黄泥呈硬塑状,碎石成分主要是泥灰岩、灰岩,直径为 2～10cm。个别达 20cm,多呈棱角状,偶见半磨圆状,大小不等杂乱分布。右硐掌子面为大冶组一段上部或二段下部薄层灰岩夹页岩地层,裂隙发育,岩层破碎,沿裂隙破碎面有黄泥充填及少量渗水。根据指挥部 2008 年 3 月 19 日协作单位联席会议决定,施工部门于 4 月上中旬在左、右线 ZK256+314、YK256+273 掌子面各施工了两个百米超前水平钻孔,据钻孔资料,左硐掌子面前方 105m,至 ZK256+419,全为泥夹石洞穴堆积体。右硐掌子面前方 55m 内,至 YK256+328,仍为破碎状灰岩夹页岩;局部泥夹石,为 55～100m,即 YK256+328～YK256+373,为灰岩,完工超前钻孔中仅有 0.1～0.2L/s 清水流出。2008 年 4 月 8 月瞬变电磁物探资料显示,掌子面前方 30m 内无大的岩溶空腔及水体。

左硐的泥夹石洞穴堆积体给施工造成很大困难,随时都有坍塌的危险。采用物探及超前钻孔探测,导管超前桩号 ZK256+520 左右通过洞穴泥夹石堆积体,左硐在堆积体中总长为 235m，全断面均为堆积体。

右硐于 2008 年 10 月 8 日贯通，在与左硐堆积体相当位置均为强溶蚀破碎夹泥的大冶组薄层泥灰岩，可称为强溶蚀带。左右硐在此段均未发生较大涌水，但时有渗滴水。

4) 分析与认识

左、右硐在隧道中部揭露的洞穴泥夹石堆积体及强溶蚀带，其平面位置均处于大冶组 T_1d^{1+2} 泥质岩层与 T_1d^3 灰岩层界面附近，说明该部位有利于岩溶集中强烈发育，这与专题研究认识一致。这也和马鹿箐隧道突水的强岩溶带发育在大冶组与嘉陵江组分界面附近有共同特点。

乌池坝隧道中部埋深达 250~350m，在这样深部发育巨大的洞穴及溶蚀带，说明本区岩溶发育深度远远大于隧道埋深，也说明本区岩溶发育强烈而集中。

从堆积体的成分来看，黄泥与石块各占 50% 左右，黄泥一般呈硬塑状，但遇水后呈软塑状或流塑状。石块成分主要为灰岩、泥灰岩，直径为 2~15cm，个别达 20~30cm，多呈棱角状，也可见到半磨圆状，大多石块保持灰岩本色，但也见有经风化后的白色风化面，大小不等混杂分布。上述堆积物特征表明，其来源都是地表黄土及碎石经洪水通过落水洞冲入地下。很可能是通过消坑、油竹坪等大形洼地的落水洞冲入地下。

从堆积体的规模分析，隧道所揭露的是大型洞穴，这种大型洞穴只有地下河才能形成。那么为何没有发生突水，可能有两个原因：

一是由于马鹿箐隧道 2006 年 1 月 2 日突水和泄水洞放水，至 2008 年元月共排水 $574 \times 10^4 m^3$，排泄原洞穴系统内的静储量，相当一个中小型水库的蓄水量。根据马 2 孔实测资料地下水位由最高洪水位 1150m 下降到标高 1023m，下降幅度为 127m。2007 年 7 月 1 日—8 日水位标高恢复到 1128m，但 2008 年 4 月中旬第二次突水，水位又下降到 1040m 以下。地下河洞穴系统的水流为承压管道流，水头具有同幅下降的特征。根据这一原理，处于同一暗河系统上、下游的两个隧道，马鹿箐隧道排放水效应也可使乌池坝隧道地下水位下降 100~120m，从而使乌池坝隧道附近的区域地下水位下降到隧道底板以下。虽然马鹿箐隧道大量排放水，大幅度降低地下水位，但到 2008 年 4 月 3 日，水位高程还在 1040m 以下，对乌池坝隧道的水文地质条件肯定会产生影响。但这里也提出另外一个问题，既然马鹿箐隧道排放水能降低乌池坝隧道的地下水位，那么前者堵水后，水位还可以回升，后者水位也会恢复。这涉及到乌池坝隧道虽然施工通过了洞穴堆积体，但衬砌必须考虑防水及水头压力问题。

二是在洞穴堆积体处，乌池坝隧道标高（1 128.70m）可能高于地下水位，也就是可能处于包气带中。尽管乌池坝隧道沿线没有可利用的水位长观孔，但可以确定这种可能性不存在。因为处于同一地下河系统下游 3000m 的马 2 孔水位观测表明，最高洪水位为 1150m，高于乌池坝隧道中部 21.30m。况且，乌池坝隧道处于上游，水位抬高，乌池坝隧道不可能处于包气带，必定处于饱水带。

第8章 岩溶区公路、铁路改扩建工程地质灾害风险评估及处治

8.1 概 述

改革开放以来,我国经济建设速度及规模举世瞩目,特别是在同一个地貌单位同时修建高速公路、铁路、输油气管道等多种线性工程,如我国东西大动脉沪蓉高速公路的宜昌至重庆段,同一个时期在狭窄的鄂西走廊地带修建沪蓉西高速公路、宜万铁路、西气东送管道。该区是典型的峰丛洼地及地下河发育的岩溶区,有时同一条地下河横穿公路、铁路的隧道或路基。在覆盖岩溶区这种现象更为普遍,如广州至韶关一带的广花盆地为典型的覆盖岩溶区,经济发达,城市密集,已有高速公路和京广铁路,近年又修建高速铁路,扩建原有高速公路。这些后建的工程与原工程的路基、桥基处于同一岩溶系统,若后建工程施工过程产生过大振动或揭露地下洞穴,发生漏浆、漏水,就会对原来岩溶地下水的系统平衡产生严重干扰和破坏作用,诱发岩溶塌陷,从而引起地面坍塌,危及老桥或周围建筑物。在保留老桥的前提下进行扩建,不仅要保证新桥建设和营运的安全,还要确保老桥的安全运营,可以说这是一项在国内外都具有挑战性的工程建设任务,其技术核心问题是在建设过程中如何保证相关岩溶工程系统整体的稳定及安全。

本章主要讨论覆盖岩溶区工程建设活动,特别是高速公路、铁路改扩建工程引起的岩溶工程地质问题对原有工程建设物的影响和破坏作用及其预测和防治措施。

8.2 覆盖岩溶区工程施工诱发岩溶塌陷

8.2.1 基坑及人工挖孔桩抽水致塌

实例1 广东南海市某高层建筑桩基施工诱发岩溶塌陷

该建筑物为38层综合楼,采用直径为3.4m、2.8m的人工挖孔桩和1.2m的冲孔桩共108根,均入完整基岩。某挖孔桩工程地质特征如图8-1所示,覆盖层自上而下为人工填土、细砂层、淤泥质土、粉细砂、红色亚黏土(厚度不稳定,塑流状),基岩为岩溶化石炭系灰岩,发育溶洞,岩溶地下水位高于第四系潜水,具承压性。

挖孔桩施工至基岩面上部遇土洞,在抽水过程中,造成护壁破裂,桩孔周围坍塌,影响附近道路和建筑物安全。

塌陷原因:桩孔基岩中有溶洞,基岩面上发育土洞,并与溶洞相通,岩溶地下水位高于覆盖层地下水位,天然情况下对上覆土层有浮力顶托作用,施工抽水后,使岩溶水位下降25~30m,形成反向水力坡降,失去上浮力,造成土洞复活,上覆土体失去支撑而坍塌。

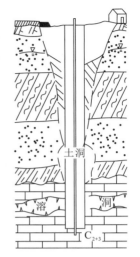

图8-1 广东南海某高层建筑挖孔桩地质剖面示意图

8.2.2 桩孔揭穿溶洞漏浆反向潜蚀致塌

实例2 广州花都区铁路大桥桩基施工诱发岩溶塌陷

该桥位于广花盆地北部,覆盖层厚9~18m,由粉质黏土、细砂层等组成,基岩为石炭系岩溶化灰岩,发育多层溶洞,基岩面发育土洞,设计桩深为46m,已穿过4层溶洞,进入完整灰岩,细砂潜水的含水层水位埋深为6~8m(图8-2)。下伏岩溶地下水位低于覆盖层潜水位。冲孔桩施工过程中,造成桩周围较大面积地面塌陷,塌坑深3~6m,掩埋钻具。

勘察研究确认桩基岩层中溶洞发育强烈,基岩表面发育土洞,并与溶洞相通;岩溶地下水位低于覆盖层潜水位;冲孔桩施用泥浆护壁循环,其水位远高于岩溶地下水位,当冲击钻揭穿基岩中的岩溶管道,孔内浆液大量漏失,水头急剧下降,形成向下的水动力坡降,使土洞复活,并引起上覆土层自下而上的塌陷,致使周围房屋墙壁及路面开裂。

8.2.3 桩孔击穿地下岩溶管道流致塌

实例3-1 湖北荆岳长江公路大桥20号墩桩基施工诱发岩溶塌陷

桥位地处长江中游江汉平原和江南丘陵过渡带。北岸冲湖积平原,堤外标高29m左右,长江水面标高为20m。钻探揭示第四系主要为砂质亚黏土、淤泥质土、细砂及砂砾层,厚为30~38m。基岩埋深为20~40m,为寒武系娄山关群($\in_{2+3}$)白云岩、角砾状白云岩。20号墩的4号、7号桩孔深为42~60m处揭露溶洞和强溶蚀带(图8-3)。桩孔内护壁泥浆突然消失,孔内水位低于长江水位,在水压作用下,孔壁塌空,周围土层坍

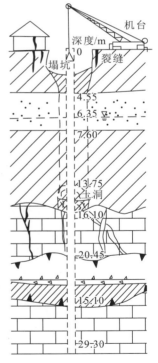

图8-2 广州花都区铁路大桥桩基工程地质剖面示意图

塌下沉,并流入下伏溶洞中,向长江防洪大堤方向发展,出现新的塌坑,危及大堤安全和桩孔施工安全。

原因分析认为:桩位基岩中有高达18m的溶洞或溶隙,溶洞顶板很薄,且起伏不平,溶

隙、孔洞发育，使上覆砂层与溶洞相通；溶洞地下水位低于上覆砂层潜水位和长江水位，但在自然情况下由于溶隙、溶洞淤塞，上层潜水与下层溶洞管道水之间水力联系并不密切。冲孔桩施工后，在钻头冲击破坏以及泥浆压力下，使上层地下水和泥浆带动土层快速向下层溶洞流失，从而造成桩孔塌陷。由于地下溶洞宽大，并向大堤方向延伸，从而使地面塌陷向大堤方向迅速发展，对大堤造成严重危害。

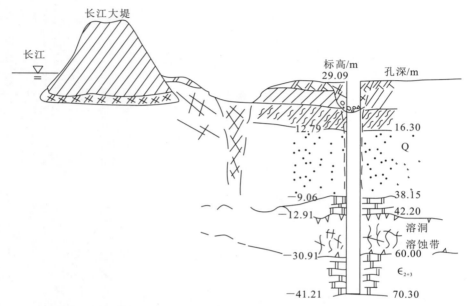

图 8-3 湖北荆岳长江公路大桥 20 号墩桩基工程地质剖面示意图

实例 3-2 桂林小东江穿山桥改扩建工程

小东江是漓江支流，穿山桥跨越小东江，是桂林市区的主干桥梁。改扩建工程是在原桥两侧加宽，施工期原桥要继续通车，原桥基础在河床中采用了嵌岩桩，但两岸桥台采用浅埋扩大基础。新桥全部采用嵌岩桩，施工方式是冲孔桩。勘探过程中，仅发现少量溶洞，勘探结论是岩溶不发育，桥基工程地质条件良好。

在上游侧东桥台桩基施工中，一桩孔在入岩后 10m 左右，击穿一个高 2m 左右的溶洞，突然听到地下轰响，钻机晃动。停工后发现在桥址上游 100m 范围内，河床中发生多处塌陷，小东江河水消落地下，河水断流（枯水期）。一段时间后，发现在桥址下游，江水又从地下冒出。这说明桩孔揭穿河床下岩溶管道，并激活岩溶管道流，形成快速伏流，从而造成负压，引发河床多处塌陷，并造成原桥西岸桥台下沉（图 8-4）。事故发生后，交通中断，封路半年多。后改为旋挖机施工，但入岩困难，于是采用预处理，小冲程慢施工，折旧桥，建新桥，工期延长。

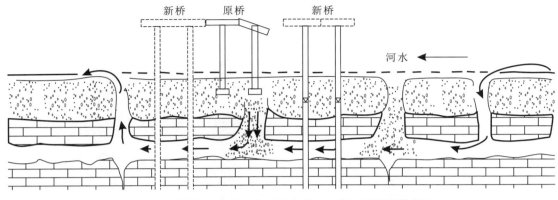

图 8-4 桂林市小东江穿山桥改扩建工程地质剖面示意图

8.2.4 施工堵塞岩溶管道快速流水锤效应致灾型

实例 4　广东江肇高速公路西江大桥南岸塌陷

2009 年 11 月 2 日凌晨 1 时许,在广东江肇高速公路西江特大桥南引桥 14#-B 桩基施工过程中,冲孔桩在深 41.60m 处(标高 -37.82m)将第一层溶洞顶板击穿,该溶洞高 0.8m,桩孔大量漏浆,并将直径为 1.6m 的钻头掉入溶洞,随即发生塌孔,并引发 14# 墩位、15# 墩位、16# 墩位及附近路面开裂下沉,之后周围扩散塌陷,共发生 5 处大面积地面塌陷,多个养鱼塘漏干,(25~30)×10^4 条鱼不知去向。

大型塌陷区共 5 处,小型塌陷区多处,每处包括沉陷区和裂缝区,总面积为 62 000m²;鱼塘及水塘干涸区面积为 98 100m²;水塘漏水区面积为 1290m²。

该场地塌陷具有规模大、延伸远、连锁性强的特点,并伴有地面漏水、冒水、喷砂等现象,这些现象反映了岩溶管道中水、气压力升降振荡过程。

根据本场地岩溶塌陷的突发性,塌陷和影响的规模大,并伴有地面漏水、冒水、喷沙等特征,特别是在分析 14#-B 桩的地质条件和施工过程中,可以认为 2009 年 11 月 2 日凌晨场地发生的大规模岩溶塌陷是属于施工突然堵塞岩溶管道流造成水击(锤)效应型塌陷(图 8-5)。14#-B 桩在桩深 41.60m 处(标高 -37.82m)时,大冲程锤击将第一层溶洞 0.81m 厚的顶板很快冲塌,将破碎体及钻头同时掉入 0.8m 高的溶洞中,将岩溶管道突然堵死,造成岩溶管道流受阻,引起岩溶管道内压力大幅波动和往复传播,使水流速度突然变化,从而产生水击压力施加于洞壁,产生水击波的水击作用,使与管道相通的洞隙上方覆盖层被击穿而塌陷,并诱发土洞或溶洞局部顶板进一步塌落,直至使上覆土体发生陷落,并伴随有地鸣、冒水、喷砂等现象。参考儒科夫斯基公式,其水击压力水头值 ΔH 表示为:

$$\Delta H = -\frac{v}{g}\Delta V;$$

其中,$$v = \frac{v_o}{\sqrt{1+\dfrac{K}{E}\cdot\dfrac{d}{\sigma}}}$$

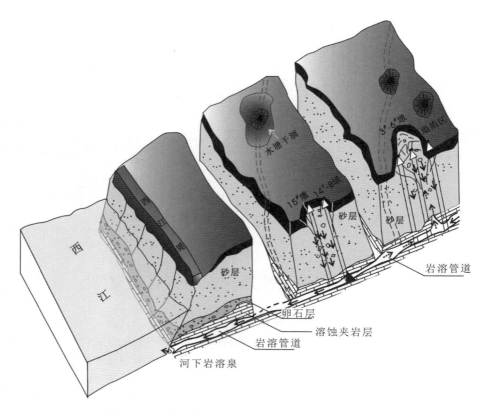

图 8-5　广东江肇高速公路西江大桥地质剖面示意图

式中，ΔH 为水击压力水头高度（m）；v 为水击波速度（m/s）；ΔV 为水流速度变化值（m/s）；g 为重力加速度（m/s²）；$V_0=1425$m/s，V_0 为水中波速（m/s）；E 为灰岩的弹性模量（MPa）；K 为水的弹性系数（MPa），$K=2.07\times 10^3$MPa；d/σ 为岩溶管道直径与管壁厚之比。

由水击作用而增加的压强可能达到原岩溶管道正常压强的几十倍甚至几百倍，而且增压和减压交替频率高，对岩溶管道及土体破坏极大。

8.2.5　极端天气致塌陷

2010 年 6 月 3 日上午，广西来宾良江镇吉利村后山坡下，一声巨响后山脚下地面开裂下陷，该处水泥砌成的蓄水池整个塌入地下。又一声巨响后，一根装载变压器的电线杆快速下陷。6 月 4 日上午，地面塌陷面积继续扩大，最大塌坑长轴为 200m，短轴为 80m，并沿山边形成塌坑带。受其影响的 135 户 147 间民房受到不同程度损坏。离塌陷巨坑几百米处的吉利水库，坝高为 9m，库容为 50×10^4m³。水库下游有 3 个村子和高速铁路指挥部，共 3100 人。水库的另一边是柳南高速公路良江镇吉利村段，如果水库发生意外，下游群众生命财产会受到威胁，同时高速公路也会受到影响。2010 年 6 月 4 日上午发现水库大坝出现裂缝，为确保安全,管理部门立即组织放干水库,对柳南高速公路经过水库段进行限速行驶,以确保行车安全。

经调查研究此次特大型岩溶塌陷的原因如下:

(1)塌陷区覆盖层厚为40~50m,下面是石炭系灰岩岩溶含水层,该区为北东向的向斜构造,并在向斜轴部发育一条北东向的断层破碎带。沿该断层带岩溶极发育,并形成地下河系统,据钻探证实,该地下河洞穴高度可达几十米,宽度也达几十米,由南向北东沿断层发育(图8-6)。该地下河不仅有巨大的空间,而且有很强的冲刷和输水能力。

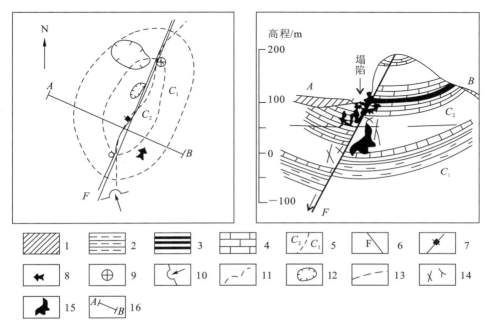

图8-6 广西来宾良江镇吉利村塌陷示意图

1.覆盖层;2.泥岩;3.硅质岩;4.灰岩;5.地层界线;6.断层;7.向斜;8.地下水流向;9.落水洞;10.地下河入口;11.地下暗河走向;12.塌陷;13.潜水面;14.裂隙;15.地下暗河;16.地质剖面

(2)塌陷发生前,该区连降大雨,地下河水位暴涨,对上覆土层形成自下而上的场压力并进行强烈冲刷作用,在土层中形成土洞,并由下向上发展。当降水停止后,地下水水位骤降,不仅失去对土层的托浮力,而且由于地下水位下降过快,可能产生负压力,从而造成真空吸蚀作用,使上覆土层大面积垮塌、陷落。

上述实例说明,本区的地下岩溶管道和地下河的存在是对高速公路桥基的最大威胁。

8.3 岩溶路基处治

岩溶路基处治要遵循勘察→设计→施工的工作程序,但由于岩溶发育的复杂性,很难在勘察阶段全部查清。有效的方法是建立通用的判别标准、处治原则,一旦在施工阶段发现与勘察、设计不符的岩溶地质状况,可以根据相应的标准原则,快速制定探测、处治方案,保证施工顺利进行。

8.3.1 路基岩溶工程地质模式

覆盖岩溶路基工程地质概化模式如图 8-7 所示。

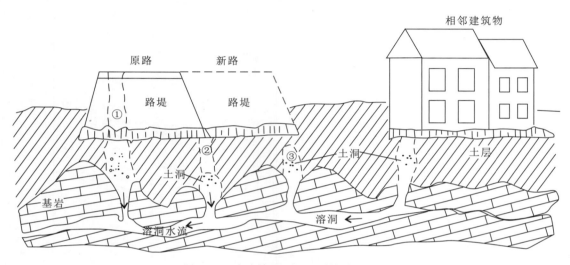

图 8-7 岩溶路基工程地质模式示意图
①原路基土洞塌陷引起路堤裂隙及路面裂板;②原路和新路交界处土洞塌陷可能影响原路、新路;③新路基土洞必须查清并处理

路堤以土层为地基,在应力影响范围内,地基土主要为土层上部的淤泥土、粉质黏土和下部的砂质土。主要工程地质问题是软土问题和土洞问题。软土问题可以用换土或加固解决。而溶(土)洞问题是岩溶区公路和其他建筑面临的主要岩溶灾害问题,因为溶(土)洞不稳定,在各种自然及人为因素影响下,容易引起地面塌陷,危及建(构)筑物。若原高速公路的路面断板,则沉降很可能与土洞引起的塌陷有关。因此新路建设中查清溶(土)洞并加以填实加固就是最好的解决方法,而原路的路基加固,也要查清溶(土)洞情况,才能有效处理。

8.3.2 岩溶路基探测方法

除了地面调查测绘外,覆盖岩溶有效的探测手段是物探和钻探。物探方法成本低、效率高,但有应用局限性和结果多解性的不足,钻探可以直观、准确地揭示地下岩溶状况,验证地面测绘与物探的成果认识,但是成本高、工期长。在岩溶的勘察工作中需要两者相互结合,互相认证。

1. 物探方法

具有高度不均一性的覆盖岩溶探测一直被认为是极具挑战性的工作,各种地球物理方法都曾运用到这一领域,国内外推荐了几种物探方法如下。

1999年,美国测试与材料协会推荐了3种首选方法:电磁法、地质雷达、微重力法;2种次选方法:浅层地震折射波法、直流电阻率法。

1999年,英国国家标准局颁布了《现场勘察技术标准》,提出岩溶区探测最有效的地球物理方法:跨孔地震、微重力、电阻率法以及地质雷达。

2004年,美国 Technos 地质与地球物理咨询公司系统分析了14种探测方法,就覆盖岩溶问题,认为首选方法是地震面波、地质雷达和微重力法,其次是地震折射波、地震反射波法、电阻率成像、天然电场、频率或电磁法等。

从上述3个不同机构推荐的方法可以看出,虽然首推的方法有所差别,但是,地质雷达、微重力法以及浅层地震是比较得到认可的方法。

在此,根据前人的成果资料,总结、归纳以下针对不同岩溶地质问题的探测方法(表8-1)。

表8-1 不同岩溶地质问题的物探方法

岩溶地质问题	物探方法
第四系覆盖层厚度,覆盖槽谷、洼地、漏斗	电阻率法、地震折射法
基岩埋深及基岩面起伏形态	电阻率法、地震折射法、微重力法、地质雷达
土洞、溶洞、地下河管道、溶隙、岩溶发育带	电阻率法、地震反射法、地质雷达、电磁波CT
地下河流向流速	自然电场法

覆盖岩溶区对公路建设构成威胁的岩溶问题,主要包括基岩面起伏和地下溶蚀空间——溶(土)洞、溶隙、暗河管道等,最重要的是浅层(10m以内)土洞,物探方法的选择主要针对上述岩溶形态,考虑到公路扩建加宽,勘察、施工期间原有道路正常使用,车辆运行震动、噪音会对探测产生干扰,浅层地震、微重力等方法受限,推荐采用地质雷达、高密度电法,结合跨孔电磁波CT。

地质雷达作为便捷、高精度的探测手段,适用于查找路基下方隐伏的、埋深在10m以内的溶(土)洞、溶隙等不良地质体的分布、形态及发育情况。优点是较为准确地反映溶(土)洞的深度、规模,缺陷是探测深度浅,易受通信线路干扰。

高密度电阻率法,适用于测定第四系覆盖层厚度及下伏基岩面的起伏情况,也可探测地下暗河和溶洞的规模、分布深度、发育方向、地下水位,以及圈定强烈岩溶化地段和构造破碎带的分布位置。其缺陷是探测精度低、结果不唯一。

跨孔电磁波CT可以准确测定两孔间溶洞、土洞、溶隙、溶槽等的发育特征,需要用钻孔配合与验证。

建议在详勘阶段或路床清理后,在岩溶发育区进行地质雷达探测,初步查明地下土洞、溶洞和基岩面起伏情况,对地下水强径流带,采用高密度电阻率法探测岩溶管道的空间分布和地下水参数,对岩溶强烈发育的工程重点部位(如桥位)采用跨孔电磁波 CT,测定地下岩溶形态的特征参数,为下一步工程处治提供地质依据。近年来很多道路工程是在老路两侧扩建加宽,施工前应首先对旧路采用地质雷达进行溶(土)洞探测,发现溶(土)洞,预处理后再施工。

2. 钻探

钻探的目的是揭露地下各种地质体的形态特征和空间分布,验证地面调查、物探工作的成果、认识,其特点是直观、准确。通过钻孔资料,可以确定第四系覆盖层的岩性、结构、厚度。可溶岩及各种岩溶形态的分布与发育特征;溶(土)洞的发育和分布特征;地下水水位、流场等。

钻探工作具有工期长、费用高的缺陷,因而钻孔布置应在地面测绘和物探工作基础上进行,尽量一孔多用。在采用桩基础的桥墩钻孔深度控制在基岩面以下 20m,当钻孔揭露规模较大的溶洞或地下河管道,且上述孔深不能满足时,钻孔应加深进入洞底完整基岩 3m。

建议在初勘资料的基础上,结合地面调查和物探结果,重点在岩溶强烈发育区、塌陷集中分布区、主要建(构)筑物布置钻孔,确定溶(土)洞的埋深、规模、顶板厚度等地质参数。

8.3.3 岩溶路基处治方法

1. 岩溶路基处治判别条件

1)岩溶形态(病害)的稳定性

依据地质勘探资料,评价岩溶形态的稳定性,对稳定的可不予处理,反之,对不稳定的岩溶形态则要采取措施进行工程处治。对溶洞顶板的稳定性评价是重要任务。影响溶洞洞体顶板稳定的因素很多,其中内因有顶板厚度及完整程度、洞体跨度及形态、岩体强度及产状、裂隙状况及洞内充填情况等因素;外因有荷载大小、作用次数和时间、温度、湿度等。对于稳定围岩,可以用厚跨比法进行评价,当能够取得参数时,可以将洞体顶板视作结构自承重体系,用结构力学分析法进行评价,根据顶板形态、成拱条件及裂隙切割情况,分别将其作为梁板或拱受力计算或进行有限元数值分析;对于不稳定围岩,选择散体理论分析方法中诸如坍塌平衡法、坍塌填塞法、经验公式法以及稳定系数法等半定量和定量分析评价。

2)尺度效应

路基下起伏的岩溶形态因相对于路基结构尺寸不同而会产生不同的影响,与路基尺寸相比很小的起伏对路基产生的影响可忽略,而起伏的高低与路基设计高度处于同一数量级时,这种不均匀性影响就显得十分突出;在同样发育有溶洞的情况下,埋深大、洞径小的溶洞与埋深浅、顶板薄、洞径大的溶洞对路基稳定性影响显然有巨大的差别,这种现象称为尺度效应。不同尺度的岩溶形态带来的病害性质和危害程度不同,因此病害防治措施手段也不相同。确定处治对象时,必须考虑岩溶形态、病害相对于路基工程的尺度效应。

3)处治范围

由于地质条件、岩溶病害的差异与复杂性,以及所处工程部位(如挖填方、桥涵等),难以准确界定处治深度和宽度。根据大量的实践经验认为以下原则应加以考虑。

(1)在岩溶强烈发育区,岩溶路基处治控制深度为15m;在岩溶中等发育区和岩溶弱发育区,控制深度为10m。

(2)覆盖土厚度小于10m,且基岩面以下10m深度内存在溶洞的地段,整治设计深度至溶洞底板以下完整基岩内不小于1m。

(3)溶洞顶板厚度与溶洞横向跨度比大于0.5,且相对完整、无开口时,可不必处理。

(4)线路上已出现塌陷,整治深度以基岩面下10m为准。

(5)溶洞顶板厚度大于10m地段可不作处理。

(6)处治宽度以岩溶病害失稳破坏不影响路基稳定为标准。

有的土洞埋深较大,如在路基底面10m以下,一般认为在路基应力影响范围之外,可不处理,但由于覆盖岩溶区的地质条件和大规模建设工程的强烈干扰。近年来,人为诱发岩溶塌陷发生频度大为增加,特别是深基础的施工、大量抽取地下水,对深层岩溶水的扰动很大,破坏了岩溶水平衡系统,诱发岩溶塌陷,因此从长期运营安全角度来看,必须尽力把路基以下15m范围的土洞全部进行加固处理。

2. 确定处治方案的一般性原则

高速公路改扩建工程是一项较为特殊的建设工程,在岩溶风险性和危险度高的覆盖岩溶地区,在一条已受到岩溶地质灾害威胁和影响的老路两侧扩建一条高质量的新路,而又不能影响老路的高流量运营,这是一项极具挑战性的任务。为了完成这一任务,必须制定一个既可靠又可行的技术路线。

综观国内外研究成果,特别是覆盖岩溶区各种建设工程的经验教训,提出"施工前预处理是上策,施工中处治是中策,施工事故发生后处治是下策"的处治理念和原则。

以岩溶病害类型为主线,我们提出确定处治方案的一般性原则(表8-2)。

表8-2 岩溶病害处治方案

分类	处治措施
岩溶水	路基内:涵管导、排; 路基外:截、排; 内涝区:填石跨越
路基基底	正形态(石芽):清除; 负形态(溶槽):碎石回填,深、窄溶槽结构物跨越; 洼(谷)地:清除石芽和表层覆土,回填片石、碎石,铺设土工格栅
出露岩溶	无水:"填"和"堵",清除充填物,采用片石、碎石填塞,铺设土工格栅; 有水:"留"和"排",即设置涵洞排水

续表 8-2

分类	处治措施
浅层岩溶	面积大、覆盖薄:大开挖,按出露岩溶病害处治; 溶(土)洞顶板薄:强夯法、置换法; 岩溶形态复杂,深径比大,或需考虑冒水:结构物跨越
深部岩溶	洞径小、无水:钻孔注浆; 洞径大或有水:结构物跨越

(1)岩溶水的处治:以疏导为主。对路基基底出露的岩溶泉或溢水洞,设涵洞或泄水洞将水排出;若溶洞水未在地表出露,但对路基有影响,则根据其埋深、水量,采用截(截水渗沟)、排(支撑渗沟或排水平孔)、堵(止水帷幕等)进行治理;对路基上方的岩溶泉,设排水沟截流至路基外;内涝区段,采用透水性好的填石路堤跨越,必要时设置反滤层防止细料流失,在基础和底基层间铺设不透水的土工膜。

(2)路基基底的处治:通过"削峰填谷",给路基填筑提供一个平整坚实的基础,防止不均匀沉降变形。对于路基基底揭露的石芽采取清除方法处理;对于各种溶槽根据发育深度采取相应措施,通常采用碎石回填;当遇深度较大、宽度较小时,考虑采取梁板跨越的方法;对于洼地、谷地,一般先清除石芽和表层覆土,再回填碎石;回填路段铺设土工格栅防护。

(3)出露岩溶的处治:对出露于路基基底不具排水作用的地表塌坑、漏斗、落水洞、溶缝,以及规模不大且无地下岩溶水联系的溶槽、溶沟、干溶洞,采用"填"和"堵",清除充填物后,采用片石、碎石填塞,并在其上设置混凝土封层或铺设土工格栅,在周边设置盲沟;对有水的,尤其是与地下暗河连通,具备排水功能的岩溶,可用"留"和"排"的方法进行处治,即设置涵洞排水,注意根据涌水量确定涵洞孔径;对路堑边坡上的干溶洞,洞内采用片石填塞,洞口采用干砌片石铺砌、砂浆勾缝或浆砌片石封闭;对于边坡上方的溶隙则采取堵塞、填缝的办法处理。

(4)浅层岩溶的处治:浅层岩溶可采用大开挖,使得岩溶形态完全暴露,采取堵塞、充填的方式回填处理,在岩溶基坑顶铺设土工布做防水层;对于顶板厚度薄的溶(土)洞可采用强夯法处治;对于无充填溶(土)洞,采用先回填(片石、碎石比例抛入)、后注浆的方法处治,注意抛填时用重锤锤击,进行填塞和挤密;对于有充填物的溶洞,直接灌注水下混凝土加压充填;对于岩溶形态复杂,规模较大,溶洞、溶槽向地下发育很深(深径比 h/R 很大),或者需考虑岩溶水随季节变化,发生间歇性或周期性的消水和涌水,则考虑采取结构物跨越方法,根据岩溶尺度确定桥跨、拱跨和盖板跨等结构形式,通常桥跨适用于尺度大于 15m 的岩溶形态,拱跨适用于跨径较大($6m \leqslant R < 15m$)的岩溶形态,而盖板跨适用于宽度较小($R \leqslant 6m$)的溶洞、溶槽、溶沟。

(5)深岩溶的处治:深部岩溶通常以溶洞、溶隙、地下河管道为主,埋藏较深、顶板厚度较大,首先应对其进行危险性评价,若在路基部位存在溶洞开口或评价不稳定,则应进行处治,否则可不予治理。治理措施为洞径小、无水时,采用钻孔注浆加固。如洞径大或有水,无法采取灌浆加固,可采用结构物跨越。

以处治措施为主线,提出以下处治方案的确定原则(表 8-3)。

表 8-3 岩溶路基处治方案与适用病害

处治措施	适用病害
开挖回填	地表或埋深很小(顶板岩层厚度小于1m,土层小于3m)的溶(土)洞
强夯法	埋深3~5m的中小型溶(土)洞
注浆法	埋深较大的溶(土)洞
顶板爆破夯填法	规模大、埋深较大(5~10m)的土洞; 埋深虽较大,但顶板破碎的溶洞
结构物跨越法	岩溶形态复杂或需考虑冒水的路段; 深度大、宽度小的溶沟、溶槽; 埋深大、规模小、难以在洞内加固的溶洞
土工格栅	岩溶强烈发育、岩溶病害复杂以及回填处理后的路段

(1)开挖回填:对裸露于地表或埋深很小(顶板岩层厚度小于1m,土层小于3m)的溶(土)洞进行浅层开挖处理,可采用爆破或其他方法把溶洞顶板揭开并扩大,对溶洞进行回填,施工时应逐层回填,逐层夯实。如果溶洞内有水或软塑充填物,应清除充填物后再进行回填。回填材料可选择片石、碎石、黏土、碎石土及混凝土,依据现场情况选用,回填材料需保持级配良好。

(2)强夯法:对于埋深3~5m的密集中小型溶(土)洞,采用高能级强夯法处理,使土洞坍塌,以消除其隐患,同时提高地基土的强度,改善覆盖较深的溶(土)洞的顶板安全状况。坍塌后的溶(土)洞采用碎石土夯填。

(3)注浆法:对于埋深较大溶(土)洞,采用注浆法治理。一般先采用钻机钻孔,在到达设计深度后,再选择合适的注浆方法将浆液注入,以充填溶(土)洞,或胶结、挤密洞内充填物以提高其强度,从而改善顶板受力状况。若溶洞规模较小,且洞内无填充物时,则注浆充填整个溶洞;当洞内充填松散堆积物时,则注浆胶结或挤密堆积物。若溶洞规模较大,注浆充填溶洞工程量太大,则可根据溶洞形态、规模、顶板地层情况及厚度等因素,采用一定间距和分布方式的注浆孔,以形成具有一定强度的支柱来支撑溶洞顶板,改善顶板的受力状况,同时对洞内充填物也具有一定的挤密作用。

(4)顶板爆破夯填法:对于规模大、埋深较大(5~10m)的土洞,或埋深虽较大但顶板破碎的溶洞,采用爆破工艺将顶板炸除,使洞塌落,然后回填碎石土,并逐层夯实。

(5)结构物跨越法:对于深度大、宽度小的溶沟、溶槽,以及埋深大、规模小、难以在洞内加固的溶洞,可采用钢筋混凝土结构物进行跨越处理。对地下水强径流带也可考虑采用结构物跨越法。

(6)土工格栅:格栅在路基土中起到了加筋网格骨架的作用,用土工合成材料防治沉陷或塌陷比混凝土盖板更具优势,土工合成材料又以重型土工格栅最为有效,它的纵向抗张强度可达400kN/m(标准的仅为40kN/m)。在岩溶强烈发育、岩溶病害复杂的路段,以及回填处理后的塌坑、漏斗等部位,铺设加强型土工格栅,以支持上面的路堤,同时防止岩溶水对路基的破坏作用。

必须指出的是,以上处治方案为一般性原则,现场岩溶病害的处治必须综合考虑岩溶病害的发育特征及其所处地质环境、现场施工条件,如其发育的部位、规模、空间尺寸、围岩稳定性、覆盖土层、地下水活动与路基关系,以及施工现场材料、设备、施工等环境因素,在安全可靠的前提下,选择经济合理、方便施工的处治方案,同时也可选择综合处治方案。

第9章 岩溶地下水库工程地质

9.1 岩溶地下水库的基本特征

9.1.1 岩溶地下水库概念

岩溶地下水资源具有系统性、赋存不均一性、动态波动性及可调蓄性的特征。

一般而言,岩溶地下水赋存于岩溶含水层中,但从地下水资源的角度来看,岩溶水系统是岩溶地下水或岩溶地下水资源赋存的基本单元,也是岩溶地下水资源评价、开发利用、保护和管理的基本单元。赋存于岩溶水系统中的地下水具有统一的水力联系,在系统任何一部分加入或抽取地下水,对整个系统都会产生影响。

岩溶地下水与孔隙地下水、基岩裂隙地下水不同,岩溶含水介质高度不均一,由溶隙、溶洞、岩溶管道及通道组成,利用常规的井采方式,效果往往不能满足供水要求,地下水位及水资源动态变化极大,也使开发利用难度增大。我国南方岩溶区,降水丰富,年降水量达1200~1600mm,降水入渗系数可达0.4~0.6。尽管在雨季岩溶地下水可得到大量补给,但由于岩溶地下管道和通道排泄能力极强,快速流可排泄补给量的30%~50%,这部分水资源却很难直接利用。这就造成"地下水滚滚流,地上水贵如油"的景象。如果我们把每个岩溶蓄水构造,看作一个天然地下水库加以改造,形成人工地下水库,就可以进行人工调蓄,增大可利用资源量,抬高水位,既可利用水量资源也可利用水能资源。

地下水库是继地表水库之后提出的一种补充性水资源调蓄形式。与地表水库不同,其水资源的调蓄空间主要不在地表,而在地下的岩体空隙(包括孔隙、裂隙、溶隙、溶洞等)中。由于岩溶区地下溶隙、溶洞发育,整体孔隙度大于非岩溶岩体,因而成为建造地下水库的有利场所。地下水库在丰水期将地表余水人为地补充到地下蓄水构造中,改变了水资源的空间分布;丰水期的蓄存量在枯水期使用,调节了水资源的时间分布。因此,地下水库是以调节水资源时空分布使其适应人类需求为根本目的。我国岩溶地区最突出的问题是水资源时空分布不均衡。我国处于季风气候带,70%的降水集中在夏季,岩溶区降水多渗入地下,并通过地下河迅速排泄。地表水稀缺,造成大面积干旱。修建地下水库是解决广大岩溶区水资源时空分布不均的有效措施。

9.1.2 岩溶地下水库的基本功能

(1)利用地下岩溶空隙(溶孔、溶隙、溶洞、通道等)作为主要地下水储存与调蓄空间,有时利用岩溶洼地、谷地作为补充调蓄空间。

(2) 岩溶地下水库能够实现水资源丰储枯用。

(3) 岩溶地下水库充分利用和强化地表水与地下水相互转化关系，实现了地表水与地下水的联合调度和利用。

(4) 岩溶地下水库在枯水期或用水量多的时候进行供水，而在丰水期或用水量少的时候进行人工补给，是一种以丰补欠、调节平衡的水资源开发方式。除了年内调节外，还可进行年际调节。

(5) 岩溶地下水库是以地下空隙为主要蓄水空间，不淹没或少淹没地表的土地。对于地少山多的岩溶山区具有巨大的经济及社会效益。

9.1.3 岩溶地下水库的基本条件及结构

(1) 岩溶地下水源是修建岩溶地下水库的先决条件。岩溶地下水包括岩溶水系统（地下河、岩溶泉等）枯水季基流量和丰水期的洪水流量。

(2) 岩溶地下水库的蓄水空间是在地下岩体中，必要条件是岩体岩溶相当发育，包气带应有足够厚度，其整体岩溶发育率要大于 6%～8%。

(3) 岩溶地下水库必须具备可靠的蓄水边界条件，如岩溶地下分水岭，非岩溶隔水层或隔水岩体形成的地形分水岭等。地下必须有修筑地下坝或地下堵体的工程地质条件以及防止坝下和绕坝渗漏的工程地质条件。某些岩溶地下水库的坝体修在地下河出口地表，主要库盆在地下。

(4) 岩溶地下水库作为水利工程，由堵截地下水流的地下坝、地下堵体、或地上坝形成截水工程。岩溶地下水库与地表水库一样，必须配备泄洪工程，其中包括坝顶溢流、斜井或隧硐溢洪、闸门溢洪等。岩溶地下水库还需要防渗工程，如库区防渗、坝基防渗及绕坝防渗等。此外，还可以根据不同需要修建引水、发电等各种工程。

(5) 任何岩溶地下水库都是在某个岩溶水系统基础上加以人工改造形成的。大多数岩溶地下水库都是在与地下河"打交道"，以某个或某几个地下河系统为对象，调蓄其水量，利用其地下蓄水构造和岩溶化岩体储存水量，并利用该地下河系的天然边界条件和出露条件布置防渗工程，从而形成自然与人造相互结合的水利工程系统。因此，对拟建岩溶地下水库的地下河系统的岩溶水文地质及工程地质条件进行详尽调查研究是建造岩溶地下水库的基础性工作。

(6) 岩溶蓄水构造是岩溶水系统的重要组成部分。作为基岩水文地质，岩溶水系统总是和具体的地质构造有关，地质构造形态控制了岩溶含水层组和边界条件的三维空间分布，影响了岩溶发育及地下水流的运动和汇流。大的泉域或地下河流域往往由非可溶岩间接补给区和可溶岩汇流区或岩溶蓄水构造两部分组成。有时一个泉域或地下河流域均处于可溶岩区，这样岩溶水的补给、径流、汇流区均在可溶岩区。岩溶蓄水构造对岩溶水系统的结构模式有重要影响，对岩溶地下水的运动、储集及地下水的开发利用方式都有重要意义。

中国西南岩溶区碳酸盐岩面积为 $40 \times 10^4 \mathrm{km}^2$，共形成岩溶水系统 3620 个（裴建国等，2008），其中流量大于 100L/s 的地下河、岩溶泉及集中排泄带共 1011 处，但地下河流域及泉域的面积大于 $1000 \mathrm{km}^2$ 的仅有 27 处。

上述情况与中国北方岩溶区不同,这是因为中国西南地区地质构造作用强烈,地质构造复杂,形成多而小的岩溶蓄水构造,它们可以是向斜、背斜、断块、断陷盆地等,多以非可溶岩为边界,形成众多的、相互独立的水文地质单元。笔者曾将这些由地质构造为骨架形成的岩溶水文地质单元称为"岩溶构造单元流域"(韩行瑞等,1997)。

9.2 岩溶地下水库类型

由于岩溶工程地质条件不同,特别是岩溶水系统及蓄水构造的差异性以及地下水库兴利等因素,岩溶地下水库的设计和修建必需因地制宜,与不同的结构类型和工程配置。目前尚未有岩溶地下水库的统一分类,但一般按岩溶地下水库的工程结构、蓄水形式、调蓄能力、水源补给方式等条件综合分类。

岩溶地下水库的工程结构应包括地下坝或地下堵体、溢洪工程(如坝顶溢洪,坝体溢洪闸门、斜井溢洪、渠道或隧道溢洪),蓄水体包括地下河通道及溶洞蓄水,地下包气带蓄水,地表洼地、谷地蓄水等。根据地下坝或地下堵体的封闭类型可分为全封闭地下坝或地下堵体型,半封闭地下坝型。此外,还要考虑地下水库的调压和通气孔道,保障地下水库系统运行安全。卢耀如等(2011)根据地下坝或地下墙体的封闭类型及地下水库与地表水的关系,对岩溶地下水库作了分类(图9-1、图9-2)。

建坝类型	开发类型	典型地下水库示意例图	简要说明
封闭地下坝型（暗河主河道全部封闭堵塞建立高水位地下水库类型）	高层洞口自流灌溉型		在适宜的狭窄暗河主河道上全部封闭建坝(D)(混凝土坝或浆砌块石坝),使水位涌于上层洞口,自流灌溉
	溶蚀竖井自流灌溉型		封闭暗河主河道,建成高水头地下水库,使库水自溶蚀竖井上涌至洼地,而流入渠道自流灌溉
	库内隧洞引水灌溉型		修建地下坝使水位壅高,并于库内高于灌区的高程位置开凿引水隧洞以自流灌溉
	洞外落差水流发电型		暗河内修封闭型混凝土坝(D),使水位壅高,于洞外利用暗河与谷地的落差来以发电(E)

建坝类型	开发类型	典型地下水库示意例图	简要说明
（暗河主河道全部封闭堵塞建立高水位地下水库类型）	坝后发电引水灌溉型	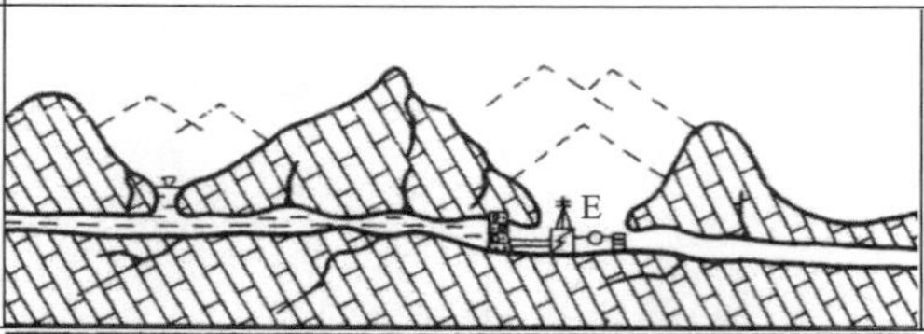	暗河中修建封闭型地下坝（D），于坝后直接安装发电站（E）发电（电厂在暗河天窗或出口地带），发电后水再通过隧洞以灌溉农田
	坝前地下厂房发电型		暗河修封闭式地下坝（D），使许多大体积溶蚀竖井水位壅高，于地下坝和竖井间开凿隧洞（T）及地下厂房，安装机组发电
	库内竖井抽水灌溉型	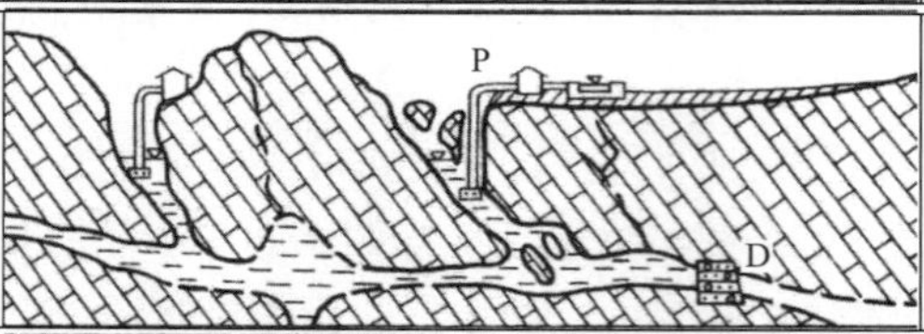	地下暗河封闭建坝（D），许多溶蚀竖井水位壅高，可用各种抽水机械（P）从中抽水灌溉农田
	坝后渠道引水灌溉型		全封闭式地下坝内安装泄水闸门（G），使地下水库库水直接流入洞内渠道，再引到洞外以灌溉农田
半封闭地下坝类型（暗河主河道半封闭堵塞坝建成低水位地下水库类型）	洞外引水隧洞发电型	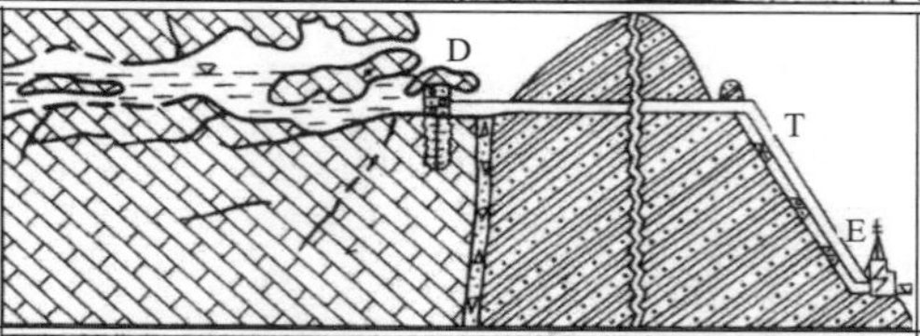	修建半封闭地下坝（D），形成地下水库，再于暗河溶洞外开凿长引水隧洞（T），引地下水库水至大落差的地表河谷来以发电（E）
	洞内引水隧洞发电型		于暗河坡度小地段修建半封闭地下坝（D），再于洞内开凿引水隧洞，利用暗河出口地带的较大落差来以发电（E）
	坝后水泵提水灌溉型		修建多级半封闭地下坝（D），于坝后利用水轮泵（WP）等直接抽水到高处谷地以灌溉农田
	库区竖井提水灌溉型		修建半封闭地下坝（D），使获得一定库容的地下水库，于溶蚀竖井中安装各种水泵（P），以提取地下水库库水至高地以灌溉农田

图 9-1　岩溶地区地下水库主要类型图（据卢耀如，2011）

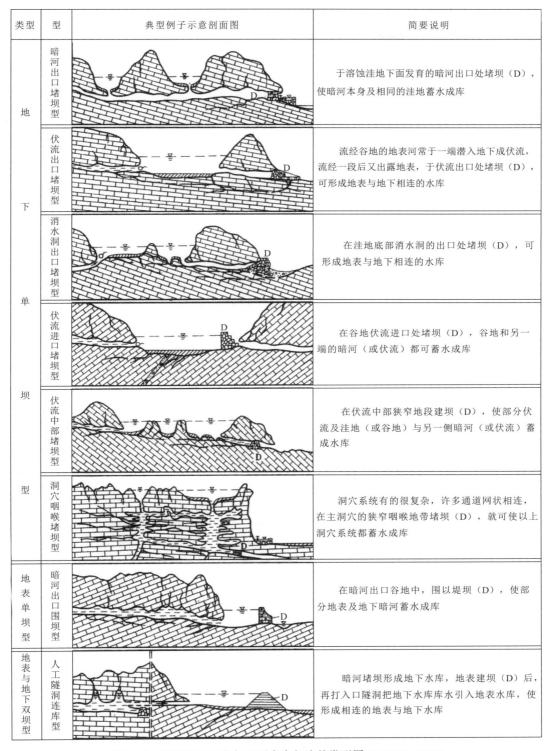

图 9-2 岩溶地区地表与地下水库相连的类型图(据卢耀如,2011)

9.3　岩溶地下水库的库容计算方法

与地表水库一样，岩溶地下水库必须有一定的库容，才能满足当地工农业生产或饮用水量的要求。其中地表-地下岩溶水库的库容计算与地表水库类似，但岩溶地下水库库容的计算要复杂得多。由于岩溶系统发育的复杂性，岩溶地下水库库容的计算结果往往精度不高。目前岩溶地下水库库容的计算方法有以下几种。

9.3.1　集中参数估算

集中参数估算原理是根据实测水文地质资料计算出库盆内岩溶地下水位平均坡降，然后根据地下水库坝前设计水位抬升值圈定回水范围内的岩溶含水体面积。从勘探试验中计算出平均岩溶率或平均给水度。将平均岩溶率或平均给水度乘以计算的库盆体积，即可算出地下水库的库容。它的假设条件是计算库盆中岩溶裂隙、管道和孔隙等的分布是相对均匀的，也可将岩溶发育不均一的岩体分成区块计算后再加以汇总。

9.3.2　分层计算法

与计算地表水水库库容相似，将库盆内的地下水面与地表水库的坡面相类比，从而将各层地下水库库容计算后叠加而成。它的应用条件是必须要有精确的勘查资料，确定出库盆内的等水位线。

9.3.3　几何形态概化法

通常情况下，岩溶地下水库的空间主要由地下河的洞腔组成，其次才是岩溶裂隙与孔隙。几何形态概化法的基本原理就是将岩溶地下水库的库容分解为地下河形成的库容与岩溶裂隙与孔隙体积之和。该方法计算的精度主要取决于对岩溶地下河几何形态及控制程度。

9.3.4　水箱模拟法

水箱模拟法计算方法是将库盆内的地下河洞腔和孔隙、裂隙一起等同于一个水箱。岩溶地下水库的补给和排泄就等同于水箱的进水和放水。水箱蓄水量（相当于岩溶地下水库的库容）与放水量（岩溶地下水库的排泄量）之间具有一定的函数关系。该函数关系可以是线性的，也可以是非线性的。计算地下水库的库容就转化为找蓄水量与排泄量之间的关系。将某一水头对应时间段的排泄量累加后，即可得到某一水头处的蓄水量，进而推算出地下水库修建后所形成的相应水头时对应的库容。

9.4 岩溶地下水库主要工程地质及环境问题

9.4.1 岩溶地下水库的渗漏问题

岩溶地下水库修建之后,其渗漏问题包括3个方面:一是库底渗漏;二为侧向渗漏;三为坝体渗漏。

理想的岩溶地下水库库盆内的地层组成应该是具有良好的隔水层,没有破坏隔水层的导水断层、节理或裂隙。岩溶地下水库的侧向一般多由灰岩、白云岩组成,是否产生侧向渗漏取决于岩性、岩层产状、岩体的完整性、岩溶发育程度及连通性、有无地下分水岭等。地下水库修建过程中坝体修建不当也会引起渗漏,如湖南省保靖县白龙洞岩溶地下水库,在20世纪70年代曾经进行过堵洞成库工作,但未取得成功,原因就是蓄水后坝基被击穿造成渗漏。

9.4.2 坝址选择

受地层、岩性、构造及地下河发育阶段等因素的影响,岩溶地区地下河呈现出不同的特点。根据地下河的平面结构类型,将岩溶地下河分为简单、中等和复杂3种类型。其中简单型地下河平面结构为单管型,只有一个单一的出口;中等型地下河平面结构为树枝型,有一至两个集中排泄口;复杂型地下河的平面结构则为网格型,除了有集中排泄口,分散泄流也多。从修建地下河水库的选址来说,简单型地下河是首选目标,其次则是中等型,复杂型地下河由于选址复杂、施工技术复杂、难度大且成功率低而极少选用。

选择坝址时,则需要选择风化程度低、岩石坚硬、断层及构造裂隙不发育的位置。

要使岩溶地下水库有足够的水蓄积,必须要有足够大的地下水补给区。计算岩溶地下水库补给量的方法主要是了解补给区域的范围,补给区内各种岩性的分布面积,补给区内多年平均降水量,以及各类岩体分布区的入渗量。

9.4.3 岩溶地下水库的水质保护问题

由于岩溶地区地表水与地下水的转换频繁,加之岩溶地下水的流速一般要低于地表水,因此岩溶地下水的自净能力较弱。既使在较为偏远的农村地区,由于农业生产使用的化肥、农药等也使岩溶地下水受到越来越大的威胁,且岩溶地下水库的补给区面积较大,因此必须对补给区地下水、地表水的水量和水质进行监测和保护,根据地下水补给特点和周围的环境现状,合理划定水源保护区的范围,规范保护区内的工农业活动。结合石漠化防治的实施,逐步实施退耕还林还草及封山育林,加强对上游地区农药、化肥使用的管理和控制。大力推广测土配方施肥法,有效减少进入岩溶地下水中的有害成分含量,确保地表水、地下水不受污染,从而保证地下岩溶水库的正常运转。

9.5 典型岩溶地下水库

9.5.1 贵州普定马官地下水库

1. 概述

贵州省普定县马官水库处在黔中高原台面上,地貌为溶蚀峰丛谷地(图9-3),区内出露

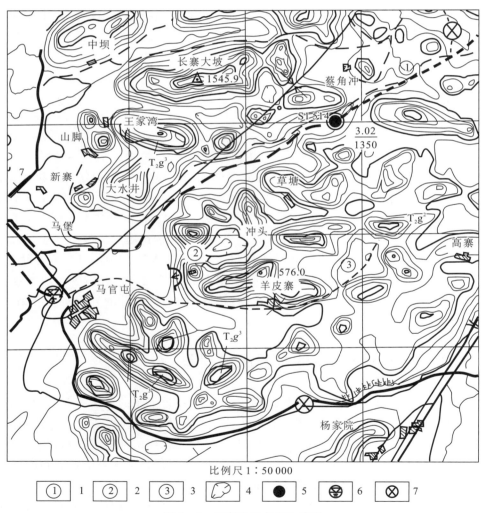

图9-3 马官地区水文地质图

1.打油寨地下河;2.水洞地下河;3.羊皮寨地下河;4.岩溶洼地;5.地下河天窗;6.岩溶潭;7.地下河及出口

地层为中三叠统关岭组第二段（T_2g^2），岩性为薄至中厚层灰岩、泥灰岩夹泥岩，岩层倾角 $4°\sim15°$，构造节理发育。水洞地下河为一条小规模、高悬于谷地的地下河，其出口位于马官谷地东侧坡麓地带，上游通过落水洞与冲头洼地相通，并自成系统。地下河总长度约740m，洞身断面多为矩形，高为 $1\sim5$m，平均为3.7m，宽为 $2\sim10$m，平均为5.4m，洞身完整。鉴于地下河系统流域面积小，天然条件下水源补给有限，而系统内地表可利用蓄水空间较大的特点，设计将地下空间和地表洼地结合构成地下水库的库盆，并采用渠道从相邻羊皮寨地下河流域引水调入冲头洼地，作为马官地下水库的补充水源（图9-4）。据计算地下空间为 1.47×10^4m³，冲头洼地有效蓄水空间约 125×10^4m³，合计约 126×10^4m³，成为一处中型地下水库。项目于1990年3月8日动工，50天完成主体工程，此后配套实施逐步完善。工程解决了马官集镇及马官村的饮水问题，工程控制灌溉面积333hm²，自流保灌面积200hm²。该水库工程的建设，在雨季将羊皮寨地下水流域系统中部分水量引出，不但对水洞地下河系统水资源量进行了补充调节，而且对羊皮寨地下河流域系统雨季洪水起到分洪作用，从而达到消除雨季羊皮寨地下河流域的岩溶洪涝灾害，较好地起到了兴利除害的目的。

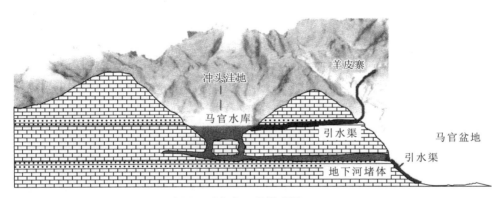

图9-4 水洞地下水库工程模型图（据蒋忠诚，2015）

2. 库盆结构及渗漏问题

马官地下水库库盆由两个部分组成，即地表库盆与地下库盆。地表库盆为闭合的冲头洼地，呈椭圆形，长轴约300m，短轴约150m。地下库盆为水洞地下河流的地下水位凹槽。地表库盆主要拦蓄坡面水流，地下库盆主要储蓄坡地下渗裂隙水量，二者由洼地中的漏斗、落水洞连通。该库盆能否蓄水和发挥效益，其关键是能否解决库区的渗漏问题。

从水库地质结构可知，库底下部有泥质隔水层 T_2g^{2-1} 分布，该隔水层未受断层破坏，隔水性良好，水洞地下河即是沿这一隔水层顶面流出的。水化学分析资料证实隔水层与上（T_2g^{2-2}）、下（T_2g^{2-1}）灰岩含水层无水力联系，两层地下水类型截然不同（表9-1）。T_2g^{2-2} 中的岩溶水为重碳酸钙镁型水，而 T_2g^{2-1} 中的岩溶水属硫酸重碳酸钙镁型水。矿化度及电导率几乎也相差2倍。隔水层可成功地阻止库水向库底部渗漏。

表 9-1 隔水层上下含水层岩溶水化学成分对照表(据普定岩溶试验站资料)

含水层	取样地点	取样时间	Ca^{2+} /(mg·L^{-1})	Mg^{2+} /(mg·L^{-1})	SO_4^{2-} /(mg·L^{-1})	HCO_3^- /(mg·L^{-1})	矿化度	电导率
T_2g^{2-2}	水洞	1990.5.29	59.12	21.26	33.62	244.08	248	405
T_2g^{2-1}	S 泉	1990.5.29	135.27	29.77	247.35	250.18	549	805

库区侧向均为灰岩,无隔水层分布,是否产生侧向渗漏取决于岩溶裂隙、孔隙、构造等是否发育和与其相邻的地下河流域的地下分水岭是否存在。

库区以东和以南为羊皮寨地下河流域,实地勘查结果表明,羊皮寨地下河与水洞地下河之间有一地下分水岭存在,羊皮寨地下河水位比水洞地下河水位高 42m。由此可见,水库蓄水后不可能向南和向东渗漏。

库区以西和以北为马官谷地,低于水库正常蓄水位 56m,山体单薄,是可能渗漏地段。野外勘查证实该山体岩溶发育极弱,实际上是一段岩溶极弱发育的相对隔水层。此外,连通实验也证实除水洞以外再无其他出口。因此,该库盆不会产生库区渗漏。

3. 坝址及坝型

岩溶地下水库坝体与地表水库坝体的功能是相同的,因此地下水库的坝址应选在地下水汇流区或地下暗河系统地下径流集中地带,即汇流面积大,坝址截流断面小、岩体稳定而且没有绕坝渗漏可能性的地带,或有绕坝渗漏但易于处理的地带。

库区马官地下河溶道为单层、单管状,且仅有一个出口,而且出口洞段形状规则。此外,实地勘测及试验资料表明,地下河洞口段岩石坚硬,岩层稳定,无断层分布,河床底部堆积物极少,基岩裸露,洞体断面小,易施工,是所选的坝址中最佳的筑坝位置。经论证,设计中所采用的坝型为全封闭重力圆形拱坝。

4. 库容分析计算及补给量估算

库容由地下库容和地表库容组成,地下库容计算采用等水位线分层计算法,其库容为 $1.44×10^4 m^3$;地表库容与地表水库计算方法相同,为 $131.1×10^4 m^3$。马官地下水库的总库容为 $132.54×10^4 m^3$(表 9-2)。蓄水高程与库容曲线如图 9-5 所示。

表 9-2 马官地下水库库容表(据普定岩溶试验站资料)

水位/m	水位面积/(×10^4 m^2)	地下库容/(×10^4 m^3)	地表库容/(×10^4 m^3)	总库容/(×10^4 m^3)
1 323.00		0	0	0
1 325.00		0.144	0	0.144
1 330.00		0.529	0	0.529
1 335.00		0.914	0	0.914
1 340.00	0.30	1.442	1.6	3.042

续表 9-2

水位/m	水位面积/($\times 10^4 m^2$)	地下库容/($\times 10^4 m^3$)	地表库容/($\times 10^4 m^3$)	总库容/($\times 10^4 m^3$)
1 345.00	2.33	1.442	8.2	9.642
1 350.00	4.58	1.442	27.1	28.542
1 355.00	6.21	1.442	54.1	55.542
1 360.00	7.93	1.442	89.6	91.042
1 365.00	8.62	1.442	131.1	132.542

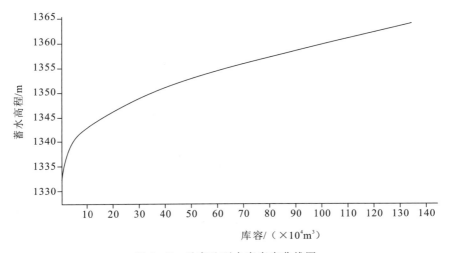

图 9-5 马官地下水库库容曲线图

马官地下水库库区范围为一个完整的水文地质单元,集雨面积为 0.47km²,水库产流结构(图 9-6)属完全补给型,即降水除蒸发外全部进入地下水库。

5. 工程效益

马官地下水库由于是利用天然的地下河道及与其相连通的岩溶洼地蓄水,其水库坝体为砌石拱坝,拱厚为 0.4m,顶拱中心角 $2\Phi=60°$,工程量小、成本低、见效快。

该地下水库蓄水 $132.5\times10^4 m^3$,兴利库容为 $132.5\times10^4 m^3$,产生了巨大的效益:自流灌溉面积 330 多公顷,每年可增产粮食 500t,增收 130 万元;防洪排涝,雨季将羊皮寨地下河流域洪峰(5.52m/s)引入水库,使马官田坝约 0.33km² 良田免遭涝灾;解决马官镇机关及马官村约 5000 人、1200 头大型牲畜的人畜用水,实现自来水化,乡镇面貌得到了极大的改善。

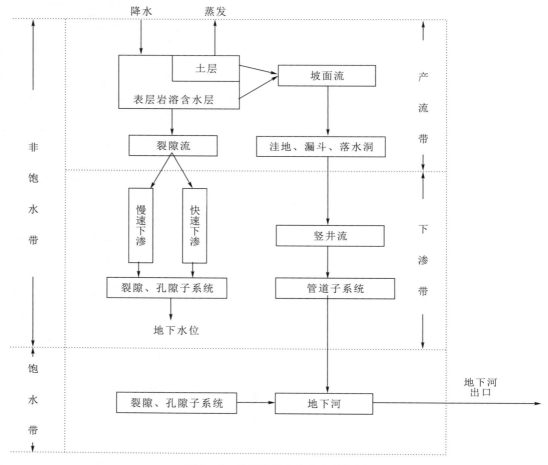

图 9-6 马官地下水库产流结构图

9.5.2 贵州独山岩溶地下水库

1. 概述

贵州独山地区是我国最早建设岩溶地下水库的地区。根据岩溶水文地质条件及工程地质条件,建设了多种结构类型的岩溶地下水库,如全封闭堵洞闸阀溢流型、全封闭堵洞地表溢流型、半封闭坝顶溢流型等,大部分是地下河系与地表洼地联合蓄水。有很多成功的典型,但也有失败的教训。

全封闭堵洞成库是在洞口或地下河道上对地下河道采用"塞"式堵体将河道全封闭,而在堵体上设置放水闸阀或在库首段设置排洪隧洞调节溢洪。典型实例为独山新寨奋发洞地下水库。奋发洞地下水库建于鱼寨地下河南部的一条支流上,该支流发源于甲然堂,向北流至奋发洞口排出地表形成小溪,然后汇入鱼寨地下河系统。奋发洞口位于独山县下司岩溶谷地南部边缘,出露地层为上泥盆统尧梭组,岩性为深灰色中厚层细晶白云质灰岩。溶洞沿SE220°、SE150°两组节理发育,洞宽为2.5m,高为1.6m,局部高为20m,洞穴不规则,部分地段发育成岩溶潭,深1.2m左右。溶洞由上洞和下洞组成,上洞口标高为950m,下洞口标高为920m,近洞口地带断裂和节理极为发育。利用该地下河曾有3次堵洞成库的历史,在未进行详细的地质工作初期,当地群众在洞口堵洞建坝成库,蓄水后库水分别沿SE110°、NE10°方向裂隙渗漏,干旱季节无蓄水可用而宣告失败。之后将坝址向洞内移动,相继修筑了第二道坝和第三道坝,但由于均未避开渗漏部位而未能成功。后来查清了地下河的地质条件,特别是出口地带的地质构造,将坝址选择在距洞口55m、远离断裂带的岩体相对完整的地下河段上,采用全封闭无溢流式拦水坝堵洞蓄水获得了成功,提高水位26m,并在上游与地下河连通的红梅洼地和破屋西洼地蓄水成湖,地下水库库容为$22\times10^4 m^3$,引流自流灌溉田100hm²(图9-7)。

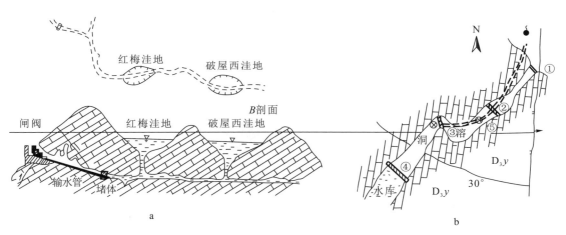

图9-7 独山新寨奋发洞地下水库示意图(据王明章,2006)

2. 独山王偶地下水库

独山王偶地下水库为全封闭地表溢流型地下水库,即坝体全封闭地下河道,在地表开渠排洪。这类地下水库多建于地下河系的中、上游。如王偶地下水库(图9-8)坝址坐落于小溪孔地下河系主流天窗内。库区内以灰岩、白云岩地层为主,河道宽为3~5m,高为8~10m,呈椭圆形。1976年冬建成全封闭式地下水库,坝高为9.6m,长为7m,地下水位抬高后淹没地表,水库回水至半边街,长达5.5km,于地表河道开渠排洪。库容为$30\times10^4 m^3$,水轮泵提水灌田250亩(1亩≈666.67m²),电灌140亩,柴油机提灌800亩,发电55kW。在地下水库当中,此类型效益最好。因在地下建坝成本低,而蓄水空间可延伸至地表,扩大蓄水量。王偶地下水库较典型,其地表具备了开渠排洪的条件,若不具备此条件,切不可施行,如兴义市黄泥堡地下水库,在伏流出口全封闭混凝土堵洞,蓄水后,伏流进口前洼地水位上升10~20m、伏流通道形成了有压流,因伏流顶部漏斗充满了碎屑物质,无法起到调压井的作用,又无排洪设施,因而在水气压力作用下,伏流出口封堵体上部及附近岩体在水位上升两天后发生炸裂,长 200m 的山坡裂形成一系列漏斗群。

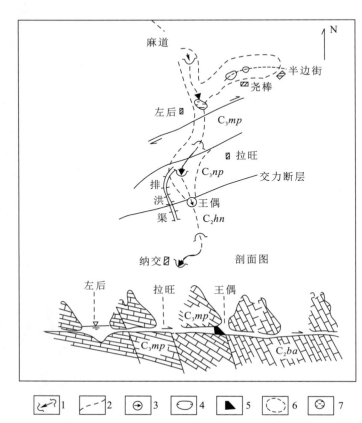

图 9-8 王偶地下水库示意图(据贵州工学院,1985)
1. 暗河明流段;2. 暗河;3. 暗河天窗;4. 洼地;5. 地下水库坝体;6. 地下水库回水范围;7. 岩溶潭

3. 独山戎然水库岩溶渗漏

独山戎然水库是建在于黄后地下河系上游主干道上的一座地下水库。从 1992 年起,曾先后在戎然附近明流段及洞口处建造 3 道拦水坝,由于未开展有效的岩溶工程地质工作,以库区及坝下渗漏而告失败(图 9-9)。分析该水库失败的原因,在于马平组强岩溶化的灰岩顶部与下二叠统梁山组砂泥岩之间存在古岩溶不整合面,在该古岩溶面上形成的溶沟、溶槽、石芽相当发育,灰岩顶面剧烈起伏,且坝址处岩层倾角平缓,致使不整合带成为岩溶强透水带。而工程实施前未开展详细的工程地质工作,坝址选择失误,加之坝基清基不彻底,对坝下充填黏土的裂隙未做处理,也未做防渗帷幕灌浆,导致 3 次筑坝建库失败。

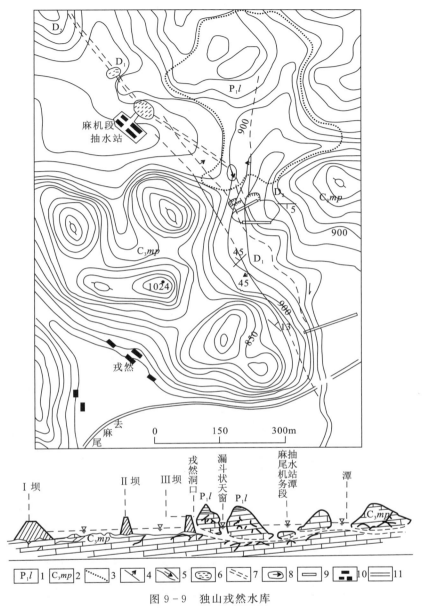

图9-9 独山戎然水库

1.下二叠统梁山组（砂页岩）；2.上石炭统马平组（灰岩）；3.不整合界线；4.断层；
5.河流及流向；6.溶潭；7.地下河管道；8.天窗；9.水库坝；10.居民点；11.公路

9.5.3 重庆市海底沟岩溶地下水库

1. 概况

海底沟岩溶地下水库位于重庆市东北约30km处，水库坝址建在原江北煤矿平硐内724m处（图9-10）。

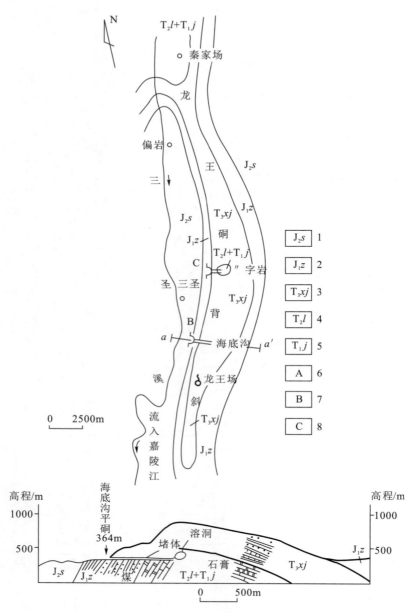

图 9-10 重庆市海底沟地质简图(缪钟灵,1991)

1. 中侏罗统沙溪组砂页岩;2. 下侏罗统自流井组砂页岩夹灰岩;3. 上三叠统须家河组砂页岩夹煤层; 4. 中三叠统雷口坡组白云岩、白云质灰岩;5. 下三叠统嘉陵江组中、厚层灰岩;6. 龙王场上升泉;7. 海底沟平硐;8. 八字岩石膏矿平硐

龙王硐背斜走向北北东,为东缓西陡,顶部宽平的箱状背斜。它是川东梳状褶皱山的一部分,是华莹山向南的一个分支,山脉走向近南北向,最高峰南天门标高为 1025m,向南逐渐低矮,消失于重庆市区红色丘陵地形中。山体由上三叠统须家河组的砂岩构成,在背斜轴部

形成多级悬岩陡坎,而两翼(尤其东翼)倾角平缓处形成单面山地形。山体两侧被侵蚀切割成若干平行的近东西向冲沟,部分冲沟切入下伏的雷口坡组及嘉陵江组灰岩地层。

库区主要为龙王洞背斜轴部的三叠系：下三叠统嘉陵江组,以灰色中、厚灰岩为主,厚为 500~700m。中三叠统雷口坡组,以白云岩、白云质灰岩、灰岩、角砾岩等为主,厚为 97~470m；其中夹有两层石膏矿,厚为 30~70m。上三叠统须家河组,以砂岩、砂质页岩为主,夹有煤层,厚为 338~650m。

中下三叠统中,岩溶强烈发育：开凿平硐时,曾遇到体积约 $10×10^4 m^3$ 的巨型溶洞；平硐发生突水后不久,在平硐至八字岩 $5.5km^2$ 范围内产生了由于溶洞坍塌而产生的地表震动。

2. 海底沟煤矿平硐穿水情况

海底沟平硐是江北煤矿的一个生产平硐,硐口标高为 364m,该矿原开采背斜西翼煤层,后来计划开采东翼煤层,决定将海底沟平硐延长,穿越背斜轴部至东翼。当平硐延至 1056m 的嘉陵江组灰岩地层时,遇巨型溶洞突水。巨型溶洞高出平硐 10 余米,洞长为 250m,宽为 80m,高约 10m,体积约 $10×10^4 m^3$。洞底高程约 380m,长轴方向为 NE50°,洞底尚见有一股水流由北东向流出。

突水初期峰值流量为 90 000t/h,呈承压状涌出,水压很大,突水量衰减较快,可用布西涅斯克方程的特解来描述。

$$Q_t = \frac{Q_0}{1+\alpha t} = \frac{216×10^4}{1+0.45t} \left(\frac{t}{d}\right) \tag{9-1}$$

式中,Q_t 为任一时刻 t 流量；Q_0 为峰值流量；t 为自突水起计算的时间；α 为衰减系数。衰减系数 α 按突水后 72d 实测流量数据求得,为 0.45。

突水后,使上覆须家河组砂岩含水层中的涌泉及钻孔涌水消失：位于平硐以北 8.5km 范围内且处于背斜西翼的 4 个农灌自流孔涌水均消失,水位下降达 47.9m；平硐以南 2.9km 的龙王洞沟内一上升泉断流(该泉标高为 350m,流量为 27L/s)。

3. 地下水库成库条件

海底沟平硐突水后,改变了龙王场至大柿湾一带农田的灌溉水源状况,使 10 000 余亩田的水源消失。为了恢复水源,在平硐内设计并施工了一座堵塞体(水坝),以形成地下水库。水库控制灌溉面积 $2.1×10^4$ 亩。

堵塞体为一个厚 8m 的混凝土截头锥体,可抵抗 $20kg/cm^2$ 的静水压力,它位于距洞口 724m 处。堵塞体围岩为嘉陵江组灰岩,岩层坚硬,无明显裂隙,上距须家河组开采煤层 (K_5)302m。

工程竣工后,随着库水位的抬升,含水层水位随之上升,使龙王场泉水恢复出流。4 个农灌供水孔水位上升,并部分恢复涌水,说明库区回水范围在背斜的轴部及西翼部分,主要为嘉陵江组含水层,其次为雷口坡组及须家河组含水层回水面积约 $12km^2$,水库底界标高为 350m,顶界标高为 450~470m,最大蓄水压力为 $85×10^4 Pa$。

水库库容量相当于突水总量中静储量部分。由式(9-1)计算的突水量包括动、静储量两部分,突水总量中减去动储量可得静储量,从突水后流量观测值分析,当 $t=405\mathrm{d}$,静储量枯竭,405d 以后的流量靠动储量维持,$Q=11\,800\mathrm{m}^3/\mathrm{d}$,库容近似计算如下:

$$V = \int_0^t \frac{Q_0}{1+\alpha t}\mathrm{d}t - Q_{动} \cdot t \tag{9-2}$$

$$V = \int_0^{405} \frac{216\times 10^4}{1+0.45t}\mathrm{d}t - 11\,800 \times 405$$

$$= 2501\times 10^4 - 478\times 10^4 = 2023\times 10^4 (\mathrm{m}^3)$$

式中,V 为库容;t 为地下水静储量排空时间(根据曲线推测为 405d);$Q_{动}$ 为地下水动储量。

地下水库补给量计算如下:

已知地下水库蓄水面积为 12km^2,集水面积(F)为 21.6km,其中灰岩约 1.6km^2,砂岩约 20km^2。

降水量(P):该区年平均降水量为 1 150.7mm,能形成有效入渗的降水约占 90%,则有效降水量$=1\,150.7\times 0.9=1\,035.6$(mm),为了简便起见,以 1000mm 计算。

入渗系数(α):根据区域资料,灰岩入渗系数 $\alpha_1=0.25$,砂岩入渗系数 $\alpha_2=0.15$。

地下水库补给量 Q 为:

$$Q = (\alpha_1 F_1 + \alpha_2 F_2) \cdot P_{有效} \tag{9-3}$$

$$= (0.25\times 1.6\times 10^4 + 0.15\times 20\times 10^4)\times 1$$

$$= 0.4\times 10^4 + 3\times 10^4 = 3.4\times 10^4(\mathrm{m}^3/\mathrm{a})$$

水库营运初期,曾根据年放水量加年末与年初库容量差值计算补给量:1979 年为 $340\times 10^4\mathrm{m}^3$,1980 年为 $296\times 10^4\mathrm{m}^3$,1981 年为 $268\times 10^4\mathrm{m}^3$,1982 年为 $296\times 10^4\mathrm{m}^3$,平均为 $300\times 10^4\mathrm{m}^3/\mathrm{a}$,与按入渗系数法计算的补给量甚为接近。

4. 水库与煤矿开采

海底沟地下水库的库容主要在嘉陵江组和雷口坡组灰岩中,是一个带压的水库。江北煤矿主要开采须家河组中部的煤层,煤层与带压储水体的水平距离为 180~300m,其层位距离约 100m,其间相隔的地层为砂岩、页岩及砂质页岩,透水性很小,开采巷道位于水库的东、西两侧,开采越往深部发展,距水库的距离越远。对于煤层巷道来说,其突水系数(T)为:

$$T = \frac{P}{M} = \frac{8.5}{100} = 0.85\times 10^4(\mathrm{Pa/m}) \tag{9-4}$$

远远小于突水的临界值($6\times 10^4 \sim 7\times 10^4$Pa/m),因而煤矿的采掘工程是安全的。自水库建成 10 余年来,煤矿生产和水库营运两者相安无事,堵塞体及其附近的地层未见有水压致裂的现象,也无渗漏产生,证明地下水库的设计和建造是安全可靠的。

5. 结束语

海底沟地下中型水库造价低,工程简单,深埋山腹,安全稳固。水质良好且水位高,可对丘陵区的农田全部进行自流灌溉。在维持龙王硐背斜山数十平方千米范围良好的生态环境方面起了重大的作用。库区范围植被良好,森林茂盛,虽有矿区,但不见山体破损痕迹。

海底沟地下水库是岩溶区成功开发利用地下水的典型案例,也是堵塞矿井突水点恢复地下水源的典型工程,川东北、黔北、川东南有很多类似的构造和矿山,修建岩溶地下水库是大有可能的。

9.5.4 云南蒙自五理冲岩溶地下水库

1. 概述

五里冲水库位于云南省蒙自县城南,南盘江流域与红河流域分水岭上的绿水河源头,是靠封堵五里冲地下河及主要用帷幕高压灌浆处理岩溶渗漏,利用天然岩溶盲谷堵洞、防渗形成的无坝中型地下—地表水库(图 9-11)。库容为 $7949×10^4 m^3$,正常蓄水高程为 1458m,蓄水深为 106m。帷幕 3 层(图 9-12),总长为 3928m,最大幕高为 260m,总面积为 $26.2×10^4 m^2$。完成帷幕灌浆钻孔 3000 多个,进尺超 $21×10^4 m$,灌浆压力为 4~6MPa,单孔水泥最大注入量为 626t,平均水泥单耗量为 152kg/m。工程施工中各类勘探钻孔、平硐遇大小溶洞 318 个,钻孔遇洞率为 32.64%,线岩溶率为 5.77%,遇最大溶洞体积近 $14×10^4 m^3$。

水库于 1995 年 7 月 1 日下闸蓄水,1997 年开始向蒙自县供水,发挥效益。水库的建成,大大地改善了蒙自县的供水状况,一年可向蒙自县供水 $8161×10^4 m^3$,增加灌面 $10×10^4$ 亩,改善灌面 $2.3×10^4$ 亩,向城市及工业供水 $1210×10^4 m^3$,可使蒙自县水利化程度由 37% 提高到 70% 以上,是振兴蒙自县经济的一项重要工程。

五里冲水库是在地质条件十分复杂、岩溶极其发育的地区条件下建成的一项水利工程,它不但是我国岩溶地区无大坝中型水库的佼佼者,而且因其工程揭露的岩溶问题的复杂多样,溶洞间防渗墙超高超薄,帷幕灌浆工程的巨大,以及高压灌浆技术的先进、便捷,效益的显著等都不失是一座宏伟的工程。

2. 自然地理地质背景条件

五里冲水库地处我国云南高原南延部分,标高为 1350~2200m,年均气温在 17℃ 左右,年降水量为 1300~1400mm。五里冲河平均流量为 $0.46 m^3/s$,在落水洞处流入地下,成为五里冲地下河。水库区由岩溶盲谷及发育于砂板岩区的南北两支沟组成。库区处于三叠系个旧组碳酸盐岩与寒武系歇马场组非碳酸盐岩南北向断裂接触带两侧,个旧组由灰岩、白云岩组成,其岩溶十分发育。歇马场组由砂板岩组成,其面积广大。个旧组岩溶地层断裂构造发育,近南北向的断层是主控断裂,纵贯库区,并成为非岩溶区与岩溶区的分界线。此外,其北西向、北东向及近东西向断裂都较发育,把库区岩层切割成块状。

个旧组灰岩在枢纽区为其第三段,厚约 500m,除中部有 27~65m 厚的黑色夹碳质板岩与薄层生物碎屑泥晶灰岩外,均为质纯层厚、可溶性强的厚层至块状泥晶、亮晶灰岩,地层一般陡倾至直立。

五里冲水库区处于岩溶山地与非岩溶的中深切割的中山山地接触带上,两者以盲谷、串珠状洼地、漏斗等相连接。岩溶山地在楚冲一带保留了高原岩溶特征,其地表呈台地状,有浅洼地、漏斗、竖井及风化残积的黏土等,标高在 1700~1800m 之间,高出盲谷底部 300~

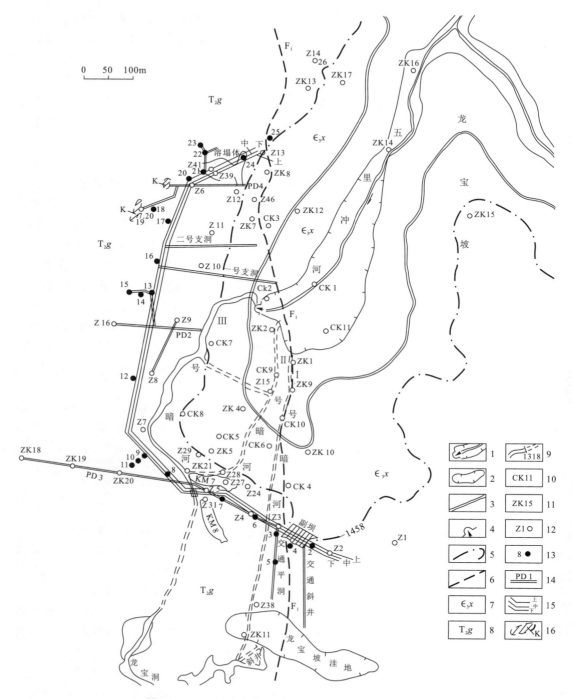

图 9-11 五里冲水库地质工程布置略图(据梁彬,1997)

1. 盲谷;2. 洼地;3. 公路;4. 落水洞;5. 水库最高蓄水位(标高为 1458m);6. 区域主断层;7. 上寒武统洗马塘组页岩、灰岩、白云岩;8. 中三叠统个旧组灰岩、白云质灰岩;9. 地下河(实测与推测、地下水位标高);10. 1970—1972 年施工钻孔;11. 1987—1988 年施工钻孔;12. 1990 年勘探钻孔;13. 水库帷幕后 UP 系列水位监测孔;14. 平硐编号;15. 上、中、下层灌浆廊道;16. 溶洞

第9章 岩溶地下水库工程地质

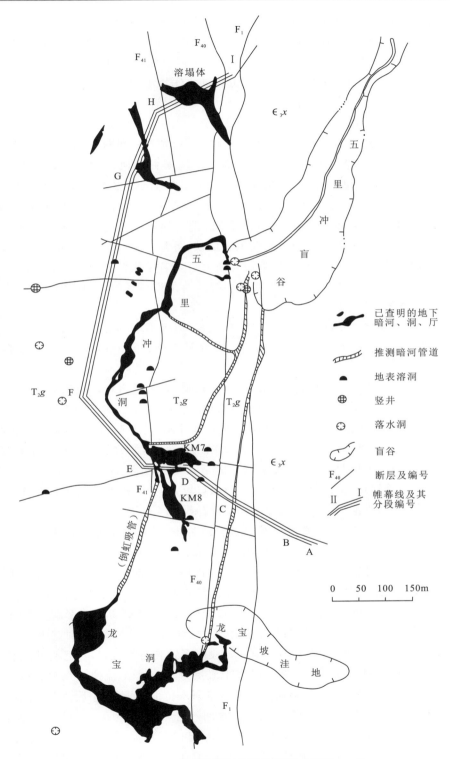

图 9-12 五里冲水库枢纽岩溶地质图（据梁彬，1997）

400m。盲谷四周多陡岩、斜坡、溶洞,在盲谷以南沿 F_1 断层向南发育了一串近南北向深洼地。五里冲地下河与这些洼地有着成生上的密切联系。五里冲河在落水洞注入地下,至 9~11km 后于标高为 1200m 及 1130m 的小窝子及座坡以泉流形式溢出,再沿峡谷地形汇入绿水河。绿水河在汇入红河处标高为 130m。五里冲水库集雨面积为 25.4km^2。

3. 岩溶发育特征

五里冲水库地表地下岩溶都十分发育,在水库西面楚冲一带标高为 1700~1800m 处保留有岩溶高原的特征,地表呈台地状,有浅洼地、漏斗、竖井及风化残积的黏土等。沿 F_1 断层,盲谷以北发育有龙骨塘洼地、盲谷以南有龙宝坡、期白邑等串珠状近南北向多个洼地分布。洼地深为 100~160m,边沿多陡崖峭壁。水库地表多溶洞、石芽坡地,地下发育有双层单管多支洞-厅-管结构的地下河洞穴系统(五里冲地下河系统),地表地下溶洞内多钙化、钟乳石及外源水带入的砂卵砾石沉积。勘探工程反映:各类平硐平均每 0.38~0.58m 遇一条裂隙;各类勘探钻孔,遇洞 116 个,累计溶洞总高为 704m,钻孔岩芯线岩溶率为 6.69%;各层灌浆廊道遇 37 个溶洞,其中有 KM7 特大型溶洞。灌浆资料反映:单耗值(C)大于 50kg/m 的共有 3003 个灌段,C 大于 1000kg/m 的有 1024 段。

值得指出的是库区个旧组灰岩岩溶虽十分发育,但极不均一,而且发育强度具有由上向下递减现象明显的特点。标高 1280~1430m 发育最强烈;1200~1280m 中等发育;1200m 弱发育。

五里冲地下河是沿 F_1 大断层发育的,由洞穴通道、岩溶管道和溶隙组成的岩溶水系统,该系统北起五里冲盲谷,南至小窝子及廖坡泉口,长为 9~11km,落差为 150~220m,其间串联有多个洼地落水洞,上游段有分支,已探明的五里冲洞、龙宝洞、期白邑洞、岩峰洞等洞穴总长度为 3224m,占管洞总长度的 24.4%。从纵剖面上看,洞穴管道系统多呈双层单管多支的洞-厅-管结构。进口及上游段,由于输入能量及物质较强,厅堂较大,管道系统发育与地表多个溶洞、洼地连接,双层结构明显。下游出口段,由于受排泄基面下移变迁影响,洞厅小、管道系统发育差,排泄口以泉形式溢出,平均坡降为 14‰~17‰。

从五里冲水库工程来讲,以其进口及上游段最为重要,也是水库工程集中分布地段,并有Ⅰ、Ⅱ、Ⅲ号暗河管道及 KM7、KM8 等溶洞群分布。

Ⅰ、Ⅱ、Ⅲ号暗河都曾是五里冲地下河的入口组成部分,洞口处于盲谷南端,Ⅰ、Ⅱ号暗河已大部分淤堵,逐渐消亡,仅Ⅲ号暗河为现今五里冲地下河的主流管道。洞口进口高程为 1352m,北西向进洞后,转向南西发育,呈单道式洞管展布,受地质构造影响,宽大的洞厅与窄长的管道相间分布。前 594m 段为地下河渠流段,洞高为 15~35m,洞宽为 3~20m。末端为一大厅堂(高为 25~36m,宽为 16~20m),段内多钟乳石类沉积,洞底有外源水带入的、直径为 4~25cm 的砂砾卵石堆积。暗河枯水季流量为 0.2m^3/s,流速为 0.32m/s。在 213m 及 533m 处与Ⅱ号暗河相接,平均坡降为 55‰,暗河水位低于西侧地下水位,高于东侧地下水位,呈半悬挂状态,说明处于不稳定的调整时期。Ⅲ号暗河在 594m 处没入地下倒虹吸管,至龙宝洞的始端复出,此段进口高程为 1318m,出口高程为 1313m,洞呈锁孔状,此段北端上方东有 KM7、南有 KM8 洞等大型洞穴群,暗河在龙宝洞内渠流一段后,再次潜入地下流出龙宝洞(图 9-12)。

自龙宝洞下泄后,沿途向南沿中三叠统个旧组与上寒武统洗马塘组界面发育,接纳由落水洞、洼地等汇集的水补给,最后在标高1200m及1130m的小窝子及座坡以泉溢出,枯水季流量为0.15m³/s和0.20m³/s。

4. 五里冲水库的高压灌浆技术

五里冲水库是一个典型的岩溶地下及地表联合水库,是靠封堵地下河岩溶管道及帷幕高压灌浆形成的防渗帷幕而蓄水成库的,帷幕的防水性能是水库成败的关键。

五里冲水库是在成功地使用高压灌浆技术的情况下建设的,因其岩溶发育的极不均一性和发育深度较大,地下破碎岩体如断层破碎带、溶洞充填物、溶塌堆积体和宽大的溶隙等都深埋地下,难以对如此复杂的岩体进行结构改造,故采用高压灌浆技术建造防渗帷幕,防止渗漏,保证稳定。

5. 帷幕的高压灌浆

1) 帷幕线路的选择

作为岩溶水库的重要组成部分的防渗帷幕,一定要包得住、封得严,要能充分利用有利的地质条件,扬长避短,趋利避害,以降低造价。五里冲水库帷幕线的选择,是经过了多年详细的地质勘察,多种方案比较后选定的,帷幕线路呈"L"形分布,南北两端插入相对隔水的上寒武统洗马塘组砂板岩地层中,把岩溶发育强烈的个旧组灰岩全部包围起来。在南北两段帷幕通过岩溶最发育的地下水强径流带及Ⅲ号暗河时,帷幕线路为近东西向分布,以缩短线路长度,降低造价。帷幕中段近500m长线路,则充分利用岩溶发育相对较弱、地下水位较高的特点,使帷幕为近南走向。这样,一方面可使帷幕工程变得较为简单,另一方面可提高帷幕底界,减少工程量,降低造价,施工也较容易。

2) 帷幕底界的确定

五里冲水库帷幕是一处悬挂式帷幕,即帷幕底界未能插入隔水岩层,而仍在岩溶地层中,因此帷幕底界的确定十分重要。通过利用钻探、平硐等多种手段和方法,详细研究区内岩溶发育特征及下界,并结合河谷型深岩溶发育特点,确定帷幕的底界高程,在南北两段地下水位低槽区为1200m和1240m,中段地质条件较好,地下高水位区为1290m,两端插入相对隔水的上寒武统洗马塘组砂板岩区为1340～1390m。这种依地质条件而定的帷幕底界,扬长避短,高低错落有致,不仅使帷幕包得住、封得严,还极大地减少了工程量,降低了造价。

3) 灌浆廊道高程的决定

灌浆廊道是防渗帷幕工程的载体和灌浆施工的场地。根据水库确定最高蓄水高程为1458m与帷幕最低底界为1200m,灌浆最大深度为258m。为保证工程质量,因灌浆深度较大而必须分层,根据勘探资料确定每层深度以30～70m为宜。据此,五里冲水库灌浆廊道至少要设4层,在水库的可行性研究阶段就计划设4层。但由于库底高程为1352m,库底以上水深仅106m,如设4层必然有一层在河水位以下,限于施工条件,决定减少一层廊道只布3层。尽管如此,它仍高于暗河渠流段末端倒虹吸管段高程,完全满足工程设计要求。

在灌浆廊道断面,考虑灌浆机具及施工方便,采取了净空宽为2.8m、高为3.8m的拱顶直墙平底的城门洞结构,底板均浇筑0.5m厚钢筋混凝土,墙拱一般衬砌为0.3～0.5m厚不同结构的钢筋混凝土。对所遇溶洞先进行块石(碎石)水泥砂浆回填,在完成衬砌后,再做好回填灌浆,使混凝土与岩石紧密联接成一个整体,不留空隙,最后做固结灌浆。岩体好的地段墙拱不衬砌只喷一层 6~8cm 厚的混凝土,以保证隧洞的安全稳定。

4) 灌浆参数的确定

灌浆参数的确定主要指灌浆压力、孔距、排距、压水等,这些参数的确定,一方面要借鉴国内外高压灌浆工程的经验,另一方面要通过本工程的灌浆试验取得,二者缺一不可,尤其是灌浆试验,因为只有灌浆试验,才能具体地了解工程区地层的可灌性和最直接、最可靠的预测灌浆效果。水库除在正式灌浆前做了灌浆试验外,在遇溶塌体后,还专门做了特殊地层的灌浆试验。

6. 特殊地层——溶塌体的高压灌浆

在帷幕北段的上中层灌浆廊道北段开挖中,先后发现北东方向宽约 70m,北西方向宽大于 80m,高约 100m,在帷幕线上长 31~47m,面积约 3200m^2 的崩塌(溶塌)块碎石与冲洪积物堆填的复杂岩体。块石均为就地崩积的灰岩,块度为 0.5~2.5m,为棱角状多面体,表面溶蚀强烈。高程 1415m 以上为以块石为主的崩塌堆积层,块石占总堆积体的 60%~70%,块石与强裂隙化围岩多呈渐变过渡关系。

这一特殊岩体,给帷幕的稳定和防渗带来巨大困难。经过补充勘探及多种方法手段研究测试,说明此处为一构造破碎带及岩溶强烈发育的斜坡变形体,为地表水向地下岩溶空间集中转移的部位,岩体为溶蚀塌陷堆积体。

经过近一年的补充勘探及灌浆试验,证明此溶塌体具有可灌性,通过改良和加强高压灌浆可增加其岩体强度和防渗性能。改良和加强帷幕高压灌浆的措施主要是:第一,增加灌浆孔排数,加大密度。中层从二排垂直孔增加为五排孔(新增中游排垂直孔及下游二排斜孔),上层增加为四排孔(二排垂直孔孔深 92m,超过中层隧洞,直达溶塌体底部,下游二排斜孔)。第二,合理确定排序。从外到里,先灌上游排封闭孔(垂直孔),再灌下游排封闭孔(73°或 75°斜孔),然后灌下游排加强孔,最后才灌下游排帷幕孔和中层中游排帷幕孔(垂直孔)(图 9-13)。第三,控制灌浆压力。调整孔口段压力并严格按排序、孔序、深度逐步加压,最终使灌浆压力达到 4MPa。第四,对特大耗浆段采用限流、待凝、加速凝剂、多次复灌、控压、冲砂等一系列方法,以达到对软弱岩层的反复施灌,增加其防渗性能和强度,但又不破坏廊道的混凝土衬砌。第五,增加孔口段数,从 3 段改为 4 段。第六,缩小灌段长度,溶塌体段长不超过 3m。

通过采用上述加密钻灌、封闭固结阻断漏浆通道、逐渐加压及一系列综合处理技术措施,历时两年,注入水泥近 4000t,终于使这一软弱复杂岩体达到工程设计要求。经 5 年蓄水考验及溶塌体段帷幕结构专门检验,结果表明,帷幕稳定,防渗性能好。

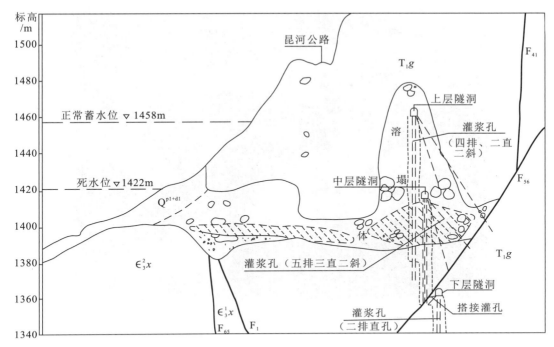

图 9-13 溶塌体帷幕灌浆示意图(据康彦仁,2002)

9.5.5 克罗地亚欧姆布拉岩溶地下水库

1. 自然地理及地质概况

欧姆布拉泉位于欧洲巴尔干半岛西北部亚得里亚海岸,克罗地亚共和国杜布罗夫尼克市附近,是世界最大的岩溶泉(地下河)之一,枯水期最小流量为 $4m^3/s$,丰水期最大流量为 $150m^3/s$,不稳定系数为 37.5。

泉域处于北西走向的迪纳拉山脉,高程为 1500～2000m,流域内主要河流为特列比西尼察河(Trebisnjica),由山区流向亚得里亚海。沿海为狭窄的平原,泉水出露于山区与平原交界处(图 9-14)。

该区属典型的地中海气候,年降水量为 1000～5000mm,平均为 1500mm。降水的季节分配极不平衡,冬春多雨,夏季干旱。

迪纳拉山区中古近系、白垩系及侏罗系几乎全部为碳酸盐岩地层,包括石灰岩与白云岩,总厚度达 7000m 以上。新近系为复理石建造,多为杂色碎屑岩系。

迪纳拉山区在大地构造上属于迪纳拉构造带,由一系列北西向褶皱及位移不等的逆冲断裂构成叠瓦式构造复合体,使年代老的碳酸盐岩体逆冲至年代新的复理石建造之上。这种特殊的构造格局,使该区的岩溶发育及岩溶水系统的形成极具特点,可称为迪纳拉型岩溶及岩溶水系统。

图 9-14　克罗地亚亚得里亚海岸的欧姆布拉泉

2. 迪纳拉型岩溶水文地质特征

迪纳拉型岩溶区主要是指迪纳拉山西南坡至亚得里亚沿海地带,世界上最典型的岩溶区之一,也是国际上研究岩溶的典型地区。

该区普遍发育各种岩溶形态,而地下洞穴的发育更闻名于世界,最深的竖井深 658m,最长的溶洞长 16.5km。该区坡立谷也很发育,有大型坡立谷 30 余个,这些坡立谷均沿区域构造线延伸,并组成多级多排的分布格局(图 9-15)。

坡立谷之间的断块山地多呈丘陵状起伏的高原面,其上发育着洼地、漏斗、落水洞及干谷,多级多排的坡立谷与丘陵状起伏的高原,组成了外迪纳拉高原型岩溶的地貌景观。

该区中生界至古近系厚达数千米的碳酸盐岩层是该区岩溶发育的物质基础,特别是侏罗系、白垩系碳酸盐沉积连续,岩溶化程度高,强烈的褶皱断裂构造使该区岩体破裂结构面发育,很多巨大的洞穴系统均沿区域断层及背斜轴部发育。岩溶现象的分布格局总体上受区域构造的控制,如大型坡立谷均沿区域性断裂发育,呈北西向多级多排分布格局。

应特别指出,叠瓦式逆冲构造使隔水的复理石建造(泥灰岩、页岩、砂岩及砾岩的互层结构)或弱透水的白云岩与岩溶化灰岩含水层呈断层接触或因褶皱隆起形成阻水构造,从而影响岩溶水系统的结构,使大型的岩溶水系统从上游至下游反复出现涌泉或地下河出口以及落水洞的现象,形成多级、多个子系统。

欧姆布拉泉岩溶水系统流域与特列比西尼察河流域基本一致,但并不完全吻合。因为该区地下分水岭与地表分水岭并不完全一致,特别是在丰水期,地下分水岭的迁移现象明显。目前一般认为欧姆布拉泉岩溶水系统流域面积为 $800\sim900km^2$。

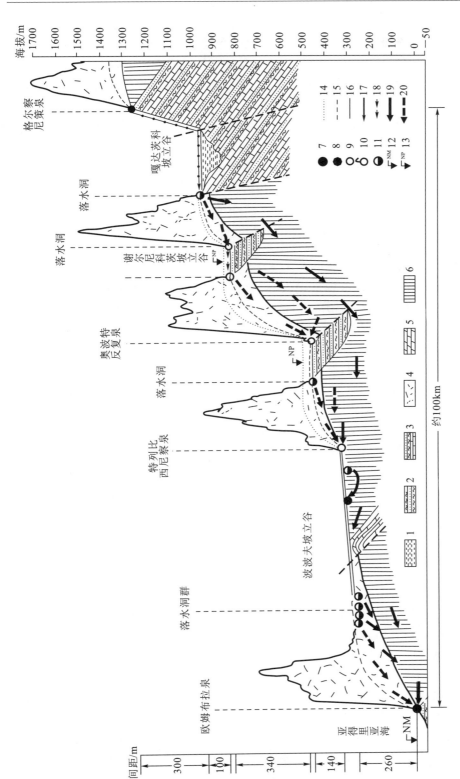

图 9-15 欧姆布拉泉岩溶水流域坡立谷的分布与地下水运动示意图

1. 新近系;2. 复理石层(古近系);3. 白垩系复理石层;4. 岩溶化灰岩;5. 白云岩;6. 饱水带(干季);7. 大常年泉;8. 小常年泉;9. 流量变化极大的泉;10. 反复泉;11. 大型落水洞;12. 海平面;13. 坡立谷中洪水期的地下水位;14. 最高水位时期的地下水位;15. 高水位时期的地下水位;16. 夏季地下水位;17. 常年性地表水流;18. 间歇性地表水流;19. 夏季地下水流;20. 高水位时期地下水流

欧姆布拉泉出露于亚得里亚海边，但高于海水面2.5m左右，这是由于逆冲断层的下盘为新近系复理石建造，具有隔水及阻水作用，使上盘中生代岩溶含水层地下水溢流出露，流径不远即注入亚得里亚海。尽管离海很近，但在干旱季节淡水也不会与海水混合。

泉域内的特列比西尼察河河床中及大量坡立谷中落水洞渗漏的地表水增加了对该泉的补给。

欧姆布拉泉岩溶水系统是典型的强岩溶地表河-地下河组成的复杂综合岩溶水文地质系统。从泉域上游至欧姆布拉泉排泄口距离100km内，地形从海拔1700m降至2.5m，形成阶梯式下降的大型坡立谷4个，在每个坡立谷上游出露溢流泉，流径坡立谷于下游注入落水洞，形成地下河，然后在下一个坡立谷上游流出，再流入坡立谷下游的落水洞……，沿途得到大量坡立谷横向地下水流的补给，特别是洪水对地下水的补给量最大。有时因洪水过大，坡立谷被淹成湖，积水期从15d到3个月，波波夫坡立谷积水深达30m，岩溶地下水最终在欧姆布拉泉口出露。该泉有一个主泉口和两个小泉口，实际为地下河出口。

研究表明，欧姆布拉泉域内断块之间并不是完全隔绝。各断块之间的复理石阻水体往往都是断层楔形体，往地下一定深度逐渐尖灭，从而使不同断块之间的含水层连成一体，形成具有水力联系的含水系统。这种特殊的岩溶水系统结构特征是在迪纳拉地区特殊的沉积建造和叠瓦式推复构造地质体背景下，在地表水和地下水侵蚀-溶蚀塑造下形成的极具特点的岩溶水文地质系统。

大量勘探工作及连通试验表明，欧姆布拉泉域地下为复杂的岩溶通道流-管道流-岩溶裂隙水流复合系统，泉水流量衰减曲线分析及连通试验表明，地下水通道流的流速可达0.45m/s(38 880m/d)，相当于湍急的河流，可夹带大量泥砂，持续几天至十几天。地下水的管道流及宽大裂隙流速为0.05～0.20m/s(4320～17 280m/d)，持续十多天至2个月；地下水裂隙流速为1～2cm/s(864～1728m/d)。

上述资料显示，该区的地下水流速大于我国西南地区岩溶地下水流速，这可能与当地气候及构造条件造成的岩溶发育强度有关。岩溶地区地下水的动态变化非常剧烈，通过欧姆布拉泉上游2530m处钻孔观测，水位年变幅达290m，暴雨时期一昼夜变幅达89m，在发育良好的浅岩溶含水层中，水位年变幅一般在10m以内，在深岩溶含水层中可达18～35m。

3. 泉域岩溶水资源综合开发利用

泉域内无论地表水和地下水，都有巨大的水资源及水能潜力。但由于降水年内分布不均，在夏季干旱时期，地表水断流，地下水位下降，不但农业灌溉缺水，就连居民生活用水也靠修建水池蓄水解决；而到秋后雨季洪水泛滥，淹没田原，以致庄稼颗粒无收。

为了彻底改变这种面貌，该区将地表水与岩溶地下水统一规划治理，充分利用流域内地形高低悬殊、地表水与地下水坡度大、坡立谷呈阶梯状发育等特点修建水利工程。沿特列比西尼察河峡谷与谷地相间，为修建大型地表水库、地下水库及隧道输水提供了有利条件，而叠瓦式构造带的复理石不透水层或弱透水层的存在，也有利于防渗。

通过多年详细的勘察工作，其中包括岩溶水文地质工程地质调绘、示踪试验、钻探工作、洞穴调查、地下水动态观测和工程地质研究，制定了流域水资源总体开发规划，共分5级开发，计划修建7座水库、10座电站，50km引水隧道，设计有效库容$13.82\times10^8 m^3$，水电站装

机容量为 140×10^4 kW。第一期工程包括有效水头 270m 的杜布罗夫尼克水电工程,坝高为 123m,库容为 12.8×10^8 m³。特列比涅水电工程和 16.5kW 的引水隧道于 1967 年建成,装机总容量为 40.6×10^4 kW,年发电量为 22×10^8 kW·h。第一期工程完成后,解除波波夫坡立谷 4000hm² 土地旱涝灾害,农业得到迅速发展。由于电力供应充足,工业和城镇建设一片兴旺。

欧姆布拉水电站是大型的地下坝蓄水工程。欧姆布拉泉位于亚德里亚海岸,泉水标高近海平面。该泉出口位于中生界的岩溶化灰岩与白云岩层逆掩至古近系复理石建造之上的逆掩断层带之上(图9-16)。复理石建造起到阻水作用,被海水侵蚀而溢出泉水。在泉水两侧,阻水体出露抬高,地形剖面呈"V"字形。泉水平均流量 $Q=24.4$ m³/s,记录到的最小流量是 2.3m³/s,最大流量达 112.5m³/s。

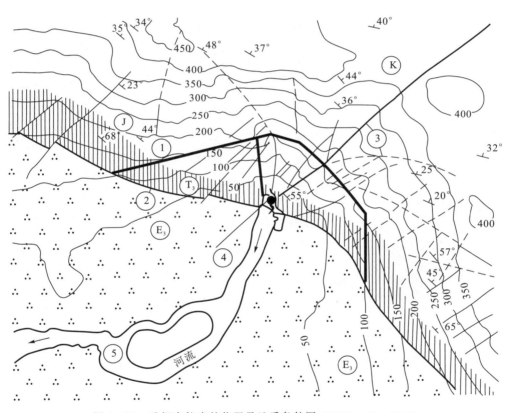

图 9-16　欧姆布拉泉的位置及地质条件图(据 Milanovic,2000)
①设计地下坝轴线;②逆掩断层;③断层;④欧姆布拉泉;⑤河流;K. 岩溶化白垩系灰岩;J. 岩溶化侏罗系石灰岩;T_3. 三叠系白云岩;E_3. 古近系复理石建造

对泉水出露带进行了详细调查工作,施工了 19 个深的观测孔,进行了 600m 的平巷勘探,在巷道中施工了 28 个钻孔,物探工作包括重力测量、热力测量、各种电法、地震法、钻孔雷达等,完成了 3km 岩溶通道的探洞及潜水调查。

调查发现主要的水循环通道是深虹吸管道(图9-17),最深的虹吸管道带是利用钻探、热力探测和钻孔雷达发现的,其深度在海平面以下150m,位于主泉口上游200m处。潜水探测的虹吸管道达到海平面以下54m。这段虹吸管道发育于块状灰岩中,处于泉口上游500m处。地下坝高度达到海平面以上100m,最高为130m,拱形的阻水地下坝位于泉水出口上游200m处。

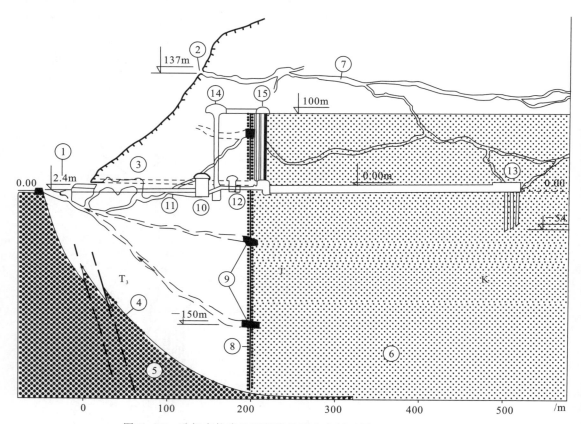

图9-17 欧姆布拉泉地下坝及地下水库剖面图(据Milanovic,2000)

①欧姆布拉泉;②洞穴入口;③洞穴;④逆掩断层;⑤复理石建造(E_3);⑥白垩系、侏罗系灰岩(地下水库)及三叠系白云岩;⑦岩溶通道;⑧地下坝(帷幕灌浆);⑨混凝土堵塞;⑩电厂;⑪泄水口;⑫电厂进水管闸门;⑬工作廊道;⑭溢洪道;⑮上部廊道

为了研究地下储水空间性质,施工了15个水位观测孔。根据水位变化,泉水流量测定及物探调查估算了地下蓄水量。

根据电测深资料,可以在垂直和水平方向圈定强岩溶化岩体范围,其蓄水能力远大于周围弱岩溶化岩体。

强岩溶化岩体提供了蓄水空间,根据电测深,地下水库面积在高程100m水平面上约达到4.8km²。在此高程以下,强岩溶带减弱(图9-18)。在地下水库中,有两个不同水力特征分带。下带水力系统处于压力之下,当水位上升到地下水库上带,管道将水传输到临近岩溶含水层,使其成为积极活动带。在海拔约 60m 以上的蓄水可以保证有效库容,从水电利用方面来看,这部分库容具有意义。

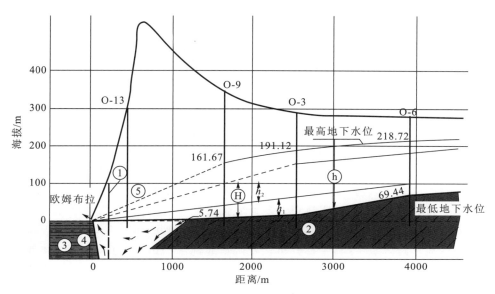

图 9-18　地下蓄水体轮廓剖面图(据 Milanovic,2000)

①地下坝位置;②弱岩溶化灰岩;③复理石建造;④逆掩断层;⑤钻孔;Ⓗ地下蓄水空间深度;ⓗ天然状态下含水层平均厚度

第10章　岩溶泉域地下水的人工补给及泉水复流工程

10.1　概　述

岩溶裂隙泉是指以岩溶裂隙为主的岩溶含水层中集中出露的泉水,其补给径流范围称为泉域。在我国华北地区,原始流量大于 $1m^3/s$ 的岩溶大泉有60余个,它的主要特征是岩溶含水层为岩溶裂隙介质,在某些断裂带发育成强溶蚀带后,往往成为强径流带,这是岩溶发育的差异性和选择性溶蚀的结果。岩溶裂隙泉是降水量为400~700mm的温带半干旱-湿润气候下的典型岩溶水系统,主要分布在我国华北地区的山东、山西、河北、陕西渭北、北京及河南北部和西部地区。在伊朗、伊拉克、俄罗斯、北美洲等国家和地区中也有广泛分布,其他气候带局部地区也有岩溶裂隙泉分布。

岩溶裂隙泉域内地表洼地、漏斗、坡立谷及落水洞等负地形较少,基本不存在地表水集中灌入式补给。泉域内多为常态地表水系,但有干谷分布。降水及地表水沿岩溶裂隙渗入补给。含水介质以溶蚀裂隙为主,在天然条件下地下水流为层流状态,地下水流速一般小于50m/d,但在溶蚀裂隙强径流带,地下流速可达100m/d。岩溶裂隙泉在排泄区水流集中,局部可形成岩溶管道,如在娘子关泉排泄区勘探中发育由溶蚀扩大裂隙形成的小型岩溶管道,对整个泉域水流状态及动态没有明显影响。但是必须指出,在人工流场条件下,如矿井突水、排水,水源地大降深抽水,可以"激活"强径流带或岩溶管道,使地下水流速大为增加。

中国北方岩溶泉有集中排泄、动态稳定、水质良好的自然属性,成为重要的供水水源。中国北方有30多个地级以上城市、100多个县级城市以及广大的岩溶山区城镇生活供水、70%以上的大型煤矿生活生产用水、数十座大型火电站发电冷却用水和近千万亩农田的灌溉用水都依赖于岩溶地下水。岩溶泉区水流清澈,风景秀丽,多成为集清泉流水与古迹名胜为一体的旅游胜地。

但另一方面,由于岩溶裂隙水系统的环境脆弱,近30年来,随着气候变化和岩溶水的大规模开发、采煤等人类活动强度的加剧,岩溶水系统的输入-输出结构发生了变化,在短短的数十年内,有30%的岩溶大泉相继断流,80%以上的泉水流量大幅度衰减,区域岩溶地下水位普遍以每年1~2m的幅度持续下降,岩溶水水质不断恶化,由此导致不少地区原有水井吊泵、报废,泉水的旅游价值降低、生态功能退化。同时它又带来了诸如山区岩溶含水层疏干,向平原含水层补给量减少并诱发地裂,泉域岩溶含水层调蓄功能降低,引发岩溶塌陷,沿海岩溶地区海水入侵,加速一些泉域岩溶含水系统间的资源袭夺,加剧岩溶地下水的进一步污染等一系列水文地质环境问题。这对于当地人们的饮水健康安全、供水安全、工农业生产保障乃至社会稳定构成了挑战(图10-1、图10-2,表10-1)。

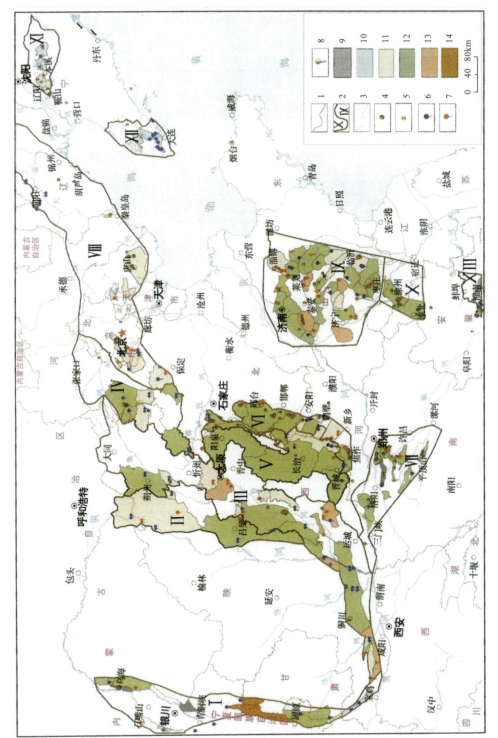

图10-1 中国北方岩溶泉域环境现状略图(据韩行瑞,2015)

1.岩溶水系统边界;2.系统分区边界;3.行政区界线;4.矿坑突水点;5.岩溶塌陷区;6.岩溶泉;7.间歇性断流岩溶泉;8.干涸岩溶泉;9.无样品的系统;10.系统代表样的 TDS<300mg/L 系统;11.300mg/L≤系统代表样的 TDS<500mg/L 系统;12.500mg/L≤系统代表样的 TDS<1000mg/L 系统;13.1000mg/L≤系统代表样的 TDS<2000mg/L 系统;14.系统代表样的 TDS>2000mg/L 系统

图 10-2　山西 15 个岩溶大泉总流量动态曲线

表 10-1　中国北方干涸、接近干涸、间歇性干涸泉统计表

行政区	泉水名称
北京市	玉泉山泉,上清水泉①,马刨泉②,万佛堂泉②,(秦城泉、九龙泉)
天津市	公乐亭泉
河北省	黑龙洞泉②,邢台百泉,十股泉,一亩泉,潘桃峪泉(白龙洞泉、邢台达活泉)
河南省	九里山泉、辉县百泉、珍珠泉②、超化泉、柏树嘴泉、三李泉、妙水寺泉②、龙涧泉、石羊关泉、庙沟泉
内蒙古自治区	拉僧庙泉,伊克尔双泉北泉①
山东省	趵突泉②,明水泉②,老龙王泉②,羊庄泉,渊源泉,十里泉,西长旺泉①,郭娘泉,洋水泉,白泉,两城泉,荆泉,葫芦套泉,芦泉,楼德泉,神头泉②,临沂大泉(枣庄大泉、两城泉、龙口泉、泰安旧县泉、渭河头泉、东泉)
山西省	晋祠泉、兰村泉、古堆泉、辛安泉③、娘子关泉③、郭庄泉③、洪山泉(峡口呆泉、海头泉、南梁泉、五龙泉、兴道泉、东固壁泉、悬泉寺泉、枝柯泉、台北泉、吴城泉)
陕西省	筛珠洞泉,龙岩寺泉,周公庙泉,神泉(滚泉)
甘肃省	平凉暖泉
宁夏回族自治区	滚泉
江苏省	三官庙泉

注:①为接近断流泉水;②为间歇性断流的泉水;③为部分泉组断流的泉群;()代表系统非主排泉水。

中国北方岩溶泉域与南方地下河系统的环境问题有相同之处,但也有明显的不同之处。北方岩溶泉域的根本问题是泉水流量持续性衰减,区域地下水位持续下降,从而造成岩溶水资源枯竭。而南方岩溶地下河流量及水资源枯竭并不十分严重,重要的问题是某些地下河的水质污染问题。造成这种差别的根本原因是由于北方干旱半干旱气候与南方亚热带湿热气候下形成的岩溶发育强度不同及岩溶水系统特征的差异(表10-2),表现在岩溶水系统的水资源方面就是补给、排泄特征的差异,也是水资源供给方与水资源消耗方的差异。北方岩溶区降水量仅是南方的0.3~0.4倍,地表多岩溶干谷而缺乏洼地、坡立谷及竖井,降水入渗系数和入渗速度无法与南方岩溶区相比,因此补给速度及补给量远低于南方岩溶区。

表 10-2 中国南北方岩溶水系统对比表

项目	地区	
	北方	南方
介质连续性	连续介质	连续-非连续介质
系统结构	溶隙强径流带	溶隙-管道-地下河
系统面积/km^2	$n\times100\sim n\times1000$	$n\sim n\times100$
系统输入(年降水)/mm	400~700,最大1000	1000~1600,最大2500
单个系统枯水期输出(最大)/(m$^3\cdot$s^{-1})	0.3~10	0.03~2
不稳定系数	1.24~5.89	>10~1000
地下径流模数/(L$\cdot$s$^{-1}\cdot$km^2)	2~4	5~8
系统滞后时间/d	$n\times10\sim n\times100$	$0.08\sim n\times10$

但另一方面,北方岩溶系统面积一般都很大,蓄水构造规模较大,天然蓄水能力大,蓄水功能强,而南方岩溶水系统面积较小,天然蓄水构造规模一般多为中—小型。这样就造成南—北方岩溶水系统在功能上的差异及其环境水文地质问题的不同。南方岩溶水系统可在地下河通道中建造地下水库增加可利用水资源补给量,提高系统的蓄水能力和调蓄功能;北方岩溶水系统的蓄水功能强,但天然补给量不足,必需增加补给量,即进行地表人工补给,增加补给入渗量。

干旱-半干旱岩溶区泉域环境保护与治理是一个系统治理和管理问题,其中包括建立健全保泉法律、环境综合治理,解决煤矿开采与水资源保护的矛盾、水质治理等问题,而岩溶地下水的人工补给及地表水与地下水联合调度无疑是重大举措。

10.2 中国北方岩溶泉域地下水人工补给条件

岩溶地下水人工补给的基本条件为地下水库条件、地表入渗条件与补给水源条件。

10.2.1 巨大的岩溶水调蓄库容

中国北方寒武系—奥陶系碳酸盐岩沉积厚度达千余米,岩性稳定,岩溶含水层各组段间灰岩、白云岩与泥灰岩多相间分布,其可溶性与富水性存在较大差异,但在地质构造作用控制下形成不同规模的蓄水构造,而蓄水构造内具有相对统一的地下水位。岩溶大泉是其主要排泄形式,每一个泉域就是一个巨大的、相对独立的岩溶地下水库。多数大型泉域的静态储存库容超过 $10 \times 10^8 \text{m}^3$,其中,枯水期的调蓄库容超过 $1 \times 10^8 \text{m}^3$,远远大于同类地区地面水库容量。此外,岩溶水的天然调蓄周期长达 3~8 年以上,具有良好的天然调蓄功能和有利的人工补给调蓄条件(表 10-3)。

表 10-3　山西省岩溶泉域含水层蓄水构造统计表

泉域名称	泉域面积 /km²	蓄水构造面积/km²	含水层出露面积/km²	最大补给距离/km	岩溶水天然资源 /(m³·s⁻¹)	不稳定系数 年内	不稳定系数 年际	储存量 (×10⁸m³)
天桥	7660	6430	2300	104	12.46			87
兰村	1036				5.24			
晋祠	1594	1400	468		1.60	1.02~1.21	1.53	
柳林	4485	2655	1340	83	3.45	1.23~1.45	2.15	35
郭庄	4693	4511	1511	90	7.59	1.06~1.23	1.56	65
龙子祠	3436	2098	869	65	5.63	1.13~1.46	1.93	31
广胜寺	1330	1048	622	64	4.03	1.02~1.29	1.73	29
洪山	600	600	366	26	1.30	1.08~1.56	1.94	11.6
三姑	2873	2733	1112	75	7.21	1.24~1.43	2.38	41
延河	3115	3115	1497	64	10.70	1.76~2.30	2.09	58
华安	12 000	4556	2600	165	12.3	1.19~2.06	2.59	82
娘子关	4667	3780	2100	101	14.4	1.12~1.5	1.49	93
神头	4987	3386	425	75	8.79	1.10	1.38	51
坪上	2963	1125	860	45	4.94	1.25~1.46	2.23	11.5

10.2.2 地表入渗条件

中国北方岩溶区干谷纵横,岩溶陷落柱等岩溶地貌与岩溶形态发育,岩溶发育地段河水渗漏以及水库渗漏，都是实施人工补给可利用的条件。

1）河川渗漏

中国北方岩溶区河流渗漏对岩溶地下水的补给有重要意义。

黄河经过内蒙古自治区的喇嘛湾后进入天桥泉域岩溶地下水系统，流径长190km，其中从喇嘛湾到山西河曲段的岩溶渗漏段长75km，前人计算总的渗漏量达到6.92m^3/s（包括了万家寨水库的渗漏补给）。

陕西泾河在彭阳—平凉岩溶水系统内的三关口一带有2.63km长的渗漏段，实测多年平均渗漏量为0.575m^3/s。泾河到陕西老龙山断层后进入筛珠洞泉域岩溶水系统，在到达大沙坡断层的渗漏段，河水位高出岩溶地下水水位20～30m，经计算，形成的多年平均渗漏量为1.516m^3/s。

发源于洛川塬的洛河在三眼桥—上河村段为碳酸盐岩段，长9.2km，该段岩溶地下水位埋深为65～75m，构成了河流渗漏段，实测渗漏量为2.74m^3/s。

柳林泉域岩溶水系统内的三川河，共有渗漏段6段，总的渗漏量为0.666m^3/s。

汾河在流经晋祠泉和兰村泉域岩溶水系统的罗家曲到上兰村80.81km的渗漏段内，总渗漏量为3.06m^3/s。至中游进入郭庄泉域岩溶水系统后，在义棠到什林岩溶渗漏段损失流量为1.61m^3/s。

娘子关泉域岩溶水系统内发源于泉域西部石炭纪—二叠纪煤系地层区的温河、桃河、南川河、松溪河、清漳河，进入到东部碳酸盐岩裸露区后，多年平均渗漏量为2.17m^3/s，占到整个系统岩溶地下水天然补给资源总量的19%。

北京玉泉山泉域岩溶水系统的永定河，在清水涧至军庄渗漏段的渗漏量可达1.73m^3/s。

丹河流经山西三姑泉域和河南九里山泉域两个岩溶水系统，在上游晋城市上游区渗漏补给三姑泉域岩溶地下水，在下游区又接收三姑泉岩溶水的排泄补给，进入河南后又渗漏补给九里山泉域岩溶地下水。

邢台百泉岩溶水系统内的朱庄水库汇集了上游1220km^{2}变质岩区的地表来水量，根据建库后资料分析，朱庄水库弃水进入到下游岩溶渗漏段大部分补给岩溶地下水。

章丘明水泉域岩溶水系统内的青杨河，据2003年7—9月汛期在青龙湾—青野段18km长的渗漏量实测资料，渗漏量达2.48m^3/s。

淄博洋水泉域岩溶水系统内的淄河，有"淄河十八漏"之称，在太河水库修建前，水库以下渗漏量达到3.026m^3/s。

此外，还有大量次级河流渗漏段形成对岩溶水的补给，据不完全统计，仅在鄂尔多斯盆地周边地区次级支流在碳酸盐岩区的地渗漏段共49段，总渗漏长约245km。全区河流渗漏段分布如图10-3所示。

表10-4是在中国北方部分测流河段单位千米长度漏失系数汇总表。

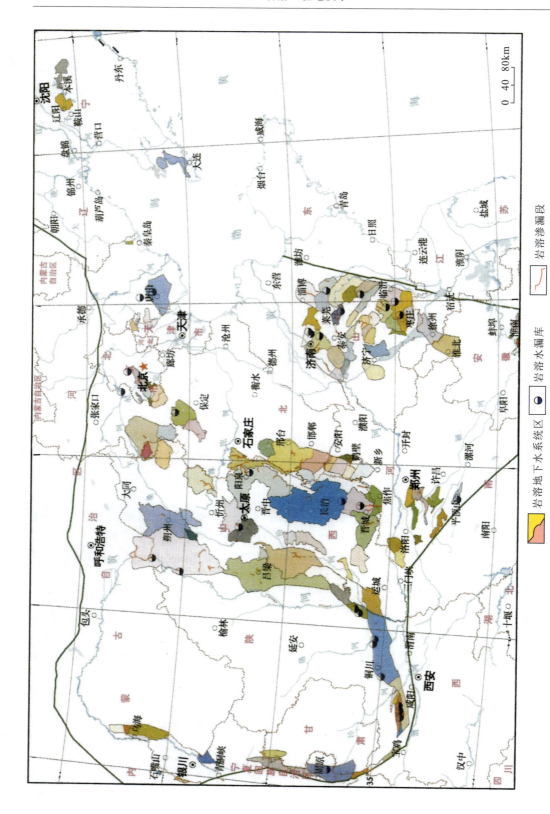

图 10-3 中国北方主要河流岩溶渗漏段和岩溶漏库分布图

表 10-4　中国北方部分测流河段单位千米漏失系数汇总表

河名	上下断面距离/km	上断面流量/(L·s⁻¹)	下断面流量/(L·s⁻¹)	漏失量/(L·s⁻¹)	单位千米漏失系数	测流时间/(年-月-日)
漆水河	1	650	518	132	0.203	1980-05-28
	1.15	1090	966	121	0.099	1980-05-21
	2.7	1 315.79	1 117.62	198.17	0.06	1999-05-20
	2.7	1006	972.5	33.5	0.013	1999-09-25
沺河上游	1	26.64	25.04	6.03	0.205	1999-05-24
	0.6	4.43				1999-05-24
沺河	41.8	8.53	6.28	2.25	0.156	1998-04-29
	1.45	13.24	7.13	6.11	0.347	1999-05-22
	1.45	6.28	0.6	5.68	0.8	1999-10-12
漠西河	1.175	38.69	31.78	4.91	0.115	1999-04-28
	7.85	31.78	13.67	18.11	0.102	1999-04-28
	9.025	38.69	13.67	23.02	0.109	1999-04-28
	7.85	44	17.97	26.03	0.108	1999-05-23
	1.175	92.7	71.82	20.88	0.195	1999-09-28
	7.85	71.82	20.61	51.21	0.147	1999-09-28
	9.025	92.7	20.61	72.09	0.154	1999-09-28
	1	33.62	19.9	13.72	0.41	1999-05-24
	1.7	29.14	21.47	7.67	0.165	1999-09-26
龙王沟	6.2	144	97	47	0.061 7	
关河	9.3	110	52	58	0.077 4	
岚尾河、蔚汾河	13.2	325	178	147	0.045	2008-06
岚漪河	5.012	535	397	138	0.058	2008-06
	2.3	171	137	34	0.105	
川口-王家河	10.25	1 078.69	719.33	358.38	0.038 8	
石川河岔口	1	1 958.62	1 833.38	125.53	0.063 9	
洛河三眼-上河村	9.2	2 5370.37	22 629.63	2 740.74	0.012 3	
县西河白家村-惠家河	2	554.98	445.02	109.95	0.104 5	
大峪河刘家河-杨家河	3.6	755.50	644.50	111.00	0.043 2	

续表 10-4

河名	上下断面距离/km	上断面流量/(L·s^{-1})	下断面流量/(L·s^{-1})	漏失量/(L·s^{-1})	单位千米漏失系数	测流时间/(年-月-日)
大峪河胜利水库-彭家河	1.5	470.38	457.62	12.76	0.018 2	
白水河李家河段	1	686.50	675.50	11.00	0.016 0	
白水河陶瓷厂-南河镇	2.8	783.03	664.97	118.06	0.056 7	
白水河南河镇-展王河	10	606.58	605.42	1.16	0.000 2	
白水河展王河-油王河	6	662.17	453.83	208.33	0.061 0	
白水河故现水库-白水河口	5.8	404.48	127.52	276.97	0.180 5	
赵老峪老虎桥-老虎沟口	1.5	92.99	27.01	65.97	0.561 4	
赵老峪河东村-峪口	2.6	213.30	74.70	138.60	0.332 1	
阳泉桃河	40				0.006 4	1956—1984 年多年平均计算
阳泉温河	41				0.016	
阳泉南川河	23				0.016 7	
汾阳玉门河	1	0.192 8	0.158 6		0.034 2	2011-7-8

2)水库渗漏补给

区内修建于碳酸盐岩区的大小水库有数十座,不少水库对岩溶地下水产生渗漏补给,一些水库渗漏量相当可观。如陕西袁家坡泉-温汤泉-瀵泉域岩溶水系统内漆水河上的桃曲坡水库在初期蓄水时最大的渗漏量达到 27.8m^3/s;坐落在天桥泉域岩溶水系统内的万家寨水库,计算的渗漏量为 5.5m^3/s。龙岩寺岩溶泉域水资源系统内的羊毛湾水库坝址坐落在三道沟组(马家沟组)底部灰岩上,在坝址处 0.6km^2 范围内发育了 46 个溶洞,建库初期年渗漏量达到 2000×10^{4}m^3 以上。主要渗漏水库如表 10-5 所示。

表 10-5 中国北方岩溶区主要岩溶渗漏水库汇总表

序号	水库名称	所属河道	库容/($\times 10^4 m^3$)	地层代号	所属(子)系统
1	万家寨水库	黄河	97 000	$\in-O_2$	天桥泉域岩溶水系统
2	天桥水库	黄河	6600	O_2	天桥泉域岩溶水系统
3	寺庄河水库	寺庄河			韩城岩溶水系统
4	盘河水库	盘河			韩城岩溶水系统
5	龙咀水河	文河	淤积满		韩城岩溶水系统
6	桃曲坡水库	漆水河		O_2-O_3	袁家坡泉-温汤泉-瀵泉域
7	故现水库	白水河	686	O_2	袁家坡泉-温汤泉-瀵泉域
8	胜利水库	大峪河	520		袁家坡泉-温汤泉-瀵泉域
9	羊毛湾水库	漆水河	12 000	O_2	龙岩寺泉域
10	乾陵水库	漠西河	200	O_2	龙岩寺泉域
11	小河水库	甘河	100	O_2	龙岩寺泉域
12	电洼水库	茹河	40	O_2, K	平凉-彭阳岩溶水系统
13	汾河二库	汾河	13 300	$\in-O_2$	晋祠泉域-兰村泉域岩溶水系统
14	大石门水库	南川河	1280	O_2	娘子关泉域
15	淘清河水库	淘清河	3970	O_2	辛安泉域
16	任庄水库	丹河	8050	O_2	三姑泉域
17	白龟山水库	沙颍河	92 200	$\in$	平顶山岩溶水系统
18	安格庄水库	大清河	30 900	Pt_2	一亩泉域
19	陡河水库	陡河	51 000	O_2	唐山岩溶水系统
20	锦绣川水库	玉符河	4150	$\in$	趵突泉域
21	嵩山水库	石河	5220	$\in-O_2$	老龙湾泉(冶源)域
22	潘河崖水库	巨野河	661	$\in$	郭店岩溶水系统
23	葫芦山水库	牟汶河	1289	$\in-O_2$	郭娘泉泉域
24	高湖水库	高湖河	3741	$\in$	沂南岩溶水系统
25	许家崖水库	沭河支流	29 300	$\in$	费县岩溶水系统
26	马庄水库	涑河支流	3363	$\in$	临沂岩溶水系统
27	周村水库	西泇河	8404	$\in$	苍山岩溶水系统

10.3 人工补给工程

岩溶含水层的人工补给工程可采用岩溶漏库促渗补水,河川渗漏段拦洪引渗,岩溶洼地、陷落柱等岩溶地貌与岩溶形态的促渗引流,井孔直接回注以及综合治理等多种方法。

10.3.1 岩溶漏库促渗改造工程

严重渗漏的漏库与干库,多数被认为无水利效益只能用于防洪。这些漏库与干库,在客观上就是起拦洪引渗、补给岩溶地下水的作用,但作为人工补给工程,应加强促渗改造,如清淤、提高其渗漏速度,此外,应在其上游营造水源林,或用其他方式增加来水量。

10.3.2 修建简易拦洪引渗工程

在岩溶泉域补给区内修建新的简易拦洪引渗工程,充分利用洪水资源补给岩溶含水层,在大部分泉域均有这样的条件。

一种方法是在上游非可溶岩区拦截洪水资源,在下游可溶岩区补给岩溶含水层。如沁河在润城以上河段的流域面积为 $7273km^2$,大部分在延河泉域之外,润城水文站多年平均流量为 $8.5×10^8m^3$,故在上游非可溶区建截流工程,对下游奥陶系岩溶含水层人工引流补给,可大大增加延河泉域岩溶水的资源量。

另一种方法是直接在河川渗漏段筑坝,提高河水位,加大对河床的渗透压力,同时增加河水在渗漏段的滞留时间,增大入渗率和补给量,如洪山泉域总补给量的 50% 均来自龙凤河的渗漏,龙凤河年均水流量为 $0.397×10^8m^3/a$,若在南坪强渗漏段以下筑坝拦洪补给岩溶水,则可使年均 $1.3m^3/s$ 的洪山泉流量保持下去。

10.3.3 利用岩溶地貌与岩溶形态的人工补给工程

北方岩溶区也分布有岩溶洼地、岩溶漏斗、陷落柱等适宜人工补给的岩溶地貌与形态,它们均有使降水与地表水迅速转化为地下径流的天然通道,因此,在水源条件允许的情况下,实施点状人工补给是人工补给的理想形式。

岩溶洼地不仅具有一定的汇水条件,并常伴随有岩溶漏斗、落水洞等岩溶形态。如山西阳城附近分布有析城山、焦坪、上川 3 个岩溶洼地。其中以析城山大型岩溶洼地最为典型,面积 10 余平方千米,周围封闭,盆地内有次一级小洼地 20 个,小漏斗 72 个,落水洞 360 个,最大落水洞深 2m,洞内水流量为 $0.001\sim0.05m^3/s$,进入洞内可闻水声。

由于山西高原自新生代以来不断抬升,不少古洼地处于高处,在大型洼地内可育林蓄水,是解决洼地补给工程水源的重要措施之一。

陷落柱多发育于中奥陶统灰岩含水层的上部。在陷落柱分布处,地下一般有较大的岩溶空洞和良好导水通道,因此,集中分布区常常是泉域的强径流带。如郭庄泉域灵石—霍州一带,每平方千米有10~72个陷落柱,汾河水在此漏失近1m³/s。郭庄泉域汾西矿务局张庄矿,在8.5km²采空区内,共揭露陷落柱360多个。此外,在柳林泉域、延河泉域、晋祠泉域等也普遍发育有大面积的岩溶陷落柱。

10.3.4 孔坑回灌工程

利用孔坑的方法是将地表水通过钻孔、坑道直接补给岩溶含水层,井孔选择因地制宜,尽可能采用废井(孔)或非生产井(孔)作为回灌井,其位置近水源以河川洪水与清水流量为主,工业弃水净化达标后方可利用,各岩溶泉域内均有一定清水流量,农灌高峰后完全有补给岩溶含水层的余地。

10.3.5 水源林工程

培育水源林、提高森林覆盖率是改善水环境,增加水源综合治理的重要途径,也是改善岩溶水人工补给条件的重要手段之一。

森林能对周围一定范围内的区域性气候起调节作用,它可以降低风速,调节温度,提高空气和土壤湿度,减少地表蒸发和植物蒸腾,森林对河川径流量的调节作用极明显。它能以丰补欠,涵蓄丰水期水量在枯水期释放。

近年来,由于地表植被破坏,水环境恶化,乃至降水量减少,岩溶地下水位下降。因此,在岩溶漏库、干库、河流渗漏段以及各种人工补给条件的流域范围内培植水源林,提高森林覆盖率,增加岩溶含水层人工补给水源,是完全有必要的。

10.3.6 水源监测工程

无论采用哪种人工补给方法,都应设置水源水质监测网,布置监测工作。监测方法为地面水监测和地下水监测:地面水监测主要是对补给水源水质进行定期取样化验;地下水监测是对地下水动态进行观测,包括水质水位的观测。对漏库的渗漏补给,应观测水库的水位变化,在库下游布井孔观测地下水动态。通过监测工作,可完善人工补给技术,优化人工补给工程形式及各种技术措施。

在我国,人工补给地下水在松散岩类分布的平原区已有先例,人工补给岩溶含水层正在开展。由于两种类型的地下水补给在含水岩性、地下水库等各方面完全不同,因此加强对岩溶地下水人工补给技术,调蓄岩溶地下水量,修复生态环境的研究具有重要意义。

岩溶地下水的人工补给是一项系统的水资源管理工程,俄罗斯、以色列、英国、美国等国家已经实施并取得了显著成效。

10.4 岩溶泉域地下水的人工补给及岩溶地下水、地表水库联合调度

10.4.1 概述

我国北方岩溶水在20世纪50—70年代的研究，主要集中于地面调查、水源地勘探与矿山涌水的治理方面，岩溶地下水开发利用程度较低，岩溶环境水文地质问题仅在局部出现，如济南趵突泉在70年代中后期就有断流的记录，普遍的看法是降水减少和开采量增加的结果。1981年中国地质学会岩溶专业委员会在太原召开的第一届"中国北方岩溶和岩溶水"会议提交的论文中，研究内容主要在岩溶发育规律、岩溶地下水分布富集、地下水开发和岩溶大水矿床的治理方面，对岩溶水的次生环境地质问题基本没有涉及。

20世纪80年代，岩溶地下水进入了大规模岩溶水源地勘探、开发阶段，与岩溶地下水开发利用相伴生的泉水流量衰减、岩溶地下水降落漏斗形成扩展、岩溶地下水污染、地面塌陷等一系列岩溶环境地质问题也逐步凸显并受到人们关注。1986年，笔者等对山西20个岩溶大泉泉域进行实地调查后，提出了山西岩溶泉水普遍衰减与降水及开采以外的泉域整体环境因素有关的看法。1989年在由地质矿产部、中国统配煤矿总公司、冶金工业部和中国有色金属总公司联合完成的《中国北方岩溶地下水资源及大水矿区岩溶水的预测、利用与管理的研究》中，已得出我国北方岩溶水资源在20世纪60年代后处于衰减过程，尤其进入80年代以后泉水流量明显下降的结论，并指出"衰减可能导致岩溶水逐步枯竭，应引起人们的极大关注"。

10.4.2 构建正确的岩溶水文地质概念模型

岩溶水文地质概念模型也就是岩溶水系统结构和功能模型。

岩溶水系统是岩溶系统中最活跃、最积极的地下水流系统。它有相对固定的边界和汇流范围及蓄积空间，具有独立的补给、径流、蓄积、排泄途径和统一的水力联系，构成相对独立的水文地质单元。岩溶水系统具有强大的三水转化功能，与地表水系有密切关系。

岩溶水系统是岩溶系统的重要组成部分，作为一个特定系统，必然具备边界、空间结构、环境、功能等要素。岩溶水系统是具有四维性质的水流与能量系统，可用数学符号表达：

$$KR = (b, m, f, w, e, c, th, ex \mid x, y, z, T)$$

式中，KR 为岩溶水系统；b 为岩溶水系统边界；m 为岩溶水地下循环、调蓄空间（含水层、蓄水构造等）；f 为岩溶水补给与排泄条件；w 为岩溶水流及水动力场；e 为岩溶水流及能量（势能与动能）；c 为岩溶水的化学场；th 为岩溶水的热能；ex 为系统的外部与环境；x, y, z 为空间坐标；T 为时间。

岩溶水系统属于空间 (x, y, z) 和时间 T 的完全集合，说明岩溶水系统有一定的空间展布形态和边界状态；随着时间变化，可以再生或消亡。岩溶水系统与其他水文系统的交集为

岩溶系统的边界。岩溶水系统中的基本构成元素——岩溶水和岩溶空间系统是岩溶系统的物质组成。岩溶水与含水介质,即岩溶空间的组合方式和顺序,决定系统的结构状态。岩溶空间含水介质的几何形态、空间联系和物理属性则决定系统的功能。岩溶水流的动力状态、化学成分和温度的变化形成3个物理场,即水动力场、水化学场和水温度场。它们各自具有的能量,反映岩溶水系统不仅是物质的,而且是一个能量体系。

构建正确的岩溶水文地质概念模型就是通过各种手段,搞清岩溶水文地质条件,其中包括:①岩溶水系统边界,如地下分水岭边界、隔水层边界、断层隔水边界、滞流边界等;②岩溶蓄水构造的形态特征及其对岩溶地下水流运动、储集及其对开放利用的影响;③岩溶含水介质特征及水流特征,特别是强径流带或管道流的存在其空间位置。利用地下水位观测资料,构建水动力场;利用水化学资料,构建岩溶地下水化学场。

10.4.3　建立岩溶地下水库-地表水库联合调度数学模型

根据水文地质概念模型建立岩溶地下水系统的数学模型。一般多采用确定性分布参数二维模型或三维模型来描述系统内部结构、水流运动方式及水量时空转化过程,同时考虑介质的非均质性和各向异性特点。由于泉域内勘测工作的程度差别很大,特别是在补给区,一般可利用的信息较少,有时可利用一维模型处理。

在数学模型的解算方法方面,可用有限差分法及有限单元法。在娘子关泉域,两种方法都用过;在丹河岩溶水系统采用有限差分法;在辛安村泉域采用有限单元法。不论用何种方法,都要正确地处理各种水量交换,不仅要处理好各子系统的水平水量交换,而且还要处理好垂直交换量,如人工开采地下水量、水库渗漏量、浅层地下水对岩溶水的补给量、大气降水入渗量、泉水排泄量等。

很多泉域的环境条件由于人为作用发生很大改变,岩溶地下水的补给及循环条件也发生变化,相应的泉水流量动态及地下水位动态也发生很大变化,验证和拟合数学模型的长期观察资料时,与其用早期资料不如用近期资料。

泉域岩溶地下水可采资源评价,必须放弃单独计算一个个水源地,然后再相加的方法。必须将泉域作为统一的流场来处理,将各水源地(包括拟建水源地)的相互干扰影响考虑到计算中。由于各大泉域的环境条件不同,需根据具体条件,考虑各种由于地下水开采可能引起的环境问题,如泉水衰减(很多泉口已建成提水工程)、区域地下水位下降引起泉域边缘含水层疏干、开采区域漏斗扩大导致入渗污水向漏斗集中等,在进行开采资源评价时,必须将上述问题作为约束条件加入评价模型中。

第二步,建立地表水库的水均衡模型。大部分中—大型水库设计过程中都会根据地表水的行洪、库存、入渗和弃洪等特征,建立地表水库的水均衡模型。其中包括地表水库库区降水量、水库上游入库量、库区水面蒸发量、汛期弃水量及地表水的渗漏量等。根据以上资料可建立地表水库与地下岩溶水库的水量转换方程式。

第三步,建立地表水库—岩溶地下水库联合调度数学模型。

上述模型参数的调试及检验过程,包括根据概念模型及各种实测资料(抽水试验、钻孔水位观测、等水位线图等)划分参数区,选择模型拟合时段。通过调参和验证,确定水文地质参数,并检验模型的可靠性,最后利用上述模型给出地表水库-岩溶地下水库联合决策模型预报方案。

实行地表水库与岩溶地下水库联合调度,可以有效地截取地表洪流,增加岩溶地下水补给量,抬高地下水位,有计划地实现泉水复流,保护环境,合理的开发利用水资源。

10.5 岩溶泉域地下水的人工补给工程实例

10.5.1 邢台百泉域岩溶地下水人工补给工程

1. 邢台百泉域岩溶地下水系统特征

1)邢台百泉岩溶地下水系统特征分析

20世纪80年代以前邢台百泉岩溶地下水系统是以泉水的形式排泄,形成百泉泉域附近约$20km^2$的芦苇湿地。20世纪80年代以后,随着邢台市城市发展,用水量大幅度增加,岩溶水被大量开采导致地下水位下降,百泉和达活泉两大泉域的15个泉口先后干涸。随着岩溶地下水水资源开采量的继续扩大,百泉岩溶地下水系统置换出巨大的地下库容。在目前开采状态下,利用地下库容对流域水资源进行时间和地域上的再分配,是提高雨洪资源利用率、实现泉水复流的一种重要手段。

邢台百泉岩溶地下水的径流条件,具有明显的构造控水规律。泉域内的岩溶地下水,在宏观上受太行山东麓的单斜构造和地形控制,呈自西向东径流的总趋势。但它的径流过程比较复杂,在地形、水文网、地质构造和岩溶诸多因素的控制下,岩溶地下水以复杂的径流形式汇集于排泄区,以泉水形式出露于地表。

2)天然状态条件下百泉岩溶水状态

1958年以前,该泉域地下水流动系统处于天然状态,地下水埋深总的变化规律:从补给区深埋型到排泄区逐渐过渡为浅埋型,直到排泄点以泉群涌出地表。水位标高从补给区大于160m,到排泄点为70m左右。百泉泉域的出流量一般为$8\sim10m^3/s$。1958—1978年期间,随着工农业的发展,岩溶水逐渐被开发,此期间该泉域出流量平均值降为$6.87m^3/s$。

百泉岩溶地下水的流网形态受构造控制,总的特征是呈波状起伏的辐射型流面,在强径流带以槽谷状展布,其流线的趋势分别从西南、西、西北向百泉汇流。在百泉泉域东侧是阻水断层,成为百泉东翼的地下水阻水墙。

3)开采状态下岩溶水状态

20世纪80年代以后,随着岩溶地下水被大量开采,使地下水动态特征也发生了相应的变化。开采条件下的岩溶地下水流网形态与天然状态类似,只是在排泄区流网更加稀疏。但是,在人工集中大量开采岩溶水的地段,则出现漏斗状流网形态。例如,邢台市区由于过量开采岩溶水,自1978年以来,地下水位平均下降$1.6\sim1.8m/a$。1999年最大埋深达85.06m(动水位埋深)。在其他开采较集中的地方,均形成局部小漏斗区。在这些地方,地下水流网形态均发生局部变化,呈现出漏斗状流网形态特征。

2. 百泉岩溶地下水库蓄水构造条件

从地下水库的概念分析,储水空间是地下水库的基本构成部分,决定着地下水库的库容大小。地下水库的储水空间,既是一种蓄水构造,又有各自的特点。地下水库所需的天然储水空间应满足边界封闭性、水库容量和水源补给等基本条件。

1)边界封闭性条件

地下水库天然储水空间的底部存在相对不透水层,库区四周边界相对封闭,库区内不存在无法控制的深大断裂、导水性断裂构造,以保证能够有效控制进入库区的地下水流避免过量库区渗漏。

百泉岩溶地下水系统主要径流区与排泄区约 $517km^2$,它的东面是邢台—内丘断裂带。经过多次抽水试验证实为隔水边界;北部以邢台煤田和东庞煤田为隔水边界;西部与西南部以下寒武统及闪长岩体等构成隔水边界;南部为透水的补给边界。

邢台百泉岩溶系统的顶部被石炭系—二叠系及第四系所覆盖,除百泉排泄区附近局部存在弱透水层发生越流外,其余均为页岩或黏土组成的隔水顶板;底部以埋深于 $450\sim500m$ 的岩溶弱发育的完整基岩构成隔水边界,使得岩溶地下水库形成全封闭式的水库构造形态。当岩溶水补给充足时,多余的地下水在地域形成的高差作用下,在排泄区的百泉、达活泉以泉水的形式排放。

2)地下水库库容条件

地下水库天然储水空间必须提供足够大的库容,即孔隙、裂隙和溶隙。同时,天然储水空间必须具有足够的连通性,保证地下水在整个库区范围内的流动性。

邢台百泉岩溶地下水径流,地质构造存在垂向发育分布带,其自上而下可分为岩溶强发育带、较强发育带、弱发育带和极弱发育带。

岩溶强发育带的控制标高在地下水位以下至 $-150m$。地下水水力梯度平缓,一般为 $0.034‰\sim0.142‰$;岩溶裂隙率为 $5.04\%\sim55.3\%$,是极强富水带,单井单位涌水量一般大于 $10m^3/(h\cdot m)$,个别小于 $10m^3/(h\cdot m)$,在天然状态下地下水位年变幅 $15\sim20m$。

岩溶较强发育带的控制标高在 $-400\sim-150m$。地下水力梯度为 $0.12‰\sim0.363‰$;岩溶裂隙率为 $2.43\%\sim25.7\%$,属于强富水带,单井单位涌水量常见为 $5\sim10m^3/(h\cdot m)$。

岩溶弱发育带的控制标高为 $-650\sim-400m$。地下水力梯度为 $0.66‰\sim0.925‰$;岩溶裂隙率为 $2.75\%\sim11.5\%$,为中等富水带,单井单位涌水量常见为 $1\sim5m^3/(h\cdot m)$。

岩溶极弱发育带的控制标高在 $-650m$。岩溶发育微弱,岩溶率低于 2.75%,多被方解石脉充填,属于弱含水段,单井单位涌水量小于 $1m^3/(h\cdot m)$。

3)地下水库的库容量计算

地下水库的库容主要是基本库容(静库容)、调节库容和死库容。

基本库容(静库容)是地下水库多年最低地下水位以下的地下水静储量,是一个常量;调节库容是一个随开采水位变化而变动的量;死库容则为难以开采的水量所占据的库容。

根据河北省各主要岩溶地下水系统岩溶水资源计算结果,天然状态下邢台百泉岩溶地下水储存量为 $250\times10^8m^3$。

可以推断,该地下水库总库容与储水量相近,只是超深度的岩溶水开采困难,目前对开发利用意义不大。因此,以目前的开采技术条件,岩溶地下水库的死库容相对较大。

对地下水库开发利用最直接的是开采基本库容。根据邢台百泉岩溶地下水系统不同发育带岩溶裂隙率和地下水库面积,计算不同发育带的库容变化。计算公式为:

$$Q_{开采} = \varphi \times \Delta H \times S \tag{10-1}$$

式中,$Q_{开采}$ 为地下水库单位深度容量(m^3);φ 为含水层有效空隙度;ΔH 为含水层厚度(m);S 为含水层分布面积(m^2)。

地下含水层构造在不规则的情况下可以分块或用数值法计算。计算参数的取得主要依靠多种手段的水文地质勘察,计算精度取决于勘察精度。

有效孔隙度取决于含水层的孔隙度和给水度,孔隙度是一个难于确切测定的量,在含水层组成复杂和非均质条件下更是如此。给水度也是一个复杂的变量,不仅是一个空间变量,还是一个时间变量,再加上含水层组成复杂和非均质特征,它的测定更为困难。邢台百泉地下岩溶强发育带的岩溶裂隙率范围在 5.04%~55.3% 之间,变化范围幅度较大,其取值的代表性难以确定。因此,地下水库的单位体积库容可采用经验法进行计算,以实际观测的地下水位与蓄水量变化之间的关系,确定地下水库单位体积蓄水量。

4) 地下水库水量补给条件

地下水库的天然储水空间必须满足地表水和地下水快速进行水量交换的条件,即需要天然储水空间本身具有或通过工程措施后能够达到足够的渗透性。

百泉泉域是一个以降水为唯一补给来源,边界性质清楚,基本独立、完整、封闭式的水文地质自然单元。它的补给方式有两种,分别是降水沿裸露灰岩直接渗入补给和地表水汇流后在河道渗漏段的下渗补给,裸露区面积为 338.6 km^2。大气降水在灰岩裸露区面状直接入渗补给,入渗系数在 0.3~0.4 之间;其次是大气降水在西部变质碎屑岩区形成地表径流汇入下游河道和水库,河水和水库放水在河道渗漏段部分下渗,以线状间接补给岩溶水。区域内有发源于西部变质岩区的小马河、白马河、七里河、沙河、马会河、北洺河(图 10-4)。各河流在雨季洪峰期流经裸露区产生严重渗漏。

河谷渗漏的条件也与区域性节理裂隙的发育方向有关,同时,还受河床地质结构的控制。当沟谷中有透水性较好的洪冲积层分布,而其下伏为透水性良好的灰岩时,则沟谷中水通过卵石、砾石层渗漏补给灰岩含水层。在北洺河、沙洺河以上常年有水。而从沙洺河至西寺庄段,却由于河床为中下奥陶统—中寒武统灰岩、白云质灰岩,河水漏失而干涸。因此,北洺河仅在汛期洪水较大时全河才有水,但经过一段时间后,即随着水势减小和灰岩段河床漏水而干涸。在百泉流域内,河道渗漏段由北向南分别位于:小马河位于交台村以下;白马河位于东青山以下至谭村;七里河位于北会村以下;沙河-朱庄川位于朱庄村以下至喉咽;渡口川位于渡口以下至八里庙漏失段;马会河位于柴关以下至西石门;北洺河位于活水以下至西营村。

5) 岩溶水补给量计算

岩溶水补给量主要包括面状入渗与朱庄水库之外的其他水库放水的河道线状入渗两部分。朱庄水库弃水补给单独计算,根据建库后资料分析,朱庄水库弃水渗漏补给系数实测结果为 0.437~0.543,岩溶水补给资源按式(10-2)计算,根据 1984—2003 年资料统计,计算

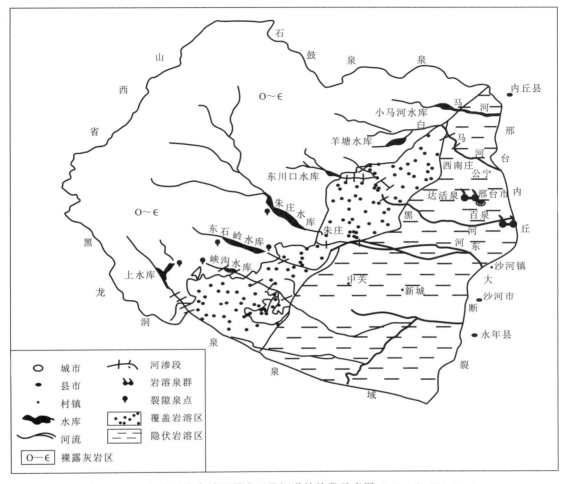

图 10-4　邢台百泉泉域裸露岩区及河道补给段示意图（据乔光建，修改 2006）

出多年平均补给量为 $17\,658\times10^4\,\mathrm{m}^3$。

$$W_{补}=k\times\sigma_1\times P\times F+\sigma_2\times W_{朱弃} \tag{10-2}$$

式中，$W_{补}$ 为岩溶水的补给量（$\times10^4\,\mathrm{m}^3$）；k 为单位换算系数；σ_1 为降水综合入渗系数；P 为灰岩裸露区面降水量（mm）；F 为裸露区入渗面积（km^2）；σ_2 为朱庄水库弃水河道渗漏补给系数；$W_{朱弃}$ 为朱庄水库河道弃水量和放水量（$\times10^4\,\mathrm{m}^3$）。

6）岩溶地下水库的调蓄能力分析和功能评价

地下水库的调蓄能力由以下 3 个影响因素控制：①地下水库的蓄存能力，即库容；②地下水库含水层系统的补给能力，由含水层的天然补给能力和地下水库建成后的人工补给能力两部分组成；③补给水源的保证能力，取决于流域的产流能力和河道的弃水能力。河道的弃水能力要通过水资源的联合调度实现，地下水库原则上都要建在河流地表水库的下游，形成地表水库和地下水库联合储存和调度的运转模式。

朱庄水库位于百泉岩溶区上游,是一座以防洪灌溉为主,兼顾发电、城市供水等综合利用的大型水利枢纽工程,控制流域面积为1220km²。水库总库容为$4.162×10^8m^3$,防洪库容为$2.822×10^8m^3$,兴利库容为$2285×10^8m$,死库容为$0.34×10^8m^3$。经过多年的运用,在防洪、灌溉、发电方面均发挥了较大作用。

朱庄水库下游河道有部分河段为岩溶区,河道过水时,产生大量渗漏直接补给岩溶地下水,现状条件下朱庄水库放水渗漏补给系数在0.437~0.543之间。

从2005年开始,朱庄水库通过生态调度补给方式向下游河道调节放水,每年放水量在$(3681~4483)×10^4m^3$之间,平均每年向岩溶区补水$3926×10^4m^3$。使地下水位每年减少下降5.6m,为邢台市地下水生态环境的改善发挥了重要作用。2006年9月,该工程使多年干涸的泉水开始复涌,改善了邢台市区地下水生态环境。邢台百泉岩溶地下水库的调蓄作用,对保障邢台市城市供水安全、恢复城市生态环境发挥了重要作用。

7)结论

邢台百泉岩溶地下水系统是一个天然的泉域系统。随着岩溶地下水开采量增大,地下水位下降,岩溶水系统置换出巨大的地下水库库容,可用于地表水、洪水与地下水的调节和调度。

该岩溶水系统是一个天然的岩溶地下水库,边界封闭条件、库容条件、水量补给条件等要素均符合地下水库的要求,是一个不需要工程投资,只需要合理调度和管理就能发挥重要作用的地下水库,为提高城市供水质量和供水安全发挥重要作用。

10.5.2 济南泉域岩溶地下水的人工补给与保护工程

1. 概述

济南泉是中国北方典型的岩溶泉,包括趵突泉、黑虎泉、王龙泉和珍珠泉四大泉群。108处泉点以涌泉形式出露地表。济南泉以其独特的泉流喷涌风景文化、生态意义和供水功能而闻名于世。济南因泉而立,素有泉城美誉。泉水自古长年喷涌不息,在未大量开采地下水的20世纪60年代以前,多年平均总自流量为$4.63m^3/s$。从20世纪70年代开始,随着城市化、工业化的发展,岩溶地下水开采量不断增加,地下水位持续下降,趵突泉等泉群开始出现断流,1999年3月至2001年9月趵突泉连续干涸30个月。随着地下水位的下降,该区形成区域性降落漏斗,引起地表污水下渗,造成日益严重的环境问题。为此,从20世纪80年代以来,我们开展了一系列岩溶水文地质研究及实施了保泉措施,其中包括泉域边界、水文地质结构、水动力场、水化学场及由大型示踪试验追踪岩溶水强径流带的空间分布及水动力参数。在上述调查研究工作的基础上,当地部门制定并实施了综合性的保泉及供水措施,其中包括调整开采布局,实施分质供水,在保泉条件下限定开采量,确保优质岩溶地下水仅用于城市生活用水及高精尖工业用水,而一般工业用水及农业灌溉改用地表水(黄河水);另一方面开展人工调蓄补源工程,取得显著效果。

2. 岩溶水文地质特征

济南市位于华北东部,属温带半湿润气候,多年平均降水量为670.5mm,最大降水量为

1164mm(1964年)，最小降水量为340.3mm(1989年)，降水量在空间上分布有差异，南部山区降水量大于北部平原区。

黄河位于泉域西北部，属过境河流，区内长度为58km，为地上悬河，河水与岩溶水无直接水力联系，年总径流量约为 $300 \times 10^8 m^3$。

泉域内河流有玉符河、北沙河等。

玉符河为黄河的支流，发源于泉域南部泰山北麓的长城岭，全长为65km，流域面积为 $1510 km^2$。汛期径流量增大，旱季河床干枯，为季节性河流，部分河段渗漏性强，在径流量较小时出现断流现象，为岩溶水重要补给源之一。

北沙河位于工作区西南部，发源于界首山区，由众多支流汇合而成。全长为52km，流域面积为 $570 km^2$，丰水期河道渗漏补给岩溶水，枯水期河水断流，为季节性河流。

泉域内水库主要有卧虎山水库、锦绣川水库、玉清湖水库，对济南市供水和农田灌溉起重要作用，同时对减弱洪峰、调节径流、地下水补给也有重要意义。

卧虎山水库位于泉域南部山区，锦绣川、玉带河、锦银川3条河流注入水库。水库总库容为 $1.164 \times 10^8 m^3$，兴利库容为 $0.5863 \times 10^8 m^3$，流域面积为 $557 km^2$，平水年平均水深为8.2m。

锦绣川水库位于卧虎山水库上游，属玉符河水系，水库流域面积为 $116 km^2$，总库容为 $4069 \times 10^4 m^3$，兴利库容为 $3968 \times 10^4 m^3$（正常蓄水）。

玉清湖水库位于济南西郊，为平原水库，水源为黄河水。2001年开始向市区供水，设计供水能力为 $40 \times 10^4 m^3/d$，水面标高约26m。

大明湖位于济南市市区，面积为 $46.5 hm^2$，湖水源于珍珠泉泉群排泄的地下水，湖光山色，风景秀丽，为济南市三大名胜之一，水面标高约20m。

济南泉域地处鲁中山地北缘，南依泰山，北临黄河，地形南高北低，南部为绵延起伏的山区，标高为500~600m。北部为山前倾斜平原，标高一般在25~50m之间，北部有燕山期侵入的辉长岩体分布。泉域内主要有黄河、玉符河、北沙河等几条大型地表水系。

济南泉域受向北缓倾的单斜构造格局控制，南部山区古生界碳酸盐岩地层大面积裸露，接受大气降水入渗补给，雨水渗入地下后沿岩层倾向向北运移，在北部受燕山期辉长岩体阻挡而蓄积，并在低洼处及地质构造有利部位喷出地表，形成著名的四大泉群（图10-5）。

泉域蓄水构造为由南向北倾斜的单斜构造。

南部有前震旦系片麻岩体组成的结晶基底广泛出露，上覆古生界。古生界寒武系从南往北由老到新出露齐全，奥陶系分布于研究区中部，成单斜产状，向北倾斜。市区及东、西部有燕山期岩浆岩体大片分布，沿黄河地带为石炭系、二叠系含煤地层假整合于中奥陶统之上，总体上是一个以古生界为主体向北倾斜的单斜构造。从地形上也是南高北低，这一特定的地形、地质构造条件，使得岩溶水在南部山区得到大气降水的补给后，运动方向与地形坡向和地层倾向方向大体一致，自南向北，补给区和径流区基本一致，当运动遇到北部岩浆岩体和石炭系、二叠系时，岩溶地下水运动因受阻而富集，在地形和构造有利部位以承压上升泉的形式出露，局部地区钻孔自流，为典型的单斜自流构造区（图10-6）。

在单斜构造中发育有多条规模较大的北北西向断裂（如东梧断裂、千佛山断裂、马山断裂），以及北东向的断裂（如港沟断裂、邵而断裂、炒米店断裂）。这些断裂将单斜构造分割为

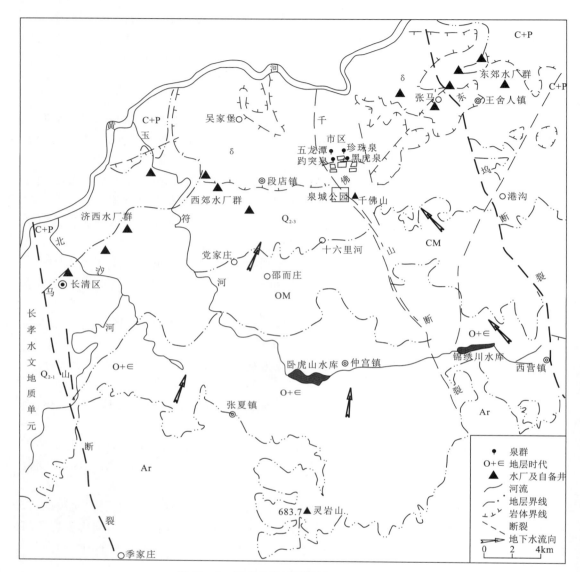

图 10-5　济南泉域地质简图(据孙斌等,2014)

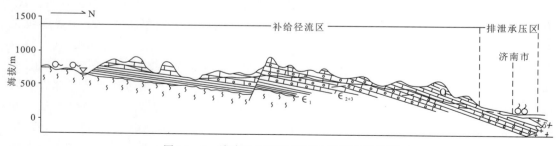

图 10-6　济南地区单斜构造示意剖面示意图

若干断块,对各断块的水文地质条件起到了一定的控制作用。

通过抽水试验研究,我们认为马山断裂构成泉域相对隔水的西边界,东坞断裂构成相对隔水的泉域东边界。沿着由南至北贯通泉群的千佛山断裂带形成了泉域的强径流带,不仅汇集东西方向岩溶地下水,而且也沟通了奥陶系岩溶水与下伏寒武系张夏组灰岩岩溶水之间的联系(图10-7)。

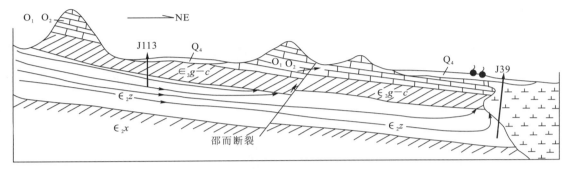

图10-7 张夏组含水层与奥陶系含水层水力联系方式示意图

根据大型示踪试验得出,张夏组灰岩地下水视流速在42～192m/d之间,沿倾向和沿走向扩散速度相差很大,沿倾向扩散,地下水视流速在141～192m/d之间,沿走向地下水视流速在42～73m/d之间,前者是后者的两倍。

奥陶系灰岩中地下水视流速在88～489m/d之间,是张夏组灰岩地下水视流速的2～4倍。

3. 岩溶地下水的人工补给及综合保护工程

1)工程措施

济南泉域岩溶裂隙发育,有规模巨大的岩溶水调蓄库容,初步计算泉域直接补给区调蓄总库容可达 $3.80 \times 10^8 m^3$。此外,泉域内河流渗漏明显,具有良好的地表入渗条件。根据泉域岩溶水调蓄能力强的特点,人工调蓄补给是保持泉水长期喷涌和水环境良性循环的主要措施之一。

在玉符河、北沙河岩溶发育河段修建拦水坝(墙),逐级拦蓄洪水,增大降水入渗补给量。

由于卧虎山、锦绣川、岳庄等水库拦蓄大量地表径流,减少泉域地下水的补给量,改变了自然生态系统,直接影响着泉水的流出。因此,卧虎山、锦绣川水库应停止向市区供水,而是利用已有干渠向兴隆、玉符河等直接补给区回灌补给,岳庄水库用于北沙河补给。

南水北调东线引水进入济南后,引水至卧虎山水库和锦绣川水库,然后向下游进行人工补源。

2)回灌补给分析

2012年下半年降水较同期偏少,趵突泉水位随着开采量增加持续下降,5月中旬逼近黄色警戒水位线,随后卧虎山水库开始放水进行回灌补源,水沿玉符河向下游径流,在天然强渗漏段渗入地下直接补给张夏组岩溶含水层。卧虎山水库先从锦绣川水库调水1500×

$10^4 m^3$,途中有 $400 \times 10^4 m^3$ 渗入地下,蓄水后于 2012 年 5 月 16 日正式开闸放水,放水量为 $30 \times 10^4 m^3/d$,21d 后增加至 $40 \times 10^4 m^3/d$,持续时间约为一个月。在回灌补源之前趵突泉和黑虎泉水位相当,而卧虎山水库回灌补源之后 7d,趵突泉水位较黑虎泉水位提升明显(图10-8)。这表明卧虎山水库下游张夏组含水层组与奥陶系含水层组存在水力联系,下渗的地下水即通过 100~150m 深度岩溶主径流通道补给四大泉群。

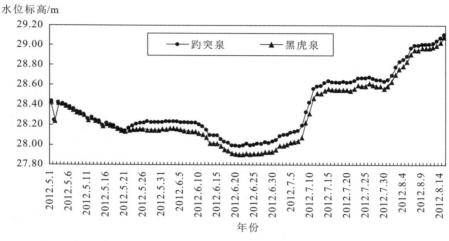

图 10-8 回灌补源前后趵突泉、黑虎泉水位动态图(据孙斌等,2014)

3)不同补给源影响分析

在自然降水条件下,趵突泉和黑虎泉泉群水位年际动态吻合较好,两泉群在枯水期、平水期水位差较小,仅在丰水期有较大差异。2010—2011 年上半年,趵突泉水位比黑虎泉水位平均高 3~4cm,而进入雨季之后,8 月中旬黑虎泉水位反而高于趵突泉水位,水位差一般会大于 5cm,最大达 22cm(据 2010 年 9 月 21 日观测数据)。

2012 年 5 月卧虎山水库进行回灌补源,期间济南市基本无有效降水,对济南泉域而言此次放水可视为点源补给,开闸放水 7d 后,趵突泉水位迅速抬升并高于黑虎泉水位 5cm,随时间推移水位差持续增加至 8cm 左右,于 7 月 8 日达到最大水位差 12cm,随后受 6 月下旬以后的降水面状补给影响水位差逐渐减小,而泉水受大气降水响应的滞后时间至少为半个月,自 7 月 9 日水位差开始减小,至 8 月 16 日趵突泉水位仅高出黑虎泉 2cm(图 10-9)。

4. 其他配套措施

1)逐步进行小流域治理,加强植树造林,调整南部山区农业生产结构

泉域南部直接补给区应禁止毁林占地建设别墅区、居住区、工业园和陡坡开荒、开山采石等。逐步调整南部山区产业结构,实施退耕还林,禁止放牧,停止开山采石,大力发展林果业,实施生物工程,增加植树造林面积,对马蹄峪、龙洞峪、大涧沟、石青崖、柏石峪、小岭子、板倒井、下井沟、腊山等沟谷进行治理,禁止倾倒垃圾和占用,以起到涵养水源的作用。

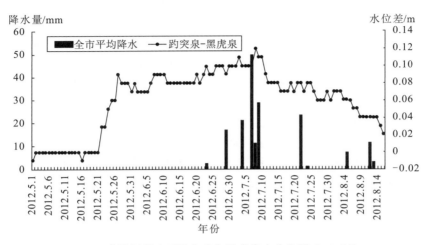

图 10-9　回灌补源影响下趵突泉与黑虎泉水位差图(据孙斌等,2014)

2）控制城区向直接补给区内扩展

为避免城市开发建设影响泉水补给,济南城市建设"南控"边界应在平安店—潘村—玉符河河谷—丰齐—大杨庄—刘长山—英雄山—羊头峪—牛旺一线。在该线以南的岩溶地下水直接补给区,禁止进行规划建设。

3）调整开采布局,实施分质供水

通过数值模拟优化计算,在保泉条件下泉域岩溶水允许开采量为 $18.8\times10^4\,m^3/d$,济西水源地开采量为 $10\times10^4\,m^3/d$,西郊水厂开采量为 $5.8\times10^4\,m^3/d$,东郊工业自备井控制在 $3.0\times10^4\,m^3/d$ 左右；白泉泉域可供水量为 $28.29\times10^4\,m^3/d$,长(清)-孝(里)水源地建议开采量为 $8\times10^4\,m^3/d$；泉水先观后用为 $5.0\times10^4\,m^3/d$,合计 $60.09\times10^4\,m^3/d$。这些优质地下水资源可用于生活和高精尖工业用水。按照人均用水量 150L/d 计算,可满足 400×10^4 人生活用水。一般工业用水改用地表水(黄河水),近期要充分发挥玉清湖、鹊山水库的作用,为东部工业区供水,彻底关停该区的工业自备井。农业灌溉在节水的前提下,改用地表水,限制利用岩溶地下水。

4）逐步关停工业自备井

减少东西郊工业自备井开采,逐步消除经济学院、井架沟、高新技术开发区一带的降落漏斗对泉水补给量的袭夺。

10.5.3　太原晋祠泉复流工程

1. 概述

晋祠是国家重点文物保护单位,晋祠"三绝"之一的晋祠泉水,出露于太原西山悬瓮山下,距太原市中心 25km。《山海经》曾记载"悬瓮之山晋水出焉",是指晋祠泉域岩溶水的集中排泄点,由难老泉、圣母泉、善利泉组成,出露高程为 802.59~805m。1933 年及 1942 年实测流量约 2.0m³/s,1954—1958 年实测泉水平均流量约 1.94m³/s,最大为 2.06m³/s (1957 年),最小为 1.81m³/s(1954 年),动态稳定。自 20 世纪 60 年代(特别是 80 年代)以来,由于气候变化,岩溶地下水大规模开发利用和煤矿开采过程中疏干地下水等人类活动,导致泉域岩溶地下水位持续下降,泉水流量逐年减少,由 60 年代的 1.69m³/s,70 年代的 1.21m³/s,80 年代的 0.52m³/s 降至 90 年代的 0.18m³/s,1994 年 4 月 30 日断流。近年来,山西省政府一直致力于晋祠泉的生态修复工作,特别是在引黄入晋工程输水到太原市以后,水资源的供应矛盾得以缓解,引黄水可作为替代水源,具备了泉水复流的基本条件。特别是汾河二库修建后,泉域的水文地质条件已经发生显著变化,需要在重新认识岩溶水文地质条件的基础上,制定泉水复流的新方案(图 10-10)。

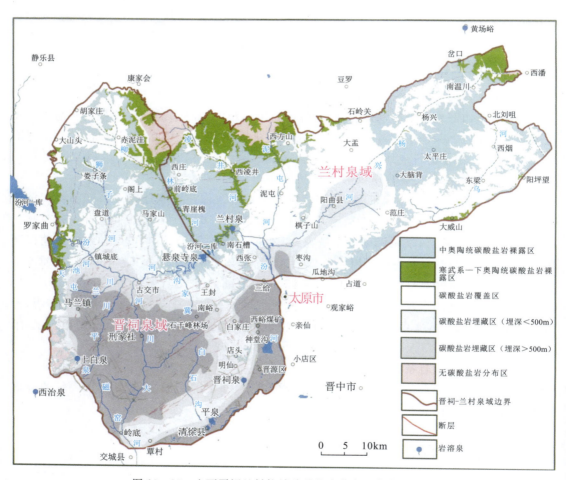

图 10-10　山西晋祠兰村拉域碳酸盐岩分布埋藏类型略图

2. 泉水成因与岩溶水系统特征

晋祠的形成主要是由于西山岩溶水盆地受到边山断层东侧第四系弱透水地层阻挡而

成,为典型的山前断裂溢流泉,该泉为非全排型泉,部分岩溶地下水潜流补给盆地第四系含水层。根据最新调查研究,泉域总面积为 2713km² (图 10-11)。

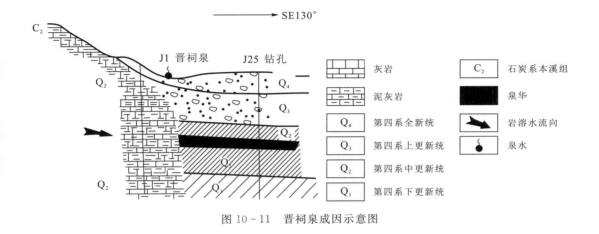

图 10-11 晋祠泉成因示意图

晋祠泉的补给主要是受大气降水的入渗及汾河地表径流的渗漏补给。

晋祠泉域内寒武系、奥陶系裸露碳酸盐岩区面积为 375.25km²,为大气降水入渗的主要补给区。

汾河河道在泉域内流径 74.75km,在此范围内有 3 个漏失段,即罗家曲至龙尾头、古交镇至河下村、河下村至崺头村,漏失段总长为 45.25km(图 10-12)。

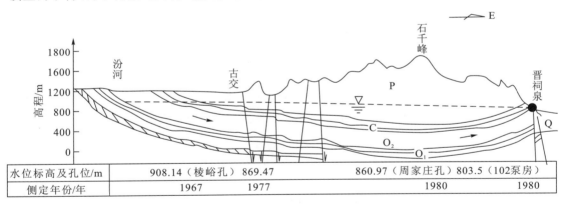

图 10-12 古交—晋祠水文地质剖面示意图

根据 1982 年 6 月,1982 年 10 月两次测量汾河漏失段,漏失量达 2.1m³/s,但在水库不放水的枯水季节,河道中水量很少,漏失段全部处于晋祠泉域,因而基本补给晋祠泉(图 10-13)。

晋祠泉域总体上都是受石千峰向斜和太原西山的山前大断裂共同控制而形成的岩溶水系统,其边界条件及岩溶水系统结构都受控于上述两大构造影响。

晋祠泉域的北部及西北部边界均处于石千峰向斜的西北部边缘,出露古老变质岩及寒武系底部碎屑岩层,构成隔水边界和补给区的边界。泉域的东北部沿柳林河—汾河二库坝

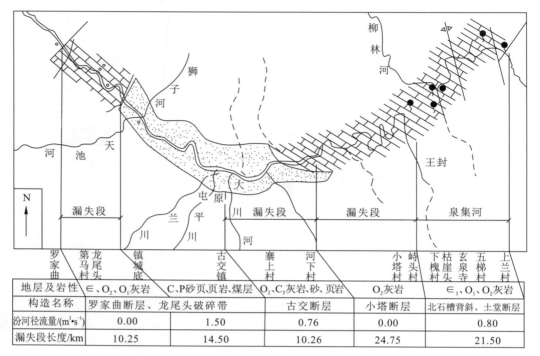

图 10-13 汾河径流漏失段与构造及岩性关系图

地层及岩性	ϵ、O_2、O_1灰岩	C、P砂页页岩、煤层	O_2、C_3灰岩、砂、页岩	O_2灰岩	ϵ_3、O_1、O_2灰岩
构造名称	罗家曲断层、龙尾头破碎带		古交断层	小塔断层	北石槽背斜、土堂断层
汾河径流量/(m³·s⁻¹)	0.00	1.50	0.76	0.00	0.80
漏失段长度/km	10.25	14.50	10.26	24.75	21.50

址一线,经勘探证实为北西向分布的下奥陶统硅质白云岩层,该层为厚 100 余米的弱岩溶层相对隔水层,坝址位于该岩层上。该岩层实际为石千峰向斜的东北翼,构成晋祠泉域的北东隔水边界。泉域的东南部以边山大断层为边界,也为弱透水排泄边界,岩溶地下水部分补给太原盆地松散沉积物含水层。

泉域总面积约 2030km²。其中出露可溶岩面积为 376km²。

经过多年的调查观测研究,我们对晋祠岩溶水盆地的水动力系统特征取得如下认识(图 10-14)。

(1)泉域岩溶地下水的天然补给区是北部和西部岩溶裸露区,主要为大气降水入渗与沟谷溪流水季节性入渗补给。

(2)汾河天然河道沿线的渗漏是区域岩溶地下水的重要补给源之一。据初步估算表明其补给可占岩溶地下水总量的 40%~50%。

裸露区补给的岩溶水,水量可观,而且上游补给区无城市及工业污染源,TDS 为 262mg/L,SO_4^{2-} 浓度为 23.1mg/L,水质良好,可作为古交市后备水源或应急水源勘探靶区。

晋祠泉域岩溶地下水从北西向南东径流并在山前断裂带内富集,受太原盆地西山山前松散层相对阻水而出流成泉。岩溶地下水位等水位线图表明,山区岩溶水基本以"散流"形式进入山前断裂富水带,沿南峪-明仙村断裂带形成近北西—南东向的强径流带,直通晋祠泉排泄区。

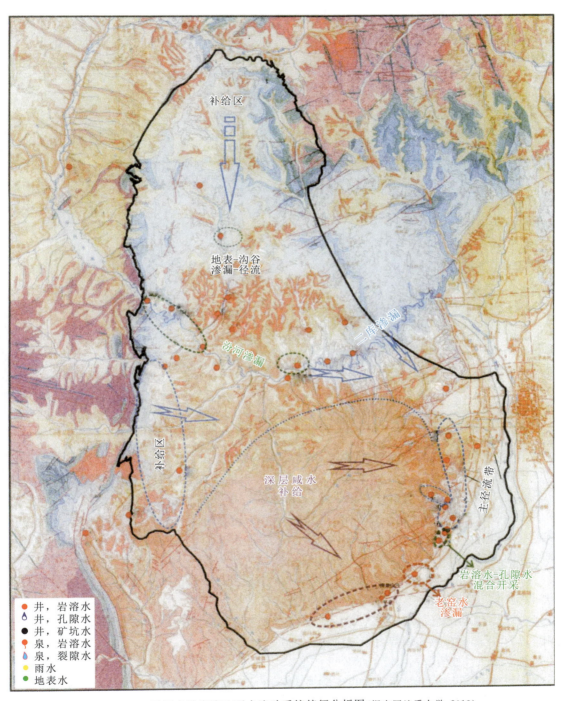

图 10-14　晋祠泉域岩溶地下水流动系统特征分析图(据中国地质大学,2019)

3. 泉断流原因总结

综合影响晋祠泉流量与泉口水位动态的各种因素,分析长时间序列泉域水资源要素变化特征,可生成以下要素变化图,如图 10-15 所示。

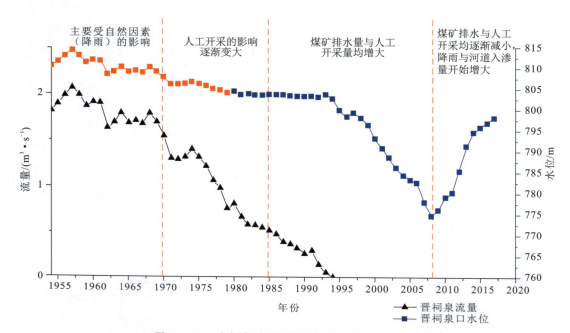

图 10-15 多年序列晋祠泉流量及水位变化曲线图

由图 10-15 可知,晋祠泉自 1950 年以来经历了以下 4 个阶段:

(1)高水位大流量阶段(1970 年以前):该阶段泉域内降水量较大,煤矿排水量少,岩溶水开采量小并且主要以分散式开采为主,泉水水位较高。

(2)水位下降断续出流阶段(1970—1985 年):该阶段降水量波动较大,岩溶水分散式开采井不断增加,城镇集中供水水源地相继建成,岩溶水开采量大大增加,泉水水位较之前有所下降。

(3)较低水位断流阶段(1985—2008 年):该阶段降水量相对较少,煤矿抽排岩溶水量大,岩溶水开采量也增大,泉水水位持续下降。

(4)人工调控阶段(2008—至今):该阶段降水量较大且存在一定波动,煤矿排水量与岩溶水人工开采量在人为调控之下减少,泉水水位逐渐升高。

综上所述,总结晋祠泉断流的原因如下。

降水频率分析结果显示,20 世纪 60 年代至 90 年代期间,晋祠泉域内经常出现枯水年或偏枯年,特别是 1974—1994 年这 20 年间,只出现 1 次丰水年和 1 次偏丰年,其余多为偏枯年份,1990 年后更是连续偏枯年份。因此可认为,降水补给减少是晋祠泉断流的重要原因。

对泉域不同历史时期的水均衡计算结果表明,1960 年泉域岩溶地下水系统基本处于稳定平衡阶段,而到 20 世纪 80 年代,随着岩溶水开采量和采煤排水的增加,泉流量减少,泉域岩溶地下水系统处于负均衡阶段。到 20 世纪 90 年代,岩溶水总开采量进一步增加,系统负均衡加剧,因而,可认为岩溶水开发利用是晋祠泉断流的直接原因。

4. 泉域水资源保护与晋祠泉复流措施

1)保护目标

使地下水位逐渐上升;使泉水流量恢复到 $0.3m^3/s$ 以上;使泉区基本恢复自然景观,即泉水自流,古建筑得到保护,景区植被得到恢复。

水质方面,考虑到泉域水环境的复杂情况,水质保护第一目标暂定为一般离子(矿化度、总硬度、硫酸根离子、硝酸根离子等)含量不继续增加,并逐渐恢复到 1986—1987 年的水质;第二目标是有害组分(Pb、Cd、Hg、酚)等不超过饮用水标准。

2)保护措施与保护区划分

(1)泉源重点保护区。将晋祠泉源区(主要指晋祠公园及附近范围)定为泉源重点保护区,面积为 $2.06km^2$。保护内容除了水量、水质外,景观及古建筑保护也是主要保护内容。在此区内应按照山西省 2004 年批准实施的《晋祠泉域水资源保护条例》中一级保护区的保护内容进行保护,即禁止新开凿岩溶水井;禁止挖泉截流;禁止兴建影响泉水出流及影响景观的工程;禁止倾倒、排放工业废渣;各种污水的排放必须严格执行有关法律、法规,不准污染岩溶地下水;禁止新建、扩建矿井。

(2)水量保护区。水量重点保护区主要集中在边山断裂带。

北界:西铭西—下庄—闫家沟。

西界:西铭—大虎峪—上冶峪—店头—马坊—南峪—李家楼—西梁泉—花家塔村南东。

东界:闫家沟往南沿铁路至罗城—北大寺—王郭村—姚村—大北村。

南界:大北村—口儿上。

该保护区面积为 $183.35km^2$,其中包括晋祠泉水出露处,西山矿务局白家庄矿排供水源、开化沟水源、平泉自流井群以及神堂沟地下热水开发区等。

本区内保护措施:不准新开煤矿,已有煤矿不允许带压开采,即开采高程不能低于岩溶地下水位;不准新打井开采岩溶地下水,其中包括岩溶热水井,对已有井进行清查。对违规的开采井要封井,对已批井应限制开采量。

水量限控保护区主要措施:严格限制打开采井及地热井,对已有井限制开采量或封井。①边山断裂带东侧承压区水量保护区,主要集中在边山断裂带至汾河岸边,面积约 $204.4km^2$。本区处于晋祠泉域下游方向的岩溶水承压区。在天然情况下,本区岩溶地下水与泉域边山断裂带强径流带水力联系微弱,但在开采条件下,岩溶地下水可能从深部通过边山断裂带向承压区补给,从而使泉域岩溶地下水位进一步下降。②古交水量限控保护区,为古交地区西从梭峪乡东到河口镇的汾河河谷区,面积为 $39.02km^2$。

(3)水质重点保护区。①古交水质重点保护区:自西向东由罗家曲—古交—寨上—河口—周家山的汾河河谷,面积为 $66km^2$。本区主要是污染防护带,严格执行《山西省汾河流域水污染防治条例》,禁止排污,特别是古交市污水排放的管制,以防污染地下水。②风峪沟水质重点保护区。该沟在店头以下为裸露灰岩区,透水性强。店头以上,有多处小煤矿及炼焦厂分布,排放的矿井水及污水水质极差,渗入地下进入岩溶含水层会直接污染晋祠泉,面积为 5.86km²。③西铭水质重点保护区。西山矿务局的西铭矿、白家庄矿、杜儿坪、官地等地矿井排水量很大,附近也有大片裸露岩溶区,处于边山断裂带,对晋祠水质也有直接影响,面积为 5.56km²。

对上述水质保护区内的污染源应进行清查,凡构成对岩溶地下污染威胁的工厂、煤矿、矸石场、渣场、生活等方面的排污必须限期治理,废污水必须处理达标排放。

(4)煤矿带压区。泉域内煤矿带压区范围约 601.76km²,主要分布在泉域西部石千峰向斜核部地带,压力水头在几十米至几百米,例如白家庄矿岩溶地下水位高出井下 710m,开采水平仅 94m,屯兰矿岩溶地下水位高出井下巷道 123~148m,煤矿开采必须预先防止出现突水,不能造成矿井涌水,破坏岩溶水资源,禁止利用矿井坑道在井下打井开采岩溶水。

3)晋祠泉复流工程措施

通过对晋祠泉域最新岩溶水文地质调查和综合研究分析提出如下泉水复流工程措施。

(1)汾河二库库区大部分属于晋祠泉域,其渗漏补给是造成近年晋祠泉域水位持续提高的主要原因,通过抬高水库蓄水水位以增加汾河二库的渗漏补给是复流的有效措施之一。

(2)汾河一库至汾河二库之间的河道还有近 30km 的可溶岩渗漏河段,可以通过工程处理加大此河段的洪水渗漏量,增加对岩溶地下水的补给。

(3)通过对碳酸盐岩含水层埋藏深度、岩溶地下水流场、岩溶含水层的富水性等综合研究分析,认为从南峪—明仙村东—晋祠一线为晋祠泉域岩溶地下水强径流带,在该带采取关井压采和人工补给措施,能对晋祠泉水的复流起到直接的效果。

(4)在靠近泉源区的沟谷中修建补水漏库。在晋祠西山区,分布很多北西—南东向沟谷,如玉门沟、凤峪沟、明仙沟,其底部揭露奥陶系灰岩,岩溶发育并分布有落水洞及溶蚀裂缝。降水形成的洪水可直接渗入地下补给泉水,通过修漏库将大量的地表水渗入地下就近补给晋祠泉。

(5)晋祠泉域内盘道-马家山断裂带构成了泉域岩溶地下水从中上—寒武统下含水岩组向中奥陶统上含水岩组的转换带,同时,该转换带也是岩溶地下水的富集带,具有良好的人工补给条件。

(6)晋祠泉水北侧沿南峪—店头—明仙村—晋祠一线为断层强径流带,通过水位绘制地下水流场形成的南北向汇水槽,钻孔涌水量超过 $400m^3/d·m$。

在岩溶地下水水化学类型图中,$SO_4·HCO_3$ 型水沿强径流带向南以楔状嵌入南部 SO_4 型水的分布区,直至晋祠泉口(包括了晋祠庙井水、晋祠镇供水站井水和晋祠宾馆水井水均属 $SO_4·HCO_3$ 型水),强径流带东侧神堂沟、盆地内岩溶热水井,强径流带西侧店头镇古村岩溶井及晋祠镇窑头村岩溶井均为 SO_4 型水。

根据上述证据,可以确定形成玉门河南峪村-杜儿坪煤矿东侧-官地矿与白家庄矿交界处-龙山-明仙村东-晋祠泉的岩溶地下水强径流带,该强径流带汇集了来自北部汾河二库渗漏补给及古交方向的补给水源,是对晋祠泉水流量影响最敏感的地区。因此在强径流带内采取关闭矿井压采、人工补给等措施。

10.5.4 美国爱德华岩溶含水层的人工补给及泉水复流工程

1. 爱德华岩溶泉概况

爱德华岩溶泉群位于美国得克萨斯州中南部,沿着得克萨斯灰岩高原与东南沿海平原低地之间的伯尔肯尼斯断层带涌出,形成美国最大、最重要的"泉水带"。由东北向西南依次出露巴顿泉、圣马科斯泉群、考马尔泉群、圣安东尼奥泉群等(图 10-16)。泉群的原始状态为溢流泉,原始总流量为 20m³/s 以上。

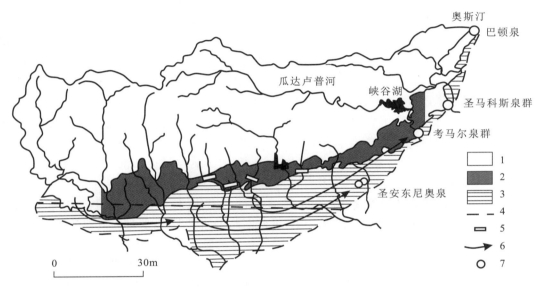

图 10-16 爱德华岩溶含水层及主要渗流途经(据 Maclay and Small,1986)
1. 流域外源水区;2. 流域碳酸盐岩裸露补给区;3. 岩溶含水层承压区;4. 坏水线,该线东、南部地下水含盐量高,不宜饮用;5. 人工补给坝;6. 岩溶含水层承压区中可饮用地下水流方向;7. 岩溶大泉

爱德华岩溶泉群是奥斯汀、圣安东尼奥等大城市,以及众多城镇、农庄和牧场的唯一供水水源地,也是维系该地区生态平衡的重要因素。

多年来,数千口深井开采爱德华岩溶含水层地下水,再加上缺乏管理和法律约束,造成地下水位下降,泉水流量明显减小,某些泉水干涸,引起深部"坏水"(高矿化度水)入侵。到1980年,不仅严重影响了稳定供水,同时对水环境造成严重影响,很多适于天然自流泉水环境的物种已处于濒危状态。在这种情况下,美国对爱德华地区开展了详细的研究工作,提出了多项恢复泉水流及维持供水的方案。目前该区已实施了人工补给工程、建设科学调度系统及废水处理再利用系统和完善法律等措施,其思路和方法对我国类似岩溶水源地有很好的借鉴作用。

2. 岩溶水文地质条件

爱德华岩溶泉群出自爱德华岩溶含水层,是一个统一的巨大岩溶水系统。泉域东部边界起自奥斯汀中南部,穿过圣安东尼奥,西到靠近墨西哥边界的科蒙斯托克。含水层的中心部分在西边的布拉特维尔和东边的基利地下水分水岭之间。

该区北部高原区,地面标高为 305～700m,南部平原区标高在 100m 以下。在高原与平原之间形成断层崖,也是泉水出露区。该区气候属暖温带,年降水量为 762mm,但年际变化大,对岩溶地下水及泉水可利用性影响很大。

泉域的北边界是地表水系分水岭,泉域内的河流较短,由西北流向东南注入墨西哥湾。泉域的南部,由于爱德华岩溶含水层埋深增大,地下水交替运动迟缓,矿化度增高,形成"坏水线",被认为是泉域的南边界,这种情况与我国北方鄂尔多斯盆地东翼的柳林泉域很相似。

泉域总面积约 4460km²,泉域由西北至东南可分为 3 部分:北部为外源水补给区,面积约占泉域面积的 56%,河水的基流和洪水为泉水提供了大量的外源水补给;中部为岩溶含水层裸露区,也是地表水渗漏补给区和泉水出露区,宽度为 4～32km,东西延伸 257km;南部为岩溶含水层埋藏承压区,其南边界为"坏水线",矿化度大于 1000mg/L。

爱德华岩溶含水层由下白垩统碳酸盐岩组成,其岩性为厚层贝壳灰岩、潮坪泥灰岩、灰岩、白云岩及溶塌角砾岩,后者是石膏溶蚀后的产物,在"坏水线"以南的深埋区可能还有原始沉积的石膏层,含水层厚度为 91～213.4m。在承压区,含水层被格雷逊页岩层覆盖,该页岩层是一组蓝灰色泥岩及页岩,具有良好的隔水作用。

本区的地质构造对形成岩溶水系统结构的特殊性具有重要作用。伯尔肯尼斯(Balcones)断层带是区域性断层,走向北东,呈向南凸出的弧形,断层带与爱德华含水层延伸一致,延伸长度约 257km。该断层带由一组倾向南东的阶梯状平行正断层组成,综合断距为 213～460m,断层带宽为 10～25km。断层带使东南侧下降盘的含水层深埋地下,形成承压含水层,并使其与上游裸露区爱德华潜水含水层断开,其间的水力联系是通过地表径流,其中包括断层带上盘潜水含水层的下降泉水及地表河流入渗来实现的。这些上游水流到伯尔肯尼斯断层带北缘入渗补给岩溶含水层,而沿断层带南缘则形成承压含水层的排泄带,出露很多大型溢流泉。这与我国山西、陕西的汾渭地堑两侧出露的一系列岩溶大泉有相似之处,与云南一些断陷盆地型岩溶泉也很类似。爱德华岩溶含水层的补给主要来自泉域西北方向高原区的降水形成河流,并补给岩溶潜水含水层,在伯尔肯尼斯断层带,地表水与出自潜水含水层的下降泉大量补给爱德华岩溶含水层,该含水层 75%～80% 的补给产生在该断层带,一些湖泊和地表水库也贡献了大量补给水源,年总补给量为 $8.87×10^8 m^3$,相当于 $27.8m^3/s$。此外,断层带灰岩露头区的降水道接入渗也贡献了部分补给。

含水层天然排泄点是岩溶泉,主要泉都与伯尔肯尼斯断层带的正断层有关。其中考马尔泉和圣马科斯泉流量为 $2.8～4.5m^3/s$。含水层的人工排泄点是 400 多个供水井,其中大型城市供水井的抽水量达 $0.6m^3/s$。目前由于过度抽水,大部分泉水已干涸,仅有圣伯得泉(San Pedro)在雨季出流。

通过勘探、抽水试验及水化学研究,探讨了爱德华含水层岩溶发育状况。伯尔肯尼斯断层带岩溶的形成受水文条件、岩性、构造及古地理因素的控制。抽水试验和钻井资料表明,导水系数(T)高的强岩溶带恰好出现在含水层承压区—非承压区边界附近,这是由于两区的水质不同,混合后产生"混合溶蚀"作用而造成岩溶比较发育的结果。此外,在承压区"坏水带"内,尽管埋深很大,但其导水系数也很高,岩溶发育也很强。这是由于地下水中 SO_4^{2-} 含量高,导致地下水具有很高的侵蚀性。

在伯尔肯尼斯断层带内,岩溶发育也是不均匀的。岩溶主要沿北东向的断层面附近发育,而在断层之间的岩体中岩溶发育较弱。沿灰岩的层面,特别是不整合面岩溶也较发育。

在断层补给带,爱德华含水层裸露地表。该处含水层是非承压的,具有自由水面,地下水位升降与降水有关。但爱德华含水层的主要部分,即承压区埋藏在黏土隔水层之下,没有自由水面。在补给带进入含水层的水使承压区地下水形成极大水力压力,该压力使承压含水层水流向自流井和断层带的泉水。主要的天然排泄为东北边缘的圣马科斯泉及考马尔泉,那里的大量物种依靠泉水生存。但是,由于从爱德华含水层抽水的增加,泉水大多干涸。近 100 年来,圣安东尼奥河的基流都是靠爱德华含水层的饮用水专用钻井来供水的。爱德华含水层的水从西南向东北流动,沿着一系列断层形成岩溶水强径流带并控制含水层中地下水的流动。为观测自流水带的压力,研究人员设置了几个标志井。水压的变化反映在水井水位的升降。这些井也用于提示启动干旱季节限制用水措施,即要求用户在紧张期间降低抽水量。

在爱德华含水层的圣安东尼奥部分水质格外好。水呈碱性,硬度为 250~300mg/L,常规金属离子浓度都低于饮用水标准。大部分主要泉的水都是几股不同地下水强径流带,但邻近不同泉口的水流,其颜色及味道却一样,即大多数为翡绿色。现今由于对爱德华含水层过度抽水,该泉已基本干涸,只有在大雨期间才出流。

3. 爱德华岩溶含水层的保护

1)法律措施

直到 1990 年,从爱德华岩溶含水层打井抽水都是无法可依的。1993 年得克萨斯州立法机关裁定,必须立法限制从含水层无序抽水,并对抽水井进行全面规划。1993 年 5 月通过法案成立爱德华含水层管理局,授权该机构制定含水层取水许可规定。这就终结了任意抽取爱德华含水层地下水的混乱局面,并将开发利用岩溶地下水控制在法律框架之内。

该法案通过的法律是设置了最高年开采量限制为 $5.55 \times 10^8 m^3$,2008 年减为 $4.93 \times 10^8 m^3$,同时制定了枯水期降低开采量的短期规定,保持泉水最小流量,以保护濒危物种。

随着有关法律的执行,维持了泉水不断流,保护了濒危物种。同时使该区迅速进入市场化供水管理,取得了良好的经济与生态效果。

1998 年圣安东尼奥市制定了 50 年供水计划,致力解决城市发展、人口增加面临的水资源开发管理及水环境保护问题。

2)利用浅层砂砾石含水层储存调剂水资源

该区分布有大面积浅层砂砾石层,多为潜水含水层,底部多存在黏土质隔水层。该砂砾石层具有巨大的储水空间,且导水系数较低,地下水运动缓慢,可以在丰水期将地表水及泉水流导入砂砾石含水层中储存,以备后用。这实际上具有人工地下水库的作用。比起地表水库,地下水库不占用土地,避免蒸发,减少污染。

该工程包括一个水处理厂、29个注水井、41.6km输水管道及相关泵站,形成一个由抽水井群向城市送水管网组成的供水系统。

在雨量最丰富的年份,系统的运转采用补给模式,向砂砾石含水层存储爱德华岩溶泉的剩余水。回灌水必须满足饮用水质标准。而在干旱年份抽取这些储存的地下水,降低爱德华岩溶含水层抽水量,维持必要的泉水的天然流量,以保护濒危物种的生存。到2006年底已在砂砾石层中储水$2647×10^4m^3$,对延迟抽取爱德华岩溶含水层地下水、维持泉水流量起到了重要的作用。

3) 利用地表水对爱德华岩溶含水层进行人工补给

爱德华岩溶泉域补给区面积广大,地表洪水资源丰富,为了将地表洪水回灌爱德华岩溶含水层,实施了两类工程项目。

第一类在伯尔肯尼斯断层带北西盘的上游河谷修坝建水库,这种坝可以截住上游地表水流,并在下游补给渗漏区释放入渗补给岩溶含水层(图10-17)。

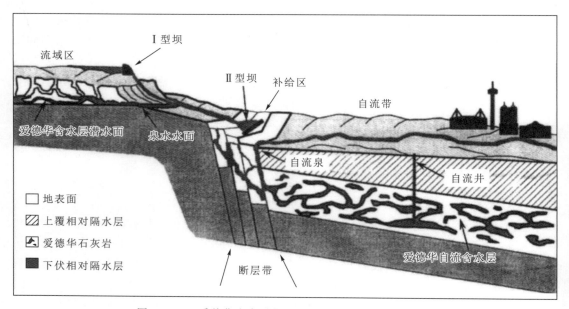

图10-17 爱德华含水层人工补给工程(据Eckhardt,2010)

第二类工程是直接在补给带建坝,地表水可直接入渗地下。地表水的来源主要是洪水。这些人工补给的水源改善了下游供水井的供水情况。

该项目第一阶段使用了美国地质调查局编制的爱德华含水层模型,评价了该工程的可行性。两个补水方案都进行了模型研究,均预测蓄补岩溶地下水的长远效益。

项目第二阶段使用同一模型模拟含水层在8个位置的反应,对多种补给时间、补给量和补给位置的组合情况进行了模拟。模拟结果表明,如果人工补给$1.84×10^8m^3$的水量,即可满足管理期的供水需要,考马尔泉可以在遇到1950年大旱时仍能保持泉水不干。

项目第三阶段是评估运行参数、水源及不同方案的运行经费,最优循环井布置方案的确定必须考虑循环管线长度对泉水流的影响这样一些因素。

4) 水回收利用分配(recycled water distribution)系统

保护泉水流及管理得克萨斯州南部水资源的另一个主要项目是实施美国最大的水再循环系统(图10-18)，主要目标是减少圣安东尼奥市从爱德华含水层的抽水量，从而保护濒危物种和生态系统。它的目的是增强水生态系统的功能，以及在圣安东尼奥河和沙乐多溪(Salado Creek)设立4个新泄水点，以增大河水流量。这两条河都是源于天然泉水的补给。当泉水干涸，饮用水来源于自流井对于沙乐多溪来说，失去了补给源。在圣安东尼奥下游，爱德华含水层饮用水井继续为著名的沃克河提供基流。该地是得克萨斯州最大的径流区和旅游胜地。水再循环系统，设计在沙乐多溪重建水源地，该方案利用圣安东尼奥河模型进行模拟，对水质、水量变化进行预测。

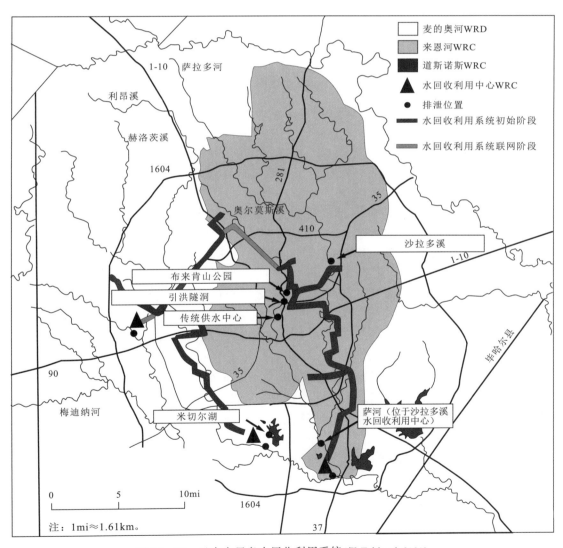

图 10-18　圣东安尼奥水回收利用系统(据 Eckhard, 2010)

主要参考文献

北京市地质矿产勘查开发局、北京市水文地质工程地质大队.北京市地下水[M].北京:中国大地出版社,2008.

卜华,孙英波,叶进霞,等.初论山东巨野煤矿开发的主要环境地质问题及防治对策[J].中国地质灾害与防治学报,2007,18(2):140-144.

蔡春芳,李宏涛.沉积盆地热化学硫酸盐还原作用评述[J].地球科学进展,2005,20(10):1100-1105.

蔡厚维,李书庆.鄂尔多斯盆地及其周边的新构造运动[J].西安地质学院学报,1991,13(1):30-35.

蔡五田,高宗军,王庆兵,等.济南岩溶水系统水力联系研究[M].北京:地质出版社,2013.

蔡宣三.最优化与最优控制[M].北京:清华大学出版社,1982.

蔡祖煌.北京洼里深井水位变化所记录的地球固体潮和地震波[J].地震学报,1980,2(2):205-214.

曹安俊,伍法权,刘世凯,等.西部水利水电开发与岩溶水文地质论文选集[M].武汉:中国地质大学出版社,2004.

曹代勇,占文峰,张军,等.邯郸-峰峰矿区新构造特征及其煤炭资源开发意义[J].煤炭学报,2007,32(2):141-145.

曹丁涛.邹城市唐村—西龙河水源地岩溶水资源数值模拟[J].地质论评,2008,54(2):278-288.

曹光杰,王灵均.山东省临沂市水资源开发利用研究[J].国土与自然资源研究,1997(4):49-52.

曹剑锋,冶雪艳,王福刚,等.河南境内黄河流域地下水系统划分与系统分析[J].吉林大学学报(地球科学版),2000,32(3):251-254.

曹玉清,胡宽瑢.岩溶泉域的水文地质及水文地球化学模型[J].长春地质学院学报,1993,23(2):180-186.

陈葆仁,周旭明.密县超化泉水文动态的数学模拟[J].中国岩溶,1989,8(8):232-236.

陈成宗,牟瑞芳.大瑶山隧道岩溶涌水系统分析[J].工程地质学报,1993(1):36-46.

陈崇希.岩溶管道-裂隙-空隙三重空隙介质地下水流模型及模拟方法研究[J].地球科学(中国地质大学学报),1995,20(4):361-366.

陈国亮.岩溶地面塌陷的成因与防治[M].北京:中国铁道出版社,1994.

陈洪元,胡兴华,杨勇,等.岩溶单元流域结构与水资源开发利用模式研究——以贵州省普定后寨岩溶流域为例[J].中国岩溶,2001,20(1):21-26.

陈鸿汉,张永祥.中国北方岩溶区地下岩溶水库-地表水库联合调蓄[J].地学前缘,2001,8(1):185-190.

陈梦熊,马凤山.中国地下水资源与环境[M].北京:地震出版社,2002.

陈梦熊.环境水文地质学的最新发展与今后趋向[J].地质科学管理,1995(3):28-32.

陈梦熊.水资源与城市规划和城市发展[J].自然资源,1990(6):29-35.

陈梦熊.我国岩溶地区水文地质图编图经验[J].中国岩溶,1988,7(3):199-204.

陈喜,刘传杰,胡忠明,等.泉域地下水数值模拟及泉流量动态变化预测[J].水文地质工程地质,2006(2):36-40.

陈学群,李福林,崔兆杰,等.济南市岩溶水动态变化的神经网络模拟及泉水喷涌趋势预测[J].水文地质工程地质,2005(4):60-64.

成建梅,陈崇希.广西北山岩溶管道-裂隙-孔隙地下水流数值模拟初探[J].水文地质工程地质,1998(4):50-54.

崔光中,裴建国,陶友良,等.中国北方岩溶水系统典型研究——焦作地区岩溶水资源综合评价及合理开发利用[M].郑州:河南科学技术出版社,1993.

崔光中,于浩然,朱远峰.我国岩溶地下水系统中的快速流[J].中国岩溶,1986,5(4):2-5.

代振学,李竞生.济宁-兖州矿区地下水多目标管理模型的研究[J].西安地质学院学报,1991,13(2):49-59.

单治钢,周春宏,荣冠,等.雅砻江大河湾岩溶水文地质及工程效应研究[M].北京:科学出版社,2018.

邓菊芬,崔阁英,王跃东,等.云南岩溶区的石漠化与综合治理[J].草业科学,2009,26(2):33-38.

邓聚龙.灰色系统基本方法[M].武汉:华中工学院出版社,1987.

邓清海,马凤山,袁仁茂,等.石太客运专线特长隧道地区水文地质研究及隧道开挖环境影响效应[J].第四纪研究,2006,26(1):136-143.

丁善鸿.中国北方岩溶地下水管流问题的初步探讨[J].勘察科学技术,1986(1):28-32.

窦明,李重荣,马军霞,等.大武水源地水资源优化配置模型研究[J].人民黄河,2006,28(8):28-35.

杜毓超,韩行瑞,李兆林.基于AHP的岩溶隧道涌水专家评判系统及其应用[J].中国岩溶,2009,28(3):281-287.

段永侯,罗元华,柳源,等.中国地质灾害[M].北京:中国建筑工业出版社,1993.

冯忠居.特殊地区基础工程[M].北京:人民交通出版社,2008.

高宝玉.太中银铁路吕梁山隧道对水环境影响的探讨[J].山西水利科技,2008(4):68-69.

高道德,张世丛,毕坤.黔南岩溶研究[M].贵阳:贵州人民出版社,1986.

顾宝和,毛尚之,李镜培.岩土工程设计安全度[M].北京:中国计划出版社,2009.

顾晓鲁,钱鸿缙,刘惠珊,等.地基与基础[M].2版.北京:中国建筑工业出版社,1993.

郭满金,郭磊.汾河二库环境地质问题[J].山西水利科技,1995(3):24-30.

郭清海,王焰新,马腾,等.山西岩溶大泉近50年的流量变化过程及其对全球气候变化的指示意义[J].中国科学(D辑地球科学),2005,35(2):167-175.

郭升平.霍泉域水环境特征[J].科技情报开发与经济,2008,18(3):155-156.

郭永龙,武强,王焰新,等.中国的水安全及其对策探讨[J].安全与环境工程,2004,11(1):42-46.

郭振中,张宏达,于开宁.山西岩溶大泉衰减的多因复成性[J].工程勘察,2004(2):22-25.

哈承佑.环境地质学进展与展望[J].水文地质工程地质,1999(5):24-32.

韩行瑞,白山云.我国典型隧道岩溶涌水分析及专家评判系统的探讨[C]//2004年岩溶地质隧道修筑技术专题研讨会论文集.北京:人民交通出版社,2004.

韩行瑞,陈定容,周游游,等.岩溶单元流域综合开发与治理[M].桂林:广西师范大学出版社,1997.

韩行瑞.城市岩溶场地地基评价及地基处理——中国城市地质[M].北京:中国大地出版社,2005.

韩行瑞,梁永平,时坚.中国西北黄土地区典型岩溶地下水系统研究[M].桂林:广西师范大学出版社,2006.

韩行瑞,梁永平.北方岩溶地区水资源科学调配[J].中国岩溶,1989,8(2):127-142.

韩行瑞,鲁永安,李庆松,等.岩溶水系统——山西岩溶大泉研究[M].北京:地质出版社,1993.

韩行瑞,时坚,李庆松,等.丹河岩溶水系统——中国北方岩溶水系统典型研究[M].桂林:广西师范大学出版社,1994.

韩行瑞,时坚.北方岩溶地下水系统的研究方法[J].中国岩溶,1990,9(3):197-210.

韩行瑞,张凤岐,李博涛.中国北方岩溶泉[J].工程勘查,1985a,4:65-68.

韩行瑞,张凤岐,尹子良,等.娘子关泉域岩溶发育规律的研究[J].水文地质工程地质研究所所刊,1985b,1:147-169.

韩行瑞,周游游.论岩溶山区的单元流域治理[C]//第四届全国岩溶学术会议论文集.北京:科学技术出版社,1994.

韩行瑞.大规模采煤对岩溶区水环境的影响[J].中国岩溶,1994a,13(2):95-106.

韩行瑞.鄂尔多斯盆地南、西边缘的古岩溶及地文期的划分[J].中国岩溶,2001,20(2):125-129.

韩行瑞.昔阳岩溶地下水域[C]//第二届岩溶学术会议论文集.北京:科学出版社,1982.

韩行瑞.只有科学用水,才能清泉常流[N].光明日报,1981-10-20(2).

韩行瑞.中国北方岩溶水资源系统模式:中国北方岩溶和岩溶水研究[M].桂林:广西师范大学出版社,1992.

韩行瑞.中国的半干旱区岩溶[M].北京:地质出版社,1994.

韩行瑞.岩溶水文地质学[M].北京:科学出版社,2015.

韩行瑞.隧道岩溶涌水预报与处治[M].桂林:广西师范大学出版社,2010.

何宇彬,韩宝平,徐超,等.中国喀斯特水研究[M].上海:同济大学出版社,1997.

何宇彬.马家沟灰岩"古洞隙水带"研究[J].水文地质工程地质,1995(6):40-41.

贺可强,刘炜金,邵长飞.鲁中南岩溶水资源综合类型及合理调蓄研究[J].地球学报,2002,23(4):369-374.

贺可强,王滨,杜汝霖.中国北方岩溶塌陷[M].北京:地质出版社,2005.

贺志宏.贺西煤矿带压开采突水危险性分析[J].煤炭企业管理,2004(11):50-55.

侯玉新.太原边山断裂带地热资源研究[J].中国煤田地质,2002,14(4):38-41.

胡昌林.徐州市岩溶水开发过程中的环境地质问题[J].水文地质工程地质,1998(5):36-38.

胡国军,赵素梅.辽阳市地下水超采区水资源状况及治理保护[J].辽宁城乡环境科技,2005,25(2):8-11.

胡海涛,周平报,苏惠波.瓦房店市三家子地面塌陷变形机制分析[J].中国地质灾害与防治学报,1995,6(1):41-48.

胡宽瑢,曹玉清,胡忠毅.水文地质蓄水构造级、区带划分及其水资源分布特点[J].长春科技大学学报,2000,30(3):246-250.

胡宽瑢.邯邢地区岩溶水渗透特征和"双重介质"数学模式[J].中国岩溶,1985(1/2):40-48.

黄皓莉.晋祠泉断流与地下水资源保护关系[J].中国煤田地质,2003,15(2):26-28.

黄金国.广东石灰岩山区的生态环境建设与可持续发展[J].山地学报,2002,20(2):238.

黄金国.粤北岩溶山区农业水土环境问题及对策[J].水土保持研究,2006,13(6):163-167.

姬永红,张海江,张良鹏.山东济宁北部地下水系统铀同位素研究[J].勘察科学技术,2008(1):26-29.

季广熙,刘学清,张洪武.临沂市兰山区城区地面塌陷的成因及潜在危害[J].西部探矿工程,2005(8):178-181.

贾化周,董守玉,王信,等.唐山地震地下水位趋势异常分析[J].地震,1982(6):2-5.

贾立新,刘玉敏,成宏.蔚县矿区奥陶系下统灰岩岩溶发育规律及煤层开采对策研究[J].中国煤田地质,2006,18(增刊):17-19.

姜云,王兰生.深埋长大公路隧道高地应力岩爆和岩溶涌突水问题及对策[J].岩石力学与工程学报,2002,21(9):1319-1323.

蒋忠诚,李先琨,曾馥平.岩溶峰丛洼地生态重建[M].北京:地质出版社,2007.

蒋忠诚,谢运球,章程,等.北京西山岩溶[M].桂林:广西师范大学出版社,1996.

蒋忠诚,袁道先.西南岩溶区的石漠化及其治理综述[M].南宁:广西科学技术出版社,2003.

金德山.云南矿山尾矿库渗漏导致泉水断流一例[J].中国地质灾害与防治学报,2007(3):134-135.

金速.辽宁省地下水特征分析和由此诱发的环境水文地质问题[J].辽宁地质,1997(3):223-229.

金性春.板块构造学基础[M].上海:上海科学技术出版社,1984.

晋华,杨锁林,郑秀清,等.晋祠岩溶泉流量衰竭分析[J].太原理工大学学报,2005,36(4):488-490.

靳丰山,段秀铭,寿冀平,等.济南地区地下水资源开发利用规划及保护对策[J].水文地质工程地质,2001(2):56-58.

康厚荣,罗强,凌建明,等.岩溶地质公路修筑理论与实践[M].北京:人民交通出版社,2008.

康彦仁,项式均,陈健,等.中国南方岩溶塌陷[M].南宁:广西科学技术出版社,1990.

蓝福生.广西石山地区耕地资源的特点及其合理利用和保护[J].自然资源,1991(1):14-19.

劳文科,蓝芙宁,蒋忠诚,等.石期河流域岩溶水系统及水资源构成分析[J].中国岩溶,2009,28(3):255-262.

雷明堂,蒋小珍,李瑜.唐山市岩溶塌陷模型试验研究[J].中国地质灾害与防治学报,1997,8(增刊):179-186.

雷明堂,蒋小珍.岩溶塌陷研究现状、发展趋势及其支撑技术方法[J].中国地质灾害与防治学报,1998,9(3):1-6.

李常锁,胡爱民,游其军,等.济南泉域岩溶水水质演变趋势研究[J].成果与方法,2004,20(1):35-38.

李凤明,王儒军,王存煜.资源枯竭型矿区综合治理与可持续发展[J].煤矿开采,2004,9(3):7-10.

李公岩,李元仲,杨蕊英,等.山东省枣庄市岩溶塌陷的层次模糊预测评判[J].中国地质灾害与防治学报,2008,19(2):87-90.

李广诚,王思敬.工程地质决策概论[M].北京:科学出版社,2007.

李洪,袁焕章.河南西部煤田供水水文地质勘察初论[J].中国煤田地质,1993,5(1):49-51.

李明武,陈玲.徐州市区水环境问题及对策[J].能源技术与管理,2006(3):51-53.

李扭串.坪上岩溶泉域地下水系统分析与环境保护[J].山西水利科技,1999(增刊):54-55.

李瑞敏,鞠建华,王铁,等.生态环境地质指标研究[M].北京:中国大地出版社,2009.

李绍武.中国城市地面沉降和岩溶塌陷的概况及其防治对策[J].地质灾害与防治,1990,1(2):55-60.

李世峰,王屹.黑龙洞泉污水倒灌对邯郸供水源地的影响评价[J].西部探矿工程,2003(7):177,181.

李寿考.综合开发利用矿井水资源的探讨[J].中原地理研究,1985,4(2):48-56.

李智毅,杨裕云.工程地质学概论[M].武汉:中国地质大学出版社,2006.

梁永平,高洪波,张江华,等.建立在水动力关系基础上的桃河阳泉段河道渗漏补给量计算[J].山西水利科技,2005a,157(3):58-60.

梁永平,高洪波,张江华,等.娘子关泉流量衰减原因的初步定量化分析[J].中国岩溶,

2005b,24(3):227-231.

梁永平,韩行瑞,时坚,等.鄂尔多斯盆地周边岩溶地下水系统模式及特点[J].地球学报,2005c,26(4):365-369.

梁永平,韩行瑞,王维泰,等.中国北方岩溶地下水环境问题与保护[M].北京:地质出版社,2013.

梁永平,韩行瑞,薛凤海,等.山西省岩溶泉域水资源保护[M].北京:中国水利水电出版社,2008.

梁永平,韩行瑞.鄂尔多斯盆地周边岩溶含水介质结构类型及量化统计分析[J].地质通报,2005,24(10/11):1048-1051.

梁永平,韩行瑞.优化技术在娘子关泉域岩溶地下水开采资源量评价与管理中的应用[J].水文地质工程地质,2006(4):67-71.

梁永平,霍建光,张江华,等.娘子关泉域岩溶地下水资源评价报告[R].阳泉:山西省水利厅,2004.

梁永平,石东海,李纯纪,等.岩溶渗漏河段来水量与渗漏量间关系测试研究[J].水文地质工程地质,2009,38(2):19-25.

梁永平,王维泰,段光武.鄂尔多斯盆地周边地区野外溶蚀试验结果讨论[J].中国岩溶,2007,26(4):315-320.

梁永平,王维泰.中国北方岩溶水系统划分与系统特征[J].地球学报,2010,21(6):860-868.

梁永平,阎福贵,侯俊林,等.内蒙桌子山地区凝结水对岩溶地下水补给的探讨[J].中国岩溶,2006,25(4):320-323.

廖资生.北方岩溶的主要特征和岩溶储水构造的主要类型[M].北京:地质出版社,1978.

刘建立,朱学愚,钱孝星.中国北方裂隙岩溶水资源开发和保护中若干问题的研究[J].地质学报,2000,74(4):344-352.

刘江,李欣,刘萍,等.沂蒙山区地下水质十年变化趋势分析[J].地下水,2002,24(4):204-205.

刘金峰,谢健,邢罡.天津宝坻县隐伏岩溶区地下水开发与地裂缝成生关系研究[J].水文地质工程地质,2005(6):38-41.

刘满才,张爱华.谢桥井田 2$^{\#}$ 岩溶陷落柱导水可能性分析[J].安徽科技,2007(6):42-43.

刘明成.沈村煤矿水文地质条件及矿坑充水特征分析[J].中州煤炭,2004(6):3-4.

刘佩贵,束龙仓,王雪,等.矿坑排水对地下水水源地供水安全影响分析[J].水文,2007,27(5):55-57.

刘启仁.我国岩溶充水矿床的基本水文地质特征及岩溶水的防治与利用[J].中国岩溶,1988,7(4):335-339.

刘拓,周光辉,但新球,等.中国岩溶石漠化现状、成因与防治[M].北京:中国林业出版社,2009.

刘亚平.地下水超采对太原地区岩溶泉的影响分析[J].地下水,2005,27(2):110-111.

刘沂轩,熊彩霞.徐州市区地面塌陷分布规律及诱发机制研究[J].地质灾害与环境保护,2008,19(3):70-73.

刘永红,郑萍萍,周明春.章丘市泉群保护与泉水资源利用工程[J].山东水利,2007(2):44-45.

刘招伟,张民庆,王树仁.岩溶隧道突变预测与处治技术[M].北京:科学出版社,2007.

刘正林.井陉煤田底板突水强度和突水频率趋势预测的研究[J].中国矿业大学学报,1993,22(2):93-99.

刘之葵,梁金城.岩溶区溶洞及土洞对建筑地基的影响[M].北京:地质出版社,2006.

刘志峰,林洪孝,许向君,等.西龙河峄山断层带水源地水化学特征及岩溶水的分析[J].环境化学,2007,26(3):409.

卢朝霞,刘冬松.济南市地下水资源开发利用探讨[J].地下水,1999,21(2):50-51.

卢纪周.王河煤矿充水因素分析及防治水措施[J].中州煤炭,2006(4):90-91.

卢兰萍,缑书宝,白峰青,等.德盛煤矿奥灰突水点封堵技术[J].煤矿安全,2007(2):26-27.

卢文喜.中国北方岩溶水系统管理模型中处理大泉的一种方法[J].长春地质学院学报,1994,24(1):57-59.

卢耀如,刘少玉,张凤娥.中国水资源开发与可持续发展[J].国土资源,2003(2):4-11.

卢耀如.地质-生态环境与可持续发展[M].南京:河海大学出版社,2003.

卢耀如.关于岩溶(喀斯特)地区水资源类型及其综合开发治理的探讨[J].中国岩溶,1985,4(1):2.

卢耀如.岩溶水文地质环境演化与工程效应研究[M].北京:科技出版社,1999.

罗祥康,刘安云,夏鹏翅.重庆盆地隆起型岩溶地热水特征[M]//中国岩溶地下水与石漠化研究.南宁:广西科学技术出版社,2003.

马惠氏,王恭先,周德培.山区高速公路高边坡病害防治实例[M].北京:人民交通出版社,2006.

满洪敏.临沂市的岩溶塌陷灾害及防治对策[J].灾害学,2002,17(1):46-51.

毛振西.山西省煤田水文地质条件及矿井水害形成原因[J].科技情报开发与经济,2007,17(31):141-143.

孟庆斌,邢立亭,滕朝霞.济南泉域"三水"转化与泉水恢复关系研究[J].山东大学学报(工学版),2008,38(5):82-87.

倪银兰.黑龙洞泉域岩溶水开发与水环境控制[J].水资源保护,1998(1):58-64.

潘桂花.山西岩溶水资源开发利用与保护[J].山西水利,2008(5):32-33.

潘国营,韩怀彦,张慧娟.焦作岩溶水系统水质模拟与污染原因探讨[J].焦作工学院学报(自然科学版),2000,19(6):417-420.

潘国营,聂新良,王长文.焦作矿区底板岩溶突水特征与预测[J].焦作工学院学报,1999,18(2):89-92.

潘国营,轩吉善,岳保祥,等.基于GSM水位遥测系统的大型放水与示踪联合试验[J].河南理工大学学报(自然科学版),2007,26(2):152-155.

潘建雄.我国东部古岩溶的形成、发展及其与地震的关系[J].华南地质,1983,3(1):58-65.

潘文勇.华北型岩溶煤田的灰岩分布规律及岩溶发育特征[J].煤炭学报,1982(3):48-56.

裴捍华,杨亲民,郭振中,等.山西岩溶水强径流带的成因类型及其水文地质特征[J].中国岩溶,2003,22(3):219-224.

裴建国,梁茂珍,陈阵.西南岩溶石山地区岩溶地下水系统划分及其主要特征值统计[J].中国岩溶,2008,27(1):6-10.

蒲俊兵.我国西南岩溶区水环境问题[J].科学,2010,62(2):32-37.

钱家忠,潘国营,吴剑锋,等.焦作矿区裂隙岩溶水优势流形成机理研究[J].水利学报,2003(6):95-99.

钱学溥.太行期岩溶剥蚀面的发现及地文期的划分[J].中国岩溶,1984,3(2):27-33.

乔光建.恢复邢台百泉泉水流量可行性研究[J].水资源保护,2006,22(1):46-52.

卿三惠.西南铁路工程地质研究与实践[M].北京:中国铁道出版社,2009.

任学慧,田红霞.缺水城市水资源补偿恢复能力研究[J].国土与自然资源研究,2006(3):69-70.

任增平,李广贺.淄博市大武水源地岩溶地下水的评价及开发利用规划[J].地下水,2000,22(4):173-177.

任增平,余国光,闫俊萍.煤矿水源地开采对延河泉泉水流量影响的预报[J].中国煤田地质,2000,12(1):44-46.

时坚,韩行瑞,单福元,等.模拟水源地开采法在岩溶水系统开采资源评价中的应用——以丹河岩溶水系统为例[J].中国岩溶,1994,13(1):59-70.

水利电力科学研究所,中国科学院地质研究所.水利水电工程地质[M].北京:科学出版社,1974.

苏生瑞.渭河盆地的水系与现代构造运动[J].西安地质学院学报,1991,13(1):23-29.

苏维词,朱之孝,熊康宁.贵州喀斯特山区的石漠化及其生态经济模式[J].中国岩溶,2002,21(1):19-25.

孙才志,潘俊.地下水脆弱性的概念、评价方法与研究前景[J].水科学进展,1999,10(4):444-449.

孙福,魏道垛.岩土工程勘察设计与施工[M].北京:地质出版社,1998.

孙广忠,孙毅.地质工程学原理[M].北京:地质出版社,2004.

孙继朝,刘满杰,齐继详,等.万家寨水利枢纽库区右岸岩溶渗漏强入渗带示踪试验研究报告[R].天津:天津水利电力勘查设计研究院,1995.

谭绩文,刘亚民,王建瑞,等.矿山环境学[M].北京:地震出版社,2008.

谭维信.山东矽卡岩型铁矿床充水特征及水害治理对策[J].中国岩溶,1993,12(2):149-155.

唐健生,韩行瑞.山西岩溶大泉水文地球化学研究[J].中国岩溶,1991,10(4):262-276.

铁道部第二勘测设计院.岩溶工程地质[M].北京:中国铁道出版社,1984.

王俊业.山西省岩溶地下水人工补给技术研究[J].地下水,2001,23(3):134-136.

王坤,朱家玲.天津基岩热储对井系统回灌与示踪剂试验研究[J].太阳能学报,2003,24(2):162-166.

王茂枚,束龙仓,季叶飞,等.济南岩溶泉水流量衰减原因分析及动态模拟[J].中国岩溶,2008,27(1):19-23.

王梦玉,章至洁.北方煤矿床充水与岩溶水系统[J].煤炭学报,1991,16(4):1-13.

王明章,王伟,况顺达,等.岩溶石漠化治理的地学模式研究[M].北京:地质出版社,2010.

王明章.寒武系白云岩山间盆地地下水资源勘查与开发利用——以贵州朱家场为例[M]//中国地质科学院岩溶地质研究所.中国西南地区岩溶地下水资源开发与利用.北京:地质出版社,2006.

王琦.北方岩溶矿床水文地质图编制理论和方法[J].西安矿业学院学报,1998,18(2):141-145.

王启见,顾彬.浅析淮北临涣矿区采煤疏排水的综合利用[J].治淮,2005(10):8-9.

王强,牟慧蓉,刘太福.北京西山奥陶系岩溶发育特征及成因初探[J].北京地质,1998(3):1-9.

王庆兵,段秀铭,高赞东,等.济南岩溶泉域地下水位监测[J].水文地质工程地质,2007(2):1-7.

王瑞江,姚长宏,蒋忠诚,等.贵州六盘水石漠化的特点、成因与防治[J].中国岩溶,2001,20(3):211-215.

王瑞久.太原西山的同位素水文地质[J].地质学报,1985(4):345-355.

王式成,周信鲁.淮北市市区地下水的超采问题[J].城市公用事业,2001,15(3):21-22.

王松,章程,裴建国.岩溶地下水脆弱性评价研究[J].地下水,2008,30(6):14-18.

王宇,李燕,谭继中,等.断陷盆地岩溶水赋存规律[M].昆明:云南科技出版社,2003.

王宇,杨世瑜,袁道先.云南岩溶石漠化状况及治理规划要点[J].中国岩溶,2005b,24(3):206-212.

王宇,袁道先,杨世瑜.泸西小江流域岩溶水有效开发模式[J].中国岩溶,2005c,24(4):305-311.

王宇,张贵,李丽辉,等.泸西小江流域岩溶水开发与石漠化综合治理示范[J].昆明:云南大学出版社,2005a.

王宇,张贵,吕爱华.云南暗河水资源开发利用条件及典型工程研究.中国西南地区岩溶地下水资源开发与利用[M].北京:地质出版社,2006.

王宇,张贵.滇东岩溶石山地区石漠化特征及成因[J].地球科学进展,2003b,18(6):33-39.

王玉洲,郭纯青,盛连城,等.覆盖型岩溶地区岩溶岩土工程技术研究[M].北京:科学出版社,2017.

吴岗.咸水托城——沿海城市面临的严峻现实[J].中国测绘,2005(2):42-43.

仵彦卿.岩土水力学[M].北京:科学出版社,2009.

肖德壮,刘永茂.辽阳市首山漏斗区调查评价及对策[J].东北水利水电,2004(6):40,53.

肖楠森.新构造分析及其在地下水勘察中的应用[M].北京:地质出版社,1986.

谢明忠.邢东地热水的化学特征、起源及利用[J].中国煤田地质,2005,15(5):50-51.

谢振乾.渭河盆地构造应力场演变及盆地形成机制分析[J].西安地质学院学报,1991,13(1):46-52.

邢立亭,陆敏,胡兰英.济南泉域岩溶水环境现状与保护对策[J].济南大学学报(自然科学版),2006,20(4):345-349.

邢立亭,叶春和,马姝丽,等.泰安满庄水源地地下水容许开采量分析[J].水科学与工程技术,2008(增刊):31-33.

邢立亭.济南泉域岩溶水环境保护[J].水利科技与经济,2006,12(9):601-604.

邢作云,赵斌,涂美义,等.汾渭裂谷系与造山带耦合关系及其形成机制研究[J].地学前缘,2005,12(2):247-262.

熊彩霞,刘沂轩.徐州市区地面塌陷与岩溶水开采关系研究[J].中国地质灾害与防治学报,2009,20(1):80-82.

熊康宁,黎平,周忠发,等.喀斯特石漠化的遥感—GIS典型研究——以贵州省为例[M].北京:地质出版社,2002.

徐济川,黄少霞.大瑶山隧道的突泥涌水机制[J].铁道工程学报,1996(2):83-89.

徐则民,黄润秋,罗杏春.特长岩溶隧道涌水预测的系统辩识方法[J].水文地质工程地质,2002(4):50-54.

许再良,赵建峰,王子武,等.太行山特长隧道综合勘察技术的应用与效果[J].铁道工程学报,2007(10):53-57.

薛凤海.山西省水资源问题研究[J].水资源保护,2004(1):53-56.

薛禹群.地下水动力学[M].北京:地质出版社,1979.

闫福贵,梁永平,张翼龙.鄂尔多斯盆地周边地区岩溶发育模式及岩溶地下水开发利用探讨[J].地学前缘,2010,17(6):227-234.

杨立铮.中国南方地下河分布特征[J].中国岩溶,1985,4(1/2):92-100.

杨巍然,孙继源,纪克诚.大陆裂谷对比——汾渭裂谷系与贝加尔裂谷系例析[M].武汉:中国地质大学出版社,1995.

叶志华,韩行瑞,张高朝,等.隧道岩溶涌水专家评判系统在朱家岩隧道涌水预报中的应用[J].中国岩溶,2006,25(2):139-145.

于浩然,韩行瑞.中国北方岩溶分布及发育规律研究[R].北京:地质矿产部,1989.

余恒昌.矿山地热与热害治理[M].北京:煤炭工业出版社,1991.

俞锦标,杨立铮,章海生,等.中国喀斯特发育规律典型研究——贵州普定南部地区喀斯特水资源及其开发利用[J].北京:科学出版社,1990.

袁道先,蔡桂鸿.岩溶环境学[M].重庆:重庆出版社,1988.

袁道先,刘再华,林玉石.中国岩溶动力系统[M].北京:地质出版社,2002.

袁道先,覃政教,黄桂强,等.西南岩溶石山地区重大环境地质问题及对策研究[M].北京:科学出版社,2014.

袁道先,章程.岩溶动力学的理论探索与实践[J].地球学报,2008,29(3):355-365.

袁道先,朱德浩,翁金桃,等.中国岩溶学[M].北京:地质出版社,1993.

袁道先.对南方岩溶石山地区地下水资源及生态环境地质调查的一些意见[J].中国岩溶,2000,19(2):103-109.

袁道先.岩溶石漠化问题的全球视野和我国的治理对策与经验[J].草业科学,2008,25(9):19-25.

张凤娥,卢耀如,郭秀红,等.复合岩溶形成机理研究[J].地学前缘,2003,10(2):495-500.

张凤岐,韩行瑞.华北地区寒武奥陶系可溶与岩溶[J].勘察科学技术,1988,1:32-38.

张凤岐,李博涛.中国北方岩溶地下水系统和开发利用中的几个问题[J].中国岩溶,1990,9(1):7-14.

张永兴.岩石力学[M].北京:中国建筑工业出版社,2004.

张之淦,刘芳珍,张洪平,等.应用环境同位素研究黄土包气带水分运移及入渗补给量[J].水文地质工程地质,1990(3):5-7.

张之淦.岩溶发生学[M].桂林:广西师范大学出版社,2006.

张之淦.岩溶圈系统及其研究方法[J].中国岩溶,2007,26(1):1-10.

张倬元,王士天,王兰生.工程地质分析原理[M].北京:地质出版社,1981.

赵文彦.渭北岩溶特征及库坝渗漏问题初步分析[J].中国岩溶,1986,5(1):47-52.

郑跃军,崔亚莉,邵景力,等.万家寨水库对库区岩溶地下水的补给作用[J].水文地质工程地质,2005(5):24-26.

中国地质调查局.水文地质手册[M].2版.北京:地质出版社,2012.

中国地质科学院洛塔岩溶组.洛塔岩溶及其水资源评价及利用研究[M].北京:地质出版社,1984.

中国地质学会岩溶地质专业委员会.中国北方岩溶和岩溶水[M].北京:地质出版社,1982.

中国地质学会岩溶地质专业委员会.中国北方岩溶和岩溶水研究[M].桂林:广西师范大学出版社,1993.

中国科学院地质研究所岩溶研究组.中国岩溶研究[M].北京:科学出版社,1979.

中华人民共和国地质矿产部.岩溶地区工程地质调查规程(比例尺1:20万~1:10万)[M].北京:中国标准出版社,2002.

周新河,蒋向明,罗建琛.山西省寿阳县超深水位岩溶矿泉水田的开发与利用[J].中国煤田地质,2002,14(3):26-27.

朱汉华,孙红月,杨建辉.公路隧道围岩稳定与支护技术[M].北京:科学出版社,2007.

邹成杰,张汝清,光耀华,等.水利水电岩溶工程地质[M].北京:水利水电出版社,1994.

《地基处理手册》编写委员会.地基处理手册[M].北京:中国建筑工业出版社,1994.

《岩土工程手册》编写委员会.岩土工程手册[M].北京:中国建筑工业出版社,1995.

贝娜里·迪克森,李大秋.地下水脆弱性评价方法研究[J].环境保护科学,2007,33(5):64-67.

主要参考文献

ALLEN D M, MACKIE D C, WEI M. Groundwater and climate change: a sensitivity analysis for the Grand Forks aquifer, southern British Columbia, Canda[J]. Hydrogeology Journal, 2004, 12 (3): 1 - 47.

ATKINSON T C. Present and future directions in karst hydrogeology[J]. Annales de La Societe Geologique de Belgique, 1985, 108(a): 293 - 296.

BROUYERES C G, Dassaegues A. Climate change impacts on groundwater resources: modellde deficits in a chalky aquifer, Geer basin, Belgium[J]. Hydrogeology Journal, 2004, 12 (2): 123 - 134.

CHEN D R, HAN X R. A preliminary study on storage capacity evaluation for underground reservoir in karst area[J]. Carsologica sinica, 1996, 15 (6): 150 - 156.

CHEN Z, GRASBYSE, OSADETZ K G. Relation between climate variability and groundwater levels in the upper earbonate aquifer, southern Manitoba, Canda[J]. Journal of Hydrogeology, 2004, 209 (1): 43 - 62.

CORTES D R, BASU I, SWEET C W, et al. Temporal trends in gas-phase concentrations of chlorinated pesticides measured at the shores of the Great Lakes[J]. Environmental Toxicology and Chemistry, 1998, 32 (23): 1920 - 1927.

ECKHARDT G. Protection of Edwards Aquifer Springs[M]. New York: Groundwater Hydrology of Springs, 2010.

ENGELEN G B, JONES G P. Developments in the analysis of groundwaterflow systems[J]. IAHS publication, 1986, 163(10):110 - 152.

ENGELEN G B, Kloosterman F H. Hydrological systems analysis: methods and applications[M]. Dordrecht: Kluwer Academic Publisher,1996.

ESCOLERA O A, MARIN L E, STEINICH B, et al. Development of a pratection strategy of karst limestone aquifers: The Merida Yucatan[J]. Mexico Case Study Water Resources Management, 2002, 16 (5): 351 - 367.

FORD D C, EWERS R O. The development of limestone cavesystems in the dimensions of length and breadth[J]. Canadian Journal of Earth Science, 1978, 15(20): 1783 - 1798.

FORD D C, HARMON R S, SCHWARCA H P, et al. Geohydrologic and thermonmetric observations in the vicinity of the Columbia Icefields, Alberta and British Columbia [J]. Journal of Glaciology, 1976, 16 (74): 219 - 230.

FORD D C, LUNDBERG J A. A review of dissolutional rills in limestone and other soluble rocks[J]. Catena Supplement, 1987, 8: 119 - 140.

FORD D C, LUNDBERG J, PALMER A N, et al. Uraniumseries dating of the draining of an aquifer: the example of Wind Cave. Black Hills. South Dakota[J]. Geological Society of America Bulletin, 1993, 105(8): 241 - 250.

FORD D C, SCHWARCZ H P, DRAKE J J, et al. Estimates of the age of the existing relief within the Southern Rocky Mountains of Canada[J]. Arctic and Alpine Reseach, 1981, 13 (1): 1 - 10.

FORD D C, WILLAMS P W. Karst geomorphology and hydrology[M]. London: Unwin Hyman, 1989.

FORD D C. Depth of conduit flow n unconfined carbonate aquifers: comment[J]. Geology, 2002, 30 (1): 93.

FORD D C. Speleogenesis under unconfined settings, in speleogenesis: evolution of karst aquifers. In: Klimchouk A V, Ford D C, Palmer A N, Dreybrodt W (eds)[J]. Huntsville: National Speleological Society of America. 2000a: 319 - 324.

FRENCH R H. Open - channel hydraulics[M]. New York: McGraw Hill, 1985.

FRIIS C E, LASSEN K. Length of the solar cycle: an indicator of activity closely associated with climate[J]. Science, 1991, 254: 698 - 700.

GOLDSCHEIDER N. Karst groundwater vulnerability mapping: application of a new method in the Swabian Alb[J]. Germany Hydrageology Journal, 2005, 13 (4): 555 - 564.

GRO F, YUAN D X, QIN Z J. Groundwatercontamination karst areas of southweatem China and recommended counter measures[J]. Acta Caraologica, 2010, 39 (2): 389 - 399.

HALFORD K J. Simulation and interpretation of borehole flowmener results under laminar and turbulent flow conditions[J]. Colorado: Seventh International Symposium on Logging for Minerals and Geotechnical Applications, 2000(8): 50 - 55.

HAN X R, TAN J S. The pollution karst groundwater and its protection in Shanxi province of China[R]. Beijing: Proceedings of International Symposium, IAHS, 1990.

HAN X R, ZHOU Y Y. Discussion on harnessing unit drainage basin in karst mountain area[J]. 中国岩溶, 1996, 15 (6): 11 - 17.

HARNER T, BIDLEMAN T F, MACKAY D. Soil - air exchange model of persistent pesticides in the United States Cotton Belt[J]. Environmental Toxicology and Chemistry, 2001, 20: 1612 - 1621.

HOU G C, LIANG Y P, SU X S, et al. Groundwater systems and resources in ordos basin, China[J]. Acta Geologica Sinica, 2008, 82 (5): 1061 - 1069.

KISHIMBA M A, HENRY L, MWEVURA H, et al. The status of pesticide pollution in Tanzania Talanta[J]. The International Journal of Pure and Applied Analytical Chemistry, 2004, 64 (1): 48 - 53.

KLIMCHOUK A. Gypsum karst in the western Ukraine[J]. International Journal of Speleology, 1996, 25 (3/4): 263 - 278.

LEAN J, BEER J, BRADLEY R. Reconstruction of solar irradiance since 1610: Implication for climate change[J]. Geophysical Research Letters, 1995, 22 (3): 195 - 198.

LEONE A D, AMATO S, FALCONER R L. Emission of chiral organochlorine pesticides from agricultural soils in the cornbelt region of the US[J]. Environmental Toxicology and chemistry, 2001, 35 (23): 4529 - 4596.

LIANG X, LIU Y, JIN M G, et al. Direct observation of complex tothian groundwater flow systems in the laboratory[J]. Hydrological processes, 2010, 24(20): 3568 - 3573.

MA T, WANG Y, GUO Q. Response of carbonate aquifer to climate change in northern China: a case study at the Shentou karst springs[J]. Journal of Hydrogeology, 2004, 297(8): 274 - 284.

MACLAY R W, SMALL T A. Carbonate hydrology and hydrology of the edwards aquifer in the San Antonio area[M]. Texas: Texas Water Development Board, 1986.

MARTIN J B, DEAN R W. Exchange of water between conduits and matrix in the Floridan quifer[J]. Chemical Geology, 2001, 179 (1): 145 - 165.

NICO G, DAVID D, NEVEN K. Methods in Karst Hydrogeology[J]. London, UK: International Association of Hydrogeologists, 2007(5): 40 - 46.

NUNSON B R, YOUND G F, OKIISHI T H. Fundamentals of fluid mechanics[M]. New York: John Wiley, 1994.

RAEISI E, STEVANOVIC Z. Springs of the Zagros mountain range (Iran and Irag) [J]. Groundwater Hydrology of Springs. 2010(3): 498 - 514.

RAEISI E. Sheshpeer spring, Iran[J]. Groundwater Hydrology of Springs. 2010: 516 - 525.

REID B J, JONES K C, SEMPLE K T. Bioavailability of persistent organic pollutants in soils and sedimentsaperspective on mechanisms, consequences and assessment[J]. Environmental Pollution, 2000, 108(3): 103 - 112.

ROZANSKI K, ARANS A L, GONANTINI R. Relation between long-term trends of oxygen - 18 isotope composition of precipitation and climate[J]. Science, 1992, 258: 981 - 984.

SANDERSON W T, TALASKA G, ZAEBST D, et al. Pesticide prioritization for a brain cancer case-control study[J]. Environmental Research, 1997, 74: 133 - 144.

VALERIE P, MICHEL B. The protection of a karst water resource from example of the Larzac karst plateau (south of France): a matter of regulations or a matter of process knowledge[J]. Engineering Geology, 2002, 65 (2): 107 - 116.

WANIA F, MACKAY D. Tracking the distribution of persistent organic plllutants [J]. Environmental Science and Techonlogy, 1996, 30(10): 390 - 396.

WEISS P. Vegetation/ soil distribution o f semivolatile organic compounds in relation to their physiocochemical properties[J]. Environmental Science and Technology, 2000, 34 (9): 1707 - 1714.

WOFF R G. Physical properties of rocks - Porosity, permeability, distribution coefficients, and dispersivity[J]. U. S. Geological Survey Open - File Report, 1982: 82 - 166, 118.

ZHANG G, Parker A, House A, et al. Sedimentary records of DDT and HCH in the Pearl River delta, South China[J]. Environmental Science and Technology, 2002, 36 (17): 3671 - 2677.

ZHANG Z H, Shi D H, Shen Z L, et al. Evoluation and development of groundwater environment in North China Plain under human activities[J]. Bulletin of the Chinese Academy of Geological Sciences, 1997, 18 (4): 337 - 344.

ZHARKOVA M A. Paleozoic Salt - Bearing Formations of the World[M]. Moscow: Nedra, 1974.